无机及分析化学学习指导

（第三版）

胡先文　主编

科学出版社

北京

内 容 简 介

本书是“十二五”普通高等教育本科国家级规划教材《无机及分析化学(第四版)》(王运等主编，2016年)配套的学习指导。全书章节顺序与教材基本一致，内容包括学习要求、重难点概要、例题和习题解析、练习题及参考答案。为了方便教学和满足农科学生参加各类考试的需要，本书精心编写了8套模拟试卷和8套研究生入学考试模拟试卷及参考答案。

本书可作为高等农林院校各专业本科生、专科生的课程辅导参考书，也可作为报考硕士研究生的考生进行强化训练的指导书。

图书在版编目(CIP)数据

无机及分析化学学习指导 / 胡先文主编. —3版. —北京：科学出版社，2017.6

ISBN 978-7-03-053793-5

Ⅰ. ①无… Ⅱ. ①胡… Ⅲ. ①无机化学-高等学校-教学参考资料②分析化学-高等学校-教学参考资料 Ⅳ. ①O61②O65

中国版本图书馆CIP数据核字(2017)第137507号

责任编辑：赵晓霞 / 责任校对：何艳萍

责任印制：赵 博 / 封面设计：迷底书装

科学出版社出版

北京东黄城根北街16号

邮政编码：100717

http://www.sciencep.com

北京市金木堂数码科技有限公司印刷

科学出版社发行 各地新华书店经销

*

2006年3月第 一 版 开本：787×1092 1/16

2011年9月第 二 版 印张：20

2017年6月第 三 版 字数：500 000

2025年1月第十八次印刷

定价：49.00元

(如有印装质量问题，我社负责调换)

《无机及分析化学学习指导》
编写委员会

主　编　胡先文

副主编　陈朝晖　侯振雨　栾国有　李巧玲　曹　洋
　　　　　阎　杰　李幼荣　李慧慧　吴方琼

编　委(按姓名汉语拼音排序)
　　　　　曹　洋　陈朝晖　程志强　高慧玲　韩晓霞
　　　　　侯振雨　胡先文　焦晨旭　景红霞　李慧慧
　　　　　李巧玲　李幼荣　刘永红　栾国有　王　玲
　　　　　王　运　吴方琼　阎　杰　杨晓迅

第三版前言

本书是“十二五”普通高等教育本科国家级规划教材《无机及分析化学(第四版)》(王运等主编，2016年)配套的学习指导及硕士研究生入学考试参考书。

本书出版十年来，为学生答疑解惑、提高学生自学能力，受到广大读者的欢迎。为适应无机及分析化学课程建设与改革的需要，编者在广泛调研的基础上，融合国内八所高等学校教学改革与实践的成果对本书进行了修订，使第三版更利于导学、助学。本书具有以下特点：

(1) 根据课程特点，将概念与应用结合，基础与提高结合。理论联系实际，引导读者灵活运用基础知识，学以致用，分析解决实际问题。

(2) 注重自学能力培养，启发读者多角度开放式思维。引导归纳总结，做到举一反三，适合自学。

(3) 结合理论教材和MOOC平台资源，题型新颖，内容丰富。研究生入学考试模拟试卷针对性强，加强基础，突出重点，避免重复。

参加本次修订的有王运、胡先文、刘永红、李慧慧(绪论、第3章、第5章、第7章，华中农业大学)，吴方琼、陈朝晖(第1章，西南大学)，栾国有、程志强(第2章，吉林农业大学)，韩晓霞、王玲、曹洋(第4章，宁夏大学)，阎杰(第6章，仲恺农业工程学院)，李巧玲、景红霞、焦晨旭(第8章，中北大学)，侯振雨、杨晓迅、高慧玲(第9章、第10章，河南科技学院)，李幼荣(第11章，扬州大学)。

本书的修订得到了华中农业大学无机及分析化学课程组全体老师的大力支持，得到了科学出版社赵晓霞等编辑的指导和帮助，在此一并表示诚挚的感谢。

书中不妥与疏漏之处恳请同仁和读者批评指正。

编　者

2017年2月

第二版前言

本书是普通高等教育“十一五”国家级规划教材《无机及分析化学》(第三版)(董元彦等主编)配套的学习指导，也可作为硕士研究生入学考试参考书。

本书自2006年出版以来，得到了广大读者的喜爱和欢迎，起到了答疑解惑、提高学生自学能力的作用。为适应新形势下无机及分析化学课程建设与改革的需要，编者在广泛调研的基础上，联合国内八所高校对本书进行了修订，各取所长，优势互补，在内容和结构等方面融合了多年教学改革与实践的成果，从而使修订后的《无机及分析化学学习指导》更贴近教师、贴近学生、贴近实际。本书具有以下特点。

(1) 增加基本内容框架图。引导读者自主归纳总结，提纲挈领，让点、线、面的知识系统地汇成立体网络结构。

(2) 以少而精、精而新为原则，将内容概要调整为重难点概要。努力做到削枝强干、加强基础、突出重点，既利于概览全貌，又利于把握重点。

(3) 修改、补充部分例题、练习题和考研模拟试题，使之紧扣课程教学大纲，采取理论与实际结合，概念与计算结合，基础与提高结合。引导读者灵活运用基础知识，达到触类旁通、举一反三的目的。

(4) 题型新颖，内容丰富，适于自学。注重对读者综合、类比、联想能力的培养，启发读者多角度开放式思维的形成。

参加本次修订的有张方钰、王运、董元彦、胡先文、刘永红、张新萍(绪论，第3、5、7、12章，华中农业大学)，陈朝晖、吴方琼(第1章，西南大学)，栾国有、程志强(第2章，吉林农业大学)，李莉、韩晓霞、曹洋(第4、13章，宁夏大学)，阎杰(第6章，仲恺农业工程学院)，黄喜根、黄忠、吴东平(第8章，江西农业大学)，侯振雨、陶建中、侯玉霞(第9、10章，河南科技学院)。

本书的修订得到了华中农业大学无机及分析化学课程组全体老师的大力支持，得到了科学出版社的指导和帮助，在此一并表示诚挚的感谢。

书中不妥与疏漏之处恳请同仁和读者批评指正。

编　者

2011年5月

第一版前言

随着科学技术的飞速发展，学科前沿相互渗透。化学科学的基础知识和基本技能对21世纪农林院校的大学生是必不可少的，是大学生的科学素质、创新精神和实践能力的重要组成部分。“无机及分析化学”是农林院校最重要的基础课程，该课程是在面向21世纪教学改革的进程中，由“普通化学”和“分析化学”整合而成，并在21世纪中国高等学校农林类专业数理化基础课程的创新与实践课题研究中加以修改和完善，避免了教学过程中的重复脱节现象，强化了理论与实际的结合，有利于加强对学生素质和能力的培养。

“无机及分析化学”课程内容广泛，理论性和应用性都很强，学生在学习中普遍感到困难。针对学生的困难和课程的特点，结合教师多年的教学经验，我们为农林院校“面向21世纪课程教材”《无机及分析化学》(第二版)(科学出版社，2005年)编写这本配套使用的学习指导书。

本书明确地指出了农林院校对无机及分析化学课程的学习要求，概要地归纳了各章的主要内容，解答了教材中的全部习题，并从易到难列举了各种类型的例题，还提供了多种类型的练习题。为学习方便及满足考研究生复习的需要，本书还收集、整理了若干套模拟试卷，供学生参考。《无机及分析化学》(第二版)教材中的第12章“现代仪器分析简介”和第13章“元素选述”，在教学中一般由学生自学，本书略去有关这两章的内容。

参加本书编写的有张方钰(第1，4章)，董元彦(第2，3，11章)，王运(第5，8章)，胡先文(第6章)，刘永红(第7章)和张新萍(第9，10章)。全书由董元彦、王运、张方钰定稿。由于编者水平所限，书中不当之处在所难免，欢迎读者批评指正。

编　者

2005年10月于武昌狮子山

目　　录

第三版前言
第二版前言
第一版前言
绪论……1
第 1 章　分散体系……10
第 2 章　化学热力学基础……28
第 3 章　化学反应速率和化学平衡……45
第 4 章　物质结构基础……66
第 5 章　化学分析……83
第 6 章　酸碱平衡和酸碱滴定法……101
第 7 章　沉淀溶解平衡和沉淀滴定法……123
第 8 章　配位平衡和配位滴定法……140
第 9 章　氧化还原平衡和氧化还原滴定法……164
第 10 章　电势分析法……193
第 11 章　吸光光度法……210
模拟试卷Ⅰ……221
模拟试卷Ⅱ……225
模拟试卷Ⅲ……228
模拟试卷Ⅳ……233
模拟试卷Ⅴ……238
模拟试卷Ⅵ……241
模拟试卷Ⅶ……245
模拟试卷Ⅷ……249
研究生入学考试模拟试卷Ⅰ……253
研究生入学考试模拟试卷Ⅱ……256
研究生入学考试模拟试卷Ⅲ……259
研究生入学考试模拟试卷Ⅳ……263
研究生入学考试模拟试卷Ⅴ……267
研究生入学考试模拟试卷Ⅵ……271
研究生入学考试模拟试卷Ⅶ……275
研究生入学考试模拟试卷Ⅷ……279
参考答案……283

绪　论

0.1 学习要求

1. 了解化学的发展简史，了解什么是无机及分析化学，以及如何学习无机及分析化学。

2. 理解有效数字的概念，掌握有效数字的运算规则。

3. 了解理想气体的一些基本性质，掌握理想气体状态方程和道尔顿分压定律，熟悉气体分压、分体积的基本计算。

0.2 重难点概要

0.2.1 理想气体状态方程

1. 理想气体的定义

理想气体是指气体分子不占体积、没有相互作用力。规定：处于低压(低于数百千帕)高温(高于 273.15K)的实际气体可近似看作理想气体(注：在通常情况下，实际气体按理想气体处理即可，特别是无机及分析化学课程的学习更是如此)。

2. 理想气体状态方程

理想气体状态方程：$pV = nRT$，还可写为下列形式

$$pV = \frac{m}{M}RT \quad 或 \quad pM = \rho RT$$

$R = 8.314\mathrm{Pa \cdot m^3 \cdot mol^{-1} \cdot K^{-1}} = 8.314\mathrm{kPa \cdot L \cdot mol^{-1} \cdot K^{-1}} = 8.314\mathrm{J \cdot mol^{-1} \cdot K^{-1}}$。

对于某气体从状态 1 过渡到状态 2，有

$$\frac{p_1V_1}{T_1} = \frac{p_2V_2}{T_2}$$

如果是定压条件下，则上式变为

$$\frac{V_1}{T_1} = \frac{V_2}{T_2}$$

如果是定容条件下，则上式变为

$$\frac{p_1}{T_1} = \frac{p_2}{T_2}$$

如果是定温条件下，则上式变为

$$p_1V_1 = p_2V_2$$

以上可以看出，无论公式的形式如何变化，理想气体状态方程 $pV = nRT$ 是根本，其他形

式的公式均由其推导而来。

3. 分压定律、分体积定律及相互关系

分压力：指某组分在同一温度下单独占有混合气体的容积时所产生的压力。也就是说混合气体中任一组分的分压力均是在同一温度、同一体积的条件下单独存在所表现的，因此各组分气体的分压力的加和即等于该混合气体的总压力。必须特别指出的是，无论是单一组分还是混合气体，它们所处的温度和占有的体积是相同的。

分体积：指某组分在一定温度和一定压力(总压力)下单独存在时所占据的体积。混合气体中任一组分的分体积是指在温度为 T 和总压为 p 时单独存在所表现的，各分体积的加和是混合气体的总体积。必须注意的是，无论是单一组分还是混合气体，它们所处的温度和压力是相同的。

根据分压定律：

$$p(i) = x(i) \cdot p(\text{总})$$

根据分体积定律：

$$V(i) = x(i) \cdot V(\text{总})$$

对于某体系中某组分气体，$x(i)$是相同的，则 $\dfrac{p(i)}{p(\text{总})} = \dfrac{V(i)}{V(\text{总})}$，根据此公式可以进行分体积和分压力的相互换算。

0.2.2 有效数字及其运算规则

有效数字就是实际上能测量到的数字，在这个数字中，只有最后一位是不确定的，其余各数都是确定的。测量值的有效数字位数与测量方法及所用仪器的准确度有关，因此有效数字不仅表示数值的大小，而且反映测量仪器的精确程度。

有效数字的修约规则是“四舍六入五留双”，即当尾数≤4 时则舍，当尾数≥6 时则入，当尾数等于 5 时，若“5”前面为偶数(包括零)则舍，为奇数则入；若 5 后面的数字是不为 0 的任何数，则不论 5 前面的一个数为偶数还是奇数均进入。对于分析测定中的数据，必须按照有效数字运算规则进行处理，使结果真正符合测量的准确度。

0.3 例题和习题解析

0.3.1 例题

【例题 0-1】 将 pH 分别为 1.07、0.07、0.007、0.70 换算为 H^+浓度，则相应的 $c(H^+)$分别为多少？

解 $c(H^+)$分别为 0.085、0.85、0.984、0.20mol · L^{-1}。pH=1.07，其有效数字为两位，因此对应的浓度也保留两位有效数字；pH = 0.07，其有效数字同样有两位，此时，小数点后数字前面的“0”仍然是有效数字，因此对应的浓度也保留两位有效数字；pH=0.007，为三位有效数字，因此对应的浓度也保留三位有效数字；pH=0.70，为两位有效数字，即对数值数字后面的“0”同样为有效数字，因此对应的浓度也保留两位有效数字。

【例题 0-2】 3.625+0.51、3.25×0.11，计算结果分别等于(　　)。

A. 4.14、0.35　　B. 4.14、0.36　　C. 4.13、0.36　　D. 4.13、0.35

解　有效数字运算，应先一次修约到位再计算：

$$3.625+0.51=3.62+0.51=4.13$$

$$3.25\times0.11=3.2\times0.11=0.35$$

故答案 D 正确。

【例题 0-3】　利用分光光度法测定某肉制品中残留环境激素二氯苯酚的含量，今称取样品 0.2312g，经系列处理后测得二氯苯酚的质量为 1.2×10^{-3}g，求该肉制品中二氯苯酚的含量。

解　$\frac{0.0012}{0.2312}\times100\%=0.52\%$，结果保留两位有效数字，因为二氯苯酚的质量测定值为两位有效数字，假定二氯苯酚的质量测定值为三位有效数字(1.21×10^{-3}g)，因其含量小于 1%，其结果仍然只能保留两位有效数字。

【例题 0-4】　在 27℃、101.325kPa 下以排水集气法收集氢气 100mL，该氢气的分压为多少？已知 27℃时水的饱和蒸气压为 3.565kPa。

解　根据道尔顿分压定律，总压力等于各分压之和，即 p(总)= $p(H_2)+p(H_2O)$。

$$101.325=p(H_2)+3.565\qquad p(O_2)=97.76\text{kPa}$$

【例题 0-5】　现有一个 6L、9MPa 的氧气储罐和另一个 12L、3MPa 的氮气储罐，两个容器由活塞连接，打开活塞待两种气体混合均匀后(设混合前后温度不变)，求此时氧气、氮气的分压力与分体积。

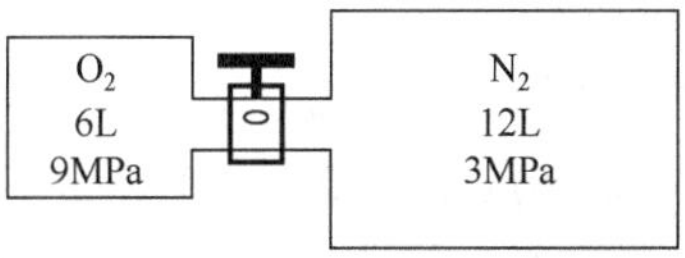

解　这是定温变化过程，适合用公式 $p_1V_1=p_2V_2$ 计算，由于该过程变化后 N_2、O_2 的体积均膨胀到 18L。

对于 O_2：　　$9\times6=p(O_2)\times18$　　$p(O_2)=3\text{MPa}$

对于 N_2：　　$3\times12=p(N_2)\times18$　　$p(N_2)=2\text{MPa}$

又根据分压力和分体积之间的计算关系 $\frac{p(i)}{p(总)}=\frac{V(i)}{V(总)}$，可以计算 N_2、O_2 的分体积为

$$V(O_2)=10.8\text{L}\qquad V(N_2)=7.2\text{L}$$

0.3.2　习题解析

【习题 0-1】　处于室温一密闭容器内有水及与水相平衡的水蒸气。现充入不溶于水也不与水反应的气体，则水蒸气的压力(　　)。

A. 不变　　B. 减少　　C. 增加　　D. 不能确定

答　答案 A 正确。

【习题 0-2】　25℃时以排水集气法收集氧气于钢瓶中，测得钢瓶压力为 150.5kPa，已知 25℃时水的饱和蒸气压为 3.2kPa，则钢瓶中氧气的压力为(　　)。

A. 147.3kPa　　B. 153.7kPa　　C. 150.5kPa　　D. 101.325kPa

答　答案 A 正确。

【习题 0-3】 以加热驱除水分法测定 $CaSO_4 \cdot \frac{1}{2}H_2O$ 中结晶水的含量时，称取试样 0.2000g；已知天平称量误差为±0.1mg，分析结果的有效数字应取(　　)。

A. 一位　　B. 四位　　C. 两位　　D. 三位

答　答案 D 正确。

【习题 0-4】 下列各数中，有效数字位数为四位的是(　　)。

A. $c(H^+) = 0.0003mol \cdot L^{-1}$　　B. pH =10.42　　C. $w(MgO) = 0.1996$　　D. 4000

答　答案 C 正确。

【习题 0-5】 已知某溶液 pH = 0.070，其氢离子浓度的正确值为(　　)。

A. $0.85mol \cdot L^{-1}$　　B. $0.8511mol \cdot L^{-1}$　　C. $0.8mol \cdot L^{-1}$　　D. $0.851mol \cdot L^{-1}$

答　答案 D 正确。

【习题 0-6】 测得某种新合成的有机酸 $pK_a^\ominus$ 值为 12.35，其 $K_a^\ominus$ 值应表示为(　　)。

A. 4.467×10^{-13}　　B. 4.47×10^{-13}　　C. 4.5×10^{-13}　　D. 4×10^{-13}

答　答案 C 正确。

【习题 0-7】 根据有效数字修约规则，将下列数据修约为四位有效数字：3.141 592 6，0.517 49，15.454 546，0.378 502，7.691 688，2.362 568，2.666 50，2.655 50。

答　3.142，0.5175，15.45，0.3785，7.692，2.363，2.666，2.656。

【习题 0-8】 在 298K、10.0L 的容器中含有 1.00mol N_2 和 3.00mol H_2，设气体为理想气体，试求容器中的总压和两气体的分压。

答　根据 $pV = nRT$，可求出总压力，$p \times 10.0 = (1.00 + 3.00) \times 8.314 \times 298$，得 p=991.5kPa。又根据 $p(i) = x(i) \cdot p$，可以计算出 $p(N_2) = 247.9kPa$，$p(H_2) = 743.6kPa$。

【习题 0-9】 在 100kPa 和 20℃时，从水面上收集 28.40mL 的氢气，干燥后氢气的体积是多少？已知在 20℃水的饱和蒸气压 $p(H_2O) = 2.33kPa$。

答　根据题意，$p(H_2)$ =100−2.33= 97.67kPa，$\frac{p(H_2)}{p(总)} = \frac{V(H_2)}{V(总)}$，$V(H_2)$=27.74mL。

【习题 0-10】 根据有效数字运算规则计算下列各值：

(1) 2.386+5.2+4.56　　(2) 0.0120×25.25×1.057 80

(3) $\frac{3.10 \times 21.14 \times 5.10}{0.001120}$　　(4) $\frac{0.09802 \times \frac{(21.12 - 13.40)}{1000} \times \frac{162.21}{3}}{1.4193}$

答　(1) 2.386+5.2+4.56=2.4+5.2+4.6=12.2

(2) 0.0120×25.25×1.057 80=0.0120×25.2×1.06=0.321

(3) 2.98×10^5

(4) 0.0288

0.4　练　习　题

0.4.1　简答题

1. 下列数据各包括了几位有效数字？

(1) $w = 0.0330$　(2) $m = 10.030g$　(3) $c(H^+) = 0.01020mol \cdot L^{-1}$　(4) $K_a^\ominus = 8.7\times10^{-5}$

(5) $pK_a^\ominus = 4.74$　(6) pH=10.00　(7) 998　(8) 1000

2. 按有效数字规则修约下列数字，要求保留四位有效数字。

(1) 1.0235　(2) 1.0245　(3) 1.0246　(4) 0.012 585

(5) 0.010 135　(6) 0.010 145　(7) 12.6549　(8) 12.6589

3. 将 0.089g $Mg_2P_2O_7$ 沉淀换算为 MgO 的质量，计算时在下列换算因数($2MgO/Mg_2P_2O_7$)中哪个数值较为合适：0.3623，0.362，0.36？计算结果应以几位有效数字报出？

4. 用返滴定法测定软锰矿中 MnO_2 的质量分数，其结果按下式进行计算：

$$w(MnO_2) = \frac{\left(\frac{0.8000}{126.07} - 8.65\times0.1000\times10^{-3}\times\frac{5}{2}\right)\times86.94}{0.5000}\times100\%$$

测定结果应以几位有效数字报出？

5. 用加热挥发法测定 $BaCl_2 \cdot 2H_2O$ 中结晶水的质量分数时，使用万分之一的分析天平称样 0.5000g，测定结果应以几位有效数字报出？

6. 两位分析者同时测定某一试样中硫的质量分数，称取试样均为 3.5g，分别报告结果是：甲　0.042%，0.041%；乙　0.040 99%，0.042 01%。哪一份报告是合理的，为什么？

7. 数字中的“0”何时是有效数字？何时不是有效数字？

8. 关于对数数值、非测定数字等有效数字的位数如何确定？

9. 有效数字的修约和结果的保留有哪些要求？

0.4.2　计算题

1. 按有效数字运算规则，计算下列各式：

(1) $2.187\times0.854 + 9.6\times10^{-2} - 0.0326\times0.008\,14$

(2) $\frac{0.010\,12\times(25.44-10.21)\times26.962}{1.0045\times1000}$

(3) $\frac{9.82\times50.62}{0.005\,164\times136.6}$

(4) pH=4.03，计算 H^+的浓度

(5) 213.64+4.4+0.324 42

(6) $\frac{0.0982\times(20.00-14.39)\times162.206/3}{1.4182\times1000}\times100$

2. 27℃时在一密闭筒内，盛有压力为 $1.00p^\ominus$的 N_2 0.823L，如果在相同温度下气体的体积为 0.456L，试求气体的压力(用 kPa 表示)。($p^\ominus$= 100kPa)

3. 有一科学家研究低温下 H_2 的性质，取 $1p^\ominus$下 25℃时 H_2 的体积 2.50L，然后在等压下将 H_2 冷却到−200℃，这时 H_2 的体积为多少升？

4. 一气球内充以 $10m^3$ 的 He，其压力为 $p^\ominus$，温度为 30℃。将其升空到某个高度时，高空压力为 $0.6p^\ominus$，温度降低到−20℃，(1)假设此气球在升空过程中，气体内外的压力和温度总是很相近的，此时 He 的体积为多少立方米？(2)计算欲充满此气球所需 He 的质量。

5. 试求 200K、100kPa 时 N_2 的密度。

6. 30℃时把一个具有活塞的烧瓶抽成真空，其质量为 134.567g，再将此烧瓶充满水，其

质量为 1067.9g，若在 98.15kPa 下向瓶中充入气体，则质量为 137.456g，试求算此气体的摩尔质量。

7. 计数管的原料需要 0.95(物质的量分数)的丁烷(C_4H_{10})和 0.05 的氩气(Ar)所组成的混合气。今在一体积 40.0L 的钢瓶中，在温度为 298K 下配制此混合气，配制方法是先将钢瓶抽成真空，再充以丁烷使瓶中压力达到 101.3kPa，然后再加压充入氩气。试求：(1)要使混合气达到原料气的浓度要求，应充入氩气多少千克？(2)最后瓶中压力为多大？

8. 有一含酸性组分 CO_2 的混合气体，在常温下取样品气体 100mL，经烧碱(NaOH)溶液吸收后，在相同室温和常压下测得剩余气体的体积为 99.5mL，此混合气中 CO_2 的物质的量分数为多大？

9. NO_2 冷却到室温时，会按下式反应生成一种二聚体 N_2O_4：

$$2NO_2 \longrightarrow N_2O_4$$

现将高温下的 15.2g NO_2 充入 10.0L 烧瓶，将此烧瓶冷却到 25℃，测得烧瓶中气体的总压力为 50.65kPa，试求算 NO_2 和 N_2O_4 的分压和物质的量分数。

10. 某日白天的温度为 32℃，气压为 98.37kPa，空气湿度为 80%；晚间温度为 20℃，气压为 99.30kPa，试求算在晚间将从空气中凝结出百分之几的露水。(已知 32℃时水的饱和蒸气压为 4.80kPa、20℃时水的饱和蒸气压为 2.33kPa)

练习题参考答案

0.4.1 简答题

1. (1)三位；(2)五位；(3)四位；(4)两位；(5)两位；(6)两位；(7)不确定；(8)不确定。

2. (1)1.024；(2)1.024；(3)1.025；(4)0.012 58；(5)0.010 14；(6)0.010 14；(7)12.65；(8)12.66。

3. 0.36，两位。

4. 四位。

5. 四位。

6. 甲的合理，因为称量有效数字是两位。

7. 要理解这一问题，关键是要认识有效数字的本质问题。有效数字是指实际能测量到的数字，数字中间的“0”和数字后面的“0”是测量所得，是有效数字，数字前面的“0”不是测量所得，因而不是有效数字，仅用来定位。例如，0.1020 中数字中间的“0”和末位的“0”都是有效数字，而离解常数 0.000 018 中的前五个“0”是定位的，不是有效数字，为了避免混淆，应当用 1.8×10^{-5} 的指数形式表示，它是两位有效数字。

8. 对数数值(pH、pM、$pK_a^{\ominus}$、$\lg K^{\ominus}$等)的有效数字位数只取决于小数部分的位数，整数部分只代表该数为 10 的多少次方，起定位作用。例如，pH=4.75，只有小数点后的“75”是有效数字，因而该 pH 的有效数字是两位，如将其换算为 H^+浓度，则应表示为 $c(H^+)=1.8\times10^{-5}mol\cdot L^{-1}$，保留两位有效数字，即与原 pH 的有效数字保持一致。

计算式中的倍数、分数、指数或自然对数的底 e 等为非测量所得数字，可视为无误差数字，其有效数字的位数是无限的，在计算时根据实际情况保留合适的有效数字位数。例如，计算式 $\frac{\sqrt{2}\times0.1025}{10\,000\times25.36\times10^{-3}}$，其结果应保留四位有效数字，在运算时，分子中的 $\sqrt{2}$ 应取 1.414，分母中的 10 000 可写作 1.000×10^4。

9. 分析测试过程中，由于对同一待测对象采取的测量方法和手段不同，得到系列有效数字位数不同的数据，在对结果进行处理时，必须按有效数字运算规则进行修约，修约的目的是简化计算过程，确保计算结果的准确性，因此要求必须先修约后计算。一般只要求对原始数据进行修约，对于多步运算不能连续进行修约，以避免产生修约误差。例如，2.235+0.45，应修约为 2.24+0.45=2.69，若直接相加后再修约其结果为 2.68，2.68 不是按有效数字运算规则求得的，是无效的。又如，1.0456×0.688×0.568，应先修约为 1.04×0.688×0.568，再直接计算出结果，中途不必修约，其结果应为 0.406。

对于一个分析对象，往往会得到多个测定数据，但计算结果保留有效数字的位数应以测量绝对误差最大的或有效数字最少的那个数字为准，同时还应考虑所测组分含量的多少。例如，称取某试样 0.426g，用滴定法测定其含量，消耗标准溶液体积 25.35mL，某人处理结果得到两个值 13.45%和 13.4%，显然应取 13.4%，与称量误差一致。又如，称取 0.2356g $K_2C_2O_4 \cdot H_2C_2O_4 \cdot \frac{1}{2}H_2O$ 试样，分析其结晶水的含量，有效数字应保留几位？显然，根据要求一般只保留三位有效数字，因为水的理论含量在 10%以下。对于相对误差、相对平均偏差、标准差等表示偏差或误差的，由于其值本来就比较小，因此有效数字的保留一般只要求保留一位，最多保留两位。

0.4.2　计算题

1. (1)1.97；(2)0.004 139；(3)704.7；(4)9.3×10^{-5} mol·L^{-1}；(5)218.3；(6)2.10。

2. 气体状态的变化是在等温下发生的，故根据理想气体状态方程有

$$p_1V_1 = p_2V_2$$

$$(1.00\times100)\times 0.823 = p_2 \times 0.456$$

$$p_2 = 180\text{kPa}$$

3. 由于此实验是在等压条件下进行，故根据理想气体状态方程有

$$\frac{V_1}{T_1} = \frac{V_2}{T_2} \qquad \frac{2.50}{298.15} = \frac{V_2}{73.15}$$

$$V_2 = 0.613\text{L}$$

4. (1)在气球中 He 的物质的量 n 是不变的，因此可以用

$$\frac{p_1V_1}{T_1} = \frac{p_2V_2}{T_2}$$

$$V_2 = V_1\frac{p_1T_2}{p_2T_1} = 10\times\frac{p^{\ominus}\times253.15}{0.6p^{\ominus}\times303.15} = 14(\text{m}^3)$$

(2)欲求算充气所需的 He 的质量，可先用下式求算 He 的物质的量 n，得

$$n = \frac{pV}{RT} = \frac{101\,325\times10}{8.314\times303.15} = 402(\text{mol})$$

$$M(\text{He}) = 4.00\text{g}\cdot\text{mol}^{-1}$$

$$m = n\cdot M = 402\times4.00 = 1.61\times10^3(\text{g}) = 1.61(\text{kg})$$

5. 密度的定义是单位体积气体的质量，即

$$\rho = \frac{m}{V} = \frac{nM}{V} \qquad (\rho\text{：密度；}n\text{：物质的量；}M\text{：摩尔质量})$$

在此状态下的 N_2 看作理想气体，则

$$pV = nRT = \frac{m}{M}RT$$

$$\rho = \frac{m}{V} = \frac{Mp}{RT} = \frac{28.0\times100}{8.314\times200} = 1.68\ (\text{kg}\cdot\text{m}^{-3})$$

6. 首先要知道此烧瓶的体积

$$V = \frac{1067.9-134.567}{1.00} = 933.3(\text{mL})$$

未知气体的质量为

$$m = 137.456 - 134.567 = 2.889(\text{g})$$

此气体在瓶中的密度为

$$\rho = \frac{m}{V} = \frac{2.889}{933.3} = 3.095 \times 10^{-3}(\text{g} \cdot \text{cm}^{-3})$$

$$M = \frac{\rho RT}{p} = \frac{3.095 \times 8.314 \times 304.15}{98.15} = 79.7(\text{g} \cdot \text{mol}^{-1})$$

7. (1)根据道尔顿分压定律 $p(i) = x(i) \cdot p(总)$，有

$$p(C_4H_{10}) = x(C_4H_{10}) \cdot p(总) \qquad p(\text{Ar}) = x(\text{Ar}) \cdot p(总)$$

$$\frac{p(C_4H_{10})}{p(\text{Ar})} = \frac{x(C_4H_{10}) \cdot p(总)}{x(\text{Ar}) \cdot p(总)} \qquad \frac{101.3}{p(\text{Ar})} = \frac{0.95}{0.05}$$

$$p(\text{Ar})=5.33\text{kPa}$$

$$m(\text{Ar}) = \frac{pVM(\text{Ar})}{RT} = \frac{5.33 \times 40.0 \times 39.95}{8.314 \times 298} = 3.44(\text{g})$$

(2)

$$p(最后) = p(C_4H_{10}) + p(\text{Ar}) = 101.3 + 5.33 = 106.6(\text{kPa})$$

8. 此混合气的总体积 $V(总)=100\text{mL}$，按分体积的概念，$V(CO_2)$应是 V 与其他组分气体分体积之差，即

$$V(CO_2) = 100 - 99.5 = 0.5(\text{mL})$$

由分体积定律可知

$$x(CO_2) = \frac{V(CO_2)}{V(总)} = \frac{0.5}{100} = 0.005$$

9. 按分压定律，在 25℃反应平衡混合物中

$$p(NO_2) + p(N_2O_4) = 50.65\text{kPa}$$

即

$$n(NO_2)\frac{RT}{V} + n(N_2O_4)\frac{RT}{V} = 50.65\text{kPa}$$

$$n(NO_2) + n(N_2O_4) = 50.65 \times \frac{V}{RT} = 50.65 \times \frac{10.0}{8.314 \times 298.15} = 0.204(\text{mol}) \tag{a}$$

已知反应前起始 NO_2 的物质的量 $n(NO_2) = \frac{15.2}{46.01} = 0.330(\text{mol})$，而在反应前后 N 原子总的物质的量是不变的。则在 25℃时，$n(NO_2)$和 $n(N_2O_4)$应有下列关系

$$n(NO_2) + 2n(N_2O_4) = 0.330\text{mol} \tag{b}$$

将式(a)减去式(b)可得

$$n(N_2O_4) = 0.330 - 0.204 = 0.126(\text{mol})$$

$$n(NO_2) = 0.204 - 0.126 = 0.078(\text{mol})$$

$$x(NO_2) = \frac{n(NO_2)}{n(NO_2) + n(N_2O_4)} = 0.38$$

$$x(N_2O_4) = 1.00 - 0.38 = 0.62$$

$$p(NO_2) = p(总) \cdot x(NO_2) = 50.65 \times 0.38 = 19.25(\text{kPa})$$

$$p(N_2O_4) = p(总) \cdot x(N_2O_4) = 50.65 \times 0.62 = 31.40(\text{kPa})$$

10. 白天

$$p(水汽) = 4.80 \times 0.8 = 3.84(\text{kPa})$$

$$p(干空气) = 98.37 - 3.84 = 94.53(\text{kPa})$$

而由分压定律可知

$$\frac{n(\text{水汽})}{n(\text{干空气})}=\frac{p(\text{水汽})}{p(\text{干空气})}=\frac{3.84}{94.53}=0.041$$

即白天每摩尔干空气中所含水汽的量为 0.04mol。

晚间
$$p'(\text{水汽})=2.33\text{kPa}$$

$$p'(\text{干空气})=99.30-2.33=96.97(\text{kPa})$$

$$\frac{n'(\text{水汽})}{n'(\text{干空气})}=\frac{p'(\text{水汽})}{p'(\text{干空气})}=\frac{2.33}{96.97}=0.024$$

即晚间每摩尔干空气中所含水汽的量为 0.024mol，所以晚间从空气中凝结的水量占白天水汽的百分数为

$$\frac{0.041-0.024}{0.041}\times 100\%=\frac{0.017}{0.041}\times 100\%=41\%$$

第1章　分散体系

1.1　学习要求

1. 了解分散体系的分类。
2. 掌握溶液浓度的定义及其相互换算。
3. 掌握稀溶液的依数性及其计算。
4. 掌握胶体的特性及胶团结构式的书写。
5. 掌握溶液的稳定性与凝结。

1.2　重难点概要

1.2.1　物质的量及其单位

1. 物质的量

物质的量(amount of substance)是用来表示微观基本单元B的数量的物理量，用 n 表示。

2. 单位

物质的量的单位为摩尔(mol)。摩尔的定义包含两点：①摩尔是一体系的物质的量。该体系中所包含的基本单元与0.012kg ^{12}C 的原子数目相等；②使用摩尔及其导出单位时，必须用元素符号或化学式注明基本单元，它可以是分子、原子、离子、电子，也可以是这些粒子的特定组合，还可以是某一特定的过程或反应。

当选择不同基本单元时，有 $n(aB)=\frac{1}{a}n(B)$。

1mol物质的质量，称为摩尔质量，用符号“M(B)”表示。

$$M(B)=\frac{m(B)}{n(B)} \quad (\text{单位为 } kg\cdot mol^{-1} \text{ 或 } g\cdot mol^{-1})$$

任何基本单元的摩尔质量，当单位为 $g\cdot mol^{-1}$ 时，其数值等于相对原子质量或相对分子质量。

当选择不同基本单元时，有 $M(aB)=aM(B)$。

1.2.2　浓度的表示方法

1. 物质的量浓度

溶液中溶质(solute)B的物质的量除以混合物的体积(volume)称为物质的量浓度。

$$c(\mathrm{B})=\frac{n(\mathrm{B})}{V}\quad(\text{单位为 mol}\cdot\mathrm{dm}^{-3}\text{ 或 mol}\cdot\mathrm{L}^{-1})$$

当选择不同基本单元时，有 $c(a\mathrm{B})=\frac{1}{a}c(\mathrm{B})$ 。

2. 质量摩尔浓度

溶液中溶质 B 的物质的量除以溶剂(solvent)的质量(mass)称为质量摩尔浓度。

$$b(\mathrm{B})=\frac{n(\mathrm{B})}{m(\mathrm{A})}=\frac{m(\mathrm{B})}{M(\mathrm{B})\cdot m(\mathrm{A})}\quad(\text{单位为 mol}\cdot\mathrm{kg}^{-1})$$

稀水溶液的 $b(\mathrm{B})\approx c(\mathrm{B})$。

3. 摩尔分数

溶液中溶质 B 的物质的量与混合物(mixture)总物质的量之比称为组分 B 的摩尔分数(mole fraction)，用“$x(\mathrm{B})$”表示，其量纲为 1。

若溶液为 A、B 两种组分：

$$x(\mathrm{A})=\frac{n(\mathrm{A})}{n(\mathrm{A})+n(\mathrm{B})}\qquad x(\mathrm{B})=\frac{n(\mathrm{B})}{n(\mathrm{A})+n(\mathrm{B})}$$

则 $x(\mathrm{A})+x(\mathrm{B})=1$。

若溶液为多种组分，则 $\sum x(i)=1$ 。

4. 质量分数

溶质 B 的质量占溶液质量的分数称为质量分数，用“$w(\mathrm{B})$”表示。

$$w(\mathrm{B})=\frac{m(\mathrm{B})}{m}$$

式中，$w(\mathrm{B})$的量纲为 1(也可以用百分数表示)。

5. 几种浓度之间的换算

(1) 物质的量浓度与质量分数

$$c(\mathrm{B})=\frac{n(\mathrm{B})}{V}=\frac{m(\mathrm{B})}{M(\mathrm{B})\cdot V}=\frac{m(\mathrm{B})}{M(\mathrm{B})\cdot\frac{m}{\rho}\times10^{-3}}=\frac{1000\rho\cdot m(\mathrm{B})}{M(\mathrm{B})\cdot m}=\frac{1000w(\mathrm{B})\cdot\rho}{M(\mathrm{B})}$$

(2) 物质的量浓度与质量摩尔浓度

$$c(\mathrm{B})=\frac{n(\mathrm{B})}{V}=\frac{n(\mathrm{B})}{\frac{m}{\rho}}=\frac{n(\mathrm{B})\cdot\rho}{m}$$

对于稀溶液，当 $m\approx m(\mathrm{A})$时，则

$$c(\mathrm{B})=\frac{n(\mathrm{B})\cdot\rho}{m}=\frac{n(\mathrm{B})\cdot\rho}{m(\mathrm{A})}=b(\mathrm{B})\cdot\rho$$

1.2.3 难挥发非电解质稀溶液的依数性

在稀溶液中，只与粒子的数目有关，而与粒子的性质、大小无关的性质称为稀溶液依数性(colligative properties)，如蒸气压下降(vapor pressure lowering)、沸点升高(boiling point elevation)、凝固点下降(freezing point depression)和渗透压(osmotic pressure)等。

1. 溶液的蒸气压下降

1) 蒸气压

在一定温度下，液体或固体蒸发(evaporation)和凝聚(coagulation)的速度相等时，液体上方的蒸气所具有的压力，称为饱和蒸气压(saturated vapor pressure)，简称蒸气压(vapor pressure)。在同一温度时，不同物质的蒸气压是不同的。一般液体的蒸气压较大。固体物质也有蒸气压，但数值较小。蒸气压受温度影响较大，温度升高，蒸气压增大。

常温下蒸气压小的物质，称为难挥发物质(如甘油、硫酸等)；常温下蒸气压较大的物质，称为易挥发物质。

在同一温度下，纯溶剂的蒸气压 p^* 与溶液的蒸气压 p 之差，称为溶液的蒸气压下降。

$$\Delta p = p^* - p$$

难挥发非电解质稀溶液的蒸气压下降与溶质的摩尔分数成正比，与溶质的本性无关，这一定量关系称为拉乌尔(Raoult)定律，即

$$\Delta p = p^* \cdot x(\mathrm{B})$$

在一定温度下，溶剂为水时，稀溶液的蒸气压下降与溶质的质量摩尔浓度 $b(\mathrm{B})$成正比，即

$$\Delta p = \frac{p^*}{55.5} \cdot b(\mathrm{B}) = K \cdot b(\mathrm{B})$$

2) 溶液蒸气压下降的原因

溶液的蒸气压实际上是指溶液中溶剂的蒸气压(因为溶质是难挥发的)。溶液蒸气压下降的原因比较复杂，主要有以下两点：①溶液表面溶剂的分子数目减少；②形成溶剂化分子。

2. 溶液的沸点升高和凝固点下降

1) 沸点和溶液沸点升高

液体的蒸气压等于外界大气压时的温度称为沸点(boiling point)。在 101.325kPa 压力下液体的沸点称为正常沸点(normal boiling point)，如水的正常沸点为 100℃。在 100kPa 压力下的沸点称为标准沸点，水的标准沸点为 99.67℃。

不同的物质，沸点不同。同一物质，外压不同时，沸点也不一样，外压减小，沸点降低。

溶液的沸点升高是指溶液的沸点与纯溶剂的沸点之差，即

$$\Delta T_\mathrm{b} = T_\mathrm{b} - T_\mathrm{b}^*$$

2) 凝固点和溶液的凝固点下降

固相蒸气压等于液相蒸气压时的温度称为凝固点(freezing point)。溶液的凝固点下降是纯溶剂的凝固点与溶液凝固点之差，即

$$\Delta T_\mathrm{f} = T_\mathrm{f}^* - T_\mathrm{f}$$

难挥发非电解质稀溶液的沸点升高、凝固点下降也近似地与溶质的质量摩尔浓度成正比，而与溶质的本性无关。

$$\Delta T_b = K_b \cdot b(\mathrm{B})$$

$$\Delta T_f = K_f \cdot b(\mathrm{B})$$

式中：K_b 为溶剂的沸点升高常数；K_f 为溶剂的凝固点下降常数。

溶液的沸点升高和凝固点下降的原因是溶液的蒸气压下降。

3. 渗透压

1) 渗透作用

溶剂通过半透膜(semipermeable membrane)进入溶液的单向扩散过程，称为渗透作用。

产生渗透作用必须满足两个条件：①有半透膜存在；②半透膜两边存在浓度差。

2) 渗透压

渗透压是阻止渗透作用而施加于溶液上方的最小压力。若半透膜两侧溶液的浓度相等，称为等渗溶液。半透膜两侧渗透压不等，则渗透压高的称为高渗溶液，渗透压低的称为低渗溶液。

1886 年，荷兰物理学家范特霍夫根据实验总结出稀溶液的渗透压与浓度和温度的关系为

$$\pi V = nRT$$

$$\pi = \frac{n}{V}RT = c(\mathrm{B})RT$$

对稀溶液

$$\pi \approx b(\mathrm{B})RT$$

只要知道稀溶液的依数性中的一种，就可以计算其他性质。

1.2.4 电解质稀溶液的依数性

电解质溶液也有蒸气压下降、沸点升高、凝固点下降及渗透压等现象，但稀溶液所表达的这些依数性与溶液浓度的定量关系不适用于电解质溶液，需要一个校正因子。电解质稀溶液的各项依数性数值都比根据拉乌尔定律计算的数值大得多。

1.2.5 胶体溶液

由固态分散质分散在液态的分散介质中所形成的胶体分散体系，称为胶体溶液，简称溶胶，其分散质颗粒直径在 1～100nm。溶胶为多相体系，故有一些特殊的性质。例如，丁铎尔效应是溶胶粒子散射光的现象；做布朗运动时，整个胶团一起运动；电泳现象是带电的胶粒向异电荷电极的定向运动；电渗是扩散层反离子向其异电极的定向运动。

溶胶是由无数胶团构成的，其结构可用胶团结构式表示。书写胶团结构式时要注意两点：一是胶团的内部构造，胶核是核心，胶核外边是吸附层，胶核与吸附层组成胶粒，胶粒外是扩散层；二是电荷，整个胶团是电中性的，胶粒所带电荷必定与扩散层反离子所带电荷相等，但符号相反。

使溶胶聚沉的方法有多种，但最重要的方法是加入电解质。电解质使溶胶凝结时起主要

作用的是与胶粒带相反电荷的离子，这种离子的价数越高，凝结能力越强。电解质凝结能力的大小用凝结值表示。电解质的凝结值越小，凝结能力越强。

1.3 例题和习题解析

1.3.1 例题

【例题 1-1】 将 7.00g 草酸($H_2C_2O_4 \cdot 2H_2O$)溶于 93.0g 水，所得溶液的密度为 $1.025g \cdot mL^{-1}$。求该溶液：(1)质量分数；(2)物质的量浓度；(3)质量摩尔浓度；(4)摩尔分数。

解 (1) 已知 $M(H_2C_2O_4 \cdot 2H_2O)=126.07g \cdot mol^{-1}$，$M(H_2C_2O_4)=90.04g \cdot mol^{-1}$，则

$$m(H_2C_2O_4) = 7.00 \times \frac{90.04}{126.07} = 5.00(g)$$

$$w(H_2C_2O_4) = \frac{m(H_2C_2O_4)}{m(溶液)} = \frac{5.00}{7.00+93.0} = 0.0500$$

(2)
$$n(H_2C_2O_4) = \frac{m(H_2C_2O_4)}{M(H_2C_2O_4)} = \frac{5.00}{90.04} = 0.0555(mol)$$

$$V = \frac{m}{\rho} = \frac{7.00+93.0}{1.025} = 97.56(mL)$$

$$c(H_2C_2O_4) = \frac{n(H_2C_2O_4)}{V} = \frac{0.0555}{97.56 \times 10^{-3}} = 0.569(mol \cdot L^{-1})$$

(3)
$$b(H_2C_2O_4) = \frac{n(H_2C_2O_4)}{m(H_2O)} = \frac{0.0555}{(93.0+7.00-5.00) \times 10^{-3}} = 0.584(mol \cdot kg^{-1})$$

(4)
$$n(H_2O) = \frac{m(H_2O)}{M(H_2O)} = \frac{93.0+2.00}{18.0} = 5.28(mol)$$

$$x(H_2C_2O_4) = \frac{n(H_2C_2O_4)}{n(H_2C_2O_4)+n(H_2O)} = \frac{0.0555}{0.0555+5.28} = 1.04 \times 10^{-2}$$

$$x(H_2O) = \frac{n(H_2O)}{n(H_2C_2O_4)+n(H_2O)} = \frac{5.28}{0.0555+5.28} = 0.990$$

【例题 1-2】 某水溶液含有难挥发性溶质，在 271.7K 时凝固，求：(1)该溶液的正常沸点；(2)在 298.15K 时的蒸气压(该温度时纯水的蒸气压为 3.18kPa)；(3)298.15K 时的渗透压(假定溶液是理想溶液)。

解 (1)根据$\Delta T_b = K_b \cdot b(B)$，$\Delta T_f = K_f \cdot b(B)$，则

$$\Delta T_b = K_b \cdot \frac{\Delta T_f}{K_f}$$

溶液的正常沸点为

$$T_b = 373.15 + \Delta T_b = 373.15 + \frac{K_b \cdot \Delta T_f}{K_f} = 373.15 + \frac{0.512 \times (273.15 - 271.7)}{1.86} = 373.55(K)$$

(2)
$$b(B) = \frac{\Delta T_f}{K_f} = \frac{1.45}{1.86} = 0.780(mol \cdot kg^{-1})$$

$$p = p^* - \Delta p = p^* - p^* \cdot M(\mathrm{A}) \cdot b(\mathrm{B}) = 3.18 - 3.18 \times 0.018 \times 0.780 = 3.14(\mathrm{kPa})$$

(3)　$\pi = c(\mathrm{B})RT \approx b(\mathrm{B})RT = 0.780 \times 8.314 \times 298.15 = 1.93 \times 10^3(\mathrm{kPa})$

【例题 1-3】　15.0g 尿素(M = 60.0g · mol^{-1})溶于 1000.0g H_2O 为 A 溶液，57.0g 蔗糖(M = 342g · mol^{-1})溶于 500.0g H_2O 为 B 溶液。(1)哪种溶液沸点高？(2)A、B 同时置于密封钟罩中，水将从哪一种溶液向另一种溶液转移？转移多少？

解　(1) $\Delta T_b(\mathrm{A}) = K_b \cdot b(\mathrm{A}) = 0.512 \times \dfrac{15.0}{60.0 \times 1000.0 \times 10^{-3}} = 0.128(\mathrm{K})$

$$\Delta T_b(\mathrm{B}) = K_b \cdot b(\mathrm{B}) = 0.512 \times \frac{57.0}{342 \times 500.0 \times 10^{-3}} = 0.171(\mathrm{K})$$

$$\Delta T_b(\mathrm{B}) > \Delta T_b(\mathrm{A})$$

故 B 液的沸点高。

(2) 水从 A 溶液向 B 溶液转移，至 $b(\mathrm{A}) = b(\mathrm{B})$为止，设转移 x g 水，则

$$\frac{15.0}{60.0 \times (1000 - x)} = \frac{57.0}{342 \times (500.0 + x)}$$

$$x = 100\mathrm{g}$$

【例题 1-4】　按蒸气压大小的顺序，下列排列顺序是否正确？为什么？

$$1.0\mathrm{mol \cdot kg^{-1}}\ H_2SO_4 > 1.0\mathrm{mol \cdot kg^{-1}}\ NaCl > 0.10\mathrm{mol \cdot kg^{-1}}\ NaCl >$$
$$0.10\mathrm{mol \cdot kg^{-1}}\ HAc > 1.0\mathrm{mol \cdot kg^{-1}}\ C_6H_{12}O_6 > 0.10\mathrm{mol \cdot kg^{-1}}\ C_6H_{12}O_6$$

解　不正确。

(1) 上述排列是先考虑强电解质，再考虑弱电解质，最后考虑非电解质。但一般来说，浓度因素的影响是主要的。因为当浓度相差 10 倍时，溶液中溶质的粒子数目相差远远大于 10 倍，所以应先考虑浓度的影响。

(2) 溶液的蒸气压与纯溶剂的蒸气压相比下降了，对于难挥发非电解质的稀溶液来说，可用拉乌尔定律[$\Delta p = p^* \cdot x(\mathrm{B})$]表示，但对于强电解质和弱电解质来说，虽然并不完全符合这一定量规律，若只做定性比较还是可以的。因此，溶液越浓，或单位体积内溶质粒子数目越多，蒸气压下降的绝对值越大，溶液的蒸气压相应越低。

所以蒸气压大小顺序为：$1.0\mathrm{mol \cdot kg^{-1}}\ H_2SO_4 < 1.0\mathrm{mol \cdot kg^{-1}}\ NaCl < 1.0\mathrm{mol \cdot kg^{-1}}\ C_6H_{12}O_6 < 0.10\mathrm{mol \cdot kg^{-1}}\ NaCl < 0.10\mathrm{mol \cdot kg^{-1}}\ HAc < 0.10\mathrm{mol \cdot kg^{-1}}\ C_6H_{12}O_6$。

【例题 1-5】　20℃时，将 1.00g 血红素溶于水中，配制成 100.0mL 溶液，测得其渗透压为 0.366kPa。(1)求血红素的摩尔质量；(2)计算说明能否用其他依数性测定血红素的摩尔质量。

解　(1) 设血红素的摩尔质量为 M，由

$$\pi = \frac{n}{V}RT = \frac{mRT}{MV}$$

得
$$M = \frac{mRT}{\pi V} = \frac{1.00 \times 8.314 \times 293.15}{0.366 \times 100.0 \times 10^{-3}} = 6.66 \times 10^4(\mathrm{g \cdot mol^{-1}})$$

(2) 利用沸点升高和凝固点降低也可以测定血红素的摩尔质量。

$$c(\mathrm{B})=\frac{\pi}{RT}=\frac{0.366}{8.314\times 293.15}=1.50\times 10^{-4}(\mathrm{mol\cdot L^{-1}})$$

$$b(\mathrm{B})\approx c(\mathrm{B})=1.50\times 10^{-4}\mathrm{mol\cdot kg^{-1}}$$

$$\Delta T_{\mathrm{b}}(\mathrm{B})=K_{\mathrm{b}}\cdot b(\mathrm{B})=0.512\times 1.50\times 10^{-4}=7.68\times 10^{-5}(\mathrm{K})$$

$$\Delta T_{\mathrm{f}}(\mathrm{B})=K_{\mathrm{f}}\cdot b(\mathrm{B})=1.86\times 1.50\times 10^{-4}=2.79\times 10^{-4}(\mathrm{K})$$

比较以上计算结果，ΔT_{b}、ΔT_{f} 的值都相当小，很难测准，只有渗透压的数据相对较大，容易测准。所以当被测化合物的摩尔质量较大时，采用渗透压法准确度最高。

【例题 1-6】 50.0mL 0.0050mol · L^{-1} $Ba(SCN)_2$ 溶液和 50.0mL 0.0030mol · L^{-1} K_2SO_4 溶液混合，制得 $BaSO_4$ 溶胶，写出该溶胶的胶团结构式。现有 $AlCl_3$、$MgSO_4$ 和 $K_3[Fe(CN)_6]$ 三种电解质，它们对该溶胶起凝结作用的是何物？三种电解质对该溶胶的凝结值大小顺序如何？

解 由题意：

$$\mathrm{Ba(SCN)_2 + K_2SO_4 = BaSO_4\ (溶胶) + 2KSCN}$$

$$n\,(\mathrm{Ba^{2+}})=0.0050\times 50.0=0.25(\mathrm{mmol})$$

$$n\,(\mathrm{SO_4^{2-}})=0.0030\times 50.0=0.15(\mathrm{mmol})$$

因为 $Ba(SCN)_2$ 过量，所以 $BaSO_4$ 的胶团结构式为

$$[(\mathrm{BaSO_4})_m\cdot n\mathrm{Ba^{2+}}\cdot(2n-x)\mathrm{SCN^-})]^{x+}\cdot x\mathrm{SCN^-}$$

而起凝结作用的物质是阴离子，故凝结值的大小顺序为

$$\mathrm{AlCl_3 > MgSO_4 > K_3[Fe(CN)_6]}$$

1.3.2 习题解析

【习题 1-1】 难挥发溶质的溶液，在不断的沸腾过程中，它的沸点是否恒定？其蒸气在冷却过程中的凝聚温度是否恒定？为什么？

解 由于溶剂的挥发，溶液浓度逐渐增大，其沸点是逐渐升高的，至溶液达到饱和后，沸点恒定；在蒸气冷却过程中，由于溶剂是纯净的，其凝聚温度是恒定的，并等于溶剂的沸点。

【习题 1-2】 若渗透现象停止了，是否意味着半透膜两端溶液的浓度也相等了？

解 根据范特霍夫的渗透压定律，若渗透现象停止了，说明渗透压相等，但其浓度不一定相等。

【习题 1-3】 为何江河入海处常会形成三角洲？

解 三角洲的形成过程体现了胶体的性质：当河水和海水混合时，由于它们所含的胶体微粒所带电荷的性质不同以及静电作用，异性电荷相互吸引，导致胶体的颗粒变大，最终沉淀出来，日积月累的堆积，就形成了三角洲。

【习题 1-4】 加明矾为什么能够净水？

解 天然水中含有带负电荷的悬浮物(黏土等)，使天然水比较浑浊，而明矾的水解产物 $Al(OH)_3$ 胶粒带正电荷，将明矾加入天然水中时，形成 $Al(OH)_3$ 胶体，一是胶体具有较大的比表面积，具有强的吸附作用，二是两种电性相反的胶粒相互吸引发生电性中和而聚沉，从而达到净水的效果。

【习题 1-5】 不慎发生重金属离子中毒，为什么服用大量鲜牛奶可以减轻症状?

解 由于人体组织中的蛋白质是一种胶体，遇到可溶性重金属盐会凝结而变性，因此误服重金属盐会使人中毒。如果立即服用大量鲜牛奶这类胶体溶液，可促使重金属与牛奶中的蛋白质发生聚沉作用，从而减轻重金属离子对人体的危害。

【习题 1-6】 3.0% Na_2CO_3 溶液的密度为 $1.03g \cdot mL^{-1}$，配制此溶液 200.0mL，需要 $Na_2CO_3 \cdot 10H_2O$ 多少克？溶液的物质的量浓度是多少?

解

$$m(Na_2CO_3) = 3.0\% \times 1.03 \times 200.0 = 6.2(g)$$

$$m(Na_2CO_3 \cdot 10H_2O) = 6.2 \times \frac{286}{106} = 17(g)$$

$$c(Na_2CO_3) = \frac{\frac{6.2}{106}}{200.0 \times 10^{-3}} = 0.29(mol \cdot L^{-1})$$

【习题 1-7】 为了防止 500. 0mL 水在 268.15K 结冰，需向水中加入甘油($C_3H_8O_3$)多少克?

解

$$\Delta T_f = K_f \cdot \frac{m(C_3H_8O_3)}{M(C_3H_8O_3) \cdot m(H_2O)}$$

$$m(C_3H_8O_3) = \frac{(273.15 - 268.15) \times 92.0 \times 500.0 \times 10^{-3}}{1.86} = 124(g)$$

【习题 1-8】 把 30.0g 乙醇(C_2H_5OH)溶于 50.0g 四氯化碳(CCl_4)，所配成的溶液其密度为 $1.28g \cdot mL^{-1}$。试计算：(1)乙醇的质量分数；(2)乙醇的摩尔分数；(3)乙醇的质量摩尔浓度；(4)乙醇的物质的量浓度。

解 (1)

$$w(B) = \frac{30.0}{30.0 + 50.0} = 0.375$$

(2)

$$x(B) = \frac{\frac{30.0}{46.0}}{\frac{30.0}{46.0} + \frac{50.0}{154}} = 0.667$$

(3)

$$b(B) = \frac{\frac{30.0}{46.0}}{50.0 \times 10^{-3}} = 13.0(mol \cdot kg^{-1})$$

(4)

$$c(B) = \frac{\frac{30.0}{46.0}}{\frac{30.0 + 50.0}{1.28} \times 10^{-3}} = 10.4(mol \cdot L^{-1})$$

【习题 1-9】 101mg 胰岛素溶于 10.0mL 水中，该溶液在 298.15K 的渗透压为 4.34kPa，求胰岛素的摩尔质量。

解

$$M(B) = \frac{m(B)RT}{\pi V} = \frac{101 \times 10^{-3} \times 8.314 \times 298.15}{4.34 \times 10.0 \times 10^{-3}} = 5.77 \times 10^3 (g \cdot mol^{-1})$$

【习题 1-10】 实验测定某未知物水溶液在 298.15K 时的渗透压为 750kPa，求溶液的沸点和凝固点。

解

$$b(\mathrm{B})=\frac{\pi}{RT}=\frac{750}{8.314\times 298.15}=0.303(\mathrm{mol\cdot kg^{-1}})$$

$$\Delta T_{\mathrm{b}}=T_{\mathrm{b}}-T_{\mathrm{b}}^{*}=K_{\mathrm{b}}\cdot b(\mathrm{B})$$

$$T_{\mathrm{b}}=K_{\mathrm{b}}\cdot b(\mathrm{B})+T_{\mathrm{b}}^{*}=0.512\times 0.303+373.15=373.31(\mathrm{K})$$

$$\Delta T_{\mathrm{f}}=T_{\mathrm{f}}^{*}-T_{\mathrm{f}}$$

$$T_{\mathrm{f}}=T_{\mathrm{f}}^{*}-K_{\mathrm{f}}\cdot b(\mathrm{B})=273.15-1.86\times 0.303=272.59(\mathrm{K})$$

【习题 1-11】 某一学生测得 $CS_2(l)$的沸点是 319.1K，硫(S)溶解于 CS_2 中，$1.00\mathrm{mol\cdot kg^{-1}}$溶液的沸点是 321.5K。当 1.50g 硫溶解在 12.5g CS_2 中时，该溶液的沸点是 320.2K，试确定硫的分子式。

解

$$\Delta T_{\mathrm{b}}=K_{\mathrm{b}}\cdot b(\mathrm{B})$$

$$K_{\mathrm{b}}=\frac{\Delta T_{\mathrm{b}}}{b(\mathrm{B})}=\frac{321.5-319.1}{1.00}=2.4(\mathrm{K\cdot kg\cdot mol^{-1}})$$

$$320.2-319.1=2.4\times\frac{\dfrac{1.50}{M(\mathrm{B})}}{12.5\times 10^{-3}}$$

$$M(\mathrm{B})=\frac{2.4\times 1.50}{1.1\times 12.5\times 10^{-3}}=2.6\times 10^{2}(\mathrm{g\cdot mol^{-1}})$$

$$n=\frac{2.6\times 10^{2}}{32}\approx 8$$

所以，硫的分子式为 S_8。

【习题 1-12】 人体血浆的凝固点为 272.50K，求 310K 时的渗透压。

解

$$\Delta T_{\mathrm{f}}=K_{\mathrm{f}}\cdot b(\mathrm{B})$$

$$b(\mathrm{B})=\frac{273.15-272.50}{1.86}$$

$$\pi=b(\mathrm{B})RT=\frac{0.65}{1.86}\times 8.314\times 310=9.0\times 10^{2}(\mathrm{kPa})$$

【习题 1-13】 今有两种溶液，一种为 3.60g 葡萄糖($C_6H_{12}O_6$)溶于 200.0g 水中；另一种为 20.0g 未知物溶于 500.0g 水中，这两种溶液在同一温度下结冰，计算未知物的摩尔质量。

解

$$\Delta T_{\mathrm{f1}}=K_{\mathrm{f}}\cdot\frac{3.60}{180\times 200.0\times 10^{-3}}$$

$$\Delta T_{\mathrm{f2}}=K_{\mathrm{f}}\cdot\frac{20.0}{M(\mathrm{B})\times 500.0\times 10^{-3}}$$

当$\Delta T_{\mathrm{f1}}=\Delta T_{\mathrm{f2}}$时，$K_{\mathrm{f}}$ 相等，所以

$$M(\mathrm{B})=\frac{180\times 200.0\times 10^{-3}\times 20.0}{3.60\times 500.0\times 10^{-3}}=400(\mathrm{g\cdot mol^{-1}})$$

【习题 1-14】 293.15K 时，15.0g 葡萄糖($C_6H_{12}O_6$)溶于 200.0g 水中，试计算该溶液的蒸气压、沸点、凝固点和渗透压(已知：293.15K 时 $p^{*}=2333.14\mathrm{Pa}$)。

解 $$p = p^* \cdot \frac{n(A)}{n(A)+n(B)} = 2333.14 \times 10^{-3} \times \frac{\frac{200.0}{18}}{\frac{200.0}{18}+\frac{15.0}{180}} = 2.3(\text{kPa})$$

$$b(B) = \frac{\frac{15.0}{180}}{200.0 \times 10^{-3}} = 0.417(\text{mol} \cdot \text{kg}^{-1})$$

$$\Delta T_b = K_b \cdot b(B) = 0.512 \times 0.417 = 0.214(\text{K})$$

$$T_b = 373.15 + 0.214 = 373.36(\text{K})$$

$$\Delta T_f = K_f \cdot b(B) = 1.86 \times 0.417 = 0.776(\text{K})$$

$$T_f = 273.15 - 0.776 = 272.37(\text{K})$$

$$\pi = b(B)RT = 0.417 \times 8.314 \times 293.15 = 1.02 \times 10^3(\text{kPa})$$

【习题 1-15】 密闭钟罩内有两杯溶液，甲杯中含 1.68g 蔗糖($C_{12}H_{22}O_{11}$)和 20.0g 水，乙杯中含 2.45g 某非电解质和 20.0g 水。在恒温下放置足够长的时间达到动态平衡，甲杯水溶液总质量变为 24.9g，求该非电解质的摩尔质量。

解 水从乙杯向甲杯转移，达平衡时，$b(甲) = b(乙)$，根据

$$b(B) = \frac{m(B)}{M(B) \cdot m(A)}$$

则 $$\frac{1.68}{342(24.9-1.68)} = \frac{2.45}{M[20.0-(24.9-20.0-1.68)]}$$

$$M = 689\text{g} \cdot \text{mol}^{-1}$$

【习题 1-16】 混合等体积 $0.0090\text{mol} \cdot \text{L}^{-1}$ $AgNO_3$ 溶液和 $0.0060\text{mol} \cdot \text{L}^{-1}$ K_2CrO_4 溶液制得 Ag_2CrO_4 溶胶。写出该溶胶的胶团结构式，并注明各部分的名称。该溶胶的稳定剂是何种物质？现有 $MgSO_4$、$K_3[Fe(CN)_6]$、$[Co(NH_3)_6]Cl_3$ 三种电解质，它们对该溶胶起凝结作用的是哪种离子？三种电解质对该溶胶凝结值的大小次序如何？

解 等体积混合后，有

$$c(AgNO_3) = \frac{0.0090}{2} = 0.0045(\text{mol} \cdot \text{L}^{-1})$$

$$c(K_2CrO_4) = \frac{0.0060}{2} = 0.0030(\text{mol} \cdot \text{L}^{-1})$$

因 $$2AgNO_3 + K_2CrO_4 = Ag_2CrO_4(溶胶) + 2KNO_3$$

则 $$[(Ag_2CrO_4)_m \cdot nCrO_4^{2-} \cdot (2n-x)K^+]^{x-} \cdot xK^+$$

胶核　电位离子　反离子　反离子

吸附层（电位离子、反离子）　扩散层（反离子）

胶粒（胶核、吸附层）

胶团

该溶胶的稳定剂为 K_2CrO_4。

因起稳定作用的为阳离子，故凝结值大小顺序为

$$K_3[Fe(CN)_6] > MgSO_4 > [Co(NH_3)_6]Cl_3$$

【习题 1-17】 苯和水混合后加入钾肥皂摇动，得到哪种类型的乳浊液？加入镁肥皂又得到哪种类型的乳浊液？

解 苯和水混合后加入钾肥皂得到油/水(O/W)型乳浊液；加入镁肥皂得到水/油(W/O)型乳浊液。

【习题 1-18】 某患者需补充 Na^+ 5.0g，如用生理盐水[$\rho(NaCl) = 9.0g \cdot L^{-1}$]补充，需要多少升？

解 设需生理盐水 V L，则

$$5.0 = \frac{23}{23+35.5} \times 9.0 \times V$$

$$V=1.4L$$

【习题 1-19】 一有机物 9.00g 溶于 500g 水中，水的沸点上升 0.0512K。(1)计算有机物的摩尔质量；(2)已知这种有机物含碳 40.0%，含氧 53.3%，含氢 6.70%，写出它的分子式。

解 (1)

$$\Delta T_b = K_b \cdot b(B) = K_b \cdot \frac{n(B)}{m(A)} = K_b \cdot \frac{m(B)}{M(B) \cdot m(A)}$$

$$M(B) = \frac{K_b \cdot m(B)}{\Delta T_b \cdot m(A)} = \frac{0.512 \times 9.00}{0.0512 \times 500 \times 10^{-3}} = 180(g \cdot mol^{-1})$$

(2) $C: \dfrac{180 \times 40.0\%}{12} = 6$　　$O: \dfrac{180 \times 53.3\%}{16} = 6$　　$H: \dfrac{180 \times 6.70\%}{1} = 12$

所以，该化合物的分子式为 $C_6H_{12}O_6$。

【习题 1-20】 海水中盐的总含量为 3.50%(质量分数)，若均以 NaCl 计，试估算海水开始结冰时的温度和沸腾时的温度，以及 25℃时用反渗透法制取纯水所需的最低压力(设海水密度为 $1.00g \cdot mL^{-1}$)。

解 海水的质量摩尔浓度为

$$b(B) = \frac{\frac{3.50}{58.5}}{(100-3.50) \times 10^{-3}} = 0.620(mol \cdot kg^{-1})$$

$$\Delta T_f = K_f \cdot b(B)=1.86\times0.620\times2=2.31(K)$$

所以海水开始结冰的温度 T_f=273.15−2.31 = 270.84(K)。

$$\Delta T_b = K_b \cdot b(B)=0.512\times0.620\times2=0.63(K)$$

所以海水开始沸腾的温度 T_b=373.15 + 0.63 =373.78(K)。

$$c(B) = \frac{1000 \times 1.00 \times 3.50\%}{58.5} = 0.598(mol \cdot L^{-1})$$

$$\pi = c(B)RT=2\times0.598\times8.314\times298.15 =2.96\times10^3(kPa)$$

所以 25℃时用反渗透法制取纯水所需的最低压力为 2.96×10^3kPa。

【习题 1-21】 把过量的 H_2S 气体通入亚砷酸(H_3AsO_3)溶液中，制备得到硫化砷溶液。(1)写出该胶团的结构式，注明吸附层和扩散层；(2)用该胶粒制成电渗仪，通直流电后，水向

哪个方向流动？(3)下列哪种电解质对硫化砷溶液聚沉能力最强？NaCl、$CaCl_2$、Na_2SO_4、$MgSO_4$。

解 (1) $$2H_3AsO_3 + 3H_2S = As_2S_3(\text{溶胶}) + 6H_2O$$

胶团结构式：$$[(As_2S_3)_m \cdot nHS^- \cdot (n-x)H^+]^{x-} \cdot xH^+$$

└吸附层┘ └扩散层┘

(2) 水向负极流动。

(3) $CaCl_2$ 对其聚沉能力最强。

【习题 1-22】 在三支试管中分别加入 20.00mL 某种溶胶。要使溶胶聚沉，至少在第一支试管中加入 $4.0\text{mol}\cdot\text{L}^{-1}$ 的 KCl 溶液 0.53mL，在第二支试管中加入 $0.05\text{mol}\cdot\text{L}^{-1}$ 的 Na_2SO_4 溶液 1.25mL，在第三支试管中加入 $0.0033\text{mol}\cdot\text{L}^{-1}$ 的 Na_3PO_4 溶液 0.74mL，计算每种电解质溶液的凝结值，并确定该溶胶的电性。

解 各电解质溶液的凝结值为

$$c(\text{KCl}) = \frac{4.0\times0.53}{20.00+0.53}\times1000 = 103(\text{mmol}\cdot\text{L}^{-1})$$

$$c(\text{Na}_2\text{SO}_4) = \frac{0.05\times1.25}{20.00+1.25}\times1000 = 2.94(\text{mmol}\cdot\text{L}^{-1})$$

$$c(\text{Na}_3\text{PO}_4) = \frac{0.0033\times0.74}{20.00+0.74}\times1000 = 0.117(\text{mmol}\cdot\text{L}^{-1})$$

所以该溶胶为正溶胶。

【习题 1-23】 The sugar fructose contains 40.0% C, 6.7% H, and 53.3% O by mass. A solution 11.7g fructose in 325g ethanol has a boiling point of 78.59℃. The boiling point of ethanol is 78.35℃, and K_b for ethanol is $1.20\text{K}\cdot\text{kg}\cdot\text{mol}^{-1}$. What is the molecular formula of fructose?

解 $$\Delta T_b = T_b - T_b^* = 78.59-78.35 = 0.24(\text{K})$$

根据 $$\Delta T_b = K_b \cdot b(\text{B})$$

$$b(\text{B}) = \frac{\Delta T_b}{K_b} = \frac{0.24}{1.20} = 0.20(\text{mol}\cdot\text{kg}^{-1})$$

又 $$b(\text{B}) = \frac{m(\text{B})}{M(\text{B})\cdot m(\text{A})}$$

故 $$M(\text{B}) = \frac{11.7}{325\times10^{-3}\times0.20} = 1.8\times10^2(\text{g}\cdot\text{mol}^{-1})$$

该物质含 C：180×40.0% =72；H：180×6.7%=12；O：180×53.3%=96。所以该物质的化学式为 $C_6H_{12}O_6$。

【习题 1-24】 A sample of $HgCl_2$ weighing 9.41g is dissolved in 32.75g of ethanol(C_2H_5OH). The boiling point elevation of the solution is 1.27℃. Is $HgCl_2$ an electrolyte in ethanol? Show your calculations(K_b=$1.20\text{K}\cdot\text{kg}\cdot\text{mol}^{-1}$).

解 由 $\Delta T_b = K_b \cdot b(\text{B})$ 得

$$b(\text{HgCl}_2) = \frac{\Delta T_b}{K_b} = \frac{1.27}{1.20} = 1.06(\text{mol}\cdot\text{kg}^{-1})$$

由 $b(B)=\dfrac{m(B)}{M(B)\cdot m(A)}$ 得

$$b(HgCl_2)=\dfrac{\dfrac{9.41}{271.50}}{32.75\times10^{-3}}=1.06(mol\cdot kg^{-1})$$

说明 $HgCl_2$ 在乙醇溶液中不是电解质。

【习题 1-25】 Calculate the percent by mass and the molality in terms of $CuSO_4$ for a solution prepared by dissolving 11.5g of $CuSO_4\cdot5H_2O$ in 0.1000kg of water. Remember to consider the water released from the hydrate.

解

$$m(CuSO_4)=11.5\times\dfrac{159.61}{249.69}=7.35(g)$$

则

$$w(CuSO_4)=\dfrac{m(CuSO_4)}{m(总)}=\dfrac{7.35}{0.1000\times10^3+11.5}=0.0659$$

$$b(CuSO_4)=\dfrac{n(CuSO_4)}{m(H_2O)}=\dfrac{\dfrac{7.35}{159.61}}{0.1000+(11.5-7.35)\times10^{-3}}=0.442(mol\cdot kg^{-1})$$

【习题 1-26】 The cell walls of red and white blood cells are semipermeable membranes. The concentration of solute particles in the blood is about $0.6mol\cdot L^{-1}$.What happens to blood cells that are place in pure water? What happens when it in a $1mol\cdot L^{-1}$ sodium chloride solution?

解 假设细胞内液的渗透压为 π_1，细胞外液的渗透压为 π_2，根据

$$\pi=cRT$$

当在纯水中时，$\pi_1>\pi_2$，细胞会膨胀；当 $c=1mol\cdot L^{-1}$ 时，$\pi_1<\pi_2$，细胞会收缩。

1.4 练 习 题

1.4.1 填空题

1. 难挥发非电解质稀溶液蒸气压下降的原因是__________，沸点升高和凝固点下降的原因是__________。

2. 质量摩尔浓度相同的蔗糖和葡萄糖稀溶液，较易沸腾的是__________，较易结冰的是__________。

3. 产生渗透现象应具备两个条件：①__________；②__________。

4. 一定温度下，难挥发非电解质稀溶液的蒸气压下降、沸点升高、凝固点下降和渗透压，与一定量溶剂中溶质的__________，与__________无关。

5. 若半透膜内外溶液浓度不同时，溶剂分子会自动通过半透膜由__________溶液一方向__________溶液一方扩散。

6. NaCl 在水中不能形成溶胶，而在苯中却能形成溶胶，这是因为__________。

7. 活性炭在品红水溶液中主要吸附__________，而在品红苯溶液中主要吸附__________。

8. 极性固体吸附剂选择吸附__________离子。

9. 在分散质颗粒小于入射光波长的范围内，颗粒越大，其散射能力越__________。

10. 按分散质颗粒直径大小，可将分散系分为__________、__________、__________。

11. 难挥发非电解质的稀溶液在不断沸腾时，它的沸点__________，而冷却时它的凝固点__________。

1.4.2　是非判断题

1. 配制 a L b $mol \cdot L^{-1}$ 的 H_2SO_4 溶液，需质量分数为 $c\%$，密度为 ρ $g \cdot mL^{-1}$ 的 H_2SO_4 溶液 $\dfrac{a \cdot b \cdot M(H_2SO_4)}{1000\rho \cdot c\%}$ mL。　（　）

2. 0.2mol · L^{-1} 的葡萄糖溶液与 0.82g NaAc 溶于 100.0g 水中所得溶液沸点接近。　（　）

3. 在 1.0L 水中，分别溶有 0.10mol HAc 或 0.10mol NaAc，则两种溶液的沸点均高于 100℃，哪一个更高些，必须进行计算方可得知。　（　）

4. 在一定外压下，溶液并不是在某一温度时凝固，而是在一定的温度范围内凝固，溶液的凝固点是指溶液中开始析出纯固体溶剂时的温度。　（　）

5. 下列四种相同物质的量浓度的稀溶液的渗透压由大到小的次序为 HAc >NaCl > $C_6H_{12}O_6$ > $CaCl_2$。　（　）

6. 水的正常沸点为 100℃，标准沸点为 99.67℃。　（　）

7. 质量摩尔浓度的优点是计算方便。　（　）

8. 把两种电性相反的溶胶混合，要使溶胶完全凝结的条件是两种溶胶的粒子数和电荷数都必须相等。　（　）

9. 胶体分散系中，分散质粒子大小范围是大于 100nm。　（　）

10. 在电场中溶胶的电泳现象是分散剂的定向移动。　（　）

1.4.3　选择题

1. 下列水溶液蒸气压最大的是(　　)。

A. 0.10mol · L^{-1} KCl　　B. 0.10mol · L^{-1} $C_{12}H_{22}O_{11}$

C. 1.0mol · L^{-1} H_2SO_4　　D. 1.0mol · L^{-1} $C_{12}H_{22}O_{11}$

2. 下列四种浓度均为 0.10mol · L^{-1} 的溶液中，沸点最高的是(　　)。

A. $Al_2(SO_4)_3$　　B. $CaCl_2$　　C. $MgSO_4$　　D. $C_6H_5SO_3H$

3. 某温度下，V mL NaCl 饱和溶液的质量为 W g，其中含 NaCl a g，则此溶液的物质的量浓度和质量摩尔浓度分别为(　　)。

A. $\dfrac{a}{V \cdot M(\mathrm{NaCl})}$；$\dfrac{a}{(W-a) \cdot M(\mathrm{NaCl})}$　　B. $\dfrac{a \times 10^{-3}}{V \cdot M(\mathrm{NaCl})}$；$\dfrac{a \times 10^{-3}}{(W-a) \cdot M(\mathrm{NaCl})}$

C. $\dfrac{1000a}{V \cdot M(\mathrm{NaCl})}$；$\dfrac{1000a}{(W-a) \cdot M(\mathrm{NaCl})}$　　D. $\dfrac{1000a}{V \cdot M(\mathrm{NaCl})}$；$\dfrac{1000a}{W \cdot M(\mathrm{NaCl})}$

4. 下列溶液中渗透压最大的是(　　)。

A. 0.10mol · L^{-1} KCl 溶液　　B. 0.10mol · L^{-1} $CaCl_2$ 溶液

C. 0.12mol · L^{-1} 葡萄糖溶液　　D. 0.10mol · L^{-1} 蔗糖溶液

5. 下列四种溶液，其凝固点由高到低的排列顺序正确的是(　　)。

①0.050mol · kg^{-1} KCl；②0.050mol · kg^{-1} $C_{12}H_{22}O_{11}$；③0.050mol · kg^{-1} $NH_3 \cdot H_2O$；④0.050mol · kg^{-1} $BaCl_2$

A. ④<①<③<②　　B. ①<②<③<④

C. ①>③>②>④　　D. ②>③>①>④

6. 27℃时，把青蛙的肌肉细胞放在 0.20mol · L^{-1} 的氯化钠水溶液中观察到肌肉细胞收缩，这是因为(　　)。

A. 氯化钠水溶液渗透压大　　B. 细胞内的渗透压大

C. 两者的渗透压相等　　D. 与渗透压无关

7. 将一块冰放在 0℃的食盐水中则(　　)。

A. 冰的质量增加　　B. 无变化　　C. 冰逐渐融化　　D. 溶液温度升高

8. 0.1%葡萄糖溶液(凝固点为 T_{f1})与 0.1%蛋白质溶液(凝固点为 T_{f2})的凝固点的关系是(　　)。

A. $T_{f1} > T_{f2}$　　B. $T_{f1} < T_{f2}$　　C. $T_{f1} = T_{f2}$　　D. 无法判断

9. 在相同条件下，溶液甲的凝固点比溶液乙高，则两溶液的沸点相比为(　　)。

A. 甲的沸点较低　　B. 甲的沸点较高

C. 两者的沸点相等　　D. 无法确定

10. 测定非电解质摩尔质量的较好方法是(　　)。

A. 蒸气压下降法　　B. 沸点升高法

C. 凝固点下降法　　D. 渗透压法

11. 在质量摩尔浓度为 1.00mol · kg^{-1} 的水溶液中，溶质的摩尔分数为(　　)。

A. 0.0177　　B. 0.055　　C. 0.180　　D. 1.00

12. 测定高分子化合物摩尔质量的较好方法是(　　)。

A. 蒸气压下降法　　B. 沸点升高法

C. 凝固点下降法　　D. 渗透压法

13. 用半透膜隔开两种不同浓度的蔗糖溶液，为了保持渗透平衡，必须在浓蔗糖溶液面上施加一定的压力，这个压力就是(　　)。

A. 浓蔗糖溶液的渗透压　　B. 稀蔗糖溶液的渗透压

C. 两种蔗糖溶液的渗透压之和　　D. 两种蔗糖溶液的渗透压之差

14. 由 100.0mL 0.20mol · L^{-1} K_2CrO_4 和 50.0mL 0.70mol · L^{-1} $AgNO_3$ 混合制备 Ag_2CrO_4 溶胶，加入浓度相同的①$Al(NO_3)_3$；②$MgSO_4$；③$K_3[Fe(CN)_6]$几种电解质，则凝结快慢的顺序正确的是(　　)。

A. ①>③>②　　B. ①<③<②　　C. ①>②>③　　D. ③>②>①

15. 对 $Fe(OH)_3$ 正溶胶和 As_2S_3 负溶胶的凝结能力最大的是(　　)。

A. Na_3PO_4 和 $CaCl_2$　　B. NaCl 和 $CaCl_2$

C. Na_3PO_4 和 $MgCl_2$　　D. NaCl 和 Na_2SO_4

16. 过量 H_2S 气体通入 H_3AsO_3 溶液中制备 As_2S_3 溶胶，生成的胶团中，电位离子与反离子是(　　)。

A. As^{3+}, S^{2-}　　B. HS^-, As^{3+}　　C. S^{2-}, H^+　　D. HS^-, H^+

17. 计算蒸气压下降的公式适用于(　　)。

A. 一切溶液　B. 稀溶液

C. 非电解质的稀溶液　D. 难挥发、非电解质的稀溶液

18. 欲使溶液的凝固点降低 1℃，须向 100.0g 水中加入难挥发非电解质的物质的量是(　　)。

A. 0.54mol　B. 0.27mol　C. 0.054mol　D. 0.027mol

19. 外加直流电场于溶胶溶液，向某一电极方向移动的只能是(　　)。

A. 胶核　B. 胶粒　C. 胶团　D. 扩散层

20. 蒸气压下降值相同的溶液应是(　　)。

A. 同一温度下，沸点升高值相等的两溶液

B. 物质的量浓度相等的两溶液

C. 物质的量相等的两溶液

D. 质量摩尔浓度相等的两溶液

1.4.4 简答题

1. 简述实验室常用冰盐作制冷剂的原理。
2. 简述过量施肥会使农作物枯萎的原因。
3. 什么是吸附？溶胶粒子的吸附分为哪几类？
4. 溶胶为什么具有动力稳定性？如何使溶胶凝结？举例说明。

1.4.5 计算题

1. 计算下列常用试剂的物质的量浓度。

(1) 已知浓 H_2SO_4 的质量分数为 96%，密度为 $1.84g \cdot mL^{-1}$；

(2) 已知浓 HNO_3 的质量分数为 69%，密度为 $1.42g \cdot mL^{-1}$；

(3) 已知浓氨水中 NH_3 的质量分数为 28%，密度为 $0.898g \cdot mL^{-1}$。

2. 临床上用的葡萄糖($C_6H_{12}O_6$)是血液的等渗溶液，测得其凝固点为 272.61K，溶液的密度为 $1.085g \cdot mL^{-1}$，试求此葡萄糖溶液的质量分数和 310K(37℃)时人体血液的渗透压。(水的 $K_f = 1.86K \cdot mol^{-1} \cdot kg$)

3. 海水中含有下列离子，它们的质量摩尔浓度分别为：$b(Cl^-) = 0.57mol \cdot kg^{-1}$，$b(SO_4^{2-}) = 0.029mol \cdot kg^{-1}$，$b(HCO_3^-) = 0.002mol \cdot kg^{-1}$，$b(Na^+) = 0.49mol \cdot kg^{-1}$，$b(Mg^{2+}) = 0.055mol \cdot kg^{-1}$，$b(K^+) = 0.011mol \cdot kg^{-1}$，$b(Ca^{2+}) = 0.011mol \cdot kg^{-1}$，试计算海水的近似凝固点和沸点。

4. 为防止汽车水箱在寒冬季节冻裂，需使水的冰点下降到 253.0K，即 $\Delta T_f = 20.0K$，则在 1000.0g 水中应加入甘油多少克？

5. 在 100.0g 苯中加入 13.76g 联苯($C_6H_5C_6H_5$)，所形成的溶液的沸点比苯高了 2.30K，若加入 21.9g 某种纯富勒烯后形成的溶液的沸点升高了 0.785K，求该富勒烯的摩尔质量。

6. 在温度为 298K，半透膜把容器等分成形状相同的两室，右室盛 100.0mL $0.10mol \cdot L^{-1}$ 蔗糖水溶液，左室盛 100.0mL $0.20mol \cdot L^{-1}$ 甘油水溶液，达到渗透平衡时，需在哪个室的液面上加多少压力方能使两室液面取齐？

7. 由 $AgNO_3$ 溶液和 KBr 溶液混合制得 AgBr 溶胶，对于该溶胶测得凝结值数据为：$NaNO_3$，$140mmol \cdot L^{-1}$；$Mg(NO_3)_2$，$6.0mmol \cdot L^{-1}$。试写出溶胶的胶团结构式。

8. 将 12.0mL 0.010mol · L^{-1} KCl 溶胶和 100.0mL 0.0050mol · L^{-1} $AgNO_3$ 溶胶混合制得 AgCl 溶胶。写出该溶胶的胶团结构式，并注明各部分的名称。该溶胶的稳定剂是何物质？

练习题参考答案

1.4.1 填空题

1. 溶剂分子数目减少；蒸气压下降　2. 蔗糖；蔗糖　3. 半透膜存在；膜两边浓度不相等　4. 质点数目成正比；溶质本性　5. 低浓度；高浓度　6. NaCl 不溶于苯　7. 色素分子；苯分子　8. 与其组成有关或相近的　9. 强　10. 分子、离子分散系；胶体分散系；粗分散系　11. 不断升高；不断降低

1.4.2 是非判断题

1. ×　2. √　3. ×　4. √　5. ×　6. √　7. ×　8. ×　9. ×　10. ×

1.4.3 选择题

1. B　2. A　3. C　4. B　5.D　6. A　7. C　8. B　9. A　10. C　11. A　12. D　13. D　14. C　15. A　16. D　17. D　18. C　19. B　20. A

1.4.4 简答题

1. 当食盐和冰放在一起，食盐会溶解于冰表面的水中，使水的凝固点降低，导致冰的融化。在融化过程中因大量吸热而使环境制冷。

2. 植物的细胞膜是半透膜，如果施肥过量，使土壤溶液浓度过高，渗透压高于植物根系细胞液，植物体内水分会渗入土壤，使植物枯萎，俗称“烧苗”。

3. 一种物质的微粒(如分子、原子、离子等)自动聚集到另一种物质表面上的过程，称为吸附。溶胶粒子的吸附分为分子吸附和离子吸附。

分子吸附是固体吸附剂在非电解质或弱电解质水溶液中对分子的吸附。一般遵循“相似相吸”的规律，即极性吸附剂吸附极性分子，非极性吸附剂吸附非极性分子。

离子吸附是固体吸附剂在强电解质水溶液中对离子的吸附。离子吸附又分为离子选择吸附和离子交换吸附。

4. 溶胶具有较大的稳定性，最主要的原因是胶粒带有电荷，一般同种胶粒带同号的电荷，因而互相排斥，使胶粒很难凝结成较大的粒子而沉降。此外，吸附层中的电位离子和反离子都能水化，在胶粒周围形成一个水化层，阻止了胶粒之间的凝结，阻止胶粒和带相反电荷离子相结合，因而溶胶溶液具有动力稳定性。

使溶胶凝结的方法很多，主要有：①加入少量电解质，增加溶胶溶液中离子的总浓度，使带电荷的胶粒容易吸引带相反电荷的离子，从而消除带同性电荷的胶粒的相斥作用，有利凝结。例如，$Fe(OH)_3$ 胶核表面吸附了 FeO^+；扩散双电层中的反离子主要是 Cl^-，当加入 Na_2SO_4 时，SO_4^{2-} 也能进入吸附层，减少了胶粒所带电荷，使之容易凝结。②两种带相反电荷的溶胶溶液，以适当比例混合，电性可以相互中和，发生凝结。例如，明矾净水时，带正电的 $Al(OH)_3$ 溶胶和天然水中带有负电的胶态杂质发生电性中和，相互凝结。③加热可促使溶胶凝结。加热能增加胶粒的运动速度，增加胶粒互相碰撞的机会，降低胶核对离子的吸附作用，使胶粒在碰撞时可凝结沉降。例如，对 $Fe(OH)_3$ 溶胶加热即可产生 $Fe(OH)_3$ 沉淀。

1.4.5 计算题

1. 由 $c(\mathrm{B}) = \dfrac{1000\rho \cdot w(\mathrm{B})}{M(\mathrm{B})}$，代入数据得

$$c(H_2SO_4) = 18mol \cdot L^{-1}$$

$$c(HNO_3) = 16mol \cdot L^{-1}$$

$$c(NH_3) = 15mol \cdot L^{-1}$$

2. $$b(C_6H_{12}O_6) = \frac{273.15 - 272.61}{1.86} = 0.29(mol \cdot kg^{-1})$$

$$w(C_6H_{12}O_6) = \frac{0.29 \times 180}{1000 + 0.29 \times 180} = 0.050$$

$$c(C_6H_{12}O_6) = \frac{0.29}{\dfrac{1000 + 0.29 \times 180}{1.085} \times 10^{-3}} = 0.30(mol \cdot L^{-1})$$

$$\pi = 0.30 \times 8.314 \times 310 = 7.7 \times 10^2(kPa)$$

3. $$b(B) = 0.57 + 0.029 + 0.002 + 0.055 + 0.011 + 0.49 + 0.011 = 1.17(mol \cdot kg^{-1})$$

$$\Delta T_f = K_f \cdot b(B) = 1.86 \times 1.17 = 2.18(K)$$

$$T_f = T_f^* - \Delta T_f = 273.15 - 2.18 = 270.97(K)$$

$$\Delta T_b = K_b \cdot b(B) = 0.512 \times 1.17 = 0.599(K)$$

$$T_b = T_b^* + \Delta T_b = 373.15 + 0.599 = 373.75(K)$$

4. $$m(\text{甘油}) = \frac{92.0 \times 20.0}{1.86} = 989(g)$$

5. $$\Delta T_b(\text{联苯}) = K_b \cdot b(\text{联苯}) \qquad \Delta T_b(\text{富勒烯}) = K_b \cdot b(\text{富勒烯})$$

因为均在苯溶液中，K_b相同，所以

$$\frac{\Delta T_b(\text{联苯})}{b(\text{联苯})} = \frac{\Delta T_b(\text{富勒烯})}{b(\text{富勒烯})}$$

$$\frac{\dfrac{2.30}{\dfrac{13.76}{154.212}}}{100.0 \times 10^{-3}} = \frac{\dfrac{0.785}{\dfrac{21.9}{M(\text{富勒烯})}}}{100.0 \times 10^{-3}}$$

$$M(\text{富勒烯}) = 7.2 \times 10^2 g \cdot mol^{-1}$$

6. 左室；　$\pi(\text{左室}) = c(\text{甘油})RT = 0.10 \times 8.314 \times 298 = 2.5 \times 10^2(kPa)$

7. $$[(AgBr)_m \cdot nBr^- \cdot (n-x)K^+]^{x-} \cdot xK^+$$

8. $$[(AgCl)_m \cdot nAg^+ \cdot (n-x)NO_3^-]^{x+} \cdot xNO_3^-$$

胶核　电位离子　反离子　反离子

吸附层　扩散层

胶粒

胶团

$AgNO_3$为稳定剂。

第 2 章　化学热力学基础

2.1　学 习 要 求

1. 了解化学热力学的基本概念，了解热力学能、焓、熵、自由能等状态函数的物理意义。
2. 掌握热力学第一定律、第二定律的基本内容。
3. 掌握化学反应热效应的各种计算方法。
4. 掌握化学反应 $\Delta_r S_m^\ominus$ 、$\Delta_r G_m^\ominus$ 的计算和过程自发性的判断方法。
5. 掌握化学反应 $\Delta_r G_m^\ominus$ 与温度的关系式——吉布斯-亥姆霍兹方程。

2.2　重难点概要

2.2.1　基本概念

1. 体系和环境

在热力学中，将研究的对象称为体系，体系之外与体系有关的部分称为环境。敞开体系：体系与环境之间既有物质交换，又有能量交换；封闭体系：体系与环境之间没有物质交换，只有能量交换；孤立体系：体系与环境之间既没有物质交换，也没有能量交换。

2. 状态和状态函数

体系的物理性质和化学性质的综合表现称为体系的状态，用体系的各种性质描述体系的状态，如物质的量、温度、体积、压力等。体系的性质是由体系的状态确定的，这些性质是状态的函数，称为状态函数。

具有加和性的性质称为广度性质，如物质的量、体积等；不具有加和性的性质称为强度性质，如温度、压力等。

3. 过程和途径

体系的状态发生变化时，变化的经过称为过程；完成过程的具体步骤称为途径。状态函数的数值只与状态有关，热力学体系经历某一过程，可能有多种不同的途径，状态函数的改变量只与体系的始态和终态有关，而与途径无关。

4. 热和功

热力学体系与环境之间发生能量交换，热和功是能量交换的两种形式。由于温度不同，能量从高温物体传递到低温物体，直至二者温度相等。这种由于温度不同传递的能量称为热，用 Q 表示。除热之外，其他形式交换的能量称为功，用 W 表示。按热力学习惯，体系吸热 Q

为正，体系放热 Q 为负；环境对体系做功 W 为正，体系对环境做功 W 为负。

功的种类很多，热力学上把体系因体积变化做的功称为体积功，也称为膨胀功或无用功；其他形式的功称为非体积功或有用功。

5. 热力学第一定律

能量守恒定律应用于热力学体系就是热力学第一定律。热力学第一定律的数学表达式为 $\Delta U = Q + W$，其中 U 为热力学能，它是热力学体系的状态函数。体系在指定始、终态间变化时，热力学能的改变值恒等于过程的 $Q + W$，而与途径无关。这个性质称为热力学能，也称为内能，用符号 U 表示。体系热力学能的绝对值是无法知道的。

热力学上规定状态函数焓 $H = U + pV$，体系焓的绝对值是无法知道的。

2.2.2　反应进度

化学反应 $a\text{A} + d\text{D} \xlongequal{} g\text{G} + h\text{H}$，即

$$0 = \sum_{\text{B}} \nu(\text{B}) R(\text{B})$$

式中：$\nu(\text{B})$ 为反应物和产物的化学计量数，量纲为 1；$R(\text{B})$ 为反应中的物质。对于反应物，$\nu(\text{B})$ 是负值，即 $\nu(\text{A}) = -a$，$\nu(\text{D}) = -d$；对于产物，$\nu(\text{B})$ 是正值，即 $\nu(\text{G}) = g$，$\nu(\text{H}) = h$。在反应开始时，物质 B 的量为 $n_0(\text{B})$，反应到 t 时刻，物质 B 的量为 $n_t(\text{B})$。反应进度定义为 $\xi = \dfrac{n_t(\text{B}) - n_0(\text{B})}{\nu(\text{B})} = \dfrac{\Delta n(\text{B})}{\nu(\text{B})}$，单位是 mol。

对于化学反应 $a\text{A} + d\text{D} \xlongequal{} g\text{G} + h\text{H}$，$\xi = n$ mol 的物理意义是 na mol 的反应物 A 与 nd mol 的反应物 D 完全反应，全部转化生成 ng mol 的生成物 G 和 nh mol 的生成物 H。

2.2.3　化学反应的热效应

只做体积功的化学反应体系，在反应物温度与生成物温度相同时吸收或放出的热量称为化学反应热效应，简称反应热。摩尔反应热是反应进度为 1mol 时的热效应。

1. 定容热 Q_V

当体系在定容条件下，不做非体积功时的反应热称为定容热。根据热力学第一定律可得

$$\Delta U = Q + W = Q_V - p\Delta V = Q_V$$

即当体系不做非体积功时，定容热等于体系的热力学能变。

2. 定压热 Q_p

体系在定压条件下的反应热称为定压热。根据热力学第一定律可得

$$\Delta U = Q + W = Q_p - p\Delta V$$

$$Q_p = \Delta U + p\Delta V = \Delta H$$

即当体系不做非体积功时，定压热等于体系的焓变。

3. 定容热和定压热的关系

根据焓的定义　　$H = U + pV$

$$\Delta H = \Delta U + \Delta(pV)$$

定压条件下
$$\Delta H = \Delta U + p\Delta V$$

将 ΔH 和 ΔU 分别用 Q_p 和 Q_V 代入得

$$Q_p = Q_V + p\Delta V$$

对于反应物和生成物都是固体或液体的反应，反应前后体系的体积变化很小，$p\Delta V$ 相对于 Q_p 或 Q_V 可以忽略不计，即 $Q_p = Q_V$。

有气体参与的反应，在定温定压下反应热效应 $Q_p = Q_V + p\Delta V$，即

$$Q_{p,\mathrm{m}} = Q_{V,\mathrm{m}} + \sum_{\mathrm{B}} \nu(\mathrm{B,g})RT$$

或
$$\Delta H_{\mathrm{m}} = \Delta U_{\mathrm{m}} + \sum_{\mathrm{B}} \nu(\mathrm{B,g})RT$$

式中：$\sum_{\mathrm{B}} \nu(\mathrm{B,g})$ 为体系中气体的物质的量加和。该式表明在定容条件下进行反应时，体系吸收的热增加了体系的热力学能；而在定压条件下进行反应时，体系吸收的热除了增加体系的热力学能，还有一部分用于做体积功 $p\Delta V$。

$Q_V = \Delta U$ 和 $Q_p = \Delta H$ 表明当体系不做非体积功时，定容热 Q_V 数值上等于热力学能变 ΔU，定压热 Q_p 数值上等于焓变 ΔH，但不能认为 Q_V、Q_p 也是状态函数。

2.2.4 热化学

1. 热化学方程式

热化学方程式用来表示化学反应与反应热的关系，如

$N_2(g, 298K, 100kPa) + 2O_2(g, 298K, 100kPa) = 2NO_2(g, 298K, 100kPa)$ $\quad \Delta_r H_m^{\ominus} = 66.40\mathrm{kJ \cdot mol^{-1}}$

在写热化学方程式时要注意：

(1) 注明各组分的状态，用 s、l、g 分别表示固、液、气态，aq 表示水溶液，固体物质还须注明晶形。

(2) 注明各组分的温度和压力，若温度和压力是 298K 和标准压力($p^{\ominus}$=100kPa)则可以不注明。

(3) 化学反应一般在定压条件下完成，用 $\Delta_r H_m^{\ominus}$ 表示反应热。下标 r 表示反应，下标 m 表示反应进度为 1mol，上标 ⊖ 表示标准状态。$\Delta_r H_m^{\ominus}$ 是负数表示放热，正数表示吸热。$\Delta_r H_m^{\ominus}$ 表示标准状态下，按计量化学方程式，反应进度为 1mol 时的焓变。

(4) $\Delta_r H_m^{\ominus}$ 和 $\Delta_r H_m$ 的单位是 $\mathrm{kJ \cdot mol^{-1}}$ 或 $\mathrm{J \cdot mol^{-1}}$。$\Delta_r H_m^{\ominus}$ 和 $\Delta_r H_m$ 与 ΔH 代表的意义不同，单位也不一样。它们之间的关系是 $\Delta H^{\ominus} = \xi \cdot \Delta_r H_m^{\ominus}$ 或 $\Delta H = \xi \cdot \Delta_r H_m$。

2. 热力学标准状态

热力学规定物质处于指定温度，100kPa 压力下的状态称为标准状态，用上标“⊖”表示。对于固体、液体，是指处于 100kPa 压力(p)下的纯固体、纯液体状态；对于气体，是指该组分气体的分压为 100kPa 的状态；对于溶液，是指在 100kPa 下浓度为 $1\mathrm{mol \cdot L^{-1}}$ 的状态。热力学通常用的温度为 298K。

3. 赫斯定律

一个反应若在定压(或定容)下分多步进行，则总反应热等于各分步反应热的代数和。它是热力学第一定律的具体应用。

4. 标准摩尔生成焓和标准摩尔燃烧焓

在 298K 及标准状态下，由元素的稳定单质生成 1mol 化合物时的反应热称为该化合物的标准摩尔生成焓，用 $\Delta_f H_m^{\ominus}$ 表示。

在 298K 及 $p^{\ominus}$ 下，元素的稳定单质的标准摩尔生成焓为零($\Delta_f H_m^{\ominus} = 0$)。

在 298K 及 $p^{\ominus}$ 下，1mol 物质完全燃烧生成稳定的产物时的反应热称为该物质的标准摩尔燃烧焓，用 $\Delta_c H_m^{\ominus}$ 表示。所谓稳定产物是指 C $\longrightarrow$ $CO_2(g)$、H $\longrightarrow$ $H_2O(l)$、S $\longrightarrow$ $SO_2(g)$、N $\longrightarrow$ $N_2(g)$、Cl $\longrightarrow$ HCl(aq)等。

根据 $\Delta_f H_m^{\ominus}$ 和 $\Delta_c H_m^{\ominus}$ 的数据计算反应的 $\Delta_r H_m^{\ominus}$。

$$\Delta_r H_m^{\ominus} = \sum \nu(B)\Delta_f H_m^{\ominus}(B)$$

$$\Delta_r H_m^{\ominus} = -\sum \nu(B)\Delta_c H_m^{\ominus}(B)$$

2.2.5 熵

1. 熵的定义

熵是一个状态函数，它的大小与体系的微观状态数有关。熵是广度性质，其单位是 $J \cdot K^{-1}$。

在孤立体系中，变化总是自发地向熵增加的方向进行，即向混乱度增加的方向进行，或者说"孤立体系的熵有增无减"。这就是熵增加原理，可用于判断孤立体系中变化的方向和自发性。

2. 热力学第二定律

热力学第二定律有多种等价的表述，开尔文的说法是："不可能从单一热源取热使之全部变为功而不引起其他变化"；克劳修斯的说法是："热不能从低温物体传到高温物体而不引起其他变化"。热力学第二定律说明了自发过程进行的方向和限度。热力学第二定律是热力学最基本的规律之一，是人类经验的总结，其正确性和普适性是不容置疑的。

3. 热力学第三定律

热力学第三定律："任何纯物质的完美晶体，在绝对零度时熵值都为零"或"绝对零度是不可能达到的"。

体系熵的绝对值是可知的，1mol 纯物质 B 在指定温度及标准状态的规定熵称为该物质的标准熵，符号为 $S_m^{\ominus}(B)$，单位是 $J \cdot K^{-1} \cdot mol^{-1}$。$S_m^{\ominus}$ 值与状态有关，同一物质：$S_m^{\ominus}(g) > S_m^{\ominus}(l) > S_m^{\ominus}(s)$。$S_m^{\ominus}$ 值与分子组成有关，其分子组成越复杂，物质的量越大，$S_m^{\ominus}$ 值越大。

对化学反应 $a\text{A} + d\text{D} = g\text{G} + h\text{H}$，熵变 $\Delta_r S_m^{\ominus}(298K) = \sum \nu(B) S_m^{\ominus}(B)$。

2.2.6 自由能

1. 自由能

自由能 $G=H-TS$，自由能是状态函数，具有能量量纲，体系自由能的绝对值是不可知的。

在定温定压条件下封闭体系的自由能代表体系做有用功的本领。在可逆过程中自由能的减少值等于体系所做的最大有用功；在不可逆过程中自由能的减少值大于体系做的有用功。

定温定压下，不做非体积功的封闭体系，总是自发地向着自由能降低的方向变化，这也称为自由能减少原理。当自由能降低到最小值时，体系达到平衡态。在定温定压且体系不做非体积功的条件下，利用自由能的变化可以判断过程的方向和限度。

在定温定压条件下，$\Delta G<0$，过程自发进行；$\Delta G=0$，则体系处于平衡状态；$\Delta G>0$，过程逆向自发进行。

2. 标准摩尔生成自由能

标准摩尔生成自由能 $\Delta_f G_m^\ominus$ 是指标准状态下，由稳定单质生成 1mol 物质时的自由能变化。根据定义，元素稳定单质的 $\Delta_f G_m^\ominus$ 为零。由物质的 $\Delta_f G_m^\ominus$ 可计算反应的 $\Delta_r G_m^\ominus$。

$$\Delta_r G_m^\ominus = \sum \nu \Delta_f G_m^\ominus(\mathrm{B})$$

3. 吉布斯-亥姆霍兹方程式

由自由能定义 $G=H-TS$ 得定温条件下 $\Delta G=\Delta H-T\Delta S$，此式称为吉布斯-亥姆霍兹方程式。

标准状态下化学反应体系 $\Delta_r G_m^\ominus = \Delta_r H_m^\ominus - T\Delta_r S_m^\ominus$，当温度改变不大时，$\Delta_r H_m^\ominus$ 和 $\Delta_r S_m^\ominus$ 可近似认为是常数，即

$$\Delta_r H_m^\ominus(298\mathrm{K}) \approx \Delta_r H_m^\ominus(T)$$

$$\Delta_r S_m^\ominus(298\mathrm{K}) \approx \Delta_r S_m^\ominus(T)$$

故可得 $\Delta_r G_m^\ominus(T) = \Delta_r H_m^\ominus(298\mathrm{K}) - T\Delta_r S_m^\ominus(298\mathrm{K})$。因此可计算不同温度下反应的 $\Delta_r G_m^\ominus$，也可以估算反应自发进行的温度。

温度对反应方向的影响可分为以下四种情况：

序号	ΔH	ΔS	$\Delta G=\Delta H-T\Delta S$	自发反应方向
1	−	+	任何温度 −	正向
2	+	−	任何温度 +	逆向
3	+	+	低温 + 高温 −	逆向 正向
4	−	−	低温 − 高温 +	正向 逆向

2.3　例题和习题解析

2.3.1　例题

【例题 2-1】　乙醇在生物体内氧化释放生长所需要的能量，其过程分两步完成：

$$CH_3CH_2OH \longrightarrow CH_3CHO \longrightarrow CH_3COOH$$

根据下列反应及其反应焓变计算生物体内乙醇被氧化成乙醛及乙醛被进一步氧化成乙酸的反应焓变。

$$CH_3CH_2OH\,(l) + 3O_2(g) = 2CO_2(g) + 3H_2O(l) \quad \Delta_r H_m^\ominus(1) = -1371kJ \cdot mol^{-1} \tag{1}$$

$$CH_3CHO\,(l) + \frac{5}{2}O_2(g) = 2CO_2(g) + 2H_2O(l) \quad \Delta_r H_m^\ominus(2) = -1168kJ \cdot mol^{-1} \tag{2}$$

$$CH_3COOH\,(l) + 2O_2(g) = 2CO_2(g) + 2H_2O(l) \quad \Delta_r H_m^\ominus(3) = -876kJ \cdot mol^{-1} \tag{3}$$

解　乙醇被氧化成乙醛的反应为

$$CH_3CH_2OH(l) + \frac{1}{2}O_2(g) = CH_3CHO(l) + H_2O(l) \tag{4}$$

$$(4) = (1) - (2)$$

$$\Delta_r H_m^\ominus(4) = \Delta_r H_m^\ominus(1) - \Delta_r H_m^\ominus(2) = -1371 - (-1168) = -203(kJ \cdot mol^{-1})$$

乙醇被氧化成乙醛的焓变为$-203kJ \cdot mol^{-1}$。

乙醛被氧化成乙酸的反应为

$$CH_3CHO(l) + \frac{1}{2}O_2(g) = CH_3COOH(l) \tag{5}$$

$$(5) = (2) - (3)$$

$$\Delta_r H_m^\ominus(5) = \Delta_r H_m^\ominus(2) - \Delta_r H_m^\ominus(3) = -1168 - (-876) = -292(kJ \cdot mol^{-1})$$

乙醛被氧化成乙酸的焓变为$-292kJ \cdot mol^{-1}$。

【例题 2-2】　计算 100.0g 乙醇在 298K、标准状态下完全燃烧能放出多少热。

解　乙醇的燃烧反应为

$$CH_3CH_2OH\,(l) + 3O_2(g) = 2CO_2(g) + 3H_2O(l)$$

查表

$$\Delta_f H_m^\ominus(CH_3CH_2OH, l) = -277.7kJ \cdot mol^{-1}$$

$$\Delta_f H_m^\ominus(H_2O, l) = -285.84kJ \cdot mol^{-1}$$

$$\Delta_f H_m^\ominus(CO_2, g) = -393.51kJ \cdot mol^{-1}$$

乙醇燃烧反应

$$\Delta_r H_m^\ominus = \sum \nu(B)\Delta_f H_m^\ominus(B) = 2\times(-393.51) + 3\times(-285.84) + (-1)\times(-277.7) = -1366.84(kJ \cdot mol^{-1})$$

100.0g 乙醇燃烧放出的热量为

$$Q_p = \frac{m}{M} \cdot \Delta_r H_m^\ominus = \frac{100.0}{46} \times (-1366.84) = -2971.39(kJ)$$

100.0g 乙醇燃烧可放热 2971.39kJ。

【例题 2-3】 煤燃烧时含硫的杂质转化为 SO_2 和 SO_3，造成对大气的污染。试用热力学数据说明可以用 CaO 吸收 SO_3，以消除烟道废气的污染。

解　298K 时

	CaO(s) +	SO_3(g) ⟶	$CaSO_4$(s)
$\Delta_f H_m^\ominus/(kJ\cdot mol^{-1})$	−635.09	−395.7	−1434.1
$S_m^\ominus/(J\cdot K^{-1}\cdot mol^{-1})$	39.75	256.6	107

$$\Delta_r H_m^\ominus=\sum \nu(B)\Delta_f H_m^\ominus(B)=(-1)\times(-635.09)+(-1)\times(-395.7)+1\times(-1434.1)$$

$$=-403.31(kJ\cdot mol^{-1})$$

$$\Delta_r S_m^\ominus=\sum \nu(B)S_m^\ominus(B)=(-1)\times 39.75+(-1)\times 256.6+1\times 107=-189.35(J\cdot mol^{-1}\cdot K^{-1})$$

298K 时

$$\Delta_r G_m^\ominus=\Delta_r H_m^\ominus-T\Delta_r S_m^\ominus=-403.31-298\times(-189.35)\times 10^{-3}=-346.88(kJ\cdot mol^{-1})$$

$\Delta_r G_m^\ominus<0$，在 298K 时反应可以自发进行。设反应可以自发进行的最高温度为 T，则

$$\Delta_r G_m^\ominus(T)=\Delta_r H_m^\ominus(T)-T\Delta_r S_m^\ominus(T)\approx\Delta_r H_m^\ominus-T\Delta_r S_m^\ominus=0$$

$$0=-403.31-T(-189.35)\times 10^{-3}$$

$$T=2130K=1857℃$$

在低于 2130K(1857℃)时，可以用 CaO 吸收 SO_3，以消除烟道废气的污染。

2.3.2　习题解析

【习题 2-1】 什么是状态函数？什么是广度性质？什么是强度性质？

答　体系的性质，如物质的量、温度、体积、压力等，可以用来描述体系的状态。体系的性质是由体系的状态确定的，这些性质是状态的函数，称为状态函数。具有加和性的性质称为广度性质；不具有加和性的性质称为强度性质。

【习题 2-2】 自发过程的特点是什么？

答　在孤立体系中，变化总是自发地向熵增加的方向进行，即向混乱度增加的方向进行。不做非体积功的封闭体系中，定温定压条件下，变化总是自发地向着自由能降低的方向进行。

【习题 2-3】 什么是混乱度？什么是熵？它们有什么关系？

答　混乱度 Ω 是体系的微观状态数。熵 S 是量度混乱度的状态函数，$S=k\ln\Omega$。

【习题 2-4】 什么是自由能判据？它的应用条件是什么？

答　在定温定压、不做非体积功的条件下，自由能降低的过程可以自发进行；自由能不变的过程是可逆过程。自由能判据适用于封闭体系、定温定压过程。

【习题 2-5】 298K 时 6.5g 液体苯在弹式热量计中完全燃烧，放热 272.3kJ。求该反应的 $\Delta_r U_m^\ominus$ 和 $\Delta_r H_m^\ominus$。

解

$$C_6H_6(l)+\frac{15}{2}O_2(g)=\!=\!=6CO_2(g)+3H_2O(l)$$

$$\sum\nu(\mathrm{g}) = -\frac{15}{2} + 6 = -1.5$$

$$\Delta U = Q_V = \xi \cdot \Delta_r U_m^\ominus = \frac{0 - \frac{m}{M}}{-1} \cdot \Delta_r U_m^\ominus = \frac{6.5}{78} \cdot \Delta_r U_m^\ominus = -272.3$$

$$\Delta_r U_m^\ominus = -3267.6\mathrm{kJ \cdot mol^{-1}}$$

$$\Delta_r H_m^\ominus = \Delta_r U_m^\ominus + \sum\nu(\mathrm{g})RT = -3267.6 + (-1.5) \times 8.314 \times 298 \times 10^{-3} = -3271.3(\mathrm{kJ \cdot mol^{-1}})$$

【习题 2-6】 298K、标准状态下，HgO 在开口容器中加热分解，若吸热 22.7kJ 可形成 Hg(l) 50.10g，求该反应的 $\Delta_r H_m^\ominus$，若在密封的容器中反应，生成同样量的 Hg(l)需吸热多少？

解

$$\mathrm{HgO(s) =\!=\!= Hg(l) + \frac{1}{2}O_2(g)}$$

$$\sum\nu(\mathrm{g}) = 0.5$$

$$\xi = \frac{\frac{m}{M} - 0}{1} = \frac{50.10}{200.6} = 0.250(\mathrm{mol})$$

$$\Delta_r H_m^\ominus = Q_{p,\mathrm{m}} / \xi = 22.71 / 0.250 = 90.84(\mathrm{kJ \cdot mol^{-1}})$$

$$\Delta_r U_m^\ominus = \Delta_r H_m^\ominus - \sum\nu(\mathrm{g})RT = 90.84 - 0.5 \times 8.314 \times 298 \times 10^{-3} = 89.601(\mathrm{kJ \cdot mol^{-1}})$$

$$Q_V = Q_{V,\mathrm{m}} \times \xi = 89.601 \times 0.250 = 22.40(\mathrm{kJ})$$

【习题 2-7】 已知 298K、标准状态下

$$\mathrm{Cu_2O(s) + \frac{1}{2}O_2(g) =\!=\!= 2CuO(s)} \qquad \Delta_r H_m^\ominus(1) = -146.02\mathrm{kJ \cdot mol^{-1}} \qquad (1)$$

$$\mathrm{CuO(s) + Cu(s) =\!=\!= Cu_2O(s)} \qquad \Delta_r H_m^\ominus(2) = -11.30\mathrm{kJ \cdot mol^{-1}} \qquad (2)$$

求(3)$\mathrm{CuO(s) =\!=\!= Cu(s) + \frac{1}{2}O_2(g)}$的 $\Delta_r H_m^\ominus$。

解 $-(1) - (2) = (3)$得

$$\mathrm{CuO(s) =\!=\!= Cu(s) + \frac{1}{2}O_2(g)}$$

$$\Delta_r H_m^\ominus(3) = -\Delta_r H_m^\ominus(1) - \Delta_r H_m^\ominus(2) = 157.32\mathrm{kJ \cdot mol^{-1}}$$

【习题 2-8】 已知 298K、标准状态下

$$\mathrm{Fe_2O_3(s) + 3CO(g) =\!=\!= 2Fe(s) + 3CO_2(g)} \qquad \Delta_r H_m^\ominus(1) = -24.77\mathrm{kJ \cdot mol^{-1}} \qquad (1)$$

$$\mathrm{3Fe_2O_3(s) + CO(g) =\!=\!= 2Fe_3O_4(s) + CO_2(g)} \qquad \Delta_r H_m^\ominus(2) = -52.19\mathrm{kJ \cdot mol^{-1}} \qquad (2)$$

$$\mathrm{Fe_3O_4(s) + CO(g) =\!=\!= 3FeO(s) + CO_2(g)} \qquad \Delta_r H_m^\ominus(3) = 39.01\mathrm{kJ \cdot mol^{-1}} \qquad (3)$$

求(4)$\mathrm{Fe(s) + CO_2(g) =\!=\!= FeO(s) + CO(g)}$的 $\Delta_r H_m^\ominus$。

解 由$\frac{1}{6}[-3 \times (1) + (2) + 2 \times (3)]$得(4)

$$\mathrm{Fe(s) + CO_2(g) =\!=\!= FeO(s) + CO(g)}$$

则
$$\Delta_r H_m^\ominus(4) = -\frac{1}{2}\Delta_r H_m^\ominus(1) + \frac{1}{6}\Delta_r H_m^\ominus(2) + \frac{1}{3}\Delta_r H_m^\ominus(3)$$
$$= -\frac{1}{2}(-24.77) + \frac{1}{6}(-52.19) + \frac{1}{3}(+39.01)$$
$$= 16.69(\text{kJ} \cdot \text{mol}^{-1})$$

【习题 2-9】 由 $\Delta_f H_m^\ominus$ 的数据计算下列反应在 298K、标准状态下的反应热 $\Delta_r H_m^\ominus$。

$$4NH_3(g) + 5O_2(g) == 4NO(g) + 6H_2O(l) \quad (1)$$
$$8Al(s) + 3Fe_3O_4(s) == 4Al_2O_3(s) + 9Fe(s) \quad (2)$$
$$CO(g) + H_2O(g) == CO_2(g) + H_2(g) \quad (3)$$

解 (1)
$$\Delta_r H_m^\ominus = \sum \nu(B)\Delta_f H_m^\ominus(B)$$
$$= 4 \times 90.25 + 6 \times (-285.84) - 4 \times (-46.11) = -1169.6(\text{kJ} \cdot \text{mol}^{-1})$$

(2)
$$\Delta_r H_m^\ominus = \sum \nu(B)\Delta H_m^\ominus(B)$$
$$= 4 \times (-1676) - 3 \times (-1120.9) = -3341.3(\text{kJ} \cdot \text{mol}^{-1})$$

(3)
$$\Delta_r H_m^\ominus = \sum \nu(B)\Delta_f H_m^\ominus(B)$$
$$= (-393.51) - (-110.53) - (-241.82) = -41.16(\text{kJ} \cdot \text{mol}^{-1})$$

【习题 2-10】 由 $\Delta_c H_m^\ominus$ 的数据计算下列反应在 298K、标准状态下的反应热 $\Delta_r H_m^\ominus$。

$$C_6H_5COOH(s) + H_2(g) == C_6H_6(l) + HCOOH(l) \quad (1)$$
$$HCOOH(l) + CH_3CHO(l) == CH_3COOH(l) + HCHO(g) \quad (2)$$

解 (1)
$$\Delta_r H_m^\ominus = -\sum \nu(B)\Delta_c H_m^\ominus(B)$$
$$= -3223.87 + (-285.84) + 3267.54 + 254.64 = 9.47(\text{kJ} \cdot \text{mol}^{-1})$$

(2)
$$\Delta_r H_m^\ominus = -\sum \nu(B)\Delta_c H_m^\ominus(B)$$
$$= -254.64 + (-1166.37) + 871.64 + 570.78 = 21.41(\text{kJ} \cdot \text{mol}^{-1})$$

【习题 2-11】 由葡萄糖的燃烧热和水及二氧化碳的生成热数据，求 298K、标准状态下葡萄糖的 $\Delta_f H_m^\ominus$。

解
$$C_6H_{12}O_6(s) + 6O_2(g) == 6CO_2(g) + 6H_2O(l)$$
$$\Delta_c H_m^\ominus = -\sum \nu(B)\Delta_f H_m^\ominus(B)$$
$$\Delta_f H_m^\ominus(C_6H_{12}O_6, s) = -\Delta_c H_m^\ominus + [6 \times \Delta_f H_m^\ominus(CO_2, g) + 6 \times \Delta_f H_m^\ominus(H_2O, l)]$$
$$= -(-2803.03) + 6 \times (-393.51) + 6 \times (-285.84)$$
$$= -1273.07(\text{kJ} \cdot \text{mol}^{-1})$$

【习题 2-12】 已知 298K 时，反应

	$BaCO_3(s)$	==	$BaO(s)$	+	$CO_2(g)$
$\Delta_f H_m^\ominus/(\text{kJ} \cdot \text{mol}^{-1})$	−1216.29		−548.10		−393.51
$S_m^\ominus/(\text{J} \cdot \text{K}^{-1} \cdot \text{mol}^{-1})$	112.13		72.09		213.64

求 298K 时该反应的 $\Delta_r H_m^\ominus$、$\Delta_r S_m^\ominus$ 和 $\Delta_r G_m^\ominus$，以及该反应可自发进行的最低温度。

解 298K 时

$$\Delta_r H_m^\ominus = \sum \nu(B)\Delta_f H_m^\ominus(B) = (-548.10) + (-393.51) - (-1216.29) = 274.68(kJ \cdot mol^{-1})$$

$$\Delta_r S_m^\ominus = \sum \nu(B) S_m^\ominus(B) = 72.09 + 213.64 - 112.13 = 173.60(J \cdot K^{-1} \cdot mol^{-1})$$

$$\Delta_r G_m^\ominus = \Delta_r H_m^\ominus - T\Delta_r S_m^\ominus = 274.68\times10^3 - 298\times173.60 = 222.95\times10^3(J\cdot mol^{-1}) = 222.95(kJ\cdot mol^{-1})$$

设反应最低温度为 T，则

$$\Delta_r G_m^\ominus(T) = \Delta_r H_m^\ominus(T) - T\Delta_r S_m^\ominus(T) \approx \Delta_r H_m^\ominus(298K) - T\Delta_r S_m^\ominus(298K) < 0$$

$$274.68\times10^3 - T\times173.60 < 0$$

$$T > 1582K$$

【习题 2-13】 根据 $\Delta_f G_m^\ominus$ 和 $S_m^\ominus$ 的数据，计算下列反应在 298K 时的 $\Delta_r G_m^\ominus$、$\Delta_r S_m^\ominus$ 和 $\Delta_r H_m^\ominus$。

(1) $Ca(OH)_2(s) + CO_2(g) = CaCO_3(g) + H_2O(l)$

(2) $N_2(g) + 3H_2(g) = 2NH_3(g)$

(3) $2H_2S(g) + 3O_2(g) = 2SO_2(g) + 2H_2O(l)$

解

(1) $$\Delta_r G_m^\ominus = \sum \nu(B)\Delta_f G_m^\ominus(B) = 1\times(-1128.8) + 1\times(-237.19) - 1\times(-898.56) - 1\times(-394.36)$$
$$= -73.07(kJ\cdot mol^{-1})$$

$$\Delta_r S_m^\ominus = \sum \nu(B) S_m^\ominus(B) = 1\times92.88 + 1\times69.94 - 1\times83.39 - 1\times213.64$$
$$= -134.21(J\cdot K^{-1}\cdot mol^{-1})$$

$$\Delta_r H_m^\ominus = \Delta_r G_m^\ominus + T\Delta_r S_m^\ominus = -73.07 + 298\times(-134.21)\times10^{-3} = -113.08(kJ\cdot mol^{-1})$$

(2) $$\Delta_r G_m^\ominus = \sum \nu(B)\Delta_f G_m^\ominus(B) = 2\times(-16.50) = -33.0(kJ\cdot mol^{-1})$$

$$\Delta_r S_m^\ominus = \sum \nu(B) S_m^\ominus(B) = 2\times192.3 - 1\times191.5 - 3\times130.57 = -198.61(J\cdot K^{-1}\cdot mol^{-1})$$

$$\Delta_r H_m^\ominus = \Delta_r G_m^\ominus + T\Delta_r S_m^\ominus = -33.0 + 298\times(-198.61)\times10^{-3} = -92.22(kJ\cdot mol^{-1})$$

(3) $$\Delta_r G_m^\ominus = \sum \nu(B)\Delta_f G_m^\ominus(B) = 2\times(-300.19) + 2\times(-237.19) - 2\times(-33.6)$$
$$= -1007.56(kJ\cdot mol^{-1})$$

$$\Delta_r S_m^\ominus = \sum \nu(B) S_m^\ominus(B) = 2\times248.1 + 2\times69.94 - 2\times205.7 - 3\times205.03$$
$$= -390.41(J\cdot K^{-1}\cdot mol^{-1})$$

$$\Delta_r H_m^\ominus = \Delta_r G_m^\ominus + T\Delta_r S_m^\ominus = -1007.56 + 298\times(-390.41)\times10^{-3} = -1123.90(kJ\cdot mol^{-1})$$

【习题 2-14】 Calculate the standard molar enthalpy of formation for $N_2O_5(g)$ from the following date:

$$2NO(g) + O_2(g) = 2NO_2(g) \qquad \Delta_r H_m^\ominus(1) = -114.1kJ\cdot mol^{-1} \qquad (1)$$

$$4NO_2(g) + O_2(g) = 2N_2O_5(g) \qquad \Delta_r H_m^\ominus(2) = -110.2kJ\cdot mol^{-1} \qquad (2)$$

$$N_2(g) + O_2(g) = 2NO(g) \qquad \Delta_r H_m^\ominus(3) = -180.5kJ\cdot mol^{-1} \qquad (3)$$

解　0.5×(2)+(1)+(3)得(4)：

$$N_2(g) + 2.5O_2(g) = N_2O_5(g) \qquad (4)$$

$$\begin{aligned}\Delta_f H_m^\ominus(N_2O_5,g) &= \Delta_r H_m^\ominus(4)\\ &= 0.5\times\Delta_f H_m^\ominus(2)+\Delta_f H_m^\ominus(1)+\Delta_f H_m^\ominus(3)\\ &= 0.5\times(-110.2)+(-114.1)+(-180.5)\\ &= -349.7(kJ\cdot mol^{-1})\end{aligned}$$

【习题 2-15】 A sample of D-ribose ($C_5H_{10}O_5$) with mass 0.727g was weighed into a calorimeter and then ignited in presence of excess oxygen. The temperature rose by 0.910K when the sample was combusted. In a separate experiment in the same calorimeter the combustion of 0.825g of benzoic acid($C_7H_6O_2$), for which the $\Delta_c U_m^\ominus = -3251 kJ\cdot mol^{-1}$, gave a temperature rise of 1.940K. Calculate the $\Delta_r U_m^\ominus$ and $\Delta_r H_m^\ominus$ of D-ribose combusted.

解 0.825g 苯甲酸燃烧，仪器温度上升 1.940K，设水当量(仪器温度上升 1K 所需的热量)为 Q，则

$$Q=\frac{Q_V}{\Delta T}=\frac{\xi\cdot\Delta_r U_m^\ominus}{\Delta T}=\frac{m\cdot\Delta_c U_m^\ominus}{M\cdot\Delta T}=\frac{0.825\times(-3251)\times10^3}{122\times1.940}=-11.33\times10^3(J\cdot K^{-1})$$

0.727g D-核酸燃烧，仪器温度上升 0.910K，有

$$C_5H_{10}O_5(s)+5O_2(g) == 5CO_2(g)+5H_2O(l)$$

$$Q=\frac{\xi\cdot\Delta_r U_m^\ominus}{\Delta T}=\frac{m\cdot\Delta_c U_m^\ominus}{M\cdot\Delta T}$$

$$-11.33\times10^3=\frac{0.727\times\Delta_c U_m^\ominus}{150\times0.910}$$

$$\Delta_r U_m^\ominus=\Delta_c U_m^\ominus=-2127 kJ\cdot mol^{-1}$$

$$\Delta_r H_m^\ominus=\Delta_r U_m^\ominus+\sum\nu(g)RT=\Delta_r U_m^\ominus=-2127 kJ\cdot mol^{-1}$$

2.4 练 习 题

2.4.1 填空题

1. 将化学反应方程式写成 $0=\sum_B\nu(B)$ 的形式，式中 $\nu(B)$ 为_________，反应物的 $\nu(B)$_________0(>、<或=)，生成物的 $\nu(B)$_________0(>、<或=)。

2. 反应进度 ξ 是描述_________的量，单位是_________。

3. 根据体系与环境之间物质交换及能量交换的关系，可以将体系划分为_________、_________和_________三类。

4. 状态函数的数值只与_________有关，某一过程中状态函数数值的变化只取决于_________，而与_________无关。

5. 298K 时，反应 $N_2(g)+3H_2(g) == 2NH_3(g)$，$\Delta_r U_m^\ominus=-87.2 kJ\cdot mol^{-1}$，则该反应的 $\Delta_r H_m^\ominus$ 值为_________。

6. 乙烯的标准摩尔燃烧焓是$-1411 kJ\cdot mol^{-1}$，$H_2O(l)$的标准摩尔蒸发焓是 $44 kJ\cdot mol^{-1}$，则反应 $C_2H_4(g)+3O_2(g) == 2CO_2(g)+2H_2O(g)$的 $\Delta_r H_m^\ominus$ 等于_________。

7. 在 273K 时、标准压力下，冰的熔化热为 $6.0kJ \cdot mol^{-1}$，水转变为冰的熵变近似为 _____ $J \cdot mol^{-1} \cdot K^{-1}$。

8. 利用自由能的变化判断过程的方向和限度的条件是_____。

9. 物理量 p、T、V、U、H、W、Q、G、S，其中_____是状态函数。

10. H 等于定压热的条件是_____。

11. U 等于定容热的条件是_____。

12. 浓 H_2SO_4 溶于水时反应_____热(吸或放)，过程的 ΔH_____ 0，ΔS _____ 0，ΔG _____ 0 (>、<或=)。

13. 熵增加原理说的是_____。

14. 赫斯定律说的是_____。

15. ΔH 的单位是_____ ；$\Delta_r H_m^{\ominus}$ 的单位是_____。

16. ΔS 的单位是_____ ；$\Delta_r S_m^{\ominus}$ 的单位是_____。

17. ΔG 的单位是_____ ；$\Delta_r G_m^{\ominus}$ 的单位是_____。

18. $\Delta_r H_m^{\ominus}$ 、$\Delta_r S_m^{\ominus}$ 、$\Delta_r G_m^{\ominus}$ 等量中下标 r 的物理意义是_____，下标 m 的物理意义是_____。

19. 熵增加原理适用于_____体系，_____过程。

20. 自由能减少原理适用于_____体系，_____过程。

2.4.2 是非判断题

1. 熵增加的反应都可以自发进行。 （ ）

2. 热力学标准状态下的纯气体的分压为100kPa，温度为298K。 （ ）

3. $\Delta_r G_m^{\ominus} < 0$ 的反应能自发进行。 （ ）

4. 298K 时，反应 $O_2(g)+S(g) = SO_2(g)$的 $\Delta_r G_m^{\ominus}$ 、$\Delta_r H_m^{\ominus}$ 、$\Delta_r S_m^{\ominus}$ 分别等于 $SO_2(g)$的 $\Delta_r G_m^{\ominus}$ 、$\Delta_r H_m^{\ominus}$ 、$S_m^{\ominus}$ 。 （ ）

5. 随温度升高，反应 $C(s)+\frac{1}{2} O_2(g) = CO(g)$的 $\Delta_r G_m^{\ominus}$ 降低。 （ ）

6. 可以应用赫斯定律计算 $\Delta_r H_m^{\ominus}$ 、$\Delta_r G_m^{\ominus}$ 、$\Delta_r S_m^{\ominus}$ 等。 （ ）

7. 对于 $\Delta_r S_m^{\ominus} > 0$ 的反应，标准状态下低温时能正向自发进行。 （ ）

8. 指定温度下，元素稳定单质的 $\Delta_f H_m^{\ominus} = 0$ ，$\Delta_f G_m^{\ominus} = 0$ 。 （ ）

9. 因为 $\Delta H = Q_p$ ，所以 Q_p 也有状态函数的性质。 （ ）

10. 在不做非体积功条件下，定压过程中体系所吸收的热量全部转化为体系的焓。 （ ）

2.4.3 选择题

1. 下列各物质中，稳定的单质是(   )。
A. C(金刚石)　　　　　B. S(l)　　　　　　　C. $Br_2(l)$　　　　　　　D. Hg(s)

2. 下列反应中的 $\Delta_r H_m^{\ominus}$ 等于 AgBr(s)的 $\Delta_f H_m^{\ominus}$ 的是(   )。
A. $Ag^+(aq) + Br^-(aq) = AgBr(s)$　　　　　　B. $2Ag(s) + Br_2(g) = 2AgBr(s)$

C. $Ag(s)+\frac{1}{2}Br_2(l) \longequal AgBr(s)$　D. $Ag(s)+\frac{1}{2}Br_2(g) \longequal AgBr(s)$

3. 下列反应中的 $\Delta_r G_m^\ominus$ 等于 $CO_2(g)$的 $\Delta_f G_m^\ominus$ 的是(　　)。

A. C(石墨)+$O_2(g)$═ $CO_2(g)$　B. C(金刚石)+$O_2(g)$ ═ $CO_2(g)$

C. $CO(g)+\frac{1}{2}O_2(g) = CO_2(g)$　D. C(石墨)+ $O_2(g)$═ $CO_2(1)$

4. 在 298K 和标准状态时，下列反应均为非自发反应，其中在高温时仍为非自发反应的是(　　)。

A. $Ag_2O(s) = 2Ag(s)+\frac{1}{2}O_2(g)$

B. $N_2O_4(g) = 2NO_2(g)$

C. $Fe_2O_3(s)+\frac{3}{2}C(s) = 2Fe(s)+\frac{3}{2}CO_2(g)$

D. $6C(s)+6H_2O(g) = C_6H_{12}O_6(s)$

5. 下列物质标准熵 $S_m^\ominus$ 的大小排列顺序正确的是(　　)。

A. $Cl_2O(g) < Br_2(g) < Cl_2(g) < F_2(g) < H_2(g)$

B. $Br_2(g) > Cl_2O(g) > Cl_2(g) > F_2(g) > H_2(g)$

C. $H_2(g) < F_2(g) < Cl_2(g) < Br_2(g) < Cl_2O(g)$

D. $Br_2(g) < Cl_2O(g) < Cl_2(g) < F_2(g) < H_2(g)$

6. 在下列物质中，$\Delta_f H_m^\ominus$ 和 $\Delta_c H_m^\ominus$ 均为 0 的是(　　)。

A. C(石墨)　B. $O_2(g)$　C. CO(g)　D. $H_2O(l)$

7. 100kPa 下，温度低于 291K 时，灰锡比白锡稳定；温度高于 291K 时，白锡比灰锡稳定。则反应 Sn(白锡) ═ Sn(灰锡)为(　　)。

A. 放热，熵增加　B. 吸热，熵增加

C. 放热，熵减少　D. 吸热，熵减少

8. 当体系向环境放热时，体系的焓(　　)。

A. 升高　B. 降低　C. 不变　D. 无法判断

9. 373K、101.3kPa 时水变为水蒸气，下列热力学函数中值增大的是(　　)。

A. 熵　B. 水的饱和蒸气压　C. 温度　D. 水的气化热

10. 273K、101.3kPa 时冰融化为水，下列物理量正确的是(　　)。

A. $W < 0$　B. $\Delta H = Q_p$　C. $\Delta H < 0$　D. $\Delta U < 0$

11. 1mol $O_2(g)$与 2mol $H_2(g)$完全反应生成 2mol $H_2O(g)$，反应进度 ξ 等于(　　)。

A. 0.5mol　B. 1mol　C. 2mol　D. 无法判断

12. 1mol $O_2(g)$与 2mol $H_2(g)$在绝热钢瓶中完全反应生成 2mol $H_2O(g)$，体系的(　　)。

A. $\Delta G = 0$　B. $\Delta H = 0$　C. $\Delta U = 0$　D. $\Delta S = 0$

13. O_2 的标准摩尔燃烧焓(　　)。

A. 不存在　B. = 0　C. < 0　D. > 0

14. H_2O 的标准摩尔燃烧焓(　　)。

A. 不确定　B. = 0　C. < 0　D. > 0

15. O_2 的标准摩尔生成焓(　　)。

A. 不存在　B. = 0　C. < 0　D. > 0

16. H_2O 的标准摩尔生成焓(　　)。

A. 不存在　B. = 0　C. < 0　D. > 0

17. 下列物质中，标准摩尔生成焓为零的是(　　)。

A. C(石墨)　B. C(金刚石)　C. CO_2　D. CO

18. 下列物质中，标准摩尔燃烧焓为零的是(　　)。

A. C(石墨)　B. C(金刚石)　C. CO_2　D. CO

19. 某体系经循环过程回到起始状态，不一定为零的是(　　)。

A. Q　B. ΔH　C. ΔS　D. ΔU

20. 某体系经一过程，熵变为负值，该过程(　　)。

A. 一定能发生　B. 一定不能发生　C. 可能发生　D. 无法判断

2.4.4 简答题

1. 赫斯定律的基本内容是什么？适用于哪些热力学状态函数？
2. 熵增加原理的内容和数学表达式是什么？
3. 简述自由能变 ΔG 的物理意义。
4. 什么是状态函数？状态函数有什么特点？举例说明其分类。
5. 热力学第一定律的内容和数学表达式是什么？说明其意义。

2.4.5 计算题

1. 298K 时，在一定容器中，将 0.5g 苯 $C_6H_6(l)$完全燃烧生成 $CO_2(g)$和 $H_2O(l)$，放热 20.9kJ。试求苯的 $\Delta_r U_m^\ominus$ 和 $\Delta_r H_m^\ominus$ 值。

2. 反应 $2NO_2(g) \longrightarrow N_2O_4(g)$在 298K 可以按两种途径完成(反应进度 ξ = 1mol)：(1)放热 57.5kJ，不做功；(2)放热 11.3kJ，做功。求两种途径的 Q 和 W，反应的 $\Delta_c U_m^\ominus$ 和 $\Delta_c H_m^\ominus$。

3. 298K、100kPa 下，1.0mol H_2 与 0.5mol O_2 反应(1) $H_2(g) + \frac{1}{2}O_2(g) = H_2O(g)$，放热 241.8kJ。求该反应的 $\Delta_r H_m^\ominus(1)$ 和 $\Delta_r U_m^\ominus(1)$，并计算反应(2) $2H_2(g) + O_2(g) = 2H_2O(g)$ 的 $\Delta_r H_m^\ominus(2)$。

4. 分别用标准摩尔生成热和标准摩尔燃烧热数据计算下列反应的 $\Delta_r H_m^\ominus$ 值。

	CO(g)	+	$2H_2(g)$	=	$CH_3OH(l)$
$\Delta_f H_m^\ominus / (kJ \cdot mol^{-1})$	−110.5		0		−238.6
$\Delta_c H_m^\ominus / (kJ \cdot mol^{-1})$	−283.0		−285.8		−726.5

5. 在 298K 及 $p^\ominus$ 下，C(金刚石)和 C(石墨)的 $S_m^\ominus$ 值分别为 $2.38J \cdot mol^{-1} \cdot K^{-1}$ 和 $5.74J \cdot mol^{-1} \cdot K^{-1}$，其 $\Delta_c H_m^\ominus$ 值依次为$-395.4kJ \cdot mol^{-1}$ 和$-393.51kJ \cdot mol^{-1}$，求：(1)在 298K 及 $p^\ominus$ 下，石墨 $\longrightarrow$ 金刚石的 $\Delta_r G_m^\ominus$ 值；(2)通过计算说明哪一种晶形较为稳定。

6. 白云石可看成碳酸钙与碳酸镁的混合物，化学式为 $CaCO_3 \cdot MgCO_3$。根据热力学数据判断白云石在 600K 和 1200K 时的分解产物各是什么。

7. 蔗糖在人体的新陈代谢过程中发生反应：

$$C_{12}H_{22}O_{11}(s) + 12O_2(g) \xlongequal{} 12CO_2(g) + 11H_2O(l)$$

根据热力学数据，计算蔗糖在体温 37℃进行新陈代谢时的 $\Delta_r G_m^\ominus(310K)$。若有 30%的自由能可被利用做有用功，则食用 100g 蔗糖可被利用做多少有用功？

8. 根据下列反应的热力学数据，讨论利用该反应净化汽车尾气中 NO 和 CO 的可能性。

	$CO(g)$	+ $NO(g)$	$\longrightarrow$ $CO_2(g)$	+ $1/2N_2(g)$
$\Delta_f H_m^\ominus / (kJ\cdot mol^{-1})$	−110.53	90.25	−393.51	0
$S_m^\ominus / (J\cdot mol^{-1}\cdot K^{-1})$	197.56	210.65	213.64	191.5

9. 根据 298K、$p^\ominus$ 时物质的 $\Delta_f H_m^\ominus$ 和 $S_m^\ominus$ 值，(1)求反应：$CO_2(g) + 2NH_3(g) \xlongequal{} CO(NH_2)_2(s) + H_2O(l)$的 $\Delta_r H_m^\ominus$ 和 $\Delta_r S_m^\ominus$；(2)计算上述反应在 298K 及 $p^\ominus$ 下的 $\Delta_r G_m^\ominus$ 值，并判断由 $CO_2(g)$和 $NH_3(g)$反应生成尿素是否为自发过程。

10. 碘钨灯泡是用石英(SiO_2)制作的。试用热力学数据论证："用玻璃取代石英的设想是不能实现的"(灯泡内局部高温可达 623K，玻璃主要成分之一是 Na_2O，它能和碘蒸气发生反应生成 NaI)。

	$NaO(s)$	$I_2(g)$	$NaI(g)$	$O_2(g)$
$\Delta_f H_m^\ominus / (kJ\cdot mol^{-1})$	−414.22	2.44	−287.78	0
$S_m^\ominus / (J\cdot mol^{-1}\cdot K^{-1})$	75.06	260.58	98.53	205.03

练习题参考答案

2.4.1 填空题

1. 化学计量数；<；> 2. 反应已经完成；mol 3. 敞开体系；封闭体系；孤立体系 4. 状态；体系的始态和终态；途径 5. −92.2kJ · mol⁻¹ 6. −1323kJ · mol⁻¹ 7. −22 8. 定温定压条件下且体系不做非体积功 9. p、T、V、U、H、G、S 10. 定温定压只做体积功 11. 定温定容只做体积功 12. 放；<；>；< 13. 孤立体系的熵有增无减，适用于孤立体系 14. 一个反应若在定压(或定容)下分多步进行，则总反应热等于各分步反应热的代数和 15. J(kJ)；J(kJ) · mol⁻¹ 16. J · K⁻¹；J · K⁻¹ · mol⁻¹ 17. J(kJ)；J(kJ) · mol⁻¹ 18. 反应；1mol 19. 孤立；任何 20. 不做非体积功的封闭体系；定温定压

2.4.2 是非判断题

1. × 2. × 3. × 4. × 5. √ 6. √ 7. × 8. √ 9. × 10. √

2.4.3 选择题

1. C 2. C 3. A 4. D 5. C 6. B 7. C 8. D 9. A 10. B 11. D 12. C 13. B 14. B 15. B 16. C 17. A 18. C 19. A 20. D

只与反应的始态和终态有关，而与其变化的途径无关。H、U、S、G 都可以应用赫斯定律计算其变化量。

2. 孤立体系内，任何自发过程其熵总是增大的。这是热力学第二定律的一种表述方式，表达式为

$$\Delta S_{孤}\begin{cases}>0 & 自发过程\\ =0 & 平衡状态\\ <0 & 不可以发生的过程\end{cases}$$

3. ΔG 的物理意义是体系做最大有用功的那部分能量，它告诉我们，体系变化时释放的能量(ΔH)只有一部分可用来做有用功，另外一部分以热的形式耗散到了环境中。

4. 用来说明、确定体系所处状态的这些宏观物理量，称为状态函数。其特点是：①单值性；②各状态函数之间是相互联系的；③改变量仅取决于始态与终态，而与过程无关。状态函数划分为两类：一类是广度性质，如质量、体积等；另一类是强度性质，如温度、密度等。

5. 热力学第一定律的内容为：封闭体系发生变化时，其热力学能的变化等于变化过程中环境与体系传递的热和功的总和，数学表达式为：$\Delta U = Q + W$。意义为：体系经由不同途径发生同一过程，功和热不一定相同，但热和功的代数和却是不变的。

2.4.5　计算题

1. $\Delta_r U_m = -3260.4\text{kJ}\cdot\text{mol}^{-1}$　　$\Delta_r H_m = -3264.1\text{kJ}\cdot\text{mol}^{-1}$

2. (1) $W = 0$　　$Q = -57.2\text{kJ}$

$\Delta_r U_m = -57.2\text{kJ}$　　$\Delta_r H_m = -59.7\text{kJ}$

(2) $\Delta_r U_m = -57.2\text{kJ}$　　$\Delta_r H_m = -59.7\text{kJ}$

$Q = -11.3\text{kJ}$　　$W = -45.9\text{kJ}$

3. $\Delta_r H_m^\ominus(1) = -241.8\text{kJ}\cdot\text{mol}^{-1}$

$\Delta_r U_m^\ominus(1) = -240.6\text{kJ}\cdot\text{mol}^{-1}$

$\Delta_r H_m^\ominus(2) = -483.6\text{kJ}\cdot\text{mol}^{-1}$

4. $\Delta_r H_m^\ominus = -128.1\text{kJ}\cdot\text{mol}^{-1}$

5. (1) $\Delta_{trs} H_m^\ominus = 1.89\text{kJ}\cdot\text{mol}^{-1}$

$\Delta_{trs} S_m^\ominus = -3.36\text{J}\cdot\text{mol}^{-1}\cdot\text{K}^{-1}$

$\Delta_{trs} G_m^\ominus = 2.89\text{kJ}\cdot\text{mol}^{-1}$

(2) 因为 $\Delta_{trs} G_m^\ominus > 0$，所以石墨较为稳定。

6. 白云石在 600K 时的分解产物是 MgO 和 CO_2；在 1200K 时的分解产物是 MgO、CaO 和 CO_2。

7.

	$C_{12}H_{22}O_{11}(s)$ +	$12O_2(g)$ ══	$12CO_2(g)$ +	$11H_2O(1)$
$\Delta_f H_m^\ominus/(\text{kJ}\cdot\text{mol}^{-1})$	−2221.7	0	−393.51	−285.84
$S_m^\ominus/(\text{J}\cdot\text{mol}^{-1}\cdot\text{K}^{-1})$	360.2	205.03	213.6	69.94

$$\Delta_r H_m^\ominus = -5644.56\text{kJ}\cdot\text{mol}^{-1}$$

$$\Delta_r S_m^\ominus = 511.98\text{J}\cdot\text{mol}^{-1}\cdot\text{K}^{-1}$$

$$\Delta_r G_m^\ominus(310\text{K}) = \Delta_r H_m^\ominus - T\Delta_r S_m^\ominus = -5644.56 - 310\times10^{-3}\times511.97 = -5803.27(\text{kJ}\cdot\text{mol}^{-1})$$

$$W'_{max} = \xi\cdot\Delta_r G_m^\ominus\times30\% = \frac{100}{342}\times(-5803.27)\times30\% = -509.06(\text{kJ})$$

即可被利用做 509.06kJ 的有用功。

8.

	$CO(g)$	+	$NO(g) = CO_2(g)$	+	$N_2(g)$
$\Delta_f H_m^\ominus / (kJ \cdot mol^{-1})$	−110.53		90.25	−393.51	0
$S_m^\ominus / (J \cdot mol^{-1} \cdot K^{-1})$	197.56		210.65	213.64	191.5

$$\Delta_r H_m^\ominus = -373.23 kJ \cdot mol^{-1}$$

$$\Delta_r S_m^\ominus = -98.82 J \cdot mol^{-1} \cdot K^{-1}$$

$$\Delta_r G_m^\ominus (298K) = -343.78 kJ \cdot mol^{-1}$$

$$T \leqslant \frac{\Delta_r H_m^\ominus}{\Delta_r S_m^\ominus} = \frac{-373.23 \times 10^3}{-98.82} = 3.77 \times 10^3 (K)$$

从热力学看，温度在 $3.77 \times 10^3 K$ 以下，反应都可能自发进行，可能利用该反应净化汽车尾气中 NO 和 CO。

9. (1)　$\Delta_r H_m^\ominus = -133.71 kJ \cdot mol^{-1}$　　$\Delta_r S_m^\ominus = -423.66 J \cdot mol^{-1} \cdot K^{-1}$

(2)　$\Delta_r G_m^\ominus (298K) = -7.46 kJ \cdot mol^{-1}$

在 298K 标准状态下，$\Delta_r G_m^\ominus < 0$，所以 $CO_2(g)$和 $NH_3(g)$生成尿素的反应为自发过程。

10.

$$Na_2O(s) + I_2(g) = 2NaI(s) + \frac{1}{2} O_2(g)$$

$$\Delta_r H_m^\ominus = -223.78 kJ \cdot mol^{-1}$$

$$\Delta_r S_m^\ominus = -36.07 J \cdot mol^{-1} \cdot K^{-1}$$

623K 时

$$\Delta_r G_m^\ominus = -210.31 kJ \cdot mol^{-1} < 0$$

说明 623K 时 $Na_2O(s)$与 $I_2(g)$能发生反应，不能用玻璃取代石英。

第 3 章　化学反应速率和化学平衡

3.1　学 习 要 求

1. 掌握化学反应速率和化学反应速率方程式的表示，掌握质量作用定律。
2. 掌握反应速率常数、反应级数的物理意义。
3. 了解反应速率理论。
4. 掌握温度与反应速率常数(k)的关系，了解活化能的意义。
5. 掌握标准平衡常数($K^{\ominus}$)的意义及有关化学平衡的计算。
6. 了解化学反应等温方程的意义，掌握$\Delta_r G_m^{\ominus}$与$K^{\ominus}$的关系式。
7. 掌握浓度、压力、温度对化学平衡移动的影响。

3.2　重难点概要

3.2.1　化学反应速率

1. 定义

化学反应 $a\text{A} + d\text{D} =\!=\!= g\text{G} + h\text{H}$ 的反应速率 $\upsilon = \lim\limits_{\Delta t \to 0} \Delta c / \Delta t = \text{d}c / \text{d}t$，单位一般为 $\text{mol} \cdot \text{L}^{-1} \cdot \text{s}^{-1}$ 或 $\text{mol} \cdot \text{L}^{-1} \cdot \text{min}^{-1}$ 等。

由于反应式中不同的物质的化学计量数不同，故现行的国际单位制建议用物质 B 的化学计量系数 $\nu(\text{B})$ 去除 $\text{d}c(\text{B})/\text{d}t$(其中 B 为反应物或产物)。这样得到的化学反应速率(rate of chemical reaction) υ 都有一致的确定值，等于单位体积内反应进度 ξ 对时间的变化率。

$$\upsilon = \frac{1}{V}\frac{\text{d}\xi}{\text{d}t} = \frac{1}{V\nu(\text{B})}\frac{\text{d}n(\text{B})}{\text{d}t} = \frac{1}{\nu(\text{B})}\frac{\text{d}c(\text{B})}{\text{d}t}$$

$$\upsilon = -\frac{1}{a}\frac{\text{d}c(\text{A})}{\text{d}t} = -\frac{1}{d}\frac{\text{d}c(\text{D})}{\text{d}t} = \frac{1}{g}\frac{\text{d}c(\text{G})}{\text{d}t} = \frac{1}{h}\frac{\text{d}c(\text{H})}{\text{d}t}$$

2. 基元反应

一步完成的反应称为基元反应(elementary reaction)。在一定温度下，其反应速率与反应物浓度系数次方的乘积成正比。这就是质量作用定律(mass reaction law)，只能适用于基元反应。

3. 速率方程

反应的速率与反应物浓度有密切联系，多数反应的速率方程(rate equation)都可以表示为反应物浓度方次的乘积：

$$v = k \cdot c^{\alpha}(\mathrm{A}) \cdot c^{\beta}(\mathrm{D})$$

式中：k 为速率常数(rate constant)；反应物浓度的方次α、β 就是该反应物的级数，所有反应物级数的加和($\alpha+\beta$)就是该反应的反应级数(order of reaction)。反应级数可以是整数，也可以是分数或零。反应级数是实验测定的，其数值与实验条件有关。

速率常数 k 的大小与反应物浓度无关，改变温度或使用催化剂会使速率常数 k 的数值改变。速率常数 k 一般是实验测定的。

3.2.2 温度对反应速率的影响

1. 范特霍夫规则

温度变化对化学反应的速率有较大的影响，升高温度使多数化学反应速率加快。范特霍夫提出："温度每升高 10℃，反应速率就增大到原来的 2～4 倍"。

$$\frac{k_{t+10}}{k_t} = \gamma \qquad \frac{k_{t+n\cdot 10}}{k_t} = \gamma^n \qquad \gamma = 2 \sim 4$$

2. 阿伦尼乌斯公式

阿伦尼乌斯总结了大量实验事实，提出了一个经验公式：

$$\ln k = \frac{-E_{\mathrm{a}}}{R}\frac{1}{T} + C \quad 或 \quad k = A\mathrm{e}^{-E_{\mathrm{a}}/(RT)}$$

上式称为阿伦尼乌斯公式。式中：E_{a} 为活化能(activation energy)，表示活化分子具有的能量与反应分子平均能量之差。升高温度可以提高反应分子的平均能量，增加活化分子的数量，提高反应速率。

若反应在 T_1 时速率常数为 k_1，T_2 时速率常数为 k_2，由上式可得

$$\lg\frac{k_2}{k_1} = \frac{E_{\mathrm{a}}}{2.303R}\left(\frac{T_2 - T_1}{T_2 T_1}\right)$$

由两个不同温度时的速率常数，可求反应的活化能 E_{a}；或已知活化能及某温度下的速率常数求出另一温度时的速率常数。

3.2.3 反应速率理论简介

1. 碰撞理论

碰撞理论(collision theory)是在气体动力学理论的基础上发展起来的，该理论认为气相反应中，只有动能较大的活化分子碰撞时才可能发生反应，称为有效碰撞。分子碰撞时能发生反应必须具有足够高的能量，而且碰撞的方位还必须合适。反应速率与有效碰撞频率成正比。

碰撞理论成功地解决了某些反应体系的速率计算问题，但碰撞理论也存在一些缺陷，其临界能和方位因子都要借助实验数据才能得出。

2. 过渡状态理论

过渡状态理论(transition state theory)是在量子力学和统计力学的基础上发展起来的。这个理论认为在反应过程中，反应物必须先形成一个过渡状态，然后再转化成产物。

例如，反应 $A + BC \longrightarrow AB + C$，其实际过程是

$$\underset{\text{(反应物)}}{A + B\text{—}C} \overset{\text{快}}{\rightleftharpoons} \underset{\substack{\text{(活化配合物)}\\ \text{过渡态}}}{[A\cdots B\cdots C]} \xrightarrow{\text{慢}} \underset{\text{(产物)}}{A\text{—}B + C}$$

过渡态极不稳定，很容易分解为原来的反应物(快反应)，也可能分解为产物(慢反应)。它的势能高于始态，也高于终态，由此在反应物与产物之间形成一个能垒。过渡态与始态的势能差就是反应的活化能。正、逆两反应活化能之差可以认为是该反应的热效应。

从原则上讲，只要知道过渡态的结构，就可以运用光谱数据及量子力学和统计力学的方法，计算化学反应的动力学参数。过渡状态理论结合分子结构的特点和化学键的特征，较好地揭示了活化能的本质，这是过渡状态理论的成功之处。然而对于复杂的反应体系，过渡状态的结构难以确定，而且量子力学对多质点体系的计算也是尚未彻底解决的难题。这些因素造成过渡状态理论在实际反应体系中还难以应用。

3.2.4　催化剂

某些物质可以改变化学反应的速率，这就是催化剂(catalyst)。

催化剂参与反应，改变反应历程，降低反应活化能。

催化剂不改变反应体系的热力学状态，使用催化剂同样影响正、逆反应的速率。不影响化学平衡，只能缩短达到平衡的时间。

酶是特殊的生物催化剂。酶除具有一般催化剂的特点外，它还有催化效率高、反应条件温和、高度特异性等特点。

3.2.5　化学平衡

1. 化学平衡

可逆反应在一定条件下正、逆反应速率相等时，反应体系的宏观状况不再发生变化，这种状态称为化学平衡(chemical equilibrium)。在化学平衡时，正、逆反应均在进行，是一种动态平衡。体系达到化学平衡后，其自由能不再变化，$\Delta_r G_m = 0$。

2. 标准平衡常数

对于可逆反应 $aA + dD = gG + hH$，在一定温度下达到平衡时则有标准平衡常数(standard equilibrium constant)或称热力学平衡常数：

$$K^{\ominus} = \frac{\left[\dfrac{c(G)}{c^{\ominus}}\right]^g \left[\dfrac{c(H)}{c^{\ominus}}\right]^h}{\left[\dfrac{c(A)}{c^{\ominus}}\right]^a \left[\dfrac{c(D)}{c^{\ominus}}\right]^d} = \prod_B \left[\frac{c(B)}{c^{\ominus}}\right]^{\nu(B)} \quad \text{或} \quad K^{\ominus} = \frac{\left[\dfrac{p(G)}{p^{\ominus}}\right]^g \left[\dfrac{p(H)}{p^{\ominus}}\right]^h}{\left[\dfrac{p(A)}{p^{\ominus}}\right]^a \left[\dfrac{p(D)}{p^{\ominus}}\right]^d} = \prod_B \left[\frac{p(B)}{p^{\ominus}}\right]^{\nu(B)}$$

3. 化学平衡常数与物质的浓度、压力的关系

$K^{\ominus}$ 表达式在形式上为体系中各组分平衡时的相对压力或相对浓度的乘幂，但其值与物

质的浓度或压力无关，只与反应的本质和温度有关。标准平衡常数 $K^{\ominus}$ 的大小是化学反应进行完全程度的标志。$K^{\ominus}$ 值越大，表示平衡时产物的浓度(或分压)越大，即正反应进行得越完全。

在 $K^{\ominus}$ 的表达式中，对气态的组分用相对分压 $\dfrac{p(\mathrm{B})}{p^{\ominus}}$ 表示，溶液中的组分用相对浓度 $\dfrac{c(\mathrm{B})}{c^{\ominus}}$ 表示。$p^{\ominus}=100\mathrm{kPa}$ 为标准压力，$c^{\ominus}=1\mathrm{mol\cdot L^{-1}}$ 为标准浓度，$\nu(\mathrm{B})$是组分 B 的化学计量数。标准平衡常数的量纲为 1。

4. 书写 $K^{\ominus}$ 表达式时的注意事项

(1) 在 $K^{\ominus}$ 表达式中，体系中各组分的相对压力或相对浓度的乘幂应与化学反应方程式中相应物质的化学计量系数一致。

(2) 纯固体或纯液体的组分不出现在标准平衡常数的表达式中。

(3) 正反应的标准平衡常数 $K^{\ominus}$(正)与逆反应的 $K^{\ominus}$(逆)互为倒数。

(4) 若某反应是几个反应的加和，则总反应的标准平衡常数 $K^{\ominus}$(总)为各分反应标准平衡常数 $K^{\ominus}$ 的乘积。

3.2.6 $K^{\ominus}$ 与 $\Delta_\mathrm{r}G_\mathrm{m}^{\ominus}$ 的关系

定温定压下，对于任意反应 $a\mathrm{A}+d\mathrm{D}=\!=\!=g\mathrm{G}+h\mathrm{H}$ 有 $\Delta_\mathrm{r}G_\mathrm{m}=\Delta_\mathrm{r}G_\mathrm{m}^{\ominus}+RT\ln Q$。式中 Q 称为反应商：

$$Q=\frac{\left[\dfrac{p'(\mathrm{G})}{p^{\ominus}}\right]^{g}\left[\dfrac{p'(\mathrm{H})}{p^{\ominus}}\right]^{h}}{\left[\dfrac{p'(\mathrm{A})}{p^{\ominus}}\right]^{a}\left[\dfrac{p'(\mathrm{D})}{p^{\ominus}}\right]^{d}}=\prod_{\mathrm{B}}\left[\frac{p'(\mathrm{B})}{p^{\ominus}}\right]^{\nu(\mathrm{B})}\quad \text{或}\quad Q=\frac{\left[\dfrac{c'(\mathrm{G})}{c^{\ominus}}\right]^{g}\left[\dfrac{c'(\mathrm{H})}{c^{\ominus}}\right]^{h}}{\left[\dfrac{c'(\mathrm{A})}{c^{\ominus}}\right]^{a}\left[\dfrac{c'(\mathrm{D})}{c^{\ominus}}\right]^{d}}=\prod_{\mathrm{B}}\left[\frac{c'(\mathrm{B})}{c^{\ominus}}\right]^{\nu(\mathrm{B})}$$

反应商 Q 的表达式与标准平衡常数 $K^{\ominus}$ 的表达式完全相同，不同之处在于 Q 表达式中的分压或浓度是任意状态下的，而 $K^{\ominus}$ 表达式中的分压或浓度是平衡状态下的，即标准平衡常数 $K^{\ominus}$ 是一个特定条件下的反应商 Q。

当反应体系达到平衡时，$\Delta_\mathrm{r}G_\mathrm{m}=0$，$Q=K^{\ominus}$。故有

$$0=\Delta_\mathrm{r}G_\mathrm{m}^{\ominus}+RT\ln Q\quad \text{或}\quad \Delta_\mathrm{r}G_\mathrm{m}^{\ominus}=-RT\ln K^{\ominus}$$

在一般情况下

$$\Delta_\mathrm{r}G_\mathrm{m}=\Delta_\mathrm{r}G_\mathrm{m}^{\ominus}+RT\ln Q\quad \text{或}\quad \Delta_\mathrm{r}G_\mathrm{m}=-RT\ln K^{\ominus}+RT\ln Q$$

即 $\Delta_\mathrm{r}G_\mathrm{m}=RT\ln\dfrac{Q}{K^{\ominus}}$，此式可用来判断化学反应的方向和限度：

当 $Q<K^{\ominus}$ 时，$\Delta_\mathrm{r}G_\mathrm{m}<0$，正反应自发进行；

当 $Q=K^{\ominus}$ 时，$\Delta_\mathrm{r}G_\mathrm{m}=0$，反应达到平衡状态；

当 $Q>K^{\ominus}$ 时，$\Delta_\mathrm{r}G_\mathrm{m}>0$，逆反应自发进行。

3.2.7　影响化学平衡移动的因素

改变温度、压力，添加惰性气体都可以使化学平衡发生移动，但是，标准平衡常数 $K^\ominus$ 只与温度有关。改变压力、添加惰性气体等方法只能使平衡组成发生移动，不能改变标准平衡常数 $K^\ominus$。使用催化剂不能使化学平衡发生移动。

1. 浓度对化学平衡的影响

对于已达化学平衡的反应体系，改变任一组分的浓度，则 $Q \neq K^\ominus$，必然引起平衡的移动，在新的条件下达到新的平衡，Q 重新等于 $K^\ominus$。

2. 压力对化学平衡的影响

没有气相组分参与的反应体系，改变压力对化学平衡没有影响。

对于有气相组分参与的已达化学平衡的反应体系，若改变组分的分压，则如同上述浓度变化对平衡的影响，$Q \neq K^\ominus$，必然引起平衡的移动，在新的条件下达到新的平衡。

对于有气相组分参与的反应体系，若反应前后 $\sum_{\mathrm{B}} \nu(\mathrm{B, g}) = 0$，改变体系的体积不影响化学平衡；若反应前后 $\sum_{\mathrm{B}} \nu(\mathrm{B, g}) \neq 0$，减小体系的体积平衡向 $\sum_{\mathrm{B}} \nu(\mathrm{B, g}) < 0$ 的方向移动，增加体系的体积平衡向 $\sum_{\mathrm{B}} \nu(\mathrm{B, g}) > 0$ 的方向移动。

在定容条件下，已达化学平衡的反应体系内引入惰性气体，各组分分压不变，对化学平衡无影响；在定压条件下，惰性气体引入使体积增大，平衡向 $\sum_{\mathrm{B}} \nu(\mathrm{B, g}) > 0$ 的方向移动。

3. 温度对化学平衡的影响

温度改变时，平衡常数发生变化，使化学平衡发生移动。

根据 $\Delta_r G_m^\ominus = \Delta_r H_m^\ominus - T\Delta_r S_m^\ominus$ 和 $\Delta_r G_m^\ominus = -RT \ln K^\ominus$ 可得

$$\ln \frac{K_2^\ominus}{K_1^\ominus} = \frac{\Delta_r H_m^\ominus}{R}\left(\frac{T_2 - T_1}{T_2 T_1}\right) \quad 或 \quad \lg \frac{K_2^\ominus}{K_1^\ominus} = \frac{\Delta_r H_m^\ominus}{2.303R}\left(\frac{T_2 - T_1}{T_2 T_1}\right)$$

该式为范特霍夫公式。可由已知反应标准摩尔焓变及某温度下的标准平衡常数 $K_1^\ominus$ 求出另一温度时的标准平衡常数 $K_2^\ominus$；或从两个不同温度时的标准平衡常数，求反应的标准摩尔焓变。

3.3　例题和习题解析

3.3.1　例题

【例题 3-1】　400K 时将一定量的气体反应物 A 和 B 通入一定体积的反应器中，发生基元反应 A(g) + 2B(g) $=\!=\!=$ E(g) + H(g)。(1)求 A 和 B 均消耗一半时反应速率与起始反应速率之比；(2)若反应器的体积只有原体积的一半，求此时起始反应速率与原起始反应速率之比。

解　(1) 设起始反应速率为 v_0，则

$$v_0 = kc_0(\mathrm{A}) \cdot c_0^2(\mathrm{B})$$

A 和 B 均消耗一半时

$$c(\mathrm{A}) = 0.5c_0(\mathrm{A}) \qquad c(\mathrm{B}) = 0.5c_0(\mathrm{B})$$

$$v = kc(\mathrm{A}) \cdot c^2(\mathrm{B}) = k\times 0.5\times c_0(\mathrm{A})\times 0.5^2\times c_0^2(\mathrm{B})$$

$$v / v_0 = 1/8$$

(2) 反应器的体积只有原体积的一半，则

$$c(\mathrm{A}) = 2c_0(\mathrm{A}) \qquad c(\mathrm{B}) = 2c_0(\mathrm{B})$$

$$v = kc(\mathrm{A}) \cdot c^2(\mathrm{B}) = k\times 2c_0(\mathrm{A})\times 2^2c_0^2(\mathrm{B})$$

$$v / v_0 = 8$$

【例题 3-2】　在 25℃时，对反应 $S_2O_8^{2-}(aq) + 2I^-(aq) \longrightarrow 2SO_4^{2-}(aq) + I_2(aq)$ 进行实验，测得数据如下所示。

序号	$c(S_2O_8^{2-})/(\mathrm{mol \cdot L^{-1}})$	$c(I^-)/(\mathrm{mol \cdot L^{-1}})$	$v(I_2)/(\mathrm{mol \cdot L^{-1} \cdot min^{-1}})$
1	1.0×10^{-4}	1.0×10^{-2}	0.65×10^{-6}
2	2.0×10^{-4}	1.0×10^{-2}	1.30×10^{-6}
3	2.0×10^{-4}	0.5×10^{-2}	0.65×10^{-6}

(1) 写出反应的速率方程；(2) 求反应的级数和速率常数；(3) 当 $-\mathrm{d}c(S_2O_8^{2-})/\mathrm{d}t = 0.05\mathrm{mol \cdot L^{-1} \cdot min^{-1}}$，则 $-\mathrm{d}c(I^-)/\mathrm{d}t$、$\mathrm{d}c(SO_4^{2-})/\mathrm{d}t$、$\mathrm{d}c(I_2)/\mathrm{d}t$ 各为多少？

解　(1) 设反应的速率方程为 $v = k \cdot c^m(S_2O_8^{2-}) \cdot c^n(I^-)$，则有

$$0.65\times10^{-6} = k(1.0\times10^{-4})^m \cdot (1.0\times10^{-2})^n \quad ①$$

$$1.30\times10^{-6} = k(2.0\times10^{-4})^m \cdot (1.0\times10^{-2})^n \quad ②$$

$$0.65\times10^{-6} = k(2.0\times10^{-4})^m \cdot (0.5\times10^{-2})^n \quad ③$$

②/①得 $m=1$，②/③得 $n=1$，则速率方程式为

$$v = kc(S_2O_8^{2-}) \cdot c(I^-)$$

(2) 反应的级数=2，代入任一组数据得

$$k = 0.65\mathrm{mol^{-1} \cdot L \cdot min^{-1}}$$

(3)
$$v = -\mathrm{d}c(S_2O_8^{2-})/\mathrm{d}t = -\frac{1}{2}\mathrm{d}c(I^-)/\mathrm{d}t = \frac{1}{2}\mathrm{d}c(SO_4^{2-})/\mathrm{d}t = \mathrm{d}c(I_2)/\mathrm{d}t$$

当 $-\mathrm{d}c(S_2O_8^{2-})/\mathrm{d}t = 0.05\mathrm{mol \cdot L^{-1} \cdot min^{-1}}$ 时，有

$$-\mathrm{d}c(I^-)/\mathrm{d}t = 0.1\mathrm{mol \cdot L^{-1} \cdot min^{-1}}$$

$$\mathrm{d}c(SO_4^{2-})/\mathrm{d}t = 0.1\mathrm{mol \cdot L^{-1} \cdot min^{-1}}$$

$$\mathrm{d}c(I_2)/\mathrm{d}t = 0.05\mathrm{mol \cdot L^{-1} \cdot min^{-1}}$$

【例题 3-3】　某反应在 800K 时反应速率常数为 $5.02\times10^{-2}\mathrm{min^{-1}}$，400K 时反应速率常数

为 $2.51\times10^{-2}\text{min}^{-1}$。求该反应的活化能。

解　根据阿伦尼乌斯公式

$$\lg\frac{k_2}{k_1}=\frac{E_a(T_2-T_1)}{2.303RT_1T_2}$$

$$\lg\frac{5.02\times10^{-3}}{2.51\times10^{-3}}=\frac{E_a(800-400)}{2.303\times8.314\times400\times800}$$

$$E_a=4.61\text{kJ}\cdot\text{mol}^{-1}$$

【例题 3-4】　Ag_2CO_3 遇热分解 $Ag_2CO_3(s)=\!=\!=Ag_2O(s)+CO_2(g)$，383K 时 $\Delta_rG_m^\ominus=14.8\text{kJ}\cdot\text{mol}^{-1}$。383K 烘干时，空气中加入 CO_2 的压力为多少时可避免 Ag_2CO_3 分解？

解

$$\Delta_rG_m^\ominus=-RT\ln K^\ominus=14.8\text{kJ}\cdot\text{mol}^{-1}$$

$$K^\ominus=9.58\times10^{-3}=p(CO_2)/p^\ominus=p(CO_2)/10^5$$

$$p(CO_2)=0.958\text{kPa}$$

空气中 CO_2 分压大于 0.958kPa 可避免 Ag_2CO_3 分解。

【例题 3-5】　某反应在 1000K 时平衡常数 $K_1^\ominus=20$，800K 时平衡常数 $K_2^\ominus=30$。求该反应在 900K 时的 $\Delta_rG_m^\ominus$、$\Delta_rH_m^\ominus$ 和 $\Delta_rS_m^\ominus$。

解

$$\ln\frac{K_2^\ominus}{K_1^\ominus}=\frac{-\Delta_rH_m^\ominus}{R}\left(\frac{1}{T_2}-\frac{1}{T_1}\right)$$

$$\ln\frac{20}{30}=\frac{-\Delta_rH_m^\ominus}{8.314}\left(\frac{1}{1000}-\frac{1}{800}\right)$$

$$\Delta_rH_m^\ominus=-13.48\text{kJ}\cdot\text{mol}^{-1}$$

$$\ln\frac{K_3^\ominus}{K_1^\ominus}=\frac{-\Delta_rH_m^\ominus}{R}\left(\frac{1}{T_3}-\frac{1}{T_1}\right)$$

$$\ln\frac{K_3^\ominus}{30}=\frac{13.48\times10^3}{8.314}\left(\frac{1}{900}-\frac{1}{800}\right)$$

$$K_3^\ominus=24$$

$$\Delta_rG_m^\ominus=-RT\ln K_3^\ominus=-8.314\times900\times\ln24=-23.78(\text{kJ}\cdot\text{mol}^{-1})$$

$$\Delta_rS_m^\ominus=\frac{\Delta_rH_m^\ominus-\Delta_rG_m^\ominus}{T}=\frac{(-13.48+23.78)\times1000}{900}=11.4(\text{J}\cdot\text{K}^{-1}\cdot\text{mol}^{-1})$$

【例题 3-6】　在 500K 时，将 1.0mol $PCl_5(g)$置于 5.0L 密闭容器中达平衡：$PCl_5(g)=\!=\!=PCl_3(g)+Cl_2(g)$，$PCl_5(g)$剩余 0.20mol。(1)求 500K 时该反应的标准平衡常数和 PCl_5 的分解率；(2)达平衡时容器中再加入 0.50mol $PCl_5(g)$，求各组分的平衡分压。

解　(1)

	$PCl_5(g)$ $=\!=\!=$	$PCl_3(g)$ +	$Cl_2(g)$
开始时的物质量 n/mol	1.0	0	0
平衡时的物质量 n/mol	0.2	0.8	0.8

平衡时各组分的分压为

$$p(PCl_5)=nRT/V=0.2\times8.314\times500/5=166.28(\text{kPa})$$

$$p(PCl_3) = p(Cl_2) = 0.8\times 8.314\times 500/5 = 665.12(kPa)$$

$$K^{\ominus} = \frac{\frac{p(PCl_3)}{p^{\ominus}}\cdot\frac{p(Cl_2)}{p^{\ominus}}}{\frac{p(PCl_5)}{p^{\ominus}}} = \frac{\left[\frac{665.12\times10^3}{100\times10^3}\right]^2}{\frac{166.28\times10^3}{100\times10^3}} = 26.62$$

PCl_5 的分解率 $= 80.0\%$

(2) 达平衡的容器中再加入 0.50mol $PCl_5(g)$，则

	$PCl_5(g)$ ══	$PCl_3(g)$ +	$Cl_2(g)$
开始时的物质量 n/mol	0.2+0.5	0.8	0.8
平衡时的物质量 n/mol	$0.7-x$	$0.8+x$	$0.8+x$

平衡时各组分的分压为

$$p(PCl_5) = (0.7-x)RT/V = 8.314\times10^5(0.7-x)$$
$$p(PCl_3) = p(Cl_2) = (0.8+x)RT/V = 8.314\times10^5(0.8+x)$$

$$K^{\ominus} = 26.62 = \frac{\frac{p(PCl_3)}{p^{\ominus}}\cdot\frac{p(Cl_2)}{p^{\ominus}}}{\frac{p(PCl_5)}{p^{\ominus}}} = \frac{\left[\frac{8.314\times10^5(0.8+x)}{100\times10^3}\right]^2}{\frac{8.314\times10^5(0.7-x)}{100\times10^3}}$$

$$x = 0.33mol$$

平衡时各组分的分压为

$$p(PCl_5) = (0.7-x)RT/V = 307.62kPa$$
$$p(PCl_3) = p(Cl_2) = (0.8+x)RT/V = 939.48kPa$$

【例题 3-7】 1500K 时，$CaCO_3$ 分解 $CaCO_3(s) = CaO(s) + CO_2(g)$，平衡常数 $K^{\ominus} = 0.50$。10L 真空容器中置有 1mol $CaCO_3(s)$，平衡时 $CaCO_3$ 部分分解，且生成的 CO_2 分解 $CO_2(g) = CO(g)+\frac{1}{2}O_2(g)$，平衡时容器中 O_2 的分压为 15kPa。求 1500K 时 CO_2 分解反应的平衡常数和 $CaCO_3$ 的分解率。设 CO_2、CO 和 O_2 都是理想气体。

解 设平衡时 $CaCO_3$ 分解的量为 x mol，有

$$CaCO_3(s) = CaO(s) + CO_2(g)$$
$$K^{\ominus} = 0.50 = p(CO_2)/p^{\ominus} = p(CO_2)/10^5$$
$$p(CO_2) = 5\times10^4 Pa = 50kPa$$

产生的 $CO_2(g)$有 y mol 分解

	$CO_2(g)$ ══	$CO(g)$+	$\frac{1}{2}O_2(g)$
平衡时的物质量 n/mol	$x-y$	y	$0.50y$

平衡时 O_2 的分压 $p(O_2)$ =15kPa，据 $pV = nRT$，有

$$15\times10^3\times0.010 = 0.50y\times 8.314\times 1500$$
$$y = 0.024mol$$

平衡时 CO_2 的分压 $p(CO_2) = 50kPa$，据 $pV = nRT$，有

$$50\times10^3\times0.010 = (x-0.024)\times8.314\times1500$$

$$x = 0.064mol$$

平衡时 CO 的分压为 $2\times p(O_2) = 30kPa$。

CO_2 分解反应的平衡常数为

$$K^\ominus = \frac{\frac{p(CO)}{p^\ominus}\cdot\left[\frac{p(O_2)}{p^\ominus}\right]^{0.5}}{\frac{p(CO_2)}{p^\ominus}} = \frac{\frac{30\times10^3}{100\times10^3}\cdot\left[\frac{15\times10^3}{100\times10^3}\right]^{0.5}}{\frac{50\times10^3}{100\times10^3}} = 0.23$$

$CaCO_3$ 的分解率 $= x/1 = 0.064/1 = 6.4\%$

3.3.2　习题解析

【习题 3-1】　什么是反应的速率常数？它的大小与浓度、温度、催化剂等因素有什么关系？

答　反应的速率大多可以表示为与反应物浓度方次的乘积成正比：$\upsilon = k\cdot c^\alpha(A)\cdot c^\beta(D)$，式中比例常数 k 就是速率常数。速率常数在数值上等于反应物浓度均为 $1mol\cdot L^{-1}$ 时的反应速率。k 的大小与反应物浓度无关，改变温度或使用催化剂会使速率常数 k 的数值发生变化。

【习题 3-2】　什么是活化能？

答　阿伦尼乌斯总结了大量实验事实，提出一个经验公式：速率常数 k 的对数与 $1/T$ 的线性关系是 $\ln k = \frac{-E_a}{R}\frac{1}{T} + C$，其中 E_a 就是活化能，它表示活化分子具有的最低能量与反应分子平均能量之差。

【习题 3-3】　什么是催化剂？其特点有哪些？

答　某些物质可以改变化学反应的速率，它们就是催化剂。催化剂参与反应，改变反应历程，降低反应活化能。催化剂不改变反应体系的热力学状态，使用催化剂同样影响正、逆反应速率，不影响化学平衡，只是缩短达到平衡的时间。

【习题 3-4】　NOCl 分解反应为 $2NOCl \longrightarrow 2NO + Cl_2$ 实验测得 NOCl 的浓度与时间的关系如下：

t/s	0	10	20	30	40	50
$c(NOCl)/(mol\cdot L^{-1})$	2.00	1.42	0.99	0.71	0.56	0.48

求各时间段内反应的平均速率；用作图法求 t =25s 时的瞬时速率。

解　$t = 0\sim10s$ 时，$\bar{\upsilon} = \frac{\Delta c}{\Delta t} = \frac{2.00-1.42}{10} = 0.058(mol\cdot L^{-1}\cdot s^{-1})$

$t = 10\sim20s$ 时，$\bar{\upsilon} = \frac{\Delta c}{\Delta t} = \frac{1.42-0.99}{20-10} = 0.043(mol\cdot L^{-1}\cdot s^{-1})$

$t = 20\sim30s$ 时，$\bar{\upsilon} = \frac{\Delta c}{\Delta t} = \frac{0.99-0.71}{30-20} = 0.028(mol\cdot L^{-1}\cdot s^{-1})$

$t = 30 \sim 40s$ 时，$\bar{\upsilon} = \frac{\Delta c}{\Delta t} = \frac{0.71 - 0.56}{40 - 30} = 0.015(\text{mol} \cdot L^{-1} \cdot s^{-1})$

$t = 40 \sim 50s$ 时，$\bar{\upsilon} = \frac{\Delta c}{\Delta t} = \frac{0.56 - 0.48}{50 - 40} = 0.008(\text{mol} \cdot L^{-1} \cdot s^{-1})$

(作图法略)

【习题 3-5】 660K 时反应 $2NO + O_2 \longrightarrow 2NO_2$，NO 和 O_2 的初始浓度 $c(NO)$和 $c(O_2)$及反应的初始速率 υ 的实验数据：

$c(NO)/(\text{mol} \cdot L^{-1})$	$c(O_2)/(\text{mol} \cdot L^{-1})$	$\upsilon/(\text{mol} \cdot L^{-1} \cdot s^{-1})$
0.10	0.10	0.030
0.10	0.20	0.060
0.20	0.20	0.240

(1) 写出反应的速率方程；

(2) 求出反应的级数和速率常数；

(3) 求 $c(NO)= c(O_2)= 0.15\text{mol} \cdot L^{-1}$ 时的反应速率。

解　(1) 设反应的速率方程为 $\upsilon = k \cdot c^{\alpha}(NO) \cdot c^{\beta}(O_2)$，将数据代入得

$$0.030= k \times 0.10^{\alpha} \times 0.10^{\beta} \quad ①$$

$$0.060 = k \times 0.10^{\alpha} \times 0.20^{\beta} \quad ②$$

$$0.240 = k \times 0.20^{\alpha} \times 0.20^{\beta} \quad ③$$

②÷①得

$$\beta=1$$

③÷②得

$$\alpha=2$$

所以反应的速率方程为

$$\upsilon= kc^2(NO)c(O_2)$$

(2) 反应的级数为$\alpha + \beta$=3，速率常数 $k = 30.0(\text{mol} \cdot L^{-1})^{-2} \cdot s^{-1}$。

(3) $\upsilon = 0.101\text{mol} \cdot L^{-1} \cdot s^{-1}$。

【习题 3-6】 某反应 25℃时速率常数为 $1.3\times10^{-3}s^{-1}$，35℃时为 $3.6\times10^{-3}s^{-1}$。根据范特霍夫规则，估算该反应 55℃时的速率常数。

解

$$k(35℃)/k(25℃) = \gamma = 2.77$$

$$k(55℃)/k(35℃)= \gamma^2$$

$$k(55℃)= \gamma^2\times k(35℃) =2.77^2\times3.6\times10^{-3} = 2.76\times10^{-2}(s^{-1})$$

【习题 3-7】 求反应 $C_2H_5Br \longrightarrow C_2H_4$+HBr 在 700K 时的速率常数。已知该反应活化能为 $225\text{kJ} \cdot \text{mol}^{-1}$，650K 时 $k=2.0\times10^{-3}s^{-1}$。

解　设 700K(T_2)时的速率常数为 k_2，650K(T_1)时的速率常数为 k_1。根据阿伦尼乌斯公式

$$\lg\frac{k_2}{k_1}=\frac{E_a}{2.303R}\left(\frac{T_2-T_1}{T_2T_1}\right)$$

$$\lg\frac{k_2}{2.0\times10^{-3}}=\frac{225\times10^3\times(700-650)}{2.303\times8.314\times700\times650}$$

$$k_2=3.9\times10^{-2}\text{s}^{-1}$$

【习题 3-8】 反应 $C_2H_4+H_2 \longrightarrow C_2H_6$ 在 300K 时 $k_1=1.3\times10^{-3}\text{mol}\cdot\text{L}^{-1}\cdot\text{s}^{-1}$, 400K 时 $k_2=4.5\times10^{-3}\text{mol}\cdot\text{L}^{-1}\cdot\text{s}^{-1}$，求该反应的活化能 E_a。

解 根据阿伦尼乌斯公式

$$\lg\frac{k_2}{k_1}=\frac{E_a(T_2-T_1)}{2.303RT_1T_2}$$

$$\lg\frac{4.5\times10^{-3}}{1.3\times10^{-3}}=\frac{E_a(400-300)}{2.303\times8.314\times300\times400}$$

$$E_a=1.24\times10^4\,\text{J}\cdot\text{mol}^{-1}=12.4\text{kJ}\cdot\text{mol}^{-1}$$

【习题 3-9】 某反应活化能为 $180\text{kJ}\cdot\text{mol}^{-1}$，800K 时反应速率常数为 k_1，求 $k_2=2k_1$ 时的反应温度。

解

$$\lg\frac{k_2}{k_1}=\lg\frac{2k_1}{k_1}=\lg2=\frac{180\times10^3(T_2-800)}{2.303\times8.314\times800T_2}$$

解得 $k_2=2k_1$ 时的反应温度 $T_2=821\text{K}$。

【习题 3-10】 写出下列反应的标准平衡常数表示式：

(1) $N_2(g)+3H_2(g) \xlongequal{\quad} 2NH_3(g)$

(2) $CH_4(g)+2O_2(g) \xlongequal{\quad} CO_2(g)+2H_2O(l)$

(3) $CaCO_3(s) \xlongequal{\quad} CaO(s)+CO_2(g)$

解 (1)

$$K^{\ominus}=\frac{[p(NH_3)/p^{\ominus}]^2}{[p(N_2)/p^{\ominus}]\cdot[p(H_2)/p^{\ominus}]^3}$$

(2)

$$K^{\ominus}=\frac{[p(CO_2)/p^{\ominus}]}{[p(CH_4)/p^{\ominus}]\cdot[p(O_2)/p^{\ominus}]^2}$$

(3)

$$K^{\ominus}=p(CO_2)/p^{\ominus}$$

【习题 3-11】 已知在某温度时

(1) $2CO_2(g) \xlongequal{\quad} 2CO(g)+O_2(g)$　　$K_1^{\ominus}=A$

(2) $SnO_2(s)+2CO(g) \xlongequal{\quad} Sn(s)+2CO_2(g)$　　$K_2^{\ominus}=B$

则同一温度下的反应(3) $SnO_2(s) \xlongequal{\quad} Sn(s)+O_2(g)$的 $K_3^{\ominus}$ 应为多少？

解 (3)=(1)+(2)，得

$$K_3^{\ominus}=K_1^{\ominus}\cdot K_2^{\ominus}=AB$$

【习题 3-12】 在 1273K 时，反应 $FeO(s)+CO(g) \xlongequal{\quad} Fe(s)+CO_2(g)$的 $K^{\ominus}=0.5$，若 CO 和 CO_2 的初始分压分别为 500kPa 和 100kPa，则：(1)反应物 CO 及产物 CO_2 的平衡分压为多少？(2)平衡时 CO 的转化率是多少？(3)若增加 FeO 的量，对平衡有没有影响？

解　(1)　$FeO(s) + CO(g) \longrightarrow Fe(s) + CO_2(g)$

起始时刻 p/kPa　500　100

平衡时刻 p/kPa　$500-x$　$100+x$

$$K^{\ominus} = \frac{p(CO_2)/p^{\ominus}}{p(CO)/p^{\ominus}} = \frac{100+x}{500-x} = 0.5$$

$$x = 100\text{kPa}$$

CO 的平衡分压为 400kPa，CO_2 的平衡分压为 200kPa。

(2) 平衡时 CO 的转化率

$$\alpha = \frac{(500-400)}{500} \times 100\% = 20\%$$

(3) 增加 FeO 的量，对平衡没有影响。

【习题 3-13】　在 585K 和总压为 100kPa 时，有 56.4% NOCl(g)按下式分解：

$$2NOCl(g) \longrightarrow 2NO(g) + Cl_2(g)$$

若未分解时 NOCl 的量为 1mol。计算：(1)平衡时各组分的物质的量；(2)各组分的平衡分压；(3)该温度时的 $K^{\ominus}$。

解　(1)　$2NOCl(g) \longrightarrow 2NO(g) + Cl_2(g)$

	$2NOCl(g)$	$2NO(g)$	$Cl_2(g)$
未分解时各组分的物质的量 n/mol	1	0	0
平衡时各组分的物质的量 n/mol	0.436	0.564	0.282

(2)
$$p(NOCl) = \frac{0.436}{1.282} \times 100 = 34(\text{kPa})$$

$$p(NO) = \frac{0.564}{1.282} \times 100 = 44(\text{kPa})$$

$$p(Cl_2) = 22\text{kPa}$$

(3)
$$K^{\ominus} = \frac{\left[p(NO)/p^{\ominus}\right]^2 \cdot \left[p(Cl_2)/p^{\ominus}\right]}{\left[p(NOCl)/p^{\ominus}\right]^2} = \frac{(44/100)^2(22/100)}{(34/100)^2} = 0.368$$

【习题 3-14】　反应 $Hb \cdot O_2(aq) + CO(g) \longrightarrow Hb \cdot CO(aq) + O_2(g)$ 在 298K 时 $K^{\ominus}=210$，设空气中 O_2 的分压为 21kPa，计算使血液中 10%红血球($Hb \cdot O_2$)变为 $Hb \cdot CO$ 所需 CO 的分压。

解　$Hb \cdot O_2(aq) + CO(g) \longrightarrow Hb \cdot CO(aq) + O_2(g)$

$$K^{\ominus} = \frac{\left[c(Hb \cdot CO)/c^{\ominus}\right] \cdot \left[p(O_2)/p^{\ominus}\right]}{\left[c(Hb \cdot O_2)/c^{\ominus}\right] \cdot \left[p(CO)/p^{\ominus}\right]} = \frac{\left[0.1c(Hb \cdot O_2)/c^{\ominus}\right] \cdot \left[p(O_2)/p^{\ominus}\right]}{\left[0.9c(Hb \cdot O_2)/c^{\ominus}\right] \cdot \left[p(CO)/p^{\ominus}\right]} = \frac{1 \times 21 \times 10^3}{9p(CO)} = 210$$

所以使血液中 10%红血球($Hb \cdot O_2$)变为 $Hb \cdot CO$ 所需 CO 的分压

$$p(CO) = 11.11\text{Pa}$$

【习题 3-15】　计算反应 $CO + 3H_2 \longrightarrow CH_4 + H_2O$ 在 298K 和 500K 时的 $K^{\ominus}$ 值(注意：298K 和 500K 时水的聚集状态不同，利用 $\Delta_f H_m^{\ominus}$、$S_m^{\ominus}$ 计算)。

解　298K 时

	$CO(g)$	$+\ 3H_2(g)$	$=\!=$	$CH_4(g)$	$+\ H_2O(l)$
$\Delta_f H_m^\ominus/(kJ\cdot mol^{-1})$	-110.53	0		-74.81	-285.84
$S_m^\ominus/(J\cdot K^{-1}\cdot mol^{-1})$	197.56	130.57		186.15	69.94

$$\Delta_r H_m^\ominus = -250.12 kJ\cdot mol^{-1}$$

$$\Delta_r S_m^\ominus = -333.18 J\cdot K^{-1}\cdot mol^{-1}$$

$$\Delta_r G_m^\ominus = \Delta_r H_m^\ominus - T\Delta_r S_m^\ominus = -150.83 kJ\cdot mol^{-1}$$

$$\Delta_r G_m^\ominus = -RT\ln K^\ominus = -8.314\times 298\ln K^\ominus$$

$$K^\ominus(298K) = 2.75\times 10^{26}$$

500K 时

	$CO(g)$	$+\ 3H_2(g)$	$=\!=$	$CH_4(g)$	$+\ H_2O(g)$
$\Delta_f H_m^\ominus/(kJ\cdot mol^{-1})$	-110.53	0		-74.81	-241.82
$S_m^\ominus/(J\cdot K^{-1}\cdot mol^{-1})$	197.56	130.57		186.15	188.72

$$\Delta_r H_m^\ominus = -206.1 kJ\cdot mol^{-1}$$

$$\Delta_r S_m^\ominus = -214.4 J\cdot K^{-1}\cdot mol^{-1}$$

$$\Delta_r G_m^\ominus = \Delta_r H_m^\ominus - T\Delta_r S_m^\ominus = -98.9 kJ\cdot mol^{-1}$$

$$\Delta_r G_m^\ominus = -RT\ln K^\ominus = -8.314\times 500\ln K^\ominus$$

$$K^\ominus(500K) = 2.15\times 10^{10}$$

【习题 3-16】　反应 $H_2(g)+I_2(g) =\!= 2HI(g)$在 713K 时 $K^\ominus=49$，若 698K 时 $K^\ominus=54.3$。

(1) 上述反应 $\Delta_r H_m^\ominus$ 为多少？(698～713K 温度范围)上述反应是吸热反应，还是放热反应？

(2) 计算 713K 时反应的 $\Delta_r G_m^\ominus$。

(3) 当 H_2、I_2、HI 的分压分别为 100kPa、100kPa 和 50kPa 时计算 713K 时反应的 $\Delta_r G_m^\ominus$。

解　(1)

$$\ln\frac{K_2^\ominus}{K_1^\ominus} = \frac{-\Delta_r H_m^\ominus}{R}\left(\frac{1}{T_2}-\frac{1}{T_1}\right)$$

$$\ln\frac{54.3}{49} = \frac{-\Delta_r H_m^\ominus}{8.314}\left(\frac{1}{698}-\frac{1}{713}\right)$$

$$\Delta_r H_m^\ominus = -28.34 kJ\cdot mol^{-1}$$

故为放热反应。

(2) 713K

$$\Delta_r G_m^\ominus = -RT\ln K_2^\ominus = -8.314\times 0.713\ln 49 = -23.07(kJ\cdot mol^{-1})$$

(3)

$$\Delta_r G_m = \Delta_r G_m^\ominus + RT\ln Q$$

$$= -23.07\times 10^3 + 8.314\times 713\ln\frac{(50/100)^2}{(100/100)\times(100/100)}$$

$$= -31.29(kJ\cdot mol^{-1})$$

【习题 3-17】 已知水在 373K 时气化焓为 $40.60kJ \cdot mol^{-1}$，若压力锅内压力最高可达 150kPa，求此时锅内的温度。

解
$$\ln\frac{p_2}{p_1}=\frac{-\Delta_{vap}H_m^{\ominus}}{R}\left(\frac{1}{T_2}-\frac{1}{T_1}\right)$$
$$\ln\frac{150}{100}=\frac{-40.60\times10^3}{8.314}\left(\frac{1}{T_2}-\frac{1}{373}\right)$$
$$T_2=385K$$

【习题 3-18】 The rate constant for the reaction of oxygen atoms with aromatic hydrocarbons was $3.03\times10^7 mol^{-1}\cdot L\cdot s^{-1}$ at 341.2K, and $6.91\times10^7 mol^{-1}\cdot L\cdot s^{-1}$ at 392.2K. Calculate the activation energy of this reaction.

解
$$\lg\frac{k_2}{k_1}=\frac{E_a(T_2-T_1)}{2.303RT_1T_2}$$
$$\lg\frac{6.91\times10^7}{3.03\times10^7}=\frac{E_a(392.2-341.2)}{2.303\times8.314\times341.2\times392.2}$$
$$E_a=17.98kJ\cdot mol^{-1}$$

【习题 3-19】 The standard equilibrium constant of a reaction was $K_1^{\ominus}$=32 at 25℃ and $K_2^{\ominus}$=50 at 37℃. Calculate $\Delta_r G_m^{\ominus}$、$\Delta_r H_m^{\ominus}$ and $\Delta_r S_m^{\ominus}$ of this reaction at 25℃($\Delta_r H_m^{\ominus}$ was considered a constant in this rage of temperature).

解
$$\ln\frac{K_2^{\ominus}}{K_1^{\ominus}}=\frac{-\Delta_r H_m^{\ominus}}{R}\left(\frac{1}{T_2}-\frac{1}{T_1}\right)$$
$$\ln\frac{50}{32}=\frac{-\Delta_r H_m^{\ominus}}{8.314}\left(\frac{1}{310}-\frac{1}{298}\right)$$
$$\Delta_r H_m^{\ominus}=28.56kJ\cdot mol^{-1}$$
$$\Delta_r G_m^{\ominus}=-RT\ln K_2^{\ominus}=-8.314\times310\times10^{-3}\times\ln50=-10.08(kJ\cdot mol^{-1})$$
$$\Delta_r S_m^{\ominus}=\frac{\Delta_r H_m^{\ominus}-\Delta_r G_m^{\ominus}}{T}=\frac{(28.56+10.08)\times1000}{310}=124.6(J\cdot K^{-1}\cdot mol^{-1})$$

3.4 练　习　题

3.4.1 填空题

1. 过渡状态理论认为，化学反应中反应物先形成__________，再转化为产物。

2. 由 N_2 和 H_2 合成 NH_3，其化学应式可写为 $3H_2+N_2 = 2NH_3$ 或 $\frac{3}{2}H_2+\frac{1}{2}N_2 = NH_3$。若有一实际过程生成 5mol NH_3，则用上述两反应式分别表示的反应进度 ξ__________相同(填“是”或“不”)。

3. $2NO(g)+Br_2(g) = 2NOBr(g)$的反应机理为

(1)$NO(g)+Br_2(g) \longrightarrow NOBr_2(g)$　　(慢)

(2)$NOBr_2(g) + NO(g) \longrightarrow 2NOBr(g)$　　　(快)

该反应的速率方程为__________。

4. 在酸性溶液中，反应 $ClO_3^- + 9I^- + 6H^+ === 3I_3^- + Cl^- + 3H_2O$ 的速率方程为 $\upsilon = kc(ClO_3^-) \cdot c(I^-) \cdot c^2(H^+)$。在下列三项中，影响反应速率的因素有__________，影响速率常数的因素为__________。

①在反应中加入水；②在反应溶液中加入氨；③反应溶液从 20℃加热到 35℃。

5. 增大反应物浓度时，速率常数 k 值__________；升高温度时，速率常数 k 值__________。

6. 在 400K 时抽真空容器中，$NH_4Cl(s) === NH_3(g) + HCl(g)$反应达到平衡时，总压 p = 101.3kPa，其 $K^\ominus$ 为__________。

7. 当 $Q < K^\ominus$ 时，化学平衡向__________方向移动；当 $Q = K^\ominus$ 时，反应达到__________状态；当 $Q > K^\ominus$ 时，平衡向__________方向移动。

8. 在一定温度下，可逆反应达到化学平衡时，$\Delta_r G_m = RT \ln \dfrac{Q}{K^\ominus} =$__________，此时 $\Delta_r G_m^\ominus =$__________。

9. 改变浓度对化学平衡的影响是改变了__________，而改变温度对化学平衡的影响是改变了__________。

10. 已知 292K 时，空气中 $p(O_2)$为 20.2kPa，O_2 在水中溶解度为 $2.3 \times 10^{-4} mol \cdot L^{-1}$，则反应 $O_2(g) === O_2(aq)$的 $K^\ominus =$__________。

11. 已知 $\Delta_f H_m^\ominus(NO,g) = 90.25kJ \cdot mol^{-1}$，在 2273K 时，反应 $N_2(g) + O_2(g) === 2NO(g)$的 $K^\ominus$ 为 0.10，则在 2000K 时，$K^\ominus =$__________，若 2000K 时，$p(NO) = p(N_2) = 100kPa$，$p(O_2) = 1kPa$，反应商 $Q =$__________，$\Delta_r G_m$__________，反应向__________方向自发进行。

12. 在 298K 的标准状态下，反应 $NH_4HS(s) === NH_3(g) + H_2S(g)$达到平衡时，$K^\ominus = 0.095$，则平衡时 NH_3 的分压为__________kPa。

13. 一个可逆反应已经达到化学平衡的宏观标志是__________。

14. 一定温度下，反应 $2NO_2(g) === N_2(g) + 2O_2(g)$已达化学平衡，体系中通入 He(g)增大总压力，若体积不变，平衡将__________移动。

15. 反应 $3H_2(g) + N_2(g) === 2NH_3(g)$，升高温度，反应速率将__________；增大 N_2 浓度，反应速率将__________；增大 NH_3 浓度，反应速率将__________。

16. 反应 $N_2 + 2O_2 === N_2O_4$，$\Delta_r H_m = 9.16kJ \cdot mol^{-1}$，降低温度，反应速率将__________；化学平衡将__________。

17. 催化剂可以加快反应速率的主要原因是改变__________，__________活化能。

18. 已知基元反应：$A(g) + 2D(g) === G(g) + H(g)$，在恒容体系中 A 和 D 的初始压力分别为 60.78kPa 和 81.04kPa，反应一段时间后 $p(G)$=20.26kPa，此温度下此时反应速率为初始速率的__________。

3.4.2　是非判断题

1. 合成氨反应中，氮气消耗的速率与氨气生成的速率相等。　(　　)

2. 基元反应的反应级数与反应分子数相同。　(　　)

3. 某反应方程式中，反应物的计量系数刚好是速率方程中各物质浓度的指数，则该反应一定是基元反应。 ( )

4. 活化能是活化分子所具有的能量。 ( )

5. 使用催化剂可以改变反应速率。 ( )

6. 根据化学计量方程式可以写出该反应的速率方程和标准平衡常数表达式。 ( )

7. 升高温度，吸热反应的标准平衡常数增大；放热反应的标准平衡常数减小。 ( )

8. 增大反应物浓度，正反应速率增大；减小生成物浓度，正反应速率增大。 ( )

3.4.3 选择题

1. 反应 $2SO_2(g) + O_2(g) = 2SO_3(g)$的反应速率可以表示为( )。

A. $\upsilon = \frac{2dc(SO_2)}{dt}$ B. $\upsilon = -\frac{1}{2}\frac{dc(SO_2)}{dt}$ C. $\upsilon = \frac{dc(O_2)}{dt}$ D. $\upsilon = -\frac{dc(SO_3)}{dt}$

2. 质量作用定律只适用于( )。

A. 可逆反应 B. 不可逆反应 C. 基元反应 D. 复杂反应

3. 温度一定时，A 和 B 两种气体发生反应，c(A)增加一倍时，反应速率增加 100%；c(B)增加一倍时，反应速率增加 300%，该反应的速率方程式为( )。

A. $\upsilon = k \cdot c(A) \cdot c(B)$ B. $\upsilon = k \cdot c^2(A) \cdot c(B)$

C. $\upsilon = k \cdot c(A) \cdot c^2(B)$ D. 以上都不对

4. 对于一个化学反应，反应速率越大的条件是( )。

A. $\Delta_r H_m^\ominus$越负 B. $\Delta_r G_m^\ominus$越负 C. $\Delta_r S_m^\ominus$越正 D. 活化能 E_a 越小

5. 在 300K 时鲜牛奶大约 4h 酸败，在 277K 的冰箱中可保存 48h，牛奶酸败反应的活化能大约是( )。

A. $-74.66kJ \cdot mol^{-1}$ B. $74.66kJ \cdot mol^{-1}$ C. $5.75kJ \cdot mol^{-1}$ D. $-5.75kJ \cdot mol^{-1}$

6. 可能影响速率常数 k 值大小的因素是( )。

A. 减少生成物浓度 B. 增加体系总压力

C. 增加反应物浓度 D. 升温和加入催化剂

7. 在 503K 时反应 $2HI(g) = H_2(g) + I_2(g)$的活化能为 $184.1kJ \cdot mol^{-1}$，加入某种催化剂，反应活化能降低为 $104.6kJ \cdot mol^{-1}$。此时该反应的速率增加的倍数为( )。

A. 1.1×10^3 B. 1.8×10^6 C. 1.8×10^8 D. 1.3×10^5

8. 生物化学工作者常将 37℃时的速率常数与 27℃时的速率常数之比称为 Q_{10}。若某反应 Q_{10} 为 2.5，则它的活化能约为( )。

A. $105kJ \cdot mol^{-1}$ B. $54kJ \cdot mol^{-1}$ C. $26kJ \cdot mol^{-1}$ D. $71kJ \cdot mol^{-1}$

9. 已知反应 $CH_3COCH_3 + I_2 = CH_3COCH_2I + HI$，在催化剂 H^+存在且 $c(CH_3COCH_3) \gg c(I_2)$时，反应速率不随 $c(I_2)$变化，而与 $c(CH_3COCH_3)$和 $c(H^+)$成正比，则此反应速率方程式为( )。

A. $\upsilon = k \cdot c^2(CH_3COCH_3) \cdot c(H^+)$ B. $\upsilon = k \cdot c(CH_3COCH_3) \cdot c(H^+)$

C. $\upsilon = k \cdot c(CH_3COCH_3) \cdot c(I_2)$ D. $\upsilon = k \cdot c(CH_3COCH_3) \cdot c^2(I_2)$

10. 可逆反应 $2NO(g) = N_2(g) + O_2(g)$，$\Delta_r H_m^\ominus = -180.5kJ \cdot mol^{-1}$。下列几种说法中正确的是( )。

A. $K^\ominus$ 与温度无关 B. 增加 NO 的浓度，$K^\ominus$ 值增大

C. 温度升高时 $K^\ominus$ 值减小 D. 温度升高时 $K^\ominus$ 值增加

11. 384K 时，反应 $2NO_2(g)$══$N_2O_4(g)$，$K^{\ominus} = 3.9\times10^{-2}$，同温度下反应 $NO_2(g)$══$\frac{1}{2}N_2O_4(g)$ 的 $K^{\ominus}$ 应为(　　)。

A. $\frac{1}{3.9}\times10^{-2}$　　B. 1.95×10^{-2}　　C. 3.9×10^{-2}　　D. $\sqrt{3.9\times10^{-2}}$

12. 某温度时，反应①、②和③的标准平衡常数分别为 $K_1^{\ominus}$、$K_2^{\ominus}$和$K_3^{\ominus}$，则反应④的 $K^{\ominus}$ 等于(　　)。

① $CoO(s) + CO(g)$══$Co(s) + CO_2(g)$　　② $CO_2(g) + H_2(g)$══$CO(g) + H_2O(l)$

③ $H_2O(l)$══$H_2O(g)$　　④ $CoO(s) + H_2(g)$══$Co(s) + H_2O(g)$

A. $K_1^{\ominus}+K_2^{\ominus}+K_3^{\ominus}$　　B. $K_1^{\ominus}-K_2^{\ominus}-K_3^{\ominus}$

C. $K_1^{\ominus}K_2^{\ominus}K_3^{\ominus}$　　D. $K_1^{\ominus}K_2^{\ominus}/K_3^{\ominus}$

13. 下列关于反应商 Q 的叙述中错误的是(　　)。

A. Q 与 $K^{\ominus}$ 的数值始终相等　　B. Q 既可能大于 $K^{\ominus}$，也可能小于 $K^{\ominus}$

C. Q 有时等于 $K^{\ominus}$　　D. Q 的数值随反应的进行而变化

14. 某可逆反应，$A(g)+2B(g)$══$C(g)+D(g)$的 $\Delta_r H_m^{\ominus} > 0$，A 和 B 可能有最高的转化率的条件是(　　)。

A. 高温低压　　B. 高温高压　　C. 低温低压　　D. 低温高压

15. 温度升高 10℃，放热反应将(　　)。

A. 不改变反应速率　B. 平衡常数增大　C. 平衡常数减小　D. 平衡常数不变

16. 已知 300K 真空容器中 $N_2O_4(g)$分解，$N_2O_4(g)$══$2NO_2(g)$ 达平衡时总压 100kPa，N_2O_4 有 20%分解为 NO_2，则反应的 $K^{\ominus}$ 值为(　　)。

A. 0.27　　B. 0.05　　C. 0.20　　D. 0.17

17. 温度一定时，增大某气体反应平衡体系的总压力，测得 $Q = K^{\ominus}$，这表明 $\sum\nu(B, g)$ (　　)。

A. 等于 0　　B. 大于 0　　C. 小于 0　　D. 无法判断

18. 某可逆反应在一定条件下达到平衡时反应物 A 的转化率为 35%，当其他反应条件(如 T、c)不变，但有催化剂存在时，反应物 A 的转化率(　　)。

A. 大于 35%　　B. 等于 35%　　C. 小于 35%　　D. 无法确定

19. 欲使某气相反应正向进行，下列说法正确的是(　　)。

A. $K^{\ominus} > 0$　　B. $\Delta_r G_m < 0$　　C. $\Delta_r G_m^{\ominus} < 0$　　D. $Q > K^{\ominus}$

20. 已知反应 $C(s) + CO_2(g)$══$2CO(g)$的 $K^{\ominus}$ 在 767℃时为 4.6，在 667℃时为 0.50，则该反应的热效应为(　　)。

A. 吸热　　B. 放热　　C. $\Delta_r H_m^{\ominus} = 0$　　D. 无法判断

21. 已知反应

	$CO(g)$	+	$H_2O(g)$	══	$CO_2(g)$	+	$H_2(g)$
$\Delta_f G_m^{\ominus}/(kJ\cdot mol^{-1})$	−137.15		−386.0		−228.59		0

在 298K 标准状态下，该反应(　　)。

A. 处于平衡状态　　B. 自发向右　　C. 自发向左　　D. 无法判断

22. 对于反应 A(g) + B(g) ══ AB(g)，不能增大正反应速率的措施是(　　)。
A. 升高温度　B. 减小 AB 的分压　C. 增大 B 的分压　D. 使用催化剂
23. 升高温度可以加快反应速率的主要原因是(　　)。
A. 增加活化分子数目　B. 减小活化能　C. 增大 $\Delta_r G_m$　D. 减小 $\Delta_r G_m$
24. 正反应和逆反应的平衡常数之间的关系是(　　)。
A. $K^{\ominus}_{正} = K^{\ominus}_{逆}$　B. $K^{\ominus}_{正} = -K^{\ominus}_{逆}$　C. $K^{\ominus}_{正}K^{\ominus}_{逆} = 1$　D. $K^{\ominus}_{正} + K^{\ominus}_{逆} = 1$
25. 一定温度下，反应 $3H_2(g) + N_2(g)$ ══ $2NH_3(g)$达平衡后，增大 N_2 的分压，平衡移动的结果是(　　)。
A. 增大 H_2 的分压　B. 减小 N_2 的分压
C. 增大 NH_3 的分压　D. 减小平衡常数
26. 反应 $3H_2(g) + N_2(g)$ ══ $2NH_3(g)$ 是放热反应，不能提高 NH_3 的产率的是(　　)。
A. 增大 H_2 的分压　B. 降低温度　C. 增大总压　D. 使用催化剂
27. 已经达到化学平衡的体系，改变组分的浓度，使平衡向正方向移动的条件是(　　)。
A. $Q < K^{\ominus}$　B. $Q > K^{\ominus}$　C. $Q = K^{\ominus}$　D. Q 增大，$K^{\ominus}$ 减小
28. 已知某反应 $K^{\ominus}(298K) > K^{\ominus}(373K)$，则(　　)。
A. $\Delta_r G^{\ominus}_m < 0$　B. $\Delta_r G^{\ominus}_m > 0$　C. $\Delta_r H^{\ominus}_m < 0$　D. $\Delta_r H^{\ominus}_m > 0$

3.4.4 简答题

1. 汽车尾气中有 NO、CO，有人试图利用反应 NO(g) + CO(g) ══ $CO_2(g) + N_2(g)$消除污染，能否找到合适的催化剂?
2. $\Delta_r G^{\ominus}_m > 0$ 的反应是否不能正向进行？为什么？
3. 化学平衡有何特点？如何理解化学平衡移动？
4. 在实际化工生产中，当反应一定时间后需要把产物移出，然后继续反应。试从化学平衡的视角解释。
5. 化学家一直梦想合成类似生物体内酶的催化剂，酶究竟具有哪些特性？

3.4.5 计算题

1. 反应 A + B ══ C，若 A 的浓度为原来的 2 倍，反应速率也为原来的 2 倍；若 B 的浓度为原来的 2 倍，反应速率为原来的 4 倍。写出该反应的速率方程。
2. 在 721K 容器中有 1mol HI，反应 2HI(g) ══ $H_2(g) + I_2(g)$达到平衡时有 22%的 HI 分解，总压为 100kPa。求：(1)此温度下的 $K^{\ominus}$；(2)若将 2.00mol HI、0.40mol H_2 和 0.30mol I_2 混合，反应将向哪个方向进行？
3. 250K 时化学反应 A + 2B ══ 2C 速率和浓度的关系如下：

$c(A)/(mol \cdot L^{-1})$	$c(B)/(mol \cdot L^{-1})$	$-\frac{dc(A)}{dt}/(mol \cdot L^{-1} \cdot s^{-1})$
0.10	0.010	1.2×10^{-3}
0.10	0.040	4.5×10^{-3}
0.20	0.010	2.4×10^{-3}

(1) 写出反应的速率方程，并指出反应指数；

(2) 求该反应的速率常数；

(3) 求当 $c(A) = 0.010mol \cdot L^{-1}$，$c(B) = 0.020mol \cdot L^{-1}$ 时的反应速率。

4. 某种酶催化反应的活化能是 $50kJ \cdot mol^{-1}$，正常人的体温为 37℃，当患者发烧到 40℃时，该反应的速率增加为多少？

5. 形成光化学烟雾的反应之一为：$O_3(g) + NO(g) \longrightarrow O_2(g) + NO_2(g)$，已知此反应对 O_3 和 NO 都是一级反应，且速率常数为 $1.2\times10^7L \cdot mol^{-1} \cdot s^{-1}$。计算当空气中 O_3 及 NO 的浓度均为 $5\times10^{-8}mol \cdot L^{-1}$ 时，每秒钟生成 NO_2 的量。

6. 某反应在 20℃及 30℃时的反应速率常数分别为 $1.3\times10^{-5}L \cdot mol^{-1} \cdot s^{-1}$ 和 $3.5\times10^{-5}L \cdot mol^{-1} \cdot s^{-1}$。根据范特霍夫规则和阿伦尼乌斯公式，分别求算 50℃时的反应速率常数。

7. 反应 $2SO_2(g)+O_2(g) \longrightarrow 2SO_3(g)$在 1100K 时达到平衡，$SO_2$ 和 O_2 的初始分压分别是 100kPa 和 50kPa，平衡时的总压为 130kPa，计算该温度时反应的 $K^{\ominus}$。

8. $SO_2Cl_2(g)$分解：$SO_2Cl_2(g) \longrightarrow SO_2(g)+Cl_2(g)$，将 3.509g SO_2Cl_2 放入 1.00L 空容器中，并使温度升到 375K，(1)如果 SO_2Cl_2 未分解，容器内的压力为多少？(2)若体系在 375K 达到平衡，总压为 144.86kPa，计算 375K 时各组分的平衡分压及标准平衡常数 $K^{\ominus}$ 值。

9. 反应 $PCl_5(g) \longrightarrow PCl_3(g) + Cl_2(g)$在 523K 时，$K^{\ominus}=1.78$。(1)欲使在此温度下 30%的 PCl_5 分解，平衡时的总压力是多少？(2)523K 时反应的 $\Delta_r G_m^{\ominus}$ 为多少？

10. 超音速飞机燃料燃烧时排出的废气中含有 NO 气体，NO 可直接破坏臭氧层：$NO(g)+O_3(g) \longrightarrow NO_2(g)+O_2(g)$，已知 100kPa、298K 时，NO、$O_3$ 和 NO_2 的 $\Delta_f G_m^{\ominus}$ 分别为 $86.57kJ \cdot mol^{-1}$、$163.18kJ \cdot mol^{-1}$ 和 $51.30kJ \cdot mol^{-1}$，求该温度下此反应的 $\Delta_r G_m^{\ominus}$ 和 $K^{\ominus}$。

11. 298K 时将 5.2589g 固体 NH_4HS 样品放入 3.00L 的真空容器中，经过足够时间后达到平衡，$NH_4HS(s) \longrightarrow NH_3(g)+H_2S(g)$。容器内的总压是 66.7kPa，一些固体 NH_4HS 保留在容器中。(1)计算 298K 时的 $K^{\ominus}$ 值；(2)计算固体 NH_4HS 的分解率；(3)如果容器体积减半，容器中固体 NH_4HS 物质的量如何变化？

12. 1000℃时反应 $FeO(s)+CO(g) \longrightarrow Fe(s) + CO_2(g)$的平衡常数 $K^{\ominus} = 0.40$。(1)盛有 5.0mol FeO(s)的密闭容器中通入多少 CO(g)才可以得到 1mol Fe(s)？(2)增加容器中 FeO(s)的量对平衡有什么影响？

练习题参考答案

3.4.1 填空题

1. 活化过渡态(活性配合物) 2. 不 3. $v = k \cdot c(NO) \cdot c(Br_2)$ 4. ①、②、③；③ 5. 不变；增大 6. 0.25 或 1/4 7. 正反应；平衡；逆反应 8. 0；$-RT\ln K^{\ominus}$ 9. 平衡状态(或者反应商 Q)；平衡常数 $K^{\ominus}$ 10. 1.14×10^{-3} 11. 0.052；100；$125.7kJ \cdot mol^{-1}$；逆反应 12. 30.8 13. 反应物与产物的浓度不再发生变化 14. 不 15. 增大；增大；不变 16. 降低；向逆反应方向移动 17. 改变反应历程；降低 18. 1/6

3.4.2 是非判断题

1. × 2. √ 3. × 4. × 5. √ 6. × 7. √ 8. ×

3.4.3 选择题

1. B 2. C 3. C 4. D 5. B 6.D 7. C 8. D 9. B 10. C 11. D 12. C 13. A 14. B 15. C 16. D 17. A 18. B 19. B 20. A 21. C 22. B 23. A 24. C 25. C 26. D 27. A 28. C

3.4.4 简答题

1. 反应 NO(g) +CO(g) ══ CO_2(g) +N_2(g)的 $\Delta_r G_m^\ominus = -344 kJ \cdot mol^{-1}$，可能找到合适的催化剂实现此反应。

2. $\Delta_r G_m^\ominus$ >0 的反应可能正向进行。$\Delta_r G_m = \Delta_r G_m^\ominus + RT\ln Q$ ，当 $Q < K^\ominus$ 时，$\Delta_r G_m < 0$ ，正反应自发进行。

3. 正、逆反应速率相等，反应体系中各物质浓度或分压不再随时间改变。改变平衡体系的条件之一(浓度、压力、温度)时，正、逆反应的速率不相等，平衡被破坏。当正、逆反应的速率重新相等时建立新的平衡。从宏观上看，反应向减弱这个改变的方向进行，称为化学平衡移动。

4. 在反应到一定的时间后，反应达到化学平衡，需要把产物移出，使化学平衡向生成产物的方向移动，这样才能得到更多的产品。

5. 酶除了具有一般催化剂的特点外，还有以下特点：①催化效率高；②反应条件温和；③高度特异性。

3.4.5 计算题

1. $\upsilon = kc(A) \cdot c^2(B)$

2.

	2HI(g) ══	H_2(g) +	I_2(g)
平衡时物质量/mol	1−0.22	0.11	0.11

$$p(HI) = 88 kPa \qquad p(H_2) = p(I_2) = 11 kPa$$

$$K^\ominus = (11/100)^2/(78/100)^2 = 0.0199$$

$$Q = \frac{\dfrac{\left(\dfrac{0.40}{2.70}\right)p}{p^\ominus}\dfrac{\left(\dfrac{0.30}{2.70}\right)p}{p^\ominus}}{\left[\dfrac{\left(\dfrac{2.00}{2.70}\right)p}{p^\ominus}\right]^2} = 0.03$$

$Q > K^\ominus$ ，反应逆向进行。

3. (1) 速率方程为 $\upsilon = kc(A) \cdot c(B)$，为二级反应。

(2) $k = 1.2 L \cdot mol^{-1} \cdot s^{-1}$。

(3) $\upsilon = 2.4\times10^{-4} mol \cdot L^{-1} \cdot s^{-1}$。

4. 增加了 20%。

5. 每秒生成 NO_2 为 $3\times10^{-8} mol \cdot L^{-1}$。

6. 根据范特霍夫规则 $k_{323} = 2.53\times10^{-4} L \cdot mol^{-1} \cdot s^{-1}$

根据阿伦尼乌斯公式 $k_{323} = 2.11\times10^{-4} L \cdot mol^{-1} \cdot s^{-1}$

7. $K^\ominus$ =1.48

8. (1) $n(SO_2Cl_2) = m(SO_2Cl_2)/M(SO_2Cl_2) = 3.509/135 = 0.026(mol)$

$$p = nRT/V = 0.026\times8.314\times375/0.001 = 81.06(kPa)$$

(2)

	SO_2Cl_2(g) ══	SO_2(g) +	Cl_2(g)
平衡时物质量/mol	0.026−x	x	x

$$p = nRT/V = (0.026+x)\times 8.314\times 375/0.001 = 144.86(\text{kPa})$$

$$x = 0.020\text{mol}$$

$$p(SO_2) = p(Cl_2) = 62.36\text{kPa}$$

$$p(SO_2Cl_2) = 20.14\text{kPa}$$

$$K^\ominus = \frac{\dfrac{p(SO_2)}{p^\ominus}\dfrac{p(Cl_2)}{p^\ominus}}{\dfrac{p(SO_2Cl_2)}{p^\ominus}} = \frac{\left(\dfrac{62.36\times 10^3}{10^5}\right)^2}{\dfrac{20.14\times 10^3}{10^5}} = 2.01$$

9.

$$PCl_5(g) \xlongequal{} PCl_3(g) + Cl_2(g)$$

1	0	0
0.7	0.3	0.3

$$K^\ominus = \frac{\dfrac{p(PCl_3)}{p^\ominus}\dfrac{p(Cl_2)}{p^\ominus}}{\dfrac{p(PCl_5)}{p^\ominus}} = \frac{\dfrac{0.3p}{1.3p^\ominus}\dfrac{0.3p}{1.3p^\ominus}}{\dfrac{0.7p}{1.3p^\ominus}} = 1.78$$

$$p = 1800\text{kPa}$$

$$\Delta_r G_m^\ominus = -RT\ln K^\ominus = -8.314\times 523\ln 1.78 = -2.51(\text{kJ}\cdot\text{mol}^{-1})$$

10.

$$\Delta_r G_m^\ominus = -198.27\text{kJ}\cdot\text{mol}^{-1}$$

$$K^\ominus = 5.69\times 10^{34}$$

11. (1)

$$p(NH_3) = p(H_2S) = 0.5p_{总} = 33.35\text{kPa}$$

$$K^\ominus = [p(NH_3)/p^\ominus][p(H_2S)/p^\ominus] = 0.3335^2 = 0.1112$$

(2)

$$n(NH_3) = n(H_2S) = pV/(RT) = 33.35\times 10^3\times 0.003/(8.314\times 298) = 0.0404(\text{mol})$$

$$n(NH_4HS) = m(NH_4HS)/M(NH_4HS) = 5.2589/51.11 = 0.103(\text{mol})$$

$$\alpha = 0.0404/0.103 = 39.2\%$$

(3)容器体积减半，容器中固体 NH_4HS 物质的量将增加。

12. (1)

$$FeO(s) + CO(g) \xlongequal{} Fe(s) + CO_2(g)$$

反应开始时物质的量/mol	5	x	0
平衡时物质的量/mol	4	$x-1$	1

$$K^\ominus = \frac{\dfrac{p(CO_2)}{p^\ominus}}{\dfrac{p(CO)}{p^\ominus}} = \frac{p(CO_2)}{p(CO)} = \frac{\dfrac{x-1}{x}p_{总}}{\dfrac{1}{x}p_{总}} = 0.40$$

$$x = 1.40\text{mol}$$

容器中通入 1.40mol CO(g)才可得到 1mol Fe(s)。

(2) 增加容器中 FeO(s)的量对平衡没有影响。

第 4 章　物质结构基础

4.1　学 习 要 求

1. 了解微观粒子的运动特征：能量量子化、波粒二象性、测不准原理。

2. 了解波函数、原子轨道、概率密度、电子云、原子轨道等基本概念。

3. 掌握四个量子数的物理意义、相互关系及合理组合。

4. 掌握单电子原子、多电子原子的轨道能级和核外电子排布规律，熟练写出第四周期以内元素原子的核外电子排布式。

5. 掌握原子结构与周期系的关系，了解元素基本性质的变化规律。

6. 掌握离子键的特点。

7. 掌握价键理论的要点、共价键的特点及σ键和π键的形成、特点。

8. 掌握杂化轨道理论的要点，能解释简单分子的形成及分子的空间构型。

9. 掌握分子间作用力和氢键的形成、特点及对物质性质的影响。

4.2　重难点概要

4.2.1　原子的量子力学模型

1. 微观粒子的波粒二象性

微观粒子(microscopic)是指原子、分子、中子、质子、电子等静止质量不为零的实物粒子。波粒二象性(wave-particle dualism)和量子化(quantization)是微观粒子的重要特征，也是认识原子中电子运动规律的基础。通过普朗克(Planck)常量将二者定量地联系起来，称为德布罗意(de Broglie)关系式，即$\lambda = \dfrac{h}{mv}$。

电子的波动性已被电子衍射实验所证实。

2. 测不准原理

测不准原理(uncertainty principle)是微观粒子本质所决定的，据此可以知道电子的运动速度(或能量)与位置不可能同时确知。但它们在极小的空间高速运动且无确定轨迹，因而只能使用统计规律，用电子在核外空间各区域出现概率的大小来描述其运动状况。

3. 波函数与原子轨道

由于核外电子具有波粒二象性，其运动规律必须用量子力学来描述。薛定谔(Schrödinger)方程是量子力学中的一个基本方程，它是一个二阶偏微分方程。

$$\frac{\partial^2\psi}{\partial x^2}+\frac{\partial^2\psi}{\partial y^2}+\frac{\partial^2\psi}{\partial z^2}+\frac{8\pi^2 m}{h^2}(E-V)\psi=0$$

解薛定谔方程可以求出波函数(wave function)ψ和能量 E。

对于氢原子系统，势能$V=-E^2/r$，其薛定谔方程在直角坐标系中难以求解，需变换至球坐标系求解，以直角坐标表示的波函数$\psi(x, y, z)$变换为球坐标表示的波函数$\psi(r, \theta, \phi)$。令

$$\psi(r,\theta,\phi)=R(r)\cdot\Theta(\theta)\cdot\Phi\cdot(\phi)$$

经变量分离将其球坐标中的薛定谔方程分解为三个分别只含 r、θ、ϕ的单变量的微分方程，分别求解后得到 $R(r)$、$\Theta(\theta)$、$\Phi(\phi)$，相乘即得$\psi(r,\theta,\phi)$。

为了使薛定谔方程的解具有合理性(即具有连续性、单值性、有限性和归一化性)，需要引入三个量子数，即主量子数 n，角量子数 l 和磁量子数 m，其取值为

$$n=1，2，3，\cdots$$

$$l=0，1，2，3，\cdots，(n-1)$$

$$m=0，\pm1，\pm2，\pm3，\cdots，\pm l$$

每一组取值合理的三个量子数则表征一个确定的单电子$\psi_{n,l,m}(r,\theta,\phi)$，也称为原子轨道。故波函数与原子轨道为同义词。

4. 波函数与电子云和概率密度$|\psi|^2$

波函数$\psi(r,\theta,\phi)$可分为径向部分 $R(r)$和角度部分 $Y(\theta,\phi)$，即

$$\psi(r,\theta,\phi)=R(r)\cdot Y(\theta,\phi)$$

波函数的平方ψ^2表示电子在核外空间出现的概率密度，故电子云(electron cloud)是ψ^2的形象化描述。

电子在核外空间某处单位体积内出现的概率(probability)，称为概率密度(probability density)。经实验和理论研究知道，$|\psi|^2$所表示的就是电子的概率密度。电子在核外空间某区域内出现的概率 dp 等于概率密度与该区域总体积dV 的乘积：$\mathrm{d}p=|\psi|^2\,\mathrm{d}V$。

为了形象化表示出电子的概率密度分布，可以将其看作带负电荷的电子云，电子出现的概率密度大的地方，电子云浓密一些；概率密度小的地方，电子云稀薄一些。这并不意味着电子像云那样分散而不再是一个粒子，它只是电子行为统计结果的一种形象化表示。

4.2.2　核外电子运动状态

1. 四个量子数

核外电子的运动状态是由它的轨道运动和自旋运动反映出来的。可用四个量子数(quantum number)来描述核外电子的运动状态。四个量子数的物理意义及取值的相互关系如下所示。

名称与符号	意义	可能取值
主量子数 n (principal quantum number)	确定电子能量的主要因素和电子离核的平均距离，它们随 n 的增大而增大，n 相同的电子处于同一电子层中	n=1、2、3、4…与 K、L、M、N…光谱项相对应
角量子数 l (angular-momentum quantum number)	确定原子轨道形状，在多电子原子中与 n 一起决定电子能量，相应 l 值的能级符号 s、p、d、f，电子云形状分别为球形、哑铃形、花瓣形等	对应于 n，l 可取 0、1、2、3、…、(n−1)

续表

名称与符号	意义	可能取值
磁量子数 m (magnetic quantum number)	决定原子轨道的空间取向。s、p、d、f 轨道，分别有 1、3、5、7 个空间取向不同的原子轨道。每一组允许的 n、l、m 值对应于一个原子轨道 $\psi(n,l,m)$	对应每个 l 值，m 可取 0、±1、±2、…、$\pm l$
自旋量子数 m_s (spin quantum number)	确定电子自旋相反的两种状态，通常用↑和↓表示	每个原子轨道的两个电子自旋取值为 $+\frac{1}{2}$、$-\frac{1}{2}$

用 n、l、m 和 m_s 一组确定值描述一个电子的运动状态；n、l、m 可以确定一个原子轨道 $\psi(n, l, m)$；用 n、l 可以确定电子所处的能级(或亚层)，它们也决定多电子原子的电子能量。n 值代表电子层数，该电子层能容纳最多电子数为 $2n^2$ 个。而氢原子中电子能量只取决于 n。

2. 核外电子的排布规律

基态原子的核外电子排布(arrangement of extranuclear electrons)遵循以下三个原理。

1) 泡利(Pauli)不相容原理(Pauli exclusion principle)

在同一原子中不可能有四个量子数完全相同的两个电子存在。即每个原子轨道中，最多只能容纳两个自旋方向相反的电子。

例如，$2p_z$ 轨道中可容纳两个电子，这两个电子的 $n = 2$，$l = 1$，$m = 0$，因前三个量子数是相同的，第四个量子数 m_s 不可能相同，其中一个电子的 $m_s = +\frac{1}{2}$，另一个电子的 $m_s = -\frac{1}{2}$。

2) 能量最低原理(principle of lowest energy)

在不违背泡利不相容原理的前提下，多电子原子处于基态时，核外电子的排布总是先进入能量最低的轨道上，以便原子处于能量最低状态。

(1) 当 l 相同、n 不同时，n 值越大，轨道能量越高。例如

$l = 0$ 时： $E_{1s} < E_{2s} < E_{3s} < E_{4s} < E_{5s} \cdots$

$l = 1$ 时： $E_{2p} < E_{3p} < E_{4p} < E_{5p} \cdots$

$l = 2$ 时： $E_{3d} < E_{4d} < E_{5d} \cdots$

$l = 3$ 时： $E_{4f} < E_{5f} < E_{6f} \cdots$

(2) n 相同、l 不同时，l 值越大，轨道能量越高。例如

$n = 2$ 时： $E_{2s} < E_{2p}$

$n = 3$ 时： $E_{3s} < E_{3p} < E_{3d}$

$n = 4$ 时： $E_{4s} < E_{4p} < E_{4d} < E_{4f}$

$n = 5$ 时： $E_{5s} < E_{5p} < E_{5d} < E_{5f}$

(3) n、l 值均不同时，可能发生能级交错(energy level overlap)。例如

$$E_{4s} < E_{3d}$$

$$E_{5s} < E_{4d}$$

$$E_{6s} < E_{4f} < E_{5d} < E_{6p}$$

$$E_{7s} < E_{5f} < E_{6d} < E_{7p}$$

应用近似能级图(approximate energy level diagram)，根据能量最低原理，可得核外电子填入轨道顺序为

1s；2s，2p；3s，3p；4s，3d，4p；5s，4d，5p；6s，4f，5d，6p；7s，5f，6d，7p⋯

这只是填充顺序，即电子在填充过程中先填 4s 电子，后填 3d；先填 6s 电子，后填 4f 电子，再填 5d 电子等。而电子排布式应按电子层(electron shell) n 和 l 由低到高进行排列。以 Cr 原子为例，

电子填充顺序：$1s^22s^22p^63s^23p^64s^13d^5$

电子排布式：$1s^22s^22p^63s^23p^63d^54s^1$

注意：如果把电子排布式写成电子填充顺序是错误的，请注意二者的区别。

对于原子序数(atomic number)大的原子，为了方便，可用该元素前一周期的稀有气体的元素符号作为原子实，代替相应的电子层加方括号表示。

例如，Cr 原子的电子排布式又可以简写为：$[Ar]3d^54s^1$。

在单电子原子 H 或类 H^+(如 Li^+、Be^{2+}等)中，原子轨道的能级高低只与主量子数有关。

例如，$E_{3s}=E_{3p}=E_{3d}$；$E_{4s}=E_{4p}=E_{4d}$

(4) n、l 相同的等价轨道(简并轨道)能量相同。

例如，$E_{2p_x}=E_{2p_y}=E_{2p_z}$；$E_{3d_{xy}}=E_{3d_{yz}}=E_{3d_{xz}}=E_{3d_{x^2-y^2}}=E_{3d_{z^2}}$

3) 洪德(Hund)规则(Hund's rule)

等价轨道上的电子排布，应尽可能地单独占据不同的轨道，且自旋方向平行，这种排布原子的能量较低，体系较稳定。

另外，在等价轨道上全充满(p^6、d^{10}、f^{14})，半充满(p^3、d^5、f^7)或全空(p^0、d^0、f^0)时，原子体系的能量较低，这是洪德规则的特例。例如

原子　　　　　　　　轨道表示式

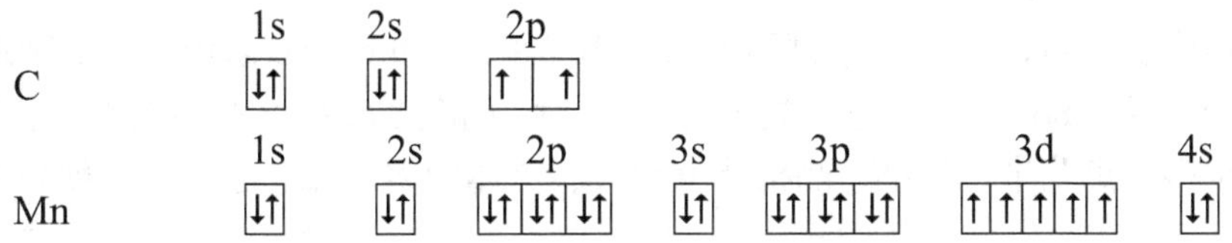

4.2.3　原子电子层结构及与元素基本性质的关系

1. 元素周期率

随元素核电荷数递增，元素原子外层电子结构呈周期性变化，导致元素性质呈周期性变化，这就是元素周期律。

(1) 每周期(period)的元素数目=相应能级组能容纳的最多电子数。

(2) 元素所在周期数=原子电子层数=最外层主量子数 n =相应能级组数。

(3) 主族(group)元素所在族数=原子最外层电子数(ns + np 电子数)=最高正价数。副族ⅢB～ⅦB族数=$(n-1)d+ns$ 电子数；Ⅷ族$(n-1)d+ns$ 电子数为 8、9、10；ⅠB、ⅡB 族为$(n-1)d^{10}ns^1$、$(n-1)d^{10}ns^2$；零族的最外电子数为 2 或 8。

(4) 根据原子电子层结构特点，将周期表分为 5 个区(block)：s 区、p 区(主族元素)、d 区和 ds 区(过渡元素)、f 区(内过渡元素)。

2. 元素基本性质变化的规律性

元素原子半径(atomic radius) r、电离能(ionization energy)I 及电负性(electronegativity)χ 随原子结构变化呈周期性递变。

(1) 同一周期从左至右，Z^*逐渐增大，r 逐渐减小，I、χ 逐渐增大，因而元素的金属性(metallic behavior)逐渐减弱，非金属性(nonmetallic behavior)逐渐增强。长周期的过渡元素，其次外层电子数依次增多，Z^*依次增加不大，性质递变较缓慢。

(2) 同一族从上至下，主族元素 Z^*变化不大，电子层依次增多，r 逐渐增大，I 和 χ 逐渐减小，因此元素金属性逐渐增强，非金属性逐渐减弱，副族元素从上到下，r 增加不大，而 Z^*增大起了主导作用，除ⅢB 族外，其他副族从上到下 I 逐渐增大，金属性逐渐减弱。

4.2.4 化学键及其理论

化学键(chemical bond)是分子或晶体中相邻原子(或离子)间的强烈作用力。它一般可分为离子键、共价键及金属键三类。

1. 离子键及离子化合物

(1) 典型金属和典型非金属原子在反应条件下，得失电子而分别形成阳离子和阴离子。阴、阳离子间的静电引力称为离子键(ionic bond)。

(2) 离子键的特点：没有方向性和饱和性。

(3) 离子化合物的性质取决于离子电荷多少、半径大小及离子的电子层构型。

离子的外层电子构型大致有 2 电子构型、8 电子构型、18 电子构型、(18+2)电子构型和 9～17 电子构型。

(4) 离子晶体(ionic crystal)的离子键强度通常用晶格能(lattice energy)衡量。即在标准状态下，由气态离子形成 1mol 离子晶体所放出的能量，称为晶格能(U)。在相同类型的晶体中，离子的电荷数越多，离子半径越小，晶格能就越大；晶体的熔、沸点越高，硬度越大。

2. 共价键及其理论

(1) 价键理论(valence bond theory)的基本内容：①成键原子轨道最大程度重叠，两原子间自旋相反电子配对；②共价键(covalent bond)有饱和性和方向性；③共价键的本质是电性的。

(2) 根据原子轨道重叠方式不同，共价键分为σ 键和 π 键，σ 键比 π 键键能大，较稳定。

(3) 键参数(parameter of bond)是表征共价键性质的某些物理量，它包括键能(bond energy)、键长(bond length)和键角(bond angle)。键能用来衡量共价键的强度，键长和键角决定分子的几何构型。

(4) 共价键的极性大小可用成键原子的电负性差值来衡量。

3. 杂化轨道理论

(1) 多原子分子的中心原子中，能量相近的不同类型原子轨道重新组合的新原子轨道，称为杂化轨道(hybrid orbital)。

(2) 杂化轨道数目=参与杂化的原子轨道数目。

(3) 轨道的杂化，增强了成键能力。s 和 p 轨道形成杂化轨道的形状，为一头大一头小的葫芦形。并以大的一头与成键原子的轨道重叠，以使重叠程度增大，成键能力增强。

(4) ns 和 np 轨道杂化形成杂化轨道的类型和空间构型如下所示。

s-p 等性杂化与分子类型

杂化类型	杂化轨道数	每一杂化轨道含 s 和 p 成分	键角	形成分子几何构型	实例
sp	2	$\frac{1}{2}s\quad\frac{1}{2}p$	180°	直线形	$BeCl_2$、CO_2、CS_2、C_2H_2
sp^2	3	$\frac{1}{3}s\quad\frac{2}{3}p$	120°	平面三角形	BF_3、BCl_3
sp^3	4	$\frac{1}{4}s\quad\frac{3}{4}p$	109°28′	正四面体	CH_4、CCl_4、SiH_4

(5) 等性杂化和不等性杂化：各杂化轨道所含 s 和 p 成分完全相同的为等性杂化；各杂化轨道所含 s 和 p 成分不完全相同的为不等性杂化，杂化轨道中有孤对电子存在是导致不等性杂化的根本原因。

4. 分子间力和氢键

1) 分子间力

分子间力[范德华(van der Waals)力]包括取向力(orientation force)、诱导力(induced force)和色散力(dispersion force)。分子间力没有方向性和饱和性。其能量比化学键降低 1～2 个数量级。对大多数分子，色散力是主要的，它存在于一切分子之间。

2) 氢键

(1) 氢键形成条件：①有一个与电负性很大而半径很小的 X 原子形成共价键的氢原子；②另有一个电负性很大而半径很小并且具有孤对电子的 Y 原子；X—H···Y 称为氢键(hydrogen bond)。

(2) 氢键具有方向性和饱和性。

(3) 氢键分为分子内氢键(如 HNO_3)和分子间氢键。后者又有相同分子间和不同分子间氢键，如$(H_2O)_n$、$(HF)_n$ 和 H_2O 及 NH_3 间氢键。

3) 沸点和熔点

分子间力增大，物质的沸、熔点升高。例如

	F_2	Cl_2	Br_2	I_2
聚集态	气	气	液	固
色散力	随相对分子质量增大而增大			
熔沸点	$\xrightarrow{\text{依次升高}}$			

有分子间氢键的物质在同类氢化物中具有较高的熔点、沸点等反常性质，如 HF、H_2O、HN_3。而分子内氢键，使化合物熔点、沸点降低，气化热、升华热减小。

4.3　例题和习题解析

4.3.1　例题

【例题 4-1】　试回答为什么每一个电子层最多只能容纳 $2n^2$ 个电子。

解 第 n 层就是主量子数为 n 的电子层，l 可取的数值有 0，1，2，…，$n-1$，共 n 个不同的 l 值；而对应每个 l 值 m 可取 0，±1，±2，…，$\pm l$，共有 $2l+1$ 个不同的数值。所以，第 n 层可允许的轨道数为

$$\sum_{l=0}^{n-1}(2l+1) = \underbrace{1+3+\ldots\ldots+(2n-1)}_{n\text{项等差级数的和}} = n^2$$

再根据泡利不相容原理，“每个原子轨道最多可容纳 2 个电子，而这 2 个电子必须自旋方向相反”可知，每个电子层最多只能容纳 $2n^2$ 个电子。

【例题 4-2】 “主量子数为 3 时，有 3s、3p、3d、3f 四个原子轨道”。这种说法对吗？试述理由。

解 $n=3, l=0$，1，2，故只有 3s、3p 和 3d 轨道，没有 3f 轨道。

当 $l=0$ 时，$m=0$，所以 3s 轨道有 1 个。

当 $l=1$ 时，$m=0$，±1，所以 3p 轨道有 3 个。

当 $l=2$ 时，$m=0$，±1，±2，所以 3d 轨道有 5 个。

所以 $n=3$ 时，应共有 9 个原子轨道。题中的说法是错误的。

【例题 4-3】 假定有下列各组量子数，指出哪几组不可能存在，并说明理由。

(1) 3　2　2　$-\frac{1}{2}$　　(2) 3　0　−1　$+\frac{1}{2}$

(3) 2　2　2　2　　(4) 1　0　0　0

(5) 2　−1　0　$-\frac{1}{2}$　　(6) 2　0　−2　$-\frac{1}{2}$

解 只有(1)可能存在，(2)、(3)、(4)、(5)、(6)都不可能存在。因为：

(2) $l=0$ 时，m 只能取 0。

(3) n=2 时，l 只能为 0 或 1；m 只能为 0 或±1；m_s 只能为 $\pm\frac{1}{2}$。

(4) m_s 只能为 $\pm\frac{1}{2}$。

(5) n=2 时，l 只能取 0 或 1。

(6) $l=0$ 时，m 只能取 0。

【例题 4-4】 在 $_{26}Fe$ 原子核外的 3d 和 4s 轨道内，下列电子排布哪个正确？哪个错误？为什么？

	3d					4s
(a)	(↓↑)	(↓↑)	(↓↑)	(↑)	(↑)	( )
(b)	(↓↑)	(↓↑)	(↓↑)	( )	( )	(↓↑)
(c)	(↑)	(↑)	(↑)	(↑)	(↑↑)	(↓↑)
(d)	(↓↑)	(↑)	(↑)	(↑)	(↑)	(↓↑)

解 (d)的电子排布是正确的。

(a)中能量较低的 4s 轨道未填充电子，违反能量最低原理。

(b)中 6 个电子不应挤在 3 个 3d 轨道中，违反洪德规则。

(c)中的第 5 个 3d 轨道，两个电子不应自旋平行，违反了泡利原理。

【例题 4-5】 分别写出下列元素的电子排布式，并分别指出各元素在周期表中的位置：
(1) $_9F$ (2) $_{10}Ne$ (3) $_{29}Cu$ (4) $_{24}Cr$ (5) $_{55}Cs$ (6) $_{71}Lu$

解 (1) $_9F$ $1s^22s^22p^5$ 或 $[He]\ 2s^22p^5$ 第2周期ⅦA族

(2) $_{10}Ne$ $1s^22s^22p^6$ 第2周期零族

(3) $_{29}Cu$ $1s^22s^22p^63s^23p^63d^{10}4s^1$ 或 $[Ar]\ 3d^{10}4s^1$ 第4周期ⅠB族

(4) $_{24}Cr$ $1s^22s^22p^63s^23p^63d^54s^1$ 或 $[Ar]\ 3d^54s^1$ 第4周期ⅥB族

(5) $_{55}Cs$ $1s^22s^22p^63s^23p^63d^{10}4s^24p^64d^{10}5s^25p^66s^1$ 或 $[Xe]\ 6s^1$ 第6周期IA族

(6) $_{71}Lu$ $1s^22s^22p^63s^23p^63d^{10}4s^24p^64d^{10}4f^{14}5s^25p^65d^16s^2$
或 $[Xe]\ 4f^{14}5d^16s^2$ 第6周期ⅢB族镧系元素

【例题 4-6】 在下列各组电子构型中哪些属于原子的基态？哪些属于原子的激发态？哪些纯属错误？

(1) $1s^22s^1$ (2) $1s^22s^22d^1$ (3) $1s^13s^1$
(4) $1s^22s^22p^43s^1$ (5) $1s^32s^22p^4$ (6) $1s^22s^22p^63s^23p^6$

解 (1) 基态；(2) 不可能有 2d 轨道，故错误；(3) 激发态；(4) 激发态；(5) 1s 轨道最多 2 个电子，错误；(6) 基态。

【例题 4-7】 写出下列离子的电子构型，指出它们各属何种电子构型：

Fe^{3+} Ca^{2+} Br^- Pb^{2+} Bi^{3+} Cd^{2+} Mn^{2+} Hg^{2+} Pb^{4+}

解 Fe^{3+}：$1s^22s^22p^6\underline{3s^23p^63d^5}$ 9～17电子构型
Ca^{2+}：$1s^22s^22p^6\underline{3s^23p^6}$ 8电子构型
Br^-：$1s^22s^22p^63s^23p^63d^{10}\underline{4s^24p^6}$ 8电子构型
Pb^{2+}：$1s^22s^22p^63s^23p^63d^{10}4s^24p^64d^{10}4f^{14}\underline{5s^25p^65d^{10}6s^2}$ 18+2电子构型
Bi^{3+}：$1s^22s^22p^63s^23p^63d^{10}4s^24p^64d^{10}4f^{14}\underline{5s^25p^65d^{10}6s^2}$ 18+2电子构型
Cd^{2+}：$1s^22s^22p^63s^23p^63d^{10}\underline{4s^24p^64d^{10}}$ 18电子构型
Mn^{2+}：$1s^22s^22p^6\underline{3s^23p^63d^5}$ 9～17电子构型
Hg^{2+}：$1s^22s^22p^63s^23p^63d^{10}4s^24p^64d^{10}4f^{14}\underline{5s^25p^65d^{10}}$ 18电子构型
Pb^{4+}：$1s^22s^22p^63s^23p^63d^{10}4s^24p^64d^{10}4f^{14}\underline{5s^25p^65d^{10}}$ 18电子构型

【例题 4-8】 (1) 下列轨道中哪些是等价轨道？

$2s$ $3s$ $3p_x$ $3p_y$ $3p_z$ $2p_x$ $4p_y$ $3d$

(2) 主量子数 $n = 4$ 的电子层有几个亚层？各亚层有几个轨道？第四电子层最多能容纳多少个电子？

解 (1) 2s 和 $2p_x$ 分别代表 2s 亚层(仅有 2s 一个轨道)和 2p 亚层中沿 x 轴方向伸展的一个轨道，因分属两个亚层，能量以后者为高。3s 和 3d 为第三电子中的两个亚层，分别有 1 个轨道和 5 个轨道，3d 轨道能量较高，$4p_x$ 是题中能量最高的 1 个轨道。只有 $3p_x$、$3p_y$、$3p_z$ 三个轨道同属第三电子层的 p 亚层，即主量子数 n 和角量子数 l 均相同，仅磁量子数 m 不同，即轨道在空间的伸展方向不同，因此具有相同的轨道能量称为等价轨道。

(2) 主量子数 $n = 4$ 的电子层角量子数可取值 $l = 0$、1、2、3，即有 s、p、d、f 四个亚层。各亚层分别有 1、3、5、7 个轨道。每个轨道可容纳自旋反平行的 2 个电子，因此第四电子层最多可容纳 $2\times(1+3+5+7)=2\times4^2 = 32$ 个电子。

【例题 4-9】 根据杂化轨道理论预测下列分子的杂化类型及空间构型，是极性分子还是非极性分子。

SiF_4　$BeCl_2$　PCl_3　OF_2　$SiHCl_3$　BBr_3

解　以表格形式列出：

分子	杂化类型	分子空间构型	分子的极性
SiF_4	sp^3 杂化	正四面体	非极性分子
$BeCl_2$	sp 杂化	直线形	非极性分子
PCl_3	sp^3 不等性杂化	三角锥形	极性分子
OF_2	sp^3 不等性杂化	V 字形	极性分子
$SiHCl_3$	sp^3 杂化	四面体	极性分子
BBr_3	sp^2 杂化	平面三角形	非极性分子

【例题 4-10】　下列各种晶体熔化时只需克服色散力的是哪些？

SiF_4　HF　SiC　CsF

解　熔化时只需克服色散力的只有 SiF_4。SiF_4 分子为 sp^3 等性杂化，空间构型为正四面体，是非极性分子，属分子晶体。

HF 也是分子晶体，却为极性分子，且 HF 分子间还存在氢键，熔化时要克服取向力、诱导力、色散力及氢键。

SiC 为原子晶体，熔化时要克服共价键。

CsF 为离子晶体，熔化时要克服离子间的静电作用力。

【例题 4-11】　分子间氢键和分子内氢键的形成对化合物的熔点、沸点有什么影响？举例并解释原因。

解　分子间氢键的形成使化合物的熔点、沸点升高，因为要使液体气化或晶体熔化，必须破坏分子间的氢键，需要额外的能量，如 H_2O 比 H_2S、H_2Se、H_2Te 的熔点、沸点都要高。

分子内氢键的形成使化合物的熔点、沸点降低，由于分子内氢键的形成，降低了分子的极性，因此分子间结合力减弱，熔点、沸点有所下降。例如，邻硝基苯酚比间硝基苯酚和对硝基苯酚熔点、沸点都低，原因就是邻硝基苯酚形成了分子内氢键，而间、对硝基苯酚形成的是分子间氢键。

4.3.2　习题解析

【习题 4-1】　F^-、Ca^{2+}、Fe^{2+}、S^{2-}中哪个离子具有未成对电子？并说明理由。

解　Fe^{2+}具有未成对电子。因为 Fe 原子的电子构型为 $1s^22s^22p^63s^23p^63d^64s^2$，失去最外层 2 个电子后，价电子层结构变成 $3d^6$，有 4 个未成对电子。

【习题 4-2】　区分下列概念：质量数和相对原子质量；定态、基态、激发态；经典力学轨道、波动力学轨道；电子的粒性与波性。

解　(1) 质量数：指同位素原子核中质子数和中子数之和，是接近同位素量的整数。相对原子质量：符号为 Ar，定义为元素的平均原子质量与核素 ^{12}C 原子质量的 $\frac{1}{12}$ 之比，并代替“原子量”概念(已被废弃)，量纲为 1(注意相对概念)。

(2) 定态是由固定轨道延伸出来的一个概念。电子只能沿若干条固定轨道运动，意味着原子只能处于与那些轨道对应的能态，所有这些允许能态统称为定态。主量子数为 1 的定态称为基态，其余的定态都是激发态。波动力学中也用基态和激发态的概念。

(3) 都称为原子轨道，但英语中的区分却是明确的。“orbital”是波动力学的原子轨道，是特定能量的某一电子在核外空间出现机会最多的那个区域，也称“原子轨函”。“orbit”是玻尔从旧量子学提出的圆形原子轨道。

(4) 粒性：电子运动具有微粒运动的性质，可用表征微粒运动的物理量(如距离和动量)描述；波性：电子运动也具有波的性质(如衍射)，可用表征波的物理量(如波长和频率)描述。

【习题 4-3】 为什么说波函数即是原子轨道？

解 波函数 ψ 是描述原子核外电子空间运动的数学函数式，即描述核外电子的运动状态。因为电子与光一样，具有波粒二象性，电子运动的概率分布符合波的规律。所以常用波函数表示电子的运动状态。虽然波函数不能准确知道单个电子在某一瞬间出现的地点，但是可以预测电子在某个区域出现的机会多少，因此也可以把这个出现的机会多的区域称为轨道，原子轨道与经典的轨道意义不同，不是表示轨迹，而是表示出现的机会的多少，只是借用了经典的轨道这个词而已。

【习题 4-4】 下列各组量子数，哪些是不合理的？为什么？

(1) $n=2$　$l=1$　$m=0$　(2) $n=2$　$l=2$　$m=-1$

(3) $n=3$　$l=0$　$m=+1$　(4) $n=2$　$l=3$　$m=+2$

解 (1) 合理。

(2) 不合理。因为 l 最大值为 $n-1$，当 $n=2$ 时，l 可以为 1 或 0，不能为 2。

(3) 不合理。因为 m 的最大值为 $\pm l$，当 $l=0$ 时，m 只能为 0，不能为+1。

(4) 不合理。因为 $n=2$ 时，l 最大为 1，m 只能为 0 或±1。

【习题 4-5】 已知某原子的电子可用下列各组量子数描述，试按能量高低的次序排列。

(1) 4，1，0，$-\frac{1}{2}$　(2) 3，1，0，$+\frac{1}{2}$　(3) 4，2，1，$-\frac{1}{2}$

(4) 2，1，−1，$+\frac{1}{2}$　(5) 2，1，0，$-\frac{1}{2}$　(6) 3，2，−1，$+\frac{1}{2}$

(7) 3，2，0，$-\frac{1}{2}$　(8) 4，2，−1，$+\frac{1}{2}$

解 (8)=(3) > (1) > (6) = (7) > (2) > (5) = (4)

【习题 4-6】 A、B、C、D 皆为第四周期元素，原子序数依次增大，价电子数依次为 1、2、2、7，A 和 B 元素次外层电子数均为 8，C 和 D 元素次外层电子数均为 18。指出 A、B、C、D 四种元素的元素名称、特点及原子序数。

解

元素	结构特点	序数 Z	名称
A	$4s^1$	19	钾
B	$4s^2$	20	钙
C	$3d^{10}4s^2$	30	锌
D	$4s^24p^5$	35	溴

【习题 4-7】 试填出下列空白。

原子序数　电子排布式　电子层数　周期　族　区　元素名称

16

19

42

48

解　以表格形式解答如下：

原子序数	电子排布式	电子层数	周期	族	区	元素名称
16	$1s^22s^22p^63s^23p^4$	3	3	ⅥA	p	硫
19	$1s^22s^22p^63s^23p^64s^1$	4	4	ⅠA	s	钾
42	$1s^22s^22p^63s^23p^63d^{10}4s^24p^64d^55s^1$	5	5	ⅥB	d	钼
48	$1s^22s^22p^63s^23p^63d^{10}4s^24p^64d^{10}5s^2$	5	5	ⅡB	ds	镉

【习题 4-8】 写出下列原子和离子的电子排布式。

(1) ^{29}Cu 和 Cu^{2+}　　(2) ^{26}Fe 和 Fe^{2+}

(3) ^{47}Ag 和 Ag^+　　(4) ^{53}I 和 I^-

解　(1) $[Ar]\,3d^{10}4s^1$　$[Ar]\,3d^9$　(2) $[Ar]\,3d^64s^2$　$[Ar]\,3d^6$

(3) $[Kr]\,4d^{10}5s^1$　$[Kr]\,4d^{10}$　(4) $[Kr]\,4d^{10}5s^25p^5$　$[Kr]\,4d^{10}5s^25p^6$

【习题 4-9】 选出下列各组中第一电离能最大的一种元素。

(1) Na、Mg、Al　　(2) Na、K、Rb

(3) Si、P、S　　(4) Li、Be、B

解　(1) Mg；(2) Na；(3) P；(4) Be。

【习题 4-10】 下列元素中，哪一组电负性依次减小？

(1) K、Na、Li　　(2) O、Cl、H

(3) As、P、H　　(4) Zn、Cr、Ni

解　(2)。

【习题 4-11】 比较下列各组离子的半径大小，并解释之。

(1) Mg^{2+}和Al^{3+}　　(2) Br^-和I^-

(3) Cl^-和K^+　　(4) Cu^+和Cu^{2+}

解　(1) $r(Mg^{2+}) > r(Al^{3+})$，同周期从左到右 r 减小。

(2) $r(Br^-) < r(I^-)$，同族从上到下 r 增大。

(3) $r(Cl^-) > r(K^+)$，同周期阴离子半径大于阳离子半径。

(4) $r(Cu^+) > r(Cu^{2+})$，正电荷越高，半径越小。

【习题 4-12】 指出下列分子中有几个σ键和π键。

N_2　CO_2　BBr_3　C_2H_2　CCl_4

解

分子	N_2	CO_2	BBr_3	C_2H_2	CCl_4
σ 键	1	2	3	3	4
π 键	2	2	0	2	0

【习题 4-13】 指出以下分子、离子的中心原子所采用的杂化轨道类型及分子的几何构型。

(1) BeH_2　(2) $HgCl_2$　(3) NF_3　(4) BCl_3
(5) PH_3　(6) CO_3^{2-}　(7) OF_2　(8) $SiCl_4$

解 以表格形式列出：

分子	杂化类型	分子空间构型
BeH_2	sp 杂化	直线形
$HgCl_2$	sp 杂化	直线形
NF_3	sp^3 不等性杂化	三角锥形
BCl_3	sp^2 杂化	平面三角形
PH_3	sp^3 不等性杂化	三角锥形
CO_3^{2-}	sp^2 杂化	平面三角形
OF_2	sp^3 不等性杂化	V 字形
SiH_4	sp^3 杂化	正四面体

【习题 4-14】 下列分子间存在什么形式的分子间作用力(取向力、诱导力、色散力、氢键)?

(1) CH_4　(2) He 和 H_2O　(3) HCl　(4) H_2S　(5) 甲醇和水

解 (1) CH_4 为非极性分子，只存在色散力。

(2) He 为非极性分子，H_2O 为极性分子，存在诱导力、色散力。

(3) HCl 为极性分子，存在取向力、诱导力、色散力。

(4) H_2S 为极性分子，存在取向力、诱导力、色散力。

(5) 甲醇为极性分子，水也为极性分子，且满足形成氢键的条件，故有取向力、诱导力、色散力、氢键。

【习题 4-15】 判断下列化合物中有无氢键存在，如果存在氢键，是分子间氢键还是分子内氢键?

(1) C_6H_6　(2) C_2H_6　(3) NH_3　(4) H_3BO_3　(5) 邻硝基苯酚

解 C_6H_6 和 C_2H_6 无氢键存在，其余三种有氢键存在。其中，NH_3 和 H_3BO_3 为分子间氢键，邻硝基苯酚为分子内氢键。

【习题 4-16】 用 VSEPR 理论推测分子构型，并从分子的构型说明下列分子中哪些有极性，哪些无极性。

(1) SO_2　(2) SO_3　(3) CS_2　(4) NO_2
(5) NF_3　(6) $SOCl_2$　(7) $CHCl_3$　(8) SiH_4

解 (1)SO_2 有极性；(2)SO_3 无极性；(3)CS_2 无极性；(4)NO_2 有极性；(5)NF_3 有极性；(6)$SOCl_2$ 有极性；(7)$CHCl_3$ 有极性；(8)SiH_4 无极性。

【习题 4-17】 用 VSEPR 理论判断以下三种分子或离子 NO_2^+、NO_2、NO_2^- 的键角∠ONO 变化趋势。

解

化合物	成键电子对	孤对电子	价层电子对	电子对排布	分子形状
NO_2^+	2	0	2	线形	直线
NO_2	2	1	3	三角平面	角形
NO_2^-	2	1	3	三角平面	角形

因为 NO_2 中 N 原子的“孤对”事实上是 1 个电子，而 NO_2^- 中 N 原子才真正的“孤对”，所以∠ONO 变化趋势为：$NO_2^+ > NO_2 > NO_2^-$。

【习题 4-18】 根据 VSEPR 理论填写下表：

解

化合物	成键电子对	孤对电子	价层电子对	电子对排布	分子形状
NO_3^-	3	0	3	三角平面	三角平面
NF_3	3	1	4	四面体	三角锥
SO_3^{2-}	3	1	4	四面体	三角锥
ClO_4^-	4	0	4	四面体	四面体
CS_2	2	0	2	线形	直线
BO_3^{3-}	3	0	3	三角平面	三角平面
SiF_4	4	0	4	四面体	四面体
H_2S	2	2	4	四面体	角形
AsO_3^{3-}	3	1	4	四面体	三角锥
ClO_3^-	3	1	4	四面体	三角锥

【习题 4-19】 完成下列表格。

解

价层电子构型	元素所在周期	元素所在族
$3s^23p^3$	3	ⅤA
$6s^1$	6	ⅠA
$(3d^6 \sim 3d^8)4s^2$	4	Ⅷ
$4s^24p^5$	4	ⅦA
$5s^2$	5	ⅡA

【习题 4-20】 Which of the following represents a reasonable set of quantum numbers for a 3d electron?

(1)3，2，+1，$+\frac{1}{2}$　(2)3，2，0，$-\frac{1}{2}$　(3)neither of these　(4)both of these

解　(4)。

【习题 4-21】　Consider these four orbitals in a neutral calcium atom: 2p，3p，3d and the 4s. These orbitals arranged in order of increasing energy are：

(1) 2p < 3p < 3d < 4s　　(2) 2p < 3p < 4s < 3d

(3) 2p < 4s < 3p < 3d　　(4) 4s < 2p < 3p < 3d

解　(2)。

【习题 4-22】　The ion Ni^{2+} would have electron configuration：

(1) $[Ar]3d^5 4s^2$　(2) $[Ar]3d^8$　(3) $[Ar]3d^7 4s^2$　(4) $[Ar]3d^6 4s^2$

解　(2)。

【习题 4-23】　What is electronegativity? Arrange the members of each of the following sets of elements in order of increasing electronegativities?

(1) B，Ga，Al，In　(2) S，Na，Mg，Cl　(3) P，N，Sb，Bi　(4) S，Ba，F，Si

解　电负性是元素的原子在分子中吸引电子的能力。

各组元素电负性大小顺序为：

(1) $\chi(Al)<\chi(Ga)<\chi(In)<\chi(B)$　　(2) $\chi(Na)<\chi(Mg)<\chi(S)<\chi(Cl)$

(3) $\chi(Sb)=\chi(Bi)<\chi(P)<\chi(N)$　　(4) $\chi(Ba)<\chi(Si)<\chi(S)<\chi(F)$

4.4　练　习　题

4.4.1　填空题

1. 原子核外电子运动的特征是__________，电子云是表示核外电子__________分布的图像。

2. 单电子原子的原子轨道能量由量子数__________决定，而多电子原子的原子轨道能量由量子数__________决定。

3. 离子外层电子构型属于 $3s^2 3p^6$ 的+1 价离子是__________、+2 价离子是__________、+3 价离子是__________、−1 价离子是__________、−2 价离子是__________。

4. 影响元素电离能大小的主要因素是__________、__________和__________。

5. 各周期中第一电离能最大的是__________元素，部分原因是这些元素原子具有__________外层结构。

6. 某元素与 Kr 同周期，该元素原子失去 3 个电子后，其 l=2 的轨道内呈半充满。推断此元素为__________，此元素离子的外层电子构型为__________。

7. NH_3、CCl_4、H_2O 分子中键角大小次序是__________，这是因为__________。

8. HBr、HCl、HI 中色散力最大的是__________，沸点最低的是__________。

9. NH_3 在水中的溶解度很大，这是因为__________。

4.4.2　是非判断题

1. 某原子 $3d^1_{z^2}$ 电子运动状态可用 $n=3$，$l=1$，$m=0$，$m_s=1/2$ 量子数描述。　(　)

2. N、P、As 元素的第一电离能(I_1)比同周期相邻元素的都大，是因为它们具有全满稳定

结构。 (　　)

3. CCl_4 和 NH_3 的中心原子杂化轨道类型分别是不等性 sp^3 杂化和等性 sp^3 杂化。 (　　)

4. 共价键类型有 σ 键和 π 键，其中键能较大的是 π 键。 (　　)

5. 最外层电子构型为 $ns^{1\sim2}$ 的元素不一定都在 s 区。 (　　)

6. 共价键极性用电负性差值衡量；而分子的极性用偶极矩衡量。 (　　)

7. 下列分子①NH_3、②AsH_3、③PH_3、④SbH_3 中键能大小顺序是④>①>②>③。 (　　)

4.4.3 选择题

1. 氢原子轨道的能级高低是(　　)。

A. $E_{1s}<E_{2s}<E_{2p}<E_{3s}<E_{3p}<E_{3d}<E_{4s}$　　B. $E_{1s}<E_{2s}<E_{2p}<E_{3s}<E_{3p}<E_{4s}<E_{3d}$

C. $E_{1s}<E_{2s}=E_{2p}<E_{3s}=E_{3p}<E_{4s}<E_{3d}$　　D. $E_{1s}<E_{2s}=E_{2p}<E_{3s}=E_{3p}=E_{3d}<E_{4s}$

2. 下列电子构型的原子中($n = 2, 3, 4$)，I_1 最低的是(　　)。

A. ns^2np^3　　B. ns^2np^4

C. ns^2np^5　　D. ns^2np^6

3. $3p_z$ 轨道可用下列量子数表示的是(　　)。

A. 3，1，0　　B. 3，1，+1

C 3，1，−1　　D. 3，0，0

4. 决定多电子原子轨道能级的量子数是(　　)。

A. n　　B. n 和 l

C. l 和 m　　D. n、l 和 m

5. 决定原子轨道的量子数是(　　)。

A. n，l　　B. n，l，m_s

C. n，l，m　　D. m，m_s

6. 在某原子中，各原子轨道有下列四组量子数，其中能级最高的是(　　)。

A. 3，1，1　　B. 2，1，0

C. 3，0，−1　　D. 3，2，−1

7. 在 $n = 5$ 的电子层中，能容纳最多电子数的是(　　)。

A. 25　　B. 50　　C. 21　　D. 32

8. 具有 Ar 电子层结构的负一价离子的元素是(　　)。

A. Cl　　B. F　　C. Br　　D. I

9. 下列原子轨道的 n 相同，且各有一个自旋方向相反的不成对电子，沿键方向可形成 π 键的是(　　)。

A. p_x-p_x　　B. p_x-p_y　　C. p_y-p_z　　D. p_z-p_z

10. 下列物质分子中是 sp 杂化轨道的是(　　)。

A. H_2O　　B. NH_3　　C. CO_2　　D. HB_3

11. 下面解释正确的是(　　)。

A. H_2 的键能等于 H_2 的离解能

B. C—C 键能是 C═C 键能的一半

C. 根据基态电子构型，可知有多少未成对的电子，就能形成多少个共价键

D. 直线形分子 $x—y—z$ 是非极性分子

12. 下列分子(离子)中，不具有孤对电子的是(　　)。

A. H_2O　　B. NH_3　　C. OH^-　　D. NH_4^+

13. 下列分子中偶极矩不为零的是(　　)。

A. $BeCl_2$　　B. SO_2　　C. CO_2　　D. CH_4

14. 下列物质分子间氢键最强的是(　　)。

A. NH_3　　B. H_2O　　C. HF　　D. H_3BO_3

15. 下列物质分子间只存在色散力的是(　　)。

A. CO_2　　B. H_2S　　C. NH_3　　D. HBr

16. 下列化合物中，能形成分子内氢键的物质是(　　)。

A. NH_2OH　　B. C_2H_5OH　　C. 对羟基苯甲酸　　D. 邻羟基苯甲醛

4.4.4 简答题

1. 化学上描述原子的电子层结构时常用到的外层电子构型、价电子构型、外围电子构型和价层电子构型，各有什么区别和联系？

2. 已知 X、Y、Z 三元素，它们所属周期和地壳含量最多的元素为同一周期。X 的最高正价与它们的负价相等；Y 是非金属元素，它与 X 化合时形成 XY_4；Z 与 Y 能发生激烈的反应，形成 ZY。试问：

(1) X、Y、Z 是什么元素？写出它们的外层电子构型。

(2) 比较 X、Y、Z 形成化合物的键型与熔沸点。

3. 以 Cl_2 的形成为例，说明共价键形成的条件，共价键为什么有饱和性和方向性？

练习题参考答案

4.4.1 填空题

1. 波粒二象性；在核外空间概率密度　2. n；n、l　3. K^+；Ca^{2+}；Sc^{3+}；Cl^-；S^{2-}　4. 原子有效核电荷；原子半径；电子层结构　5. 稀有气体；全满(ns^2np^6)稳定的　6. Fe；$3d^64s^2$　7. $CCl_4>NH_3>H_2O$；孤对电子轨道对成键轨道斥力作用　8. HI；HCl　9. 分子间存在氢键

4.4.2 是非判断题

1. ×　2. ×　3. ×　4. ×　5. √　6. √　7. ×

4.4.3 选择题

1. D　2. B　3. A　4. B　5. C　6. D　7. B　8. A　9. D　10. C　11. A、D　12. D　13. B　14. C　15. A　16. D

4.4.4 简答题

1. (1) 价层电子构型：价电子所在的亚层统称价层。原子的价层电子构型是指价层电子分布式，但价层中的电子并非一定都是价电子。例如，Ag 的价层电子构型为 $4d^{10}5s^1$，而其氧化值只有+1、+2、+3。

(2) 外围电子构型：价层电子构型的前称，实为一回事。

(3) 价电子构型：与价层电子构型相同。

(4) 外层电子构型：应指最外层电子分布式，只适用于主族元素原子。但是也有些教材把最外层、次外层、外数第 3 层统称为外层，使用起来容易混乱。

现举例如下：

元素	电子分布式	外层电子构型	价层电子构型 (外围电子构型，价电子构型)
$_{11}Na$	$[Ne]3s^1$	$3s^1$	$3s^1$
$_{35}Br$	$[Ar]3d^{10}4s^24p^5$	$4s^24p^5$	$4s^24p^5$
$_{79}Au$	$[Xe]4f^{14}5d^{10}6s^1$	—	$5d^{10}4s^1$
$_{23}V$	$[Ar]3d^34s^2$	—	$3d^34s^2$
$_{80}Hg$	$[Xe]4f^{14}5d^{10}6s^2$	—	$5d^{10}6s^2$
$_{71}Lu$	$[Xe]\ 4f^{14}5d^16s^2$	—	$4f^{14}5d^16s^2$

2. ①依题意，地壳中含量最多的元素为氧元素(O)，说明 X、Y、Z 为第二周期元素；②X 最高正价与负价相等，为碳元素(C)，Y 为非金属，与 X 形成 XY_4，说明 Y 为氟元素(F)；③Z 与 Y 能激烈反应，说明 Z 为 Li 元素。

(1) 元素　　外层电子构型

元素	外层电子构型
C	$2s^22p^2$
F	$2s^22p^5$
Li	$2s^1$

(2) X 形成化合物通常为共价键，如 CH_4；Y 形成化合物通常为极性共价键，如 HF；Z 形成化合物的化学键为离子键，LiF；化合物熔沸点 Z>Y>X。

3. 氯的原子序数为 17，其电子排布为 $1s^22s^22p^63s^23p^5$。形成共价键有两个条件，一是在成键原子间要有自旋方向相反的未成对价电子，每个氯原子均有一个未成对电子，两个自旋方向相反的未成对电子可以配对形成共价键；二是形成共价键的原子轨道要进行最大重叠，成键原子间电子出现概率密度越大，形成的共价键越牢固。由条件一可知，共价键具有饱和性，如两个氯原子结合后，再不能与第 3 个氯原子结合。由条件二推知，共价键具有方向性，如氯原子在 $3p_x$ 轨道上有一个未成对电子，则两个氯原子的 $3p_x$ 轨道唯有沿 x 轴方向才能实现最大重叠，形成 Cl_2 分子。

第 5 章　化 学 分 析

5.1　学 习 要 求

1. 了解分析化学的目的、任务、作用，分析方法的分类，定量分析的一般程序。
2. 掌握误差的分类、来源、减免方法，准确度、精密度的概念及其表示方法。
3. 了解提高分析准确度的方法，可疑值的取舍方式。
4. 掌握有效数学的概念及运算规则。
5. 掌握滴定分析中的基本概念，标准溶液、化学计量点、指示剂、滴定终点、滴定误差。
6. 掌握滴定分析法的分类、滴定方式、滴定分析对滴定反应的要求。
7. 掌握标准溶液浓度的表示方法，标准溶液的配制及标定方法。
8. 掌握滴定分析计算方法。

5.2　重难点概要

5.2.1　分析化学概述

1. 分析化学的任务和作用

(略)

2. 分析方法的分类

(1) 结构分析、定性分析和定量分析。
(2) 无机分析和有机分析。
(3) 化学分析和仪器分析。
(4) 常量分析、半微量分析和微量分析。

3. 定量分析的一般程序

取样→试样的分解→测定→数据处理。

5.2.2　定量分析中的误差

1. 误差的分类

(1) 系统误差：是由某些固定的原因造成的，具有单向性和重现性。它的大小是可测的，又称可测误差。

系统误差产生的原因主要是：方法误差、仪器和试剂误差及操作误差。

可通过对照实验检查系统误差是否存在，通过空白实验、校正仪器、校正方法等消除系统误差。

(2) 偶然误差：也称随机误差或不可测误差。偶然误差是由一些偶然的原因造成的，它具有对称性、抵偿性和有限性。偶然误差服从正态分布。

在实际工作中，适当增加平行测定次数，可以减小偶然误差。

2. 准确度与误差

测定值与真实值之间的符合程度称为准确度。准确度的高低用误差来衡量。误差小，准确度高；反之，准确度低。

测量值 x 与真实值 x_T 之差称为误差。

绝对误差

$$E = x - x_T \quad 或 \quad E = \bar{x} - x_T\ (\bar{x}\ 为算术平均值)$$

相对误差

$$RE = \frac{E}{x_T} \times 100\% \quad 或 \quad RE = \frac{x - x_T}{x_T} \times 100\%$$

误差有正、负之分。相对误差能更确切地表示各种情况下测定结果的准确度。

3. 精密度与偏差

在相同条件下，多次平行测定值相符合的程度称为精密度。精密度的高低用偏差来衡量。偏差越小，精密度越高；反之，精密度越低。

(1) 绝对偏差：个别测定值 x_i 与平均值 $\bar{x}$ 之差称为绝对偏差 d_i，即

$$d_i = x_i - \bar{x}$$

(2) 平均偏差、相对平均偏差。

单次测定值偏差的绝对值之和的算术平均值简称为平均偏差 $\bar{d}$ ，即

$$\bar{d} = \frac{\sum |d_i|}{n} \quad (n\ 为测定次数)$$

相对平均偏差：

$$R\bar{d} = \frac{\bar{d}}{\bar{x}} \times 100\%$$

应当注意,平均偏差 $\bar{d}$ 和相对平均偏差 $R\bar{d}$ 不计正负号,单次测定值的偏差 d_i 要计正负号,而且由统计学可知，当平行测定次数无限多时，单次测定值的偏差之和等于零，即 $\sum_{i=1}^{n} d_i = 0$ 。

(3) 极差：极差 R 是一组平行测定值中最大值 x_{max} 与最小值 x_{min} 之差，即

$$R = x_{max} - x_{min}$$

4. 标准偏差与相对标准偏差

标准偏差也称为根偏差。当测定次数有限时，以 S 表示：

$$S = \sqrt{\frac{\sum (x_i - \bar{x})^2}{n - 1}}$$

相对标准偏差(也称变异系数)：

$$\mathrm{CV} = \frac{S}{\bar{x}}$$

在化学分析中，标准偏差常用来衡量数据的波动性，它比平均偏差更能表现出测定结果的精密程度。

5. 准确度与精密度的关系

精密度是保证准确度的必要条件，但不是充分条件。精密度高并不一定准确度高。因为系统误差的存在，虽然使分析结果的准确度降低，但并不影响分析结果的精密度。只有在消除了系统误差之后，精密度高的结果才能既准确又精密。

6. 提高测定结果准确度的方法

(1) 选择合适的分析方法。
(2) 减小测量误差。
(3) 增加平行测定次数。
(4) 检验和消除系统误差。

5.2.3 分析数据的处理

1. 可疑值(doubtable value)的取舍

Q 检验法的步骤如下：
(1) 将测定值由小到大排列成序，可疑值往往是首项或末项。
(2) 求出可疑值与其最邻近的测定值之差的绝对值$|x(疑)-x(邻)|$，然后除以极差(R)，即得计算的Q(计)。

$$Q(计) = \frac{|x(疑) - x(邻)|}{R}$$

(3) 判断。如果计算的Q(计)值大于查表(该表在对应教材 115 页)所得的Q(表)值，则该可疑值有 90%的把握可以舍弃，否则应予保留。

$$Q(计) \geqslant Q(表) \quad 舍弃$$
$$Q(计) < Q(表) \quad 保留$$

2. 置信区间与置信概率

$$\mu = \bar{x} \pm \frac{tS}{\sqrt{n}}$$

5.2.4 滴定分析法概述

1. 基本概念

(1) 标准溶液：滴加到被测物质溶液中的已知其准确浓度的试剂溶液称为标准溶液，又称滴定剂。
(2) 滴定：在滴定分析法中，滴加标准溶液的过程称为滴定。

(3) 化学计量点：滴定剂与被测物质按化学式计量关系恰好反应完全的这一点称为化学计量点，简称计量点。

(4) 滴定终点：在滴定中，利用指示剂颜色的变化等方法来判断化学计量点的到达，指示剂颜色发生转变而停止滴定的这一点称为滴定终点，简称终点。

(5) 滴定终点误差：在实际的滴定分析操作中，滴定终点与化学计量点之间往往存在着差别，由此差别而引起的误差，称为终点误差。

2. 滴定分析法的分类

①酸碱滴定法；②配位滴定法；③氧化还原滴定法；④沉淀滴定法。

3. 滴定反应必须具备的条件

定量、迅速、完全、可靠。

4. 滴定方式

①直接滴定法；②返滴定法；③置换滴定法；④间接滴定法。

5. 基准物质

定义：能用于直接配制成准确浓度的标准溶液的物质或用来确定标准溶液准确浓度的物质。

条件：①在空气中要稳定，干燥时不分解，称量时不吸潮，不吸收空气中的二氧化碳，不被空气中的氧气所氧化；②纯度足够高，一般要求试剂纯度在 99.9%以上；③实际组成与化学式完全相符；④在符合上述条件的基础上，要求试剂最好具有较大的摩尔质量。

6. 标准溶液的配制

(1) 直接配制法：符合基准物质条件的试剂均可用来直接配制标准溶液。

(2) 间接配制法(标定法)：凡是不能满足基准物质条件的试剂一律采用间接法配制。即先粗略地配制近似所需浓度的溶液，再用基准物质标定，或用已知准确浓度的标准溶液来标定。

7. 标准溶液的浓度

(1) 物质的量浓度，也称摩尔浓度，简称浓度。它是指单位体积溶液中所含溶质的物质的量，以 c 表示，单位为 $mol \cdot L^{-1}$。

$$c = \frac{n}{V}$$

式中：V 为体积，单位为 L；n 为物质的量，单位为 mol。

(2) 滴定度 T。

$T_{B/A}$ 表示每毫升标准溶液(A)可滴定或相当于可滴定被测物质(B)的质量，单位为 $g \cdot mL^{-1}$。例如，$T_{Fe/KMnO_4}$=0.005 682g · mL^{-1}，表示 1mL $KMnO_4$ 标准溶液相当于 0.005 682g 铁，或 1mL $KMnO_4$ 标准溶液可把 0.005 682g Fe^{2+} 氧化成 Fe^{3+}。

对于反应 $aA + bB = cC + dD$，滴定度 $T_{B/A}$ 与标准溶液的浓度 $c(A)$之间存在下列关系：

$$T_{B/A} = \frac{b}{a}c(A) \cdot M(B) \times 10^{-3}$$

8. 滴定分析的计算

按化学反应计量方程式计算。

5.3 例题和习题解析

5.3.1 例题

【例题 5-1】 用分析天平称得 A、B 两物质的质量分别为 1.7765g、0.1776g，两物质的真实值分别为 1.7766g、0.1777g，求测定结果的绝对误差和相对误差。

解 绝对误差

$$E(A)=1.7765-1.7766=-0.0001 \qquad E(B)=0.1776-0.1777=-0.0001$$

相对误差

$$RE(A) = \frac{E(A)}{x_T} = \frac{-0.0001}{1.7766} = -0.0056\%$$

$$RE(B) = \frac{E(B)}{x_T} = \frac{-0.0001}{0.1777} = -0.056\%$$

从以上计算结果可以看出，相对误差更能反映测定结果的准确度，所以其应用更为广泛。

【例题 5-2】 对某铁矿的含铁量进行 10 次测定，得到下列结果：15.48%、15.51%、15.52%、15.52%、15.53%、15.53%、15.54%、15.56%、15.56%、15.68%，试用 Q 检验法判断有无异常值需弃去。(置信度 90%)

解 首先检查最高值 15.68%是否应弃去。已知分析结果的极差 R=15.68%−15.48%=0.20%，则

$$Q_1 = \frac{15.68\% - 15.56\%}{0.20\%} = 0.60$$

查 Q 值表，置信度为 90%，n=10 时，Q(表)=0.41，Q_1>Q(表)，故 15.68%必须弃去，此时极差 R= 15.56%−15.48%=0.08%，n=9。同样过程进行最低值 15.48%的检验。

$$Q_2 = \frac{15.51\% - 15.48\%}{0.08\%} = 0.38 \qquad Q(表)=0.44$$

此时，Q_2<Q(表)，故 15.48%值应保留。

【例题 5-3】 对某未知试样中 Cl^-的质量分数进行测定，得到 4 次测定结果：47.64%、47.69%、47.52%、47.55%。计算在 80%、95%和 99%的置信水平时，平均结果的置信区间。计算结果说明什么问题？

解 $\bar{x}$=47.60% s=0.08%

当置信水平为 80%时，t=1.64，μ=47.60%±0.06%；

当置信水平为 95%时，t=3.18，μ=47.60%±0.13%；

当置信水平为99%时，t=5.84，μ=47.60%±0.23%。

以上计算说明，置信水平越高，置信区间越宽；换言之，要使判断的可靠性大，那么所给的区间应宽才行。

【例题 5-4】 在 1L 0.2000mol · L^{-1} HCl 溶液中，加入多少毫升水才能使稀释后的 HCl 溶液对 CaO 的滴定度 $T_{CaO/HCl}$=0.005 00g · mL^{-1}？[M(CaO)=56.08g · mol^{-1}]

解
$$CaO + 2HCl = CaCl_2 + H_2O$$

设标准溶液的浓度为 c(HCl)，加水为 VmL，则

$$T_{CaO/HCl} = \frac{1}{2}c(HCl)\cdot M(CaO)\cdot 10^{-3}$$

$$0.00500 = \frac{1}{2}c(HCl)\times 56.08\times 10^{-3} \qquad c(HCl)=0.1783mol\cdot L^{-1}$$

$$1\times 0.2000=(1+V)\times 0.1783 \qquad V=121.7mL$$

【例题 5-5】 称取铁矿样 0.5000g，溶解后将全部铁还原为亚铁，用 0.015 00mol · L^{-1} $K_2Cr_2O_7$ 标准溶液滴定至化学计量点时，消耗 33.45mL，则试样中的铁以 Fe、Fe_2O_3 和 Fe_3O_4 表示时，质量分数各为多少？[M(Fe)=55.85g · mol^{-1}；M(Fe_2O_3)=159.70g · mol^{-1}；M(Fe_3O_4)=231.5g · mol^{-1}]

解 Fe^{2+}与 $K_2Cr_2O_7$ 的反应式为

$$6Fe^{2+} + Cr_2O_7^{2-} + 14H^+ = 6Fe^{3+} + 2Cr^{3+} + 7H_2O$$

$$w(Fe) = \frac{6c(K_2Cr_2O_7)V(K_2Cr_2O_7)M(Fe)}{m_{试样}} = \frac{6\times 0.01500\times 33.45\times 10^{-3}\times 55.85}{0.5000} = 0.3363$$

$$w(Fe_2O_3) = \frac{\frac{1}{2}\times 6\times 0.01500\times 33.45\times 10^{-3}\times 159.7}{0.5000} = 0.4808$$

$$w(Fe_3O_4) = \frac{\frac{1}{3}\times 6\times 0.01500\times 33.45\times 10^{-3}\times 159.7}{0.5000} = 0.4646$$

5.3.2 习题解析

【习题 5-1】 常量分析和常量组分分析的含义是什么？

答 常量分析指的是被测试样的量 m>0.1g 或者 V>10mL 的分析。常量组分分析指的是被测组分的质量分数大于 1%的分析。

【习题 5-2】 精密度和准确度之间的关系如何？

答 (1) 准确度高，一定要精密度高。精密度是保证准确度的必要条件。精密度差，准确度不可能真正好，如果精密度差而准确度好，这只是偶然巧合，并不可靠。

(2) 精密度高，不一定准确度高。精密度虽然是准确度的必要条件，但不是充分条件，因为可能存在系统误差。

(3) 对一个好的分析结果，既要求精密度高，又要求准确度高。

【习题 5-3】 基准物质应具备哪些性质？含结晶水的基准试剂如何存放？

答 基准物质必须符合下列条件：

(1) 在空气中要稳定，干燥时不分解，称量时不吸潮，不吸收空气中的二氧化碳，不被空

气中的氧气氧化。

(2) 纯度足够高，一般要求试剂纯度为 99.9%以上。

(3) 实际组成与化学式完全相符，若含结晶水，其含量也应与化学式相符。

(4) 在符合上述条件的基础上，要求试剂最好具有较大的摩尔质量，称量相应较多，从而减小称量误差。

含结晶水的基准试剂放在试剂瓶中，然后将试剂瓶存放在干燥器里面。

【习题 5-4】 指出下列情况各引起什么误差，若是系统误差，应如何消除？

(1) 称量时试样吸收了空气的水分；

(2) 所用砝码被腐蚀；

(3) 天平零点稍有变动；

(4) 试样混合不均匀；

(5) 读取滴定管读数时，最后一位数字估计不准；

(6) 蒸馏水或试剂中，含有微量被测定的离子；

(7) 滴定时，操作者不小心从锥形瓶中溅失少量试剂。

答 (1)系统误差；(2)系统误差；(3)偶然误差；(4)系统误差；(5)偶然误差；(6)系统误差；(7)过失误差。

【习题 5-5】 某铁矿石中含铁 39.16%，若甲分析结果为 39.12%，39.15%，39.18%；乙分析结果为 39.19%，39.24%，39.28%。试比较甲、乙两人分析结果的准确度和精密度。

解

分析	平均值	相对误差(RE)	相对平均偏差($R\bar{d}$)
甲	39.15%	−0.026%	0.051
乙	39.24%	0.20%	0.076

由表可知，甲的准确度和精密度都更好。

【习题 5-6】 如果要求分析结果达到 0.2%或 1%的准确度，用差减法称量，至少应用分析天平(0.1mg)称取多少克试样？滴定时所用溶液体积至少要多少毫升？

解 差减法称量时，两次读数可能引起的最大绝对误差 $E=\pm 0.0002\text{g}$，由于

$$\text{相对误差} \leqslant \frac{\text{绝对误差}}{\text{试样重}}$$

所以

$$\text{试样重} \geqslant \frac{\text{绝对误差}}{\text{相对误差}}$$

或

$$\text{滴定剂体积} \geqslant \frac{\text{绝对误差}}{\text{相对误差}}$$

若要求分析结果达到 0.2%，则试样重≥0.0002g/0.2%=0.1g，滴定剂体积≥0.02mL/0.2%=10mL。

若要求分析结果达到 1%，则试样重≥0.0002g/1%=0.02g，滴定剂体积≥0.02mL/1%=2mL。

【习题 5-7】 甲、乙两人同时分析一样品中的蛋白质含量，每次称取 2.6g，进行两次平行测定，分析结果分别报告为

甲 5.654% 5.646%

乙 5.7% 5.6%

哪一份报告合理？为什么？

解 乙的结果合理。由有效数字的运算规则知，因每次称量质量为两位有效数字，所以分析结果最多取两位有效数字。

【习题 5-8】 下列物质中哪些可以用直接法配制成标准溶液？哪些只能用间接法配制成标准溶液？

$$FeSO_4 \quad H_2C_2O_4 \cdot 2H_2O \quad KOH \quad KMnO_4$$

$$K_2Cr_2O_7 \quad KBrO_3 \quad Na_2S_2O_3 \cdot 5H_2O \quad SnCl_2$$

解 能直接配制成标准溶液的物质有：$H_2C_2O_4 \cdot H_2O$，$K_2Cr_2O_7$，$KBrO_3$，K_2SO_4；能用间接法配制成标准溶液的物质有：KOH，$KMnO_4$，$Na_2S_2O_3 \cdot 5H_2O$，$SnCl_2$。

【习题 5-9】 某 NaOH 溶液，其浓度为 $0.5450mol \cdot L^{-1}$，如何用该溶液配制 100.0mL $0.5000mol \cdot L^{-1}$的 NaOH 溶液？

解 设加水为 VmL，得 $0.5450 \times 100.0 = (100.0 + V) \times 0.5000$，$V = 9.0$mL。

【习题 5-10】 计算 $0.2015mol \cdot L^{-1}$ HCl 溶液对 $Ca(OH)_2$ 和 NaOH 的滴定度。

解 $Ca(OH)_2 + 2HCl = CaCl_2 + 2H_2O \qquad NaOH + HCl = NaCl + H_2O$

$$T_{Ca(OH)_2/HCl} = \frac{b}{a} c(A) \cdot M(B) \times 10^{-3} = \frac{1}{2} \times 0.2015 \times 74.09 \times 10^{-3} = 0.007\,465(g \cdot mL^{-1})$$

$$T_{NaOH/HCl} = \frac{b}{a} c(A) \cdot M(B) \times 10^{-3} = \frac{1}{1} \times 0.2015 \times 40.01 \times 10^{-3} = 0.008\,062(g \cdot mL^{-1})$$

【习题 5-11】 称取基准物质草酸($H_2C_2O_4 \cdot 2H_2O$)0.5987g 并溶解后，转入 100mL 容量瓶中定容，移取 25.00mL 标定 NaOH 标准溶液，用去 NaOH 溶液 21.10mL。计算 NaOH 溶液物质的量浓度。

解

$$2NaOH + H_2C_2O_4 = Na_2C_2O_4 + 2H_2O$$

$$2 \times \frac{m(H_2C_2O_4 \cdot 2H_2O)}{M(H_2C_2O_4 \cdot 2H_2O)} \times \frac{25.00}{100.00} = c(NaOH)V(NaOH) \times 10^{-3}$$

$$c(NaOH) = \frac{2 \times 0.5987 \times 25.00 \times 10^{-3}}{126.07 \times 100.00 \times 21.10} = 0.1125(mol \cdot L^{-1})$$

【习题 5-12】 标定 $0.20mol \cdot L^{-1}$ HCl 溶液，试计算需要 Na_2CO_3 基准物质的质量范围。

解 在滴定时，为减少滴定误差，一般要求滴定剂体积在 20～30mL。

$$2H^+ + CO_3^{2-} = H_2O + CO_2$$

$$n(CO_3^{2-}) = \frac{1}{2} n(H^+)$$

HCl 的用量为 20～30mL，则 $n(CO_3^{2-})$的量为$\frac{1}{2}$(0.2×20～0.2×30)mmol，即碳酸钠的称量范围为(2～3)×10^{-3}×106.0g = (0.2120～0.3180)g，即 0.2～0.3g。

【习题 5-13】 分析不纯 $CaCO_3$(其中不含干扰物质)。称取试样 0.3000g，加入浓度为

0.2500mol · L^{-1} HCl 溶液 25.00mL，煮沸除去 CO_2，用浓度为 0.2012mol · L^{-1} NaOH 溶液返滴定过量的酸，消耗 5.84mL，试计算试样中 $CaCO_3$ 的质量分数。

解

$$2H^+ + CaCO_3 = Ca^{2+} + H_2O + CO_2$$

$$n(CaCO_3)=\frac{1}{2}n(H^+)=\frac{1}{2}\times(0.2500\times25.00-0.2012\times5.84)\text{mmol}$$

$$\begin{aligned}w(CaCO_3)&= n(CaCO_3)\times M(CaCO_3)\times100/0.3000\\&=\frac{1}{2}\times(0.2500\times25.00-0.2012\times5.84)\times10^{-3}\times100.09\times100/0.3000\\&=0.8466\end{aligned}$$

【习题 5-14】 用 K 氏法测定蛋白质的含氮量，称取粗蛋白试样 1.658g，将试样中的氮转变为 NH_3，并以 25.00mL 0.2018mol · L^{-1} 的 HCl 标准溶液吸收，剩余的 HCl 以 0.1600mol · L^{-1} NaOH 标准溶液返滴定，用去 NaOH 溶液 9.15mL，计算此粗蛋白试样中氮的质量分数。

解

$$n(N)= n(NH_3)= n(HCl)-n(NaOH)$$

$$w(N)= n(N)\times M(N)\times100/1.658=(0.2018\times25.00-0.1600\times9.15)\times10^{-3}\times14.01/1.658=0.030\ 26$$

【习题 5-15】 某标准溶液浓度的 5 次测定值分别为 0.1041mol · L^{-1}，0.1048mol · L^{-1}，0.1042mol · L^{-1}，0.1040mol · L^{-1}，0.1043mol · L^{-1}。其中的 0.1048 是否舍弃(置信概率 90%)，若第 6 次测定值为 0.1042，则 0.1048 如何处置？

解 将数据依次排列：0.1040，0.1041，0.1042，0.1043，0.1048

$$R=0.1048-0.1040=0.0008$$

则

$$Q(\text{计})=\frac{0.1048-0.1043}{0.0008}=0.62$$

查表知，当 n=5 时，$Q_{0.9}$=0.64，因 Q(计)=0.62<$Q_{0.9}$=0.64，故应予保留。

若再增加一次，Q(计)仍为 0.62，当 n=5 时，$Q_{0.9}$=0.56，Q(计)>$Q_{0.9}$，那么 0.1048 应予舍弃。

【习题 5-16】 用氧化还原法测得纯 $FeSO_4 \cdot 7H_2O$ 中 Fe 含量为 20.10%，20.03%，20.04%，20.05%。试计算其相对误差、相对平均偏差、标准偏差和相对标准偏差。

解 纯 $FeSO_4 \cdot 7H_2O$ 中 Fe 含量为(55.84/277.9)×100%=20.09%，则

$$\text{相对误差 RE}=\frac{(20.01+20.03+20.04+20.05)/4-20.09}{20.09}\times100\%=0.17\%$$

测定的平均值=20.06%

$$\text{相对平均偏差 } R\bar{d}=\frac{|0.04|+|-0.03|+|-0.02|+|-0.01|}{4\times20.06}\times100\%=0.12\%$$

$$\text{标准差 } S=\sqrt{\frac{(0.04)^2+(-0.03)^2+(-0.02)^2+(-0.01)^2}{4-1}}=0.026$$

$$\text{相对标准差 CV}=\frac{S}{\bar{x}}=\frac{0.026}{20.06}\times100\%=0.13\%$$

【习题 5-17】 测定某石灰石中 CaO 质量分数为 0.5608，0.5595，0.5604，0.5623，0.5600。用 Q 检验法判断和取舍可疑值并求平均值(置信概率 90%)。

解　将数据依次排列：55.95，56.00，56.04，56.08，56.23

$$R=56.23-55.95=0.28$$

则

$$Q(\text{计})=\frac{56.23-56.08}{0.28}=0.54$$

查表知，当 $n=5$ 时，$Q_{0.9}=0.64$，因 $Q(\text{计})=0.54<Q_{0.9}=0.64$，故应予保留。

$$\text{平均值}\ \bar{x}=\frac{55.95+56.00+56.04+56.08+56.23}{5}=56.06$$

【习题 5-18】　某样品中农药残留量经 5 次测定结果为：$1.12\text{mg}\cdot\text{L}^{-1}$，$1.11\text{mg}\cdot\text{L}^{-1}$，$1.15\text{mg}\cdot\text{L}^{-1}$，$1.16\text{mg}\cdot\text{L}^{-1}$，$1.13\text{mg}\cdot\text{L}^{-1}$。试计算其平均值、标准偏差和平均值的置信区间(置信概率 95%)。

解

$$\bar{x}=\frac{1.12+1.11+1.15+1.16+1.13}{5}=1.13$$

$$S=\sqrt{\frac{(-0.01)^2+(-0.02)^2+(0.02)^2+(0.03)^2+(0.00)^2}{5-1}}=0.021$$

查 t 值表，$n=5$，置信概率为 95%时，$t=2.78$，则

$$\mu=\bar{x}\pm\frac{tS}{\sqrt{n}}=1.13\pm\frac{2.78\times0.021}{\sqrt{5}}=1.13\pm0.026$$

即在(1.13 ± 0.026)区间内包含真值的可能性有 95%。

【习题 5-19】　A student obtained the following results for the concentration of a solution: $0.1031\text{mol}\cdot\text{L}^{-1}$, $0.1033\text{mol}\cdot\text{L}^{-1}$, $0.1032\text{mol}\cdot\text{L}^{-1}$ and $0.1040\text{mol}\cdot\text{L}^{-1}$.

(1) Can the last result be rejected to the Q-test?(confidence probability 90%)

(2) What valve should be used for the concentration?

(3) Calculate the 90% confidence interval of the mean.

解　(1) 将数据依次排列：0.1031，0.1032，0.1033，0.1040

$$R=0.1040-0.1031=0.0009$$

则

$$Q(\text{计})=\frac{0.1040-0.1033}{0.0009}=0.78$$

查表知，当 $n=4$ 时，$Q_{0.90}=0.76$，因 $Q(\text{计})=0.78>Q_{0.90}=0.76$，故 0.1040 应予舍弃。

(2) 测定的浓度值应为

$$\bar{x}=\frac{0.1031+0.1032+0.1033}{3}=0.1032$$

(3) 置信概率 90%时平均值的置信区间，$n=3$，$t=2.92$，

$$\text{标准差}\ S=\sqrt{\frac{(-0.01)^2+(0.00)^2+(0.01)^2}{3-1}}=0.01$$

则

$$\mu = \bar{x} \pm \frac{tS}{\sqrt{n}} = 0.1032 \pm \frac{2.92 \times 0.01}{\sqrt{3}} = 0.1032 \pm 0.017$$

【习题 5-20】 Four measurements of the weight of an object whose correct weight is 0.1026g, are 0.1021g, 0.1025g, 0.1019g, 0.1023g. Calculate the mean, the average deviation, the relative average deviation (%), the standard deviation, the relative standard deviation (%), the error of the mean, and the relative error of the mean(%) of those measurements.

解　$\bar{x} = 0.1022$，E=0.1022−0.1026=−0.0004，$\mathrm{RE} = \frac{-0.0004}{0.1026} \times 100\% = -0.4\%$

$$\bar{d} = \frac{|-0.0001| + |0.0003| + |-0.0003| + |0.0001|}{4} = 0.0002$$

$$R\bar{d} = \frac{\bar{d}}{\bar{x}} = \frac{0.0002}{0.1022} \times 100\% = 0.2\%$$

$$S = \sqrt{\frac{(-0.0001)^2 + (0.0003)^2 + (-0.0003)^2 + (0.0001)^2}{4-1}} = 2.6 \times 10^{-4}$$

$$\mathrm{CV} = \frac{S}{\bar{x}} = \frac{2.6 \times 10^{-4}}{0.1022} \times 100\% = 0.25\%$$

【习题 5-21】 A 1.5380g sample of iron ore is dissolved in acid, the iron is reduced to the +2 oxidation state quantitatively and titrated with 43.50mL of $KMnO_4$ solution ($Fe^{2+} \longrightarrow Fe^{3+}$), 1.000mL of which is equivalent to 11.17mg of iron. Express the results of the analysis as (1)w(Fe); (2)$w(Fe_2O_3)$; (3)$w(Fe_3O_4)$.

解　由题意知 $T(\mathrm{Fe/KMnO_4})$=11.17mg · mL^{-1}=0.011 17g · mL^{-1}，则

$$T(\mathrm{Fe_2O_3/KMnO_4}) = [T(\mathrm{Fe/KMnO_4})/55.84]M(\mathrm{Fe_2O_3})/2 = 0.015\ 97\mathrm{g \cdot mL^{-1}}$$

$$T(\mathrm{Fe_3O_4/KMnO_4}) = [T(\mathrm{Fe/KMnO_4})/55.84]M(\mathrm{Fe_3O_4})/3 = 0.015\ 44\mathrm{g \cdot mL^{-1}}$$

$$w(\mathrm{Fe}) = \frac{T(\mathrm{Fe/KMnO_4}) \times V(\mathrm{KMnO_4})}{1.5380} = \frac{0.011\ 17 \times 43.50}{1.5380} = 0.3159$$

$$w(\mathrm{Fe_2O_3}) = \frac{T(\mathrm{Fe_2O_3/KMnO_4}) \times V(\mathrm{KMnO_4})}{1.5380} = \frac{0.015\ 97 \times 43.50}{1.5380} = 0.4517$$

$$w(\mathrm{Fe_3O_4}) = \frac{T(\mathrm{Fe_3O_4/KMnO_4}) \times V(\mathrm{KMnO_4})}{1.5380} = \frac{0.015\ 44 \times 43.50}{1.5380} = 0.4367$$

【习题 5-22】 标定浓度约为 0.1mol · L^{-1}的 NaOH，欲消耗 NaOH 溶液 20mL 左右，应称取基准物质 $H_2C_2O_4 \cdot 2H_2O$ 多少克？其称量的相对误差能否达到 0.1%？若不能，可以用什么方法予以改善？若改用邻苯二甲酸氢钾为基准物，结果又如何？

解

$$2\mathrm{NaOH} + \mathrm{H_2C_2O_4} = \mathrm{Na_2C_2O_4} + 2\mathrm{H_2O}$$

$$m(\mathrm{H_2C_2O_4 \cdot 2H_2O}) = 0.5 \times c(\mathrm{NaOH})V(\mathrm{NaOH}) \times 10^{-3} \times M(\mathrm{H_2C_2O_4 \cdot 2H_2O})$$

$$m = 0.126\mathrm{g}$$

因为称量的相对误差达到 0.1%时，称样量必须大于或者等于 0.2g，所以称取基准物质草酸晶体是不能使相对误差达到 0.1%的。

若改用邻苯二甲酸氢钾，则

$$m(C_8H_5KO_4) = c(NaOH)V(NaOH)\times10^{-3}\times M(C_8H_5KO_4)$$

$$M(C_8H_5KO_4)=204g\cdot mol^{-1} \qquad m(C_8H_5KO_4)=0.408g>0.2g$$

称量的相对误差小于 0.1%，是合适的。

【习题 5-23】 有两位学生使用相同的分析仪器标定某溶液的浓度($0.1mol\cdot L^{-1}$)，结果如下：

甲：0.12，0.12，0.12(相对平均偏差 0.00%)；

乙：0.1243，0.1237，0.1240(相对平均偏差 0.16%)。

你如何评价他们的实验结果的准确度和精密度？

答 题目里面写到“分析仪器标定溶液浓度”表示用到的仪器一定是比较精确的，如万分之一天平和滴定管，读出来的有效数字就是四位，这样标定出来的浓度也应该是四位有效数字。所以，甲的实验结果是错误的。乙的实验结果的精密度很好。题目中没有给真实值，所以不能评价准确度。

5.4 练 习 题

5.4.1 选择题

1. 下列论述中错误的是(　　)。

A. 方法误差属于系统误差　　B. 系统误差具有单向性

C. 系统误差又称可测误差　　D. 系统误差呈正态分布

2. 下列论述中不正确的是(　　)。

A. 偶然误差具有偶然性　　B. 偶然误差服从正态分布

C. 偶然误差具有单向性　　D. 偶然误差是由不确定的因素引起的

3. 下列情况中引起偶然误差的是(　　)。

A. 读取滴定管读数时，最后一位数字估计不准

B. 使用腐蚀的砝码进行称量

C. 标定 EDTA 溶液时，所用金属锌不纯

D. 所用试剂中含有被测组分

4. 可以减小偶然误差的方法是(　　)。

A. 校正仪器　　B. 对照实验　　C. 空白实验　　D. 增加平行测定次数

5. 下列论述中，正确的是(　　)。

A. 准确度高，一定要精密度高　　B. 精密度高，准确度一定高

C. 精密度高，系统误差一定小　　D. 准确度高，精密度一定好

6. 从精密度就可以判断分析结果可靠的前提是(　　)。

A. 偶然误差小　　B. 系统误差小　　C. 平均偏差小　　D. 标准偏差小

7. 下述情况中，使分析结果产生负误差的是(　　)。

A. 以盐酸标准溶液滴定某碱样，所用滴定管未洗净，滴定时内壁挂液珠

B. 测定 $H_2C_2O_4\cdot 2H_2O$ 的摩尔质量时，草酸失去部分结晶水

C. 用于标定标准溶液的基准物质在称量时吸潮了

D. 滴定时速度过快，并在达到终点后立即读取滴定管读数

8. 下列有关置信区间的定义中，正确的是(　　)。

A. 以真值为中心的某一区间包括测定结果的平均值的概率

B. 在一定置信度时，以测量值的平均值为中心的包括总体平均值的范围

C. 真值落在某一可靠区间的概率

D. 在一定置信度时，以真值为中心的可靠范围

9. 某试样含 Cl^-的质量分数的平均值的置信区间为 36.45%±0.10%(置信概率为 90%)，对此结果应理解为(　　)。

A. 有 90%的测定结果落在 36.35%～36.55%

B. 总体平均值μ落在此区间的概率为 90%

C. 若再做一次测定，落在此区间的概率为 90%

D. 在此区间内，包括总体平均值μ的把握为 90%

10. 常量分析的试样用量为(　　)。

A. 大于 1.0g　　B. 1.0～10g　　C. 大于 0.1g　　D. 小于 0.1g

11. 试液体积大于 10mL 的分析称为(　　)。

A. 常量分析　　B. 微量分析　　C. 半微量分析　　D. 痕量分析

12. 用失去部分结晶水的 $Na_2B_4O_7 \cdot 10H_2O$ 标定 HCl 溶液的浓度时，测得的 HCl 浓度与实际浓度相比将(　　)。

A. 偏高　　B. 偏低　　C. 一致　　D. 无法确定

13. 下列标准溶液可用直接法配制的有(　　)。

A. H_2SO_4　　B. KOH　　C. $Na_2S_2O_3$　　D. $K_2Cr_2O_7$

14. 以下试剂能作为基准物质的是(　　)。

A. 优级纯的 NaOH　　B. 光谱纯的 Co_2O_3

C. 100℃干燥过的 CaO　　D. 99.99%纯锌

15. 称取铁矿试样 0.4000g，以 $K_2Cr_2O_7$ 溶液测定铁的含量，若欲使滴定时所消耗的 $K_2Cr_2O_7$ 溶液的体积(以 mL 为单位)恰好等于铁的质量分数的数值，则应配制的 $K_2Cr_2O_7$ 溶液对铁的滴定度为(　　)。

A. $0.008\,000g \cdot L^{-1}$　　B. $0.006\,000g \cdot L^{-1}$

C. $0.004\,000g \cdot L^{-1}$　　D. $0.002\,000g \cdot L^{-1}$

16. 用来标定 NaOH 溶液的基准物质最好选用(　　)。

A. 邻苯二甲酸氢钾　　B. $H_2C_2O_4 \cdot 2H_2O$　　C. 硼砂　　D. As_2O_3

17. 将 Ca^{2+}沉淀为 CaC_2O_4，然后用酸溶解，再用 $KMnO_4$ 标准溶液滴定生成的 $H_2C_2O_4$，从而求算 Ca 的含量，所采用的滴定方式为(　　)。

A. 直接滴定法　　B. 间接滴定法　　C. 返滴定法　　D. 氧化还原滴定法

18. 关于终点误差，下列叙述正确的是(　　)。

A. 终点误差是滴定终点与化学计量点之差

B. 终点误差是化学计量点与滴定终点之差

C. 终点误差可利用做平行实验而减免

D. 终点误差大小与指示剂选择、滴定反应完成程度高低有关

5.4.2　填空题

1. 定量分析过程通常包括__________、__________、__________、__________等主要

步骤。

2. 用氧化还原滴定法测定某矿石中铜的含量为 20.01%、20.03%、20.04%、20.05%，则这组测量值的平均值为_________，中位数为_________，测定结果的平均偏差为_________，相对平均偏差为_________，极差为_________。

3. 在分析过程中，下列情况各造成何种误差(系统误差、偶然误差)。(1)称量过程中天平零点略有变动，________；(2)分析用试剂中含有微量待测组分，________；(3)用 HCl 滴定 NaOH，以甲基橙作指示剂，________；(4)用 pH 计测定溶液 pH 时，电源电压不稳定，________。

4. 有限次测量结果的偶然误差的分布遵循_________；当测量次数趋近无限多次时，偶然误差的分布趋向_________。其规律为正负误差出现的概率_________；小误差出现的_________；大误差出现的_________。

5. 总体标准差是当测定次数为_________时，各测定值对_________值的偏离；计算时，对单次测量偏差加以平方的好处为_________和_________。

6. 标定 HCl 溶液的浓度时，可用 Na_2CO_3 或硼砂($Na_2B_4O_7 \cdot 10H_2O$)为基准物质。若两者均保存妥当，则选_________作为基准物质更好，原因为_________。若 Na_2CO_3 吸水，则标定结果_________；若硼砂结晶水部分失去，则标定结果_________(后面两项填“无影响”、“偏高”或“偏低”)。

5.4.3 是非判断题

1. 蒸馏水或试剂中，含有微量被测定的离子对测定结果的影响属于系统误差。　(　　)
2. pH =7.89，其有效数字是三位。　(　　)
3. 某溶液 $c(H)^+= 0.0103mol \cdot L^{-1}$，其浓度有效数字是三位。　(　　)
4. 标定盐酸浓度称取基准物质 Na_2CO_3 试样时，宜用直接称量法进行。　(　　)
5. 所用试样质量>0.1mg 的分析称为常量分析。　(　　)
6. 准确度表示测量的正确性，而精密度则表示测量的重复性；准确度高，一定要求精密度高，精密度是保证准确度的必要条件。　(　　)
7. 用直接配制法可配制 HCl、NaOH、$K_2Cr_2O_7$ 标准溶液。　(　　)
8. 准确度是测定值与平均值之间相符合的程度。　(　　)
9. 用 1/1000 电子天平(即精度为 1mg)以差减法称量某物质时，要求称量的相对误差控制在 0.1%以内，则称量该物质的质量应不少于 0.2g。　(　　)
10. 标定 HCl 溶液用的基准物 $Na_2B_4O_7 \cdot 12H_2O$，因保存不当失去了部分结晶水，所标定 HCl 溶液浓度结果会出现负误差。　(　　)

5.4.4 简答题

1. 滴定分析对化学反应的要求有哪些？

2. 如果要求分析结果达到 0.2%的准确度，用精确度为 0.1mg 的分析天平差减法称取样品，至少应称取多少克？

3. 滴定管每次读数误差为±0.01mL，若滴定时消耗 2.50mL 溶液，体积测量的相对误差为多少？若消耗 25.00mL 溶液，相对误差又为多少？这说明什么问题？

4. 实验室有三种天平，其性能如下：

	台秤	分析天平	半微量天平
最大载重	100g	200g	20g
精确度(分度值)	0.1g	0.1mg	0.01mg

为下列称量选择合适的天平：

(1) 准确称取基准物邻苯二甲酸氢钾约 0.5g(准确到小数点后第 4 位)，标定 NaOH 溶液的浓度；

(2) 称取 10g $K_2Cr_2O_7$(L.R)，配制铬酸洗液；

(3) 称取约 2g 重的铂片，要求准确到小数点后第 5 位。

5. 如何消除测定中的系统误差？

6. 准确度和精密度的关系如何？

7. 为什么说操作误差(个人误差)属于系统误差？

8. 真值的含义是什么？

9. 滴定终点和化学计量点有什么关系？

10. 如何理解基准物质具备的条件？

5.4.5 计算题

1. 用重铬酸钾法测得 $FeSO_4 \cdot 7H_2O$ 中铁的质量分数为 20.03%、20.04%、20.05%和 20.06%，计算分析结果的平均值、平均偏差、相对平均偏差、标准差及置信概率为 95%时平均值的置信区间。

2. 用邻苯二甲酸氢钾标定 $0.10mol \cdot L^{-1}$ KOH 溶液，应称取邻苯二甲酸氢钾基准物的质量范围是多少？

3. 取 $(NH_4)_2Fe(SO_4)_2 \cdot 12H_2O$ 溶液 20.00mL，用 $K_2Cr_2O_7$ 溶液标定，用去 $0.01667mol \cdot L^{-1}$ $K_2Cr_2O_7$ 19.96mL，求 Fe^{2+}溶液的物质的量浓度。

4. 称取分析纯试剂 $K_2Cr_2O_7$ 14.7090g，在容量瓶中配成 500.0mL 溶液，计算：

(1) $K_2Cr_2O_7$ 溶液的物质的量浓度；

(2) $K_2Cr_2O_7$ 溶液对 Fe_2O_3 和 Fe_3O_4 的滴定度。

5. 用 $KMnO_4$ 法测定石灰石矿中 CaO 含量，若试样中约含 CaO 50%，为使滴定时消耗 $0.025\ 00mol \cdot L^{-1}$ $KMnO_4$ 溶液为 25mL 左右，应称取试样多少克？

6. 20.00mL $H_2C_2O_4$ 溶液需 20.00mL $0.1000mol \cdot L^{-1}$ NaOH 溶液才能完全中和，而同样体积的同一草酸溶液在酸性介质中恰能与 20.00mL $KMnO_4$ 溶液反应完全，求此 $KMnO_4$ 溶液的物质的量浓度。

7. 已知某 $KMnO_4$ 溶液在酸性溶液中对 Fe^{2+}的滴定度为 $0.005\ 585g \cdot mL^{-1}$，而 20.00mL 上述 $KMnO_4$ 溶液在酸性介质中恰好与 10.00mL $KHC_2O_4 \cdot H_2C_2O_4$ 溶液完全反应，求等量的 $KHC_2O_4 \cdot H_2C_2O_4$ 与 $0.1000mol \cdot L^{-1}$ NaOH 溶液反应时，需要 NaOH 溶液的毫升数。

8. 称取相同体积的含 Ca^{2+}溶液两份，一份用 $0.020\ 00mol \cdot L^{-1}$ EDTA 溶液滴定，耗去 25.00 mL，另一份沉淀用 CaC_2O_4 过滤洗涤，溶于稀 H_2SO_4 中，用 $0.020\ 00mol \cdot L^{-1}$ $KMnO_4$ 溶液滴定，需 $KMnO_4$ 溶液多少毫升？

9. 将 1.000g 钢样中的铬转化为 $Cr_2O_7^{2-}$ 后，加入过量的 $0.050\ 00mol \cdot L^{-1}$ $FeSO_4$ 溶液 20.00mL，再用 $0.010\ 06mol \cdot L^{-1}$ $KMnO_4$ 溶液回滴，用去 5.55mL，求样品中 Cr 的质量分数。

练习题参考答案

5.4.1 选择题

1. D　2. C　3. A　4. D　5. A　6. B　7. B　8. B　9. D　10. C　11. A　12. B　13. D　14. D　15. C　16. A　17. B　18. D

5.4.2 填空题

1. 取样；试样的分解；待测组分测定；结果计算　2. 20.03%；20.04%；0.012%；0.06%；0.04%　3. 偶然误差；系统误差；系统误差；偶然误差　4. t 分布；正态分布；相等；概率大；概率小　5. 无限多次；总体平均；避免单次测量偏差相加时正负相抵消；突出大偏差　6. 硼砂；硼砂摩尔质量大，称量时相对误差小；偏高；偏低

5.4.3 是非判断题

1. √　2. ×　3. √　4. ×　5. ×　6. √　7. ×　8. ×　9. ×　10. √

5.4.4 简答题

1. 反应按确定的反应方程式进行，无副反应发生，或副反应可以忽略不计；滴定反应完全的程度须大于99.9%；反应速率快；能用比较简便可靠的方法，如用指示剂的方法来确定滴定的终点。

2. 称取样品质量= 0.2/0.2% = 0.1(g)，即至少应称取样品 0.1g。

3. 消耗 2.50mL 时，相对误差= 0.02/2.50=0.8%；消耗 25.00mL 时，相对误差=0.02/25.00= 0.08%。说明滴定时消耗滴定剂的体积越大，相对误差越小。

4. (1)精度为 0.1mg 的分析天平；(2)台称；(3)精度为 0.01mg 的分析天平。

5. 系统误差包括方法误差、仪器和试剂误差及操作误差等。消除测定中系统误差可采取以下措施：

第一是空白实验，即在不加试样的情况下，按试样分析规程在同样操作条件下进行的分析，所得结果的数值称为空白值。然后从试样结果中扣除空白值就得到比较可靠的分析结果。

第二是仪器校正，具有准确体积和质量的仪器，都应进行校正，以消除仪器不准所引起的系统误差。

第三是对照实验，对照实验就是用同样的分析方法在同样的条件下，用标样代替试样进行平行测定。将对照实验的测定结果与标样的已知含量相比，其比值称为校正系数。

第四是校正方法，采用公认的标准方法与实际所采用的方法在同样的条件下进行对照实验，可以检验和消除实际采用的方法造成的误差。

在分析过程中检查有无系统误差存在，作对照实验是最有效的办法。进行对照实验时，如果对试样的组分不完全清楚，则可以采用"加入回收法"进行实验。这种方法是向试样中加入已知量的被测组分，然后进行对照实验，看看加入的被测组分能否被定量回收，以此判断分析过程是否存在系统误差。

6. 准确度是指测定值和真实值之间相符合的程度，用误差的大小来度量。而误差的大小与系统误差和偶然误差都有关，它反映了测定的正确性。精密度则是指一系列平行测定数据相互间符合的程度，用偏差大小来衡量。偏差的大小仅与偶然误差有关，而与系统误差无关。因此，偏差的大小不能反映测定值与真实值之间相符合的程度，它反映的只是测定的重现性。所以应从准确度与精密度两个方面来衡量分析结果的好坏。精密度好是保证准确度的先决条件。即高精密度是获得高准确度的必要条件，但是，精密度高却不一定准确

度高。因此，要从准确度和精密度这两个方面，从消除系统误差和减小偶然误差这两方面来努力，以保证测定结果的准确性和可靠性。

7. 操作误差也称个人误差或主观误差，主要是指分析人员掌握的分析操作与正确的分析操作有差别或由操作人员一些生理上或习惯上的主观原因而造成的误差。例如，以盐酸滴定氢氧化钠时使用甲基橙作指示剂，终点颜色应为橙色，但不同人对颜色的敏感程度不一样，有人偏浅，有人偏深；滴定管读数时，有人视线总是习惯于斜向上，有人视线总是习惯于斜向下；重复滴定时，有人总想第二份滴定结果与前一份相吻合；这样引起的误差，对某个人来讲，总是一致的，要么总是偏高，要么总是偏低，每次对于同样的操作给出的判断总是相同，即具有单向性、重现性的特点，具有系统误差的性质，因而操作误差(个人误差)属于系统误差。

8. 所谓真值是指真实存在的值，实际上真值是不存在的，因为所有的值都是人为测量的，都存在误差。因此，我们所说的真值，是指通过权威的方法或公认的方法或由权威专家测定的数据，化学中的常用数据是经 IUPAC(国际纯粹与应用化学联合会)认证或承认的(如相对原子质量、焓、熵、自由能、电极电势、平衡常数等)，因此具有权威性，所以认为是真值。另外，由国际标准方法、国家标准方法(如中华人民共和国国家标准，《动植物油脂　酸值和酸度测定》GB/T 5530—2005)等测量得来的数据也具权威性，可以认为是真值。

9. 滴定终点是指在滴定过程中，利用指示剂颜色的变化等方法来判断化学计量点的到达，指示剂颜色发生转变而停止滴定的这一点称为滴定终点。化学计量点是指滴定剂与被测物质按化学式计量关系恰好反应完全的这一点称为化学计量点。显然，滴定终点和化学计量点不是一回事，滴定终点是由指示剂的变色点决定的，化学计量点是由参与反应的物质决定的，两点如果重合是最理想的，而事实上两点是难以重合的，由两点的差别引起的测量误差称为终点误差。如强酸滴定强碱，选用甲基橙作指示剂，pH 在 4 附近即停止滴定(指示剂变色范围 3.1～4.4)，此即为滴定终点，而化学计量点的 pH 为 7，相差近 3 个 pH 单位(这种误差在允许范围内，将在第 6 章中学习)。

10. 基准物质是指能用于直接配制成准确浓度的标准溶液的物质或用来确定标准溶液准确浓度的物质。作为基准物质必须“性质稳定、纯度高(99.9%以上)、实际组成与化学式完全相符”，在此基础上，具有较大的摩尔质量的更好(因为摩尔质量越大，称量就越多，称量误差就越小)。而“性质稳定”主要是指在空气中要稳定、干燥时不分解、称量时不吸潮、不吸收空气中的二氧化碳、不被空气中氧气所氧化等。

5.4.5 计算题

1. $\bar{x}=20.04\%$　　$\bar{d}=\dfrac{|-0.01|+|0.00|+|0.01|+|0.02|}{4}=0.01\%$

$$R\bar{d}=\frac{\bar{d}}{\bar{x}}\times 100\%=\frac{0.01}{20.04}\times 100\%=0.05\%$$

$$S=\sqrt{\frac{\Sigma(x_i-\bar{x})^2}{n-1}}=\sqrt{\frac{(-0.01)^2+(0.00)^2+(0.01)^2+(0.02)^2}{3}}=0.014\%$$

$n=4$，$p=95\%$时，查表 $t=3.18$，则

$$\mu=\bar{x}\pm\frac{tS}{\sqrt{n}}=20.04\pm\frac{3.18\times 0.014}{\sqrt{4}}=(20.04\pm 0.02)\%$$

2. 消耗滴定剂体积范围 20～30mL，邻苯二甲酸氢钾与 KOH 按 1∶1 反应，消耗 KOH 20mL 时，$0.1\times 20\times 204.23=0.4$g，$0.1\times 30\times 204.23=0.6$g，应称取基准物的质量范围是 0.4～0.6g。

3. $Cr_2O_7\sim 6Fe^{2+}$，$0.016\,67\times 19.96\times 6=20.00\times c(Fe^{2+})$，$c(Fe^{2+})=0.099\,82\text{mol}\cdot L^{-1}$。

4. (1)　　$c(K_2Cr_2O_7)=0.1000\text{mol}\cdot L^{-1}$

(2)　　$Cr_2O_7\sim 6Fe^{2+}\sim 3Fe_2O_3\sim 2Fe_3O_4$

$$T(Fe_2O_3/K_2Cr_2O_7) = 3c(K_2Cr_2O_7) \cdot M(Fe_2O_3) \cdot 10^{-3} = 3 \times 0.1000 \times 159.69 \times 10^{-3} = 0.047\,91(g \cdot mL^{-1})$$

$$T(Fe_3O_4/K_2Cr_2O_7) = 3c(K_2Cr_2O_7) \cdot M(Fe_3O_4) \cdot 10^{-3} = 2 \times 0.1000 \times 231.54 \times 10^{-3} = 0.046\,31(g \cdot mL^{-1})$$

5.
$$5CaO \sim 5Ca^{2+} \sim 5CaC_2O_4 \sim 5H_2C_2O_4 \sim 2MnO_4^-$$

$$5 \times 0.02500 \times 25.00 \times 10^{-3} = 2 \times m(CaO) \times 50\% / 56.08$$

$$m(CaO) = 0.1752g$$

6.
$$H_2C_2O_4 \sim 2NaOH$$

$$c(H_2C_2O_4) \times 20.00 \times 2 = 20.00 \times 0.1000$$

$$c(H_2C_2O_4) = 0.050\,00 mol \cdot L^{-1}$$

$$5H_2C_2O_4 \sim 2\,MnO_4^-$$

$$c(KMnO_4) \times 20.00 \times 5 = 0.050\,00 \times 20.00 \times 2$$

$$c(KMnO_4) = 0.020\,00 mol \cdot L^{-1}$$

7.
$$T(Fe^{2+} / KMnO_4) = 5c(KMnO_4) \cdot M(Fe) \cdot 10^{-3}$$

$$0.005\,585 = 5 \times c(KMnO_4) \times 55.85 \times 10^{-3}$$

$$c(KMnO_4) = 0.020\,00 mol \cdot L^{-1}$$

$$15NaOH \sim 5KHC_2O_4 \cdot H_2C_2O_4 \sim 4MnO_4^-,$$

$$15 \times 20.00 \times 0.020\,00 = 4 \times 0.1000 \times V(NaOH)$$

$$V(NaOH) = 15.00mL$$

8.
$$5Ca^{2+} \sim 5CaC_2O_4 \sim 5H_2C_2O_4 \sim 2\,MnO_4^-$$

$$Ca^{2+} \sim EDTA$$

$$2 \times 0.020\,00 \times 25.00 = 5 \times 0.020\,00 \times V(KMnO_4)$$

$$V(KMnO_4) = 10.00mL$$

9.
$$n(Fe^{2+}) = 5n(KMnO_4) \qquad 6n(Cr_2O_7^{2-}) = n(Fe^{2+})$$

$$n(Cr) = 2n(Cr_2O_7^{2-}) = \frac{1}{3} n(Fe^{2+}) \qquad M(Cr) = 52.00$$

$$w(Cr) = \frac{\frac{1}{3} \times (0.050\,00 \times 20.00 - 5 \times 0.010\,06 \times 5.55) \times 52.00}{1.000 \times 1000} = 0.012\,50$$

第 6 章　酸碱平衡和酸碱滴定法

6.1　学 习 要 求

1. 掌握酸碱质子理论：质子酸碱定义，共轭酸碱对，酸碱反应的实质，共轭酸碱 $K_a^\ominus$ 和与 $K_b^\ominus$ 的关系。

2. 掌握弱酸、弱碱的离解平衡，影响离解平衡常数和离解度的因素、稀释定律；理解同离子效应、盐效应。

3. 了解质子条件式；掌握最简式计算弱酸、弱碱水溶液的 pH 及有关离子平衡浓度。

4. 掌握缓冲溶液的缓冲原理、pH 计算，了解缓冲容量和缓冲范围、缓冲溶液的选择与配制及应用。

5. 掌握酸碱指示剂的变色原理、变色点、变色范围。

6. 掌握强碱(酸)滴定一元酸(碱)的原理、滴定曲线的概念、影响滴定突跃的因素、化学计量点 pH 及突跃范围的计算、指示剂的选择；掌握直接准确滴定一元酸(碱)的判据及其应用。

7. 掌握多元酸(碱)分步滴定的判据及滴定终点的 pH 计算、指示剂的选择，了解混合酸(碱)准确滴定的判据。

8. 掌握酸碱滴定法的应用；了解 CO_2 对酸碱滴定的影响；掌握酸碱标准溶液的配制及标定；掌握混合碱的分析方法及铵盐中含氮量的测定方法。

6.2　重难点概要

6.2.1　酸碱的定义和共轭酸碱对

1. 酸碱的定义

酸：凡能给出质子(H^+)的物质(分子或离子)。

碱：凡能接受质子(H^+)的物质(分子或离子)。

$$酸 \rightleftharpoons 碱 + H^+$$

这种对应关系称为共轭酸碱对，右边的碱是左边酸的共轭碱，左边的酸是右边碱的共轭酸。

(1) 酸和碱可以是分子，也可以是阳离子或阴离子。

(2) 有的物质在某个共轭酸碱对中是碱，而在另一个共轭酸碱对中却是酸，如 HCO_3^- 等，称为两性物质。

(3) 质子理论中没有盐的概念，酸碱离解理论中的盐在质子理论中都变成了离子酸和离子碱，如 NH_4Cl 中的 NH_4^+ 是酸、Cl^- 是碱。

2. 共轭酸碱对中 $K_a^\ominus$ 与 $K_b^\ominus$ 的关系

一般地

$$H_3A \underset{K_{b_3}^\ominus}{\overset{K_{a_1}^\ominus}{\rightleftharpoons}} H_2A^- \underset{K_{b_2}^\ominus}{\overset{K_{a_2}^\ominus}{\rightleftharpoons}} HA^{2-} \underset{K_{b_1}^\ominus}{\overset{K_{a_3}^\ominus}{\rightleftharpoons}} A^{3-}$$

有

$$K_{a_1}^\ominus \cdot K_{b_3}^\ominus = K_{a_2}^\ominus \cdot K_{b_2}^\ominus = K_{a_3}^\ominus \cdot K_{b_1}^\ominus = K_w^\ominus$$

可见，知道 $K_a^\ominus$ 就可以计算出其共轭碱的 $K_b^\ominus$；反之亦然。

6.2.2　水的质子自递

$$H_2O \rightleftharpoons H^+ + OH^-$$

在一定温度下，当达到离解平衡时，水中 H^+ 的浓度与 OH^- 的浓度的乘积是一个常数，即

$$c(H^+)\cdot c(OH^-) = K_w^\ominus$$

式中：$K_w^\ominus$ 为水的离子积常数，简称水的离子积。

注意：常温时，无论是中性、酸性还是碱性的水溶液里，H^+ 和 OH^- 浓度的乘积都等于 1.0×10^{-14}，即

$$c(H^+)\cdot c(OH^-) = K_w^\ominus = 1.0\times10^{-14} mol\cdot L^{-1}$$

$$pK_w^\ominus = pH + pOH = 14.00$$

6.2.3　酸碱平衡的移动

1. 稀释作用

(1) 离解度

$$\alpha = \frac{已离解的分子数}{离解前分子总数}\times100\%$$

$$\alpha = \sqrt{\frac{K^\ominus}{c}}\left(其中，K^\ominus 为 K_a^\ominus 或 K_b^\ominus\right)$$

(2) 稀释定律

$$K^\ominus = c\alpha^2$$

2. 同离子效应和盐效应

同离子效应：在弱酸(碱)的溶液中，加入共轭碱(酸)后，使弱酸(碱)离解度降低的作用。

盐效应：在弱酸(碱)溶液中，加入含有不同离子的强电解质，使弱酸(碱)离解度增大的作用。

一般情况下，盐效应比同离子效应弱得多，当它们共存时主要考虑同离子效应。

6.2.4　溶液酸碱度的计算

1. 质子条件式

根据酸碱质子理论，酸碱反应达到平衡时，酸失去的质子数与碱得到的质子数必然相等。

其数学表达式称为质子等衡式(proton balance equation)或质子条件式，用 PBE 表示。

书写质子条件式首先要选择零水准(zero level)。零水准应为溶液中大量存在并参与质子传递的物质。然后以得失质子的总数相等为原则，人们习惯将得质子物质的总浓度写在等号的左边，失质子物质的总浓度写在等号的右边，即得质子条件式。

2. 溶液酸碱度的计算公式

1) 强酸(碱)

如果强酸或强碱溶液浓度小于$10^{-6}\ \mathrm{mol\cdot L^{-1}}$，求溶液的酸度必须考虑水的质子传递作用所提供的$H^+$或$OH^-$。

2) 一元弱酸(碱)

一元弱酸最简式

$$c(\mathrm{H^+})=\sqrt{cK_a^{\ominus}}\quad\left(\frac{c}{K_a^{\ominus}}\geqslant 500\right)$$

一元弱碱最简式

$$c(\mathrm{OH^-})=\sqrt{cK_b^{\ominus}}\quad\left(\frac{c}{K_b^{\ominus}}<500\right)$$

3) 多元弱酸(碱)

多元弱酸最简式

$$c(\mathrm{H^+})=\sqrt{cK_{a_1}^{\ominus}}\quad\left(K_{a_1}^{\ominus}\gg K_{a_2}^{\ominus},\ \frac{c}{K_{a_1}^{\ominus}}\geqslant 500\right)$$

二元弱酸的酸根阴离子的浓度在数值上近似地等于$K_{a_2}^{\ominus}$。

4) 两性物质

在溶液中既能失质子，又能得质子的物质，如 $NaHCO_3$、NaH_2PO_4、Na_2HPO_4 等(以往称酸式盐)和 NH_4Ac(弱酸弱碱盐)都是两性物质。一般使用最简式。

例如，NaHA、NaH_2A，其最简式为

$$c(\mathrm{H^+})=\sqrt{K_{a_1}^{\ominus}\cdot K_{a_2}^{\ominus}}$$

例如，Na_2HA，其最简式为

$$c(\mathrm{H^+})=\sqrt{K_{a_2}^{\ominus}\cdot K_{a_3}^{\ominus}}$$

例如，NH_4Ac，其最简式为

$$c(\mathrm{H^+})=\sqrt{K_a^{\ominus}\cdot K_a^{\ominus\prime}}=\sqrt{K_a^{\ominus}(\mathrm{NH_4^+})\cdot K_a^{\ominus}(\mathrm{HAc})}$$

5) 缓冲溶液的 pH

缓冲溶液能够抵抗外加少量强酸、强碱或适当稀释而保持溶液 pH 基本不变的溶液。

以 HAc-NaAc 缓冲溶液为例

$$\mathrm{pH}=\mathrm{p}K_a^{\ominus}+\lg\frac{c(\mathrm{b})}{c(\mathrm{a})}$$

式中：$c(\mathrm{a})$为弱酸的浓度；$c(\mathrm{b})$为共轭碱的浓度；$c(\mathrm{a})/c(\mathrm{b})$称为缓冲比。

6.2.5 酸碱指示剂

1. 指示剂的作用原理

酸碱指示剂一般是弱的有机酸或有机碱，其酸式及其共轭碱式具有不同的颜色。当溶液的 pH 改变时，指示剂失去质子或得到质子发生酸式或碱式型体变化时，由于结构上的变化，从而引起颜色的变化。

2. 指示剂的变色范围和变色点

$$\underset{\text{酸式色}}{\mathrm{HIn}} \rightleftharpoons \mathrm{H^+} + \underset{\text{碱式色}}{\mathrm{In^-}}$$

$$K^{\ominus}(\mathrm{HIn}) = \frac{c(\mathrm{H^+})\cdot c(\mathrm{In^-})}{c(\mathrm{HIn})} \qquad \frac{c(\mathrm{In^-})}{c(\mathrm{HIn})} = \frac{K^{\ominus}(\mathrm{HIn})}{c(\mathrm{H^+})}$$

(1) 理论变色点：$\mathrm{pH} = \mathrm{p}K^{\ominus}(\mathrm{HIn})$。

$$\frac{c(\mathrm{In^-})}{c(\mathrm{HIn})} \geqslant 10 \quad (\text{呈碱式色}) \qquad \frac{c(\mathrm{In^-})}{c(\mathrm{HIn})} \leqslant \frac{1}{10} \quad (\text{呈酸式色})$$

(2) 理论变色范围：$\mathrm{pH} = \mathrm{p}K^{\ominus}(\mathrm{HIn}) \pm 1$。

实际的变色范围只有 1.6～1.8 个 pH 单位，指示剂的变色范围越窄越好。由于人对颜色的敏感程度不同，指示剂的变色点不是变色范围的中点，它更靠近于人较敏感的颜色的一端。

常见酸碱指示剂的变色范围：酚酞 8.0～9.6(无色-红色)；甲基橙 3.1～4.4(红色-黄色)；甲基红 4.4～6.2(红色-黄色)；百里酚酞 9.4～10.6(无色-蓝色)。

6.2.6 酸碱滴定的基本原理

利用酸碱滴定法进行分析测定，必须了解各种不同类型酸碱滴定过程中$\mathrm{H^+}$浓度变化规律，才能选择合适的指示剂，正确地确定终点。

1. 一元酸碱的滴定

1) 强碱滴定强酸

(1) 滴定曲线和滴定突跃。

滴定过程中各阶段的 pH 的计算及曲线绘制详见《无机及分析化学》(第四版)(王运等主编)。通过滴定过程中各滴定阶段$\mathrm{H^+}$浓度的计算，了解滴定过程中 pH 的变化规律，掌握滴定突跃、pH 突跃范围等基本概念及影响滴定突跃的因素、指示剂的选择原则。

滴定突跃：酸碱滴定的 pH 突跃是指计量点附近 pH 的突变。

滴定突跃范围：是指化学计量点前后($\mathrm{RE} = \pm 0.1\%$)溶液 pH 的变化范围。

(2) 选择酸碱指示剂的原则。

凡是变色范围全部或部分落在滴定的突跃范围内的指示剂都可以选用。

(3) 浓度对突跃范围的影响。

强酸强碱滴定突跃范围的大小只与滴定剂和被测物质的浓度有关，浓度越大，突跃范围就越大。

2) 强碱(酸)滴定一元弱酸(碱)

一元弱酸、弱碱能被直接准确滴定的条件是：$cK_a^{\ominus} \geqslant 10^{-8}$，$cK_b^{\ominus} \geqslant 10^{-8}$(用指示剂目测终点，RE⩽0.2%)。这类滴定曲线在计量点前的变化特点是快、慢、快，滴定的突跃范围较强酸强碱滴定窄。

突跃范围的大小与浓度和弱酸(碱)的强弱程度有关。当 $K_a^{\ominus}$ ($K_b^{\ominus}$)一定时，浓度越大，突跃范围就越大；当浓度一定时，$K_a^{\ominus}$ ($K_b^{\ominus}$)越大，突跃范围越大。

强碱滴定弱酸，酸性区无 pH 突跃；强酸滴定弱碱，碱性区无 pH 突跃；弱酸弱碱不能相互滴定。

2. 多元弱酸(碱)的滴定

以二元酸为例：

条件	H^+滴定情况	pH 突跃	指示剂的选择
$cK_{a_1}^{\ominus} \geqslant 10^{-8}$，$cK_{a_2}^{\ominus} \geqslant 10^{-8}$，且 $\dfrac{K_{a_1}^{\ominus}}{K_{a_2}^{\ominus}} \geqslant 10^4$	两级 H^+能分别直接滴定	形成两个 pH 突跃	按各自计量点的 pH 选
$cK_{a_1}^{\ominus} > 10^{-8}$，$cK_{a_2}^{\ominus} \geqslant 10^{-8}$，且 $\dfrac{K_{a_1}^{\ominus}}{K_{a_2}^{\ominus}} < 10^4$	两级 H^+均能直接滴定，但不能分别滴定	两个突跃重叠形成一个突跃	按第二计量点的 pH 选
$cK_{a_1}^{\ominus} \geqslant 10^{-8}$，$cK_{a_2}^{\ominus} < 10^{-8}$，且 $\dfrac{K_{a_1}^{\ominus}}{K_{a_2}^{\ominus}} \geqslant 10^4$	第一级 H^+能直接滴定，第二级 H^+不能	形成一个突跃	按第一计量点的 pH 选
$cK_{a_1}^{\ominus} < 10^{-8}$	均不能直接滴定	无突跃	无指示剂

例如，用 0.1000mol · L^{-1} NaOH 滴定 0.1000mol · L^{-1} H_3PO_4，由 H_3PO_4 的离解常数 $K_{a_1}^{\ominus}=7.5\times10^{-3}$，$K_{a_2}^{\ominus}=6.2\times10^{-8}$，$K_{a_3}^{\ominus}=2.2\times10^{-13}$，有

$$cK_{a_1}^{\ominus} = 0.1000\times 7.5\times 10^{-3} = 7.500\times 10^{-4} > 10^{-8}$$

$$cK_{a_2}^{\ominus} = (0.1000/2)\times6.2\times10^{-8} = 0.3100\times 10^{-8} \approx 10^{-8}$$

$$cK_{a_3}^{\ominus} = (0.1000/3)\times 2.2\times 10^{-13} = 7.300\times 10^{-15} < 10^{-8}$$

且
$$\frac{K_{a_1}^{\ominus}}{K_{a_2}^{\ominus}} = 1.2\times10^5 > 10^4 \qquad \frac{K_{a_2}^{\ominus}}{K_{a_3}^{\ominus}} = 2.8\times10^6 > 10^4$$

所以，H_3PO_4 的第一、第二级离解的 H^+均可被直接准确滴定，但第三级离解的 H^+不能被直接准确滴定。并且在第一、第二计量点都有突跃，可分步滴定。

多元弱碱能否被强酸准确滴定，滴定过程中有几个突跃，可参照多元弱酸的滴定进行判断。

6.2.7　混合碱滴定

V_1与 V_2 的关系	$V_1>V_2$, $V_2\neq0$	$V_1<V_2$, $V_1\neq0$	$V_1=V_2\neq0$	$V_1\neq0$, $V_2=0$	$V_1=0$, $V_2\neq0$
碱的组成	NaOH, Na_2CO_3 OH^-, CO_3^{2-}	Na_2CO_3, $NaHCO_3$ CO_3^{2-}, HCO_3^-	Na_2CO_3 CO_3^{2-}	NaOH OH^-	$NaHCO_3$ HCO_3^-

6.2.8 酸碱滴定中 CO_2 的影响

CO_2 对酸碱滴定影响程度的大小，取决于滴定终点时溶液的 pH，即与滴定所选用的指示剂有关。CO_2 在水中有如下平衡：

$$\begin{array}{ccccc} H_2CO_3 & = & HCO_3^- & = & CO_3^{2-} \\ pH<6.4 & & pH=6.4\sim10.3 & & pH>10.3 \end{array}$$

(1) 若滴定终点为碱性，如 pH≈9，用酚酞作指示剂，此时 CO_2 以 HCO_3^- 形式存在。如果溶液存在 CO_2，就会被滴至 HCO_3^-，NaOH 溶液中若存在 Na_2CO_3，也将被滴至 HCO_3^-。因此这时 CO_2 对滴定的影响应根据滴定终点的 pH 具体情况来分析。

(2) 若滴定终点为酸性，如 pH≈4，用甲基橙作指示剂，此时 CO_2 形式不变，滴定液中由各种途径引入的 CO_2，此时基本上不参与反应，而 NaOH 溶液吸收了 CO_2 生成的 Na_2CO_3 最终也变成了 CO_2，故 CO_2 不影响测定结果。

消除 CO_2 的影响可采取以下方法：①配制 NaOH 的纯水应加热煮沸；②配制不含 CO_3^{2-} 的碱标准溶液，先配制饱和 NaOH 溶液(50%，Na_2CO_3 基本不溶)，待 Na_2CO_3 下沉后，取清液用不含 CO_2 的蒸馏水稀释，并妥善保存；③标定和测定在相同条件下进行，CO_2 的影响可部分抵消；④为避免 CO_2 的影响，应尽可能地选用酸性范围变色的指示剂，如甲基橙。

6.3 例题和习题解析

6.3.1 例题

【例题 6-1】 写出 NH_4CN 水溶液的质子条件式。

解 选 NH_4^+、CN^-、H_2O 为零水准，则它们的质子转移情况是

$$NH_4^+ + H_2O = NH_3 + H_3O^+$$

$$CN^- + H_2O = OH^- + HCN$$

$$H_2O + H_2O = OH^- + H_3O^+$$

故 PBE：
$$c(H^+) + c(HCN) = c(OH^-) + c(NH_3)$$

【例题 6-2】 计算分析浓度以 $c(HCN) = 1.0\times10^{-3}mol\cdot L^{-1}$ 的 HCN 水溶液的 pH。

解 已知 $K_a^\ominus(HCN) = 4.93\times10^{-10}$，则

$$cK_a^\ominus(HCN) = 1.0\times10^{-3}\times4.93\times10^{-10} = 4.9\times10^{-13} > 20K_w^\ominus$$

$$c / K_a^\ominus(HCN) = 1.0\times10^{-3} / 4.93\times10^{-10} = 2.0\times10^{6} > 500$$

$$c(H^+) = \sqrt{cK_a^\ominus} = \sqrt{1.0\times10^{-3}\times4.9\times10^{-10}} = 7.0\times10^{-7}(mol\cdot L^{-1})$$

$$pH = 6.15$$

【例题 6-3】 乳酸 HLac 的 $K_a^\ominus = 1.4\times10^{-4}$，现有 1.00L 含有 1.00mol HLac 和 1.00mol NaLac 缓冲溶液。(1)缓冲溶液的 pH 是多少？(2)加入 0.010mol HCl 溶液后缓冲溶液的 pH 是多少？(3)加入 0.010mol NaOH 溶液后缓冲溶液的 pH 是多少？(假设加入酸碱后溶液的体积不变)

解 (1)　$c(HLac) = 1.00mol\cdot L^{-1}$　　$c(NaLac) = 1.00mol\cdot L^{-1}$

$$pH = pK_a^{\ominus} + \lg\frac{c(NaLac)}{c(HLac)} = -\lg(1.4\times10^{-4}) + \lg\frac{1.00}{1.00} = 3.85$$

(2) 加 0.010mol HCl 后，HCl 离解的 H^+与溶液中 Lac^-结合成 HLac，HLac 浓度略有增大，NaLac 浓度略有减小。

$$c(HLac) = 1.00 + 0.010 = 1.010(mol\cdot L^{-1})$$

$$c(NaLac) = 1.00 - 0.010 = 0.990(mol\cdot L^{-1})$$

$$pH = pK_a^{\ominus} + \lg\frac{c(NaLac)}{c(HLac)} = 3.85 + \lg\frac{0.990}{1.010} = 3.84$$

(3) 加 0.010mol NaOH 后，NaOH 与溶液中 HLac 结合成 NaLac，HLac 浓度略有减小，NaLac 浓度略有增大。

$$c(HLac) = 1.00 - 0.010 = 0.990(mol\cdot L^{-1})$$

$$c(NaLac) = 1.00 + 0.010 = 1.010(mol\cdot L^{-1})$$

$$pH = pK_a^{\ominus} + \lg\frac{c(NaLac)}{c(HLac)} = 3.85 + \lg\frac{1.010}{0.990} = 3.84$$

此例说明外加少量强酸、强碱时，缓冲溶液的 pH 基本不变。

【例题 6-4】 将 10.0mL 0.30mol · L^{-1} HCOONa 与 20.0mL 0.15mol · L^{-1} 的 HF 混合。(1)计算反应 $HCOO^- + HF \rightleftharpoons F^- + HCOOH$ 的平衡常数；(2)计算溶液中的 $c(HCOO^-)$、$c(F^-)$、$c(H^+)$。

解 (1) 离子反应式

$$HCOO^- + HF \rightleftharpoons F^- + HCOOH$$

$$K_j^{\ominus} = \frac{K_a^{\ominus}(HF)}{K_a^{\ominus}(HCOOH)} = \frac{6.8\times10^{-4}}{1.7\times10^{-4}} = 4.0$$

(2) 设平衡时 $c(F^-)$为 $x$mol · L^{-1}

	$HCOO^-$	+	HF	═══	F^-	+	HCOOH
初始浓度 $c/(mol\cdot L^{-1})$	$\frac{10\times0.30}{30}$		$\frac{20\times0.15}{30}$		0		0
平衡浓度 $c/(mol\cdot L^{-1})$	$0.10-x$		$0.10-x$		x		x

$$4.0 = \frac{x^2}{(0.10-x)^2}$$

解得

$$x = 0.067mol\cdot L^{-1}$$

$$c(F^-) = 0.067mol\cdot L^{-1}$$

$$c(HCOO^-) = 0.10 - 0.067 = 0.030(mol\cdot L^{-1})$$

$$c(H^+) = K_a^{\ominus}(HF)\times\frac{c(HF)}{c(F^-)} = 6.8\times10^{-4}\times\frac{0.033}{0.067} = 3.4\times10^{-4}(mol\cdot L^{-1})$$

【例题 6-5】 用 0.1000mol · L^{-1} HCl 溶液滴定 20.00mL 0.1000mol · L^{-1} NH_3 溶液，计算此滴定体系的化学计量点及突跃范围，并选择合适的指示剂(终点误差要求在±0.1%内)。

解 滴定反应为

$$H^+ + NH_3 \rightleftharpoons NH_4^+$$

(1) 滴定开始到计量点前，溶液中有未反应的 NH_3 和反应产生的共轭碱 NH_4^+ 组成 NH_3-NH_4^+ 缓冲体系，其 pH 可按下式计算：

$$pH = pK_a^\ominus + \lg\frac{c(b)}{c(a)}$$

当加入 HCl 溶液 19.98mL 时，剩余的 NH_3 为 0.02mL，此时

$$c(NH_3) = 0.02\times0.1000/(20.00+19.98)= 5.0\times10^{-5}(mol \cdot L^{-1})$$
$$c(NH_4^+) = 19.98\times0.1000/(20.00+19.98)= 5.0\times10^{-2}(mol \cdot L^{-1})$$

$$pH = pK_a^\ominus + \lg\frac{c(NH_3)}{c(NH_4^+)} = 9.26 + \lg\frac{5.0\times10^{-5}}{5.0\times10^{-2}} = 6.26$$

(2) 计量点时(即加入 HCl 体积为 20.00mL)，NH_3 全部作用生成共轭酸 NH_4^+, 则

$$c(H^+) = \sqrt{cK_a^\ominus} = \sqrt{c\frac{K_w^\ominus}{K_b^\ominus}} = \sqrt{\frac{0.1000}{2}\times\frac{10^{-14}}{1.8\times10^{-5}}} = 5.3\times10^{-6}(mol\cdot L^{-1})$$

$$pH = 5.28$$

(3) 计量点后，溶液组成为 NH_4^+ 和过量的 HCl，由于 HCl 抑制了 NH_4^+ 的离解，溶液的酸度主要由过量的 HCl 决定，则

$$c(H^+) = c(HCl) \cdot V[HCl(过量)]/V(总体积)$$

当 HCl 滴入 20.02mL 时，过量 0.02mL，有

$$c(H^+) = 0.1000 \times 0.02/(20.00+20.02) = 5.0\times10^{-5}(mol \cdot L^{-1})$$
$$pH = 4.30$$

即此滴定计量点 pH = 5.28，突跃范围为 pH= 6.3～4.3，选择甲基红作指示剂较合适。

6.3.2　习题解析

【习题 6-1】　你如何理解水的质子自递反应，能够说明哪些主要问题？

答　水分子既可给出质子，又可接受质子，它是一种两性物质；在水分子之间也可发生质子转移作用；水能够离解为 H^+与 OH^-；任何水溶液中，H_3O^+与 OH^-将同时存在。

【习题 6-2】　酸碱滴定中，为什么酸碱标准溶液的浓度不宜太高或太低？

答　酸碱标准溶液浓度太高时，滴定终点过量的体积一定，误差增大；若太低，终点时指示剂变色不明显，滴定体积增大，误差增大。故酸碱标准溶液的浓度不宜太高或太低。

【习题 6-3】　因保存不当而致硼砂失去了部分结晶水，但仍用此硼砂标定 HCl 溶液的浓度，标定结果如何？为什么？

答　结果是 HCl 溶液的浓度偏低。硼砂失去了部分结晶水，与没有失去结晶水的相比，同样质量的硼砂将多消耗 HCl 溶液，即消耗 HCl 溶液的体积偏大，从而造成其浓度偏低。

【习题 6-4】　根据下列反应，标出共轭酸碱对。

(1) $H_2O + H_2O \rightleftharpoons H_3O^+ + OH^-$

(2) $HAc + H_2O \rightleftharpoons H_3O^+ + Ac^-$

(3) $H_3PO_4 + OH^- \rightleftharpoons H_2PO_4^- + H_2O$

(4) $CN^- + H_2O \rightleftharpoons HCN + OH^-$

解　共轭酸碱对为

(1) H_3O^+-H_2O、H_2O-OH^-　　(2) HAc-Ac^-、H_3O^+-H_2O

(3) H_3PO_4-$H_2PO_4^-$、H_2O-OH^-　　(4) HCN-CN^-、H_2O-OH^-

【习题 6-5】　指出下列物质中的共轭酸、共轭碱，并按照强弱顺序排列起来：HAc，Ac^-；NH_4^+，NH_3；HF，F^-；H_3PO_4，$H_2PO_4^-$；H_2S，HS^-。

解　共轭酸为：HAc、NH_4^+、HF、H_3PO_4、H_2S

共轭碱为：Ac^-、NH_3、F^-、$H_2PO_4^-$、HS^-

共轭酸强弱顺序为：H_3PO_4、HF、HAc、H_2S、NH_4^+

共轭碱强弱顺序为：NH_3、HS^-、Ac^-、F^-、$H_2PO_4^-$

【习题 6-6】　已知下列各弱酸的 $pK_a^\ominus$ 和弱碱 $pK_b^\ominus$ 的值，求它们的共轭碱和共轭酸的 $pK_b^\ominus$ 和 $pK_a^\ominus$。

(1) HCN　$pK_a^\ominus=9.31$　　(2) NH_4^+　$pK_a^\ominus=9.25$

(3) HCOOH　$pK_a^\ominus=3.75$　　(4) 苯胺　$pK_b^\ominus=9.34$

解　(1) $pK_b^\ominus=4.69$　　(2) $pK_b^\ominus=4.75$

(3) $pK_b^\ominus=10.25$　　(4) $pK_a^\ominus=4.66$

【习题 6-7】　计算 $0.10mol\cdot L^{-1}$ 甲酸(HCOOH)溶液的 pH 及其离解度。

解

$$c/K_a^\ominus>500$$

$$c(H^+)=\sqrt{cK_a^\ominus}=\sqrt{0.10\times1.77\times10^{-4}}=4.2\times10^{-3}(mol\cdot L^{-1})$$

$$pH=2.38$$

$$\alpha=c(H^+)/c=(4.2\times10^{-3})/0.10\times100\%=4.2\%$$

【习题 6-8】　计算下列溶液的 pH。

(1) $0.050mol\cdot L^{-1}$ HCl　　(2) $0.10mol\cdot L^{-1}$ $CH_2ClCOOH$

(3) $0.10mol\cdot L^{-1}$ $NH_3\cdot H_2O$　　(4) $0.10mol\cdot L^{-1}$ CH_3COOH

(5) $0.20mol\cdot L^{-1}$ Na_2CO_3　　(6) $0.50 mol\cdot L^{-1}$ $NaHCO_3$

(7) $0.10mol\cdot L^{-1}$ NH_4Ac　　(8) $0.20 mol\cdot L^{-1}$ Na_2HPO_4

解　(1)

$$c(H^+)=0.050mol\cdot L^{-1}$$

$$pH=1.30$$

(2)

$$K_a^\ominus=1.4\times10^{-3}$$

$$c(H^+)=1.2\times10^{-2}mol\cdot L^{-1}$$

$$pH=1.92$$

(3)

$$c(OH^-)=1.3\times10^{-3}mol\cdot L^{-1}$$

$$pOH=2.89\qquad pH=11.11$$

(4)

$$c(H^+)=1.3\times10^{-3}mol\cdot L^{-1}$$

$$pH=2.89$$

(5)

$$K_{b_1}^\ominus=1.78\times10^{-4}$$

$$c(OH^-) = 6.0\times10^{-3}mol\cdot L^{-1}$$

$$pOH = 2.22 \quad pH = 11.78$$

(6)
$$c(H^+) = 4.9\times10^{-9}mol\cdot L^{-1}$$

$$pH = 8.31$$

(7)
$$pH = 7.00$$

(8)
$$c(H^+) = 1.2\times10^{-10}mol\cdot L^{-1}$$

$$pH = 9.92$$

【习题 6-9】 计算室温下饱和 CO_2 水溶液($0.0400mol\cdot L^{-1}$)中的 $c(H^+)$、$c(HCO_3^-)$、$c(CO_3^{2-})$。

解
$$H_2CO_3 \rightleftharpoons H^+ + HCO_3^- \qquad K_{a_1}^{\ominus} = 4.30\times10^{-7}$$

$$c(H^+) = 1.31\times10^{-3}mol\cdot L^{-1}$$

$$c(HCO_3^-)\approx c(H^+) = 1.31\times10^{-3}mol\cdot L^{-1}$$

$$HCO_3^- \rightleftharpoons H^+ + CO_3^{2-} \qquad K_{a_2}^{\ominus} = 5.61\times10^{-11}$$

$$c(CO_3^{2-})\approx K_{a_2}^{\ominus} = 5.61\times10^{-11}mol\cdot L^{-1}$$

【习题 6-10】 欲配制 pH=3.0 的缓冲溶液，有下列三组共轭酸碱对：(1)$HCOOH$-$HCOO^-$；(2)HAc-Ac^-；(3) NH_4^+-NH_3，哪组较为合适？

解 根据缓冲溶液配制原则，缓冲溶液 pH=3.0 与 $pK_a^{\ominus} = 3.75$ 相近，故选(1)$HCOOH$-$HCOO^-$较为合适。

【习题 6-11】 在 100.0mL $0.10mol\cdot L^{-1}$ HAc 溶液中加入 50.0mL $0.10mol\cdot L^{-1}$ NaOH 溶液，求此混合液的 pH。

解 混合后为 HAc-NaAc 体系，则

$$pH = pK_a^{\ominus} - \lg\frac{c(HAc)}{c(Ac^-)} = 4.75 - \lg\frac{0.050\times0.010/0.15}{0.050\times0.010/0.15} = 4.75$$

【习题 6-12】 要配制 pH=9.40 的 NaAc 溶液 1L，需称取 $NaAc\cdot 3H_2O$ 多少克？

解 先求出 pH=9.40 时，NaAc 溶液的浓度，用简化公式计算：

$$c(OH^-) = \sqrt{c(Ac^-)\cdot K_b^{\ominus}} = \sqrt{c(Ac^-)\cdot K_w^{\ominus}/K_a^{\ominus}(HAc)} = \sqrt{c(Ac^-)\cdot 10^{-14}/(1.76\times10^{-5})}$$

$$c(OH^-) = 10^{-14}/10^{-9.4} = 10^{-4.6}$$

$$c(Ac^-) = 1.11mol\cdot L^{-1}$$

$$m(NaAc\cdot 3H_2O) = 1.11\times136.08 = 151(g)$$

【习题 6-13】 已知 $0.10mol\cdot L^{-1}$ HAc 溶液的体积为 1.0L，若在该 HAc 溶液中加入 0.10mol 固体 NaAc(假设体积不变)，求溶液的 $c(H^+)$和 HAc 的电离度 α。

解 HAc 溶液中，加入固体 NaAc 后，忽略 HAc 离解，则

$$c(Ac^-) = 0.10mol\cdot L^{-1}$$

$$c(HAc) = 0.10mol\cdot L^{-1}$$

$$K_a^{\ominus} = \frac{c(H^+)\cdot c(Ac^-)}{c(HAc)} = c(H^+)$$

$$c(H^+)= 1.76\times10^{-5}mol\cdot L^{-1}$$

$$\alpha = c(H^+)/c=1.76\times10^{-5}/0.10 = 1.76\times10^{-4}$$

【习题 6-14】 欲以氨水及固体 NH_4Cl 为原料，配制 pH=9.30 的缓冲溶液 1000mL，要求 $c(NH_4^+)$=0.30mol · L^{-1}，需质量分数为 25%、密度为 0.91g · cm^{-3} 的氨水多少毫升?

解　$K_b^\ominus(NH_3\cdot H_2O)=1.77\times10^{-5}$　　$pK_a^\ominus(NH_4^+)=9.25$

$$pH = pK_a^\ominus + lg\frac{c(NH_3)}{c(NH_4^+)}$$

$$9.30 = 9.25 + lg\frac{c(NH_3)}{0.30}$$

$$c(NH_3) = 0.336mol\cdot L^{-1}$$

因为缓冲溶液为 1000mL，故需 NH_3 为 0.336mol，即需氨水为

$$\frac{17\times0.336}{0.25\times0.91} = 25(mL)$$

【习题 6-15】 欲配制 pH=10.0 的缓冲溶液，如用 500.0mL 0.10mol · L^{-1} $NH_3\cdot H_2O$ 溶液，需加入 0.10mol · L^{-1} HCl 溶液多少毫升? 或加入固体 NH_4Cl 多少克? (假设体积不变)

解　(1) 设需加入 0.10mol · L^{-1} HCl VmL，有

$$pH = pK_a^\ominus + lg\frac{c(NH_3)}{c(NH_4^+)}$$

$$10 = 14 - 4.75 + lg\frac{c(NH_3)}{c(NH_4^+)}$$

$$lg\frac{c(NH_3)}{c(NH_4^+)} = lg\frac{500\times0.10 - 0.10V}{0.10V} = 0.75$$

$$V = 75.5mL$$

(2) 设需加入固体 NH_4Cl mg，有

$$c(NH_4^+) = \frac{m}{M} = \frac{m}{53.45}$$

$$lg\frac{0.1\times500\times10^{-3}}{\dfrac{m}{53.45}} = 0.75$$

$$m = 0.48g$$

【习题 6-16】 酸碱滴定中，指示剂选择的原则是什么?

答　指示剂选择原则：指示剂变色范围全部或部分落在突跃范围内。

【习题 6-17】 借助指示剂的变色确定终点，下列各物质能否用酸碱滴定法直接准确滴定? 如果能，计算计量点时的 pH，并选择合适的指示剂。(1)0.10mol · L^{-1} NaF; (2)0.10mol · L^{-1} HCN; (3)0.10mol · L^{-1} $CH_2ClCOOH$。

解　(1) $K_a^\ominus = 3.53\times10^{-4}$，$K_b^\ominus = 2.83\times10^{-11}$，$cK_b^\ominus = 2.8\times10^{-12} < 10^{-8}$，不能直接滴定。

(2) $K_a^\ominus = 4.93\times10^{-10}$，$cK_a^\ominus = 4.93\times10^{-11} < 10^{-8}$，不能直接滴定。

(3) $cK_a^\ominus = 0.10 \times1.4\times10^{-3} = 1.4\times10^{-4}>10^{-8}$，能直接滴定。

$$CH_2ClCOOH + OH^- = CH_2ClCOO^- + H_2O$$

计量点时

$$c(OH^-) = \sqrt{cK_b^\ominus} = \sqrt{\frac{0.10\times10^{-14}}{2\times1.4\times10^{-3}}} = 6.0\times10^{-7}$$

pOH = 6.22，pH=7.78，选苯酚红作指示剂。

【习题 6-18】 一元弱酸(HA)纯试样 1.250g，溶于 50.00mL 水中，需 41.20mL 0.0900mol · L^{-1} NaOH 滴至终点。已知加入 8.24mL NaOH 时，溶液的 pH=4.30，(1)求弱酸的摩尔质量 M；(2)计算弱酸的离解常数 $K_a^\ominus$；(3)求计量点时的 pH，并选择合适的指示剂指示终点。

解 (1)

$$n(NaOH)=n(HA)$$

$$0.090\,00\times41.20\times10^{-3}=1.250/M(HA)$$

$$M(HA)=337.1g\cdot mol^{-1}$$

(2) 当加入 8.24mL NaOH 时，溶液组成为 HA-A^-缓冲体系，则

$$pH = pK_a^\ominus - \lg\frac{c(HA)}{c(A^-)}$$

$$pK_a^\ominus = 4.30 + \lg\frac{41.20-8.24}{8.24} = 4.90$$

$$K_a^\ominus = 1.3\times10^{-5}$$

(3) 化学计量点时

$$c(OH^-) = \sqrt{cK_b^\ominus} = \sqrt{\frac{0.09000\times41.20\times10^{-3}}{41.20+50.00}\times\frac{10^{-14}}{1.3\times10^{-5}}} = 5.6\times10^{-6}(mol\cdot L^{-1})$$

pOH=5.25，pH=8.75，选酚酞作指示剂。

【习题 6-19】 用因保存不当失去部分结晶水的草酸($H_2C_2O_4\cdot 2H_2O$)作基准物质来标定 NaOH 的浓度，标定结果是偏高、偏低还是无影响？

解 标定结果偏低。

【习题 6-20】 称取混合碱(可能含有 NaOH、Na_2CO_3 和 $NaHCO_3$ 及其他杂质)2.4000g，溶解稀释至 250.0mL，取两份 25.00mL 溶液，一份以酚酞为指示剂，耗去 0.1000mol · L^{-1} HCl 30.00mL，另一份以甲基橙为指示剂，耗去 HCl 35.00mL，则混合碱的组成是什么？各组分成分质量分数为多少？

解 注意，这不是通常的双指示剂法。由消耗的体积推断组成为 NaOH-Na_2CO_3 体系。

设甲基橙作指示剂时，NaOH 消耗的 HCl 体积为 V_1mL，Na_2CO_3 消耗的 HCl 体积为 V_2mL。

$$V_1+V_2 = 35.00 \qquad (1)$$

酚酞为指示剂时，消耗的 HCl 总体积则为

$$V_1 + \frac{1}{2}V_2 = 30.00 \qquad (2)$$

由式(1)、式(2)求得

$$V_1 = 25.00 \qquad V_2 = 10.00$$

$$w(NaOH)=\frac{0.1000\times 25.00\times 40.01\times 10^{-3}}{2.400\times\dfrac{25.00}{250.0}}=0.4167$$

$$w(Na_2CO_3)=\frac{0.1000\times 10.00\times\dfrac{1}{2}\times 106.0\times 10^{-3}}{2.400\times\dfrac{25.00}{250.0}}=0.2208$$

【习题 6-21】 称取仅含 NaOH 和 Na_2CO_3 的试样 0.3720g，溶解后用 30.00mL 0.2000mol · L^{-1} HCl 溶液滴至酚酞变色，则还需加入多少毫升上述 HCl 标液可达到甲基橙终点？

解　由题意

$$n(NaOH)+n(Na_2CO_3)=0.2000\times 30.00\times 10^{-3}=6\times 10^{-3}$$

$$n(NaOH)\cdot M(NaOH)+n(Na_2CO_3)\cdot M(Na_2CO_3)=0.3720$$

已知 $M(NaOH)=40.01g\cdot mol^{-1}$，$M(Na_2CO_3)$=106.0 代入上式，解得

$$n(Na_2CO_3)=1.999\times 10^{-3}$$

继续滴定至甲基橙终点时：

$$HCO_3^- + H^+ = H_2CO_3$$

$$n(HCl)=n(NaHCO_3)=n(Na_2CO_3)$$

$$V(HCl)=\frac{1.999\times 10^{-3}}{0.2000}=9.995\times 10^{-3}(L)\approx 10.00(mL)$$

【习题 6-22】 称取纯碱试样(含 $NaHCO_3$ 及惰性杂质)1.000g，溶于水后，以酚酞为指示剂滴至终点，需 0.2500mol · L^{-1} HCl 20.00mL；再以甲基橙作指示剂继续以 HCl 滴定，到终点时消耗同浓度 HCl 28.60mL，求试样中 Na_2CO_3 和 $NaHCO_3$ 的质量分数。

解

$$CO_3^{2-} + H^+(V_1 mL) = HCO_3^-$$

$$HCO_3^- + H^+(V_2 mL) = H_2CO_3$$

$$w(Na_2CO_3)=\frac{c(HCl)\cdot V_1\cdot M(Na_2CO_3)}{m}=\frac{0.2500\times 20.00\times 10^{-3}\times 106.0}{1.000}=0.5300$$

$$w(NaHCO_3)=\frac{c(HCl)\cdot(V_2-V_1)\cdot M(NaHCO_3)}{m}$$

$$=\frac{0.2500\times(28.60-20.00)\times 10^{-3}\times 84.01}{1.000}=0.1806$$

【习题 6-23】 称取含 NaH_2PO_4 和 Na_2HPO_4 及其他惰性杂质的试样 1.000g，溶于适量水后，以百里酚酞作指示剂，用 0.1000mol · L^{-1} NaOH 标准溶液滴至溶液刚好变蓝，消耗 NaOH 标准溶液 20.00mL，而后加入溴甲酚绿指示剂，改用 0.1000mol · L^{-1} HCl 标准溶液滴至终点时，消耗 HCl 溶液 30.00mL，试计算：(1)$w(NaH_2PO_4)$；(2)$w(Na_2HPO_4)$；(3)该 NaOH 标准溶液在甲醛法中对氮的滴定度。

解

$$H_2PO_4^- + OH^- = HPO_4^{2-} + H_2O \qquad \text{百里酚酞}$$

$$HPO_4^{2-} + H^+ = H_2PO_4^- \qquad \text{溴甲酚绿}$$

$$w(NaH_2PO_4)=\frac{c(NaOH)\cdot V(NaOH)\cdot M(NaH_2PO_4)}{m_s}$$
$$=\frac{0.1000\times 20.00\times 119.98}{1.000\times 1000}=0.2400$$
$$w(Na_2HPO_4)=\frac{[c(HCl)\cdot V(HCl)-c(NaOH)\cdot V(NaOH)]\cdot M(Na_2HPO_4)}{m_s}$$
$$=\frac{(0.1000\times 30.00-0.1000\times 20.00)\times 141.96}{1.000\times 1000}=0.1420$$
$$T(N/NaOH)=0.1000\times 14.01\times 10^{-3}=1.401\times 10^{-3}(g\cdot mL^{-1})$$

【习题 6-24】 蛋白质试样 0.2320g 经凯氏法处理后，加浓碱蒸馏，用过量硼酸吸收蒸出的氨，然后用 $0.12mol\cdot L^{-1}$ HCl 21.00mL 滴至终点，计算试样中氮的质量分数。

解
$$NH_3+H_3BO_3 = NH_4^+ + H_2BO_3^-$$
$$H^+ + H_2BO_3^- = H_3BO_3$$
$$n(N)=n(NH_3)=n(H_2BO_3^-)=n(HCl)$$
$$w(N)=c(HCl)\cdot V(HCl)\cdot M(N)/m_s=0.12\times 21.00\times 14.01\times 10^{-3}/0.2320=0.1522$$

【习题 6-25】 称取土样 1.000g 溶解，将其中的磷沉淀为磷钼酸铵，用 20.00mL $0.1000mol\cdot L^{-1}$ NaOH 溶解沉淀，过量的 NaOH 用 $0.2000mol\cdot L^{-1}$ HNO_3 7.50mL 滴至酚酞终点，计算土样中 $w(P)$、$w(P_2O_5)$。已知

$$H_3PO_4+12MoO_4^{2-}+2NH_4^+ + 22H^+ = (NH_4)_2HPO_4\cdot 12MoO_3\cdot H_2O + 11H_2O$$
$$(NH_4)_2HPO_4\cdot 12MoO_3\cdot H_2O + 24OH^- = 12MoO_4^{2-}+HPO_4^{2-}+2NH_4^+ + 13H_2O$$

解
$$n(P)=n(H_3PO_4)=n[(NH_4)_2HPO_4\cdot 12MoO_3\cdot H_2O]=n(OH^-)/24$$
$$w(P)=\frac{1/24\times(0.1000\times 20.00-0.2000\times 7.50)\times 30.97}{1.000\times 1000}=6.45\times 10^{-4}$$
$$w(P_2O_5)=\frac{M(P_2O_5)}{2M(P)}\times w(P)=\frac{141.95}{2\times 30.97}\times 6.45\times 10^{-4}=1.48\times 10^{-3}$$

【习题 6-26】 Calculate the concentration of sodium acetate needed to produce a pH of 5.0 in a solution of acetic acid ($0.10mol\cdot L^{-1}$) at 25℃. $pK_a^\ominus$ for acetic acid is 4.75 at 25℃.

解
$$pH=pK_a^\ominus+\lg\frac{c(HAc)}{c(NaAc)}$$
$$5.0=4.75+\lg\frac{0.10}{c(NaAc)}$$
$$c(NaAc)=0.056mol\cdot L^{-1}$$

【习题 6-27】 The concentration of H_2S in a saturated aqueous solution at room temperature is approximately $0.1mol\cdot L^{-1}$. Calculate $c(H^+)$, $c(HS^-)$ and $c(S^{2-})$ in the solution.

解 已知 298K 时，$K_{a_1}^\ominus(H_2S)=9.1\times 10^{-8}$，$K_{a_2}^\ominus(H_2S)=1.1\times 10^{-12}$，$K_{a_1}^\ominus \gg K_{a_2}^\ominus$，计算 H^+浓度时只考虑一级离解。

$$H_2S = H^+ + HS^-$$

又 $c/K_{a_1}^{\ominus}=0.10/(9.1\times10^{-8})\gg500$，则

$$c(H^+)=\sqrt{c\cdot K_{a_1}^{\ominus}}=\sqrt{0.10\times9.1\times10^{-8}}=9.5\times10^{-5}(mol\cdot L^{-1})$$

$$c(HS^-)=c(H^+)=9.5\times10^{-5}mol\cdot L^{-1}$$

因 S^{2-}是二级产物，设 $c(S^{2-})=x mol\cdot L^{-1}$，则

$$HS^- \rightleftharpoons H^+ + S^{2-}$$

平衡时　　$9.5\times10^{-5}-x$　　$9.5\times10^{-5}+x$　　x

$$K_{a_1}^{\ominus}\cdot K_{a_2}^{\ominus}=\frac{c^2(H^+)\cdot c(S^{2-})}{c(H_2S)}$$

$$c(S^{2-})=K_{a_1}^{\ominus}\cdot K_{a_2}^{\ominus}\frac{c(H_2S)}{c^2(H^+)}=9.1\times10^{-8}\times1.1\times10^{-12}\times\frac{0.10}{(0.10)^2}=1.0\times10^{-18}(mol\cdot L^{-1})$$

由于 $K_{a_2}^{\ominus}$ 极小，$9.5\times10^{-5}\pm x\approx9.5\times10^{-5}$，则

$$K_{a_2}^{\ominus}=c(H^+)\cdot c(S^{2-})/c(HS^-)=9.5\times10^{-5}\cdot c(S^{2-})/9.5\times10^{-5}=1.1\times10^{-12}$$

故 $c(S^{2-})=K_{a_2}^{\ominus}=1.1\times10^{-12}mol\cdot L^{-1}$。

【习题 6-28】 Calculate the equilibrium concentration of sulfide ion in a saturated solution of hydrogen sulfide to which enough hydrochloric acid has been added to make the hydronium ion concentration of the solution 0.1mol · L^{-1} at equilibrium. (A saturated H_2S solution is 0.1mol · L^{-1} in hydrogen sulfide)

解

$$K_{a_1}^{\ominus}\cdot K_{a_2}^{\ominus}=\frac{c^2(H^+)\cdot c(S^{2-})}{c(H_2S)}$$

$$c(S^{2-})=K_{a_1}^{\ominus}\cdot K_{a_2}^{\ominus}\frac{c(H_2S)}{c^2(H^+)}=9.1\times10^{-8}\times1.1\times10^{-12}\times\frac{0.10}{(0.10)^2}=1.0\times10^{-18}(mol\cdot L^{-1})$$

6.4　练　习　题

6.4.1　填空题

1. 根据酸碱质子理论，在水溶液中的下列分子或离子：HSO_4^-、$C_2O_4^{2-}$、$H_2PO_4^-$、$[Al(H_2O)_6]^{3+}$、NO_3^-、HCl、Ac^-、H_2O、$[Al(H_2O)_4(OH)_2]^+$中，只能作质子酸的有__________；只能作质子碱的有__________；既可作质子酸又可作质子碱的有__________。

2. 已知 0.10mol · L^{-1} HAc 的 $c(H^+)=1.3\times10^{-3}mol\cdot L^{-1}$，则 HAc 水溶液的离解度为__________，离解平衡常数为__________。

3. 在 H_2S 饱和溶液中 $c(S^{2-})$近似等于__________。

4. 0.20mol · L^{-1} HCl 溶液的 $c(H^+)$=__________mol · L^{-1}，0.20mol · L^{-1} HCN 溶液的 $c(H^+)$=__________mol · L^{-1}。分别用 0.10mol · L^{-1} NaOH 恰好中和时，前者所需要的 NaOH 体积__________后者所需要的体积(填“大于”、“小于”或“等于”)。

5. 向 pH=5 的溶液中加入若干酸，使 $c(H^+)$增加到为原来的 10 倍时，溶液的 pH=__________，pOH=__________。

6. 将固体NaAc加入HAc水溶液中，能使HAc溶液的离解度__________，称为__________效应。

7. 决定 HAc-NaAc 缓冲溶液 pH 的因素是(1)__________，(2)__________。

8. 浓度为 $0.020 mol \cdot L^{-1}$ 的某一元弱碱($K_b^{\ominus}=1.0\times10^{-8}$)溶液与等体积的水混合后，pH=__________。

9. 碳酸钠因保存不当吸潮，直接作基准物质来标定 HCl 的浓度，结果将__________(填“偏高”、“偏低”或“无影响”)。

10. 用 $0.1000 mol \cdot L^{-1}$ 的 HCl 滴定 $0.1000 mol \cdot L^{-1}$ 的 NaOH，常用的选择指示剂是__________，颜色变化是__________。

11. 影响 pH 突跃范围的因素是____________________________。

12. 等体积混合 pH =2.00 和 pH =11.00 的强酸和强碱溶液，所得溶液的 pH 为__________。

13. 含有相同物质的量 NaOH 和 Na_2CO_3 的混合液，取相同体积的两份溶液，其中一份用酚酞作指示剂，滴定到终点用去 HCl 的体积为 V_1，另一份用甲基橙作指示剂，滴定到终点用去相同浓度 HCl 的体积为 V_2，则 V_1 与 V_2 关系是__________。

14. 用双指示剂法测定混合碱含量时，酚酞终点时用去 HCl 溶液 V_1，继续滴至甲基橙终点时又用去 HCl 溶液 V_2，已知 $V_2>V_1>0$，则混合碱组分为__________。

15. 100.0mL $0.10 mol \cdot L^{-1}$ Na_2HPO_4 溶液与 50.0mL $0.1 mol \cdot L^{-1}$ H_3PO_4 溶液混合后 pH 为__________。

6.4.2 是非判断题

1. 在一定温度下，改变溶液的 pH，水的标准离子积常数不变。 ( )
2. 在共轭酸碱对 H_3PO_4- HPO_4^{2-} 中，HPO_4^{2-} 为质子碱。 ( )
3. 外加少量酸、碱溶液时，缓冲溶液本身 pH 保持不变。 ( )
4. 在某溶液中加入甲基橙指示剂后，溶液显黄色，则该溶液一定呈碱性。 ( )
5. 用强碱溶液滴定弱酸时，弱酸强度越大，滴定突跃越大。 ( )
6. 多元弱酸，其酸根离子浓度近似等于该酸的一级解离常数。 ( )
7. 由于同离子效应的存在，电解质溶液的 pH 一定会增大。 ( )
8. 一元弱酸可被强碱准确滴定的判据是 $\lg cK_a^{\ominus} \geqslant -6$。 ( )
9. $0.010\,00 mol \cdot L^{-1}$ NH_4Cl 可以用 NaOH 溶液直接滴定。 ( )
10. NaOH 标准溶液因保存不当吸收了 CO_2，以此标准溶液滴定 HCl 分析结果将偏高。 ( )

6.4.3 选择题

1. 质子理论认为，下列物质中可以作为质子酸的是( )。

A. H_2S、$C_2O_4^{2-}$ 、HCO_3^-　　B. H_2CO_3、NH_4^+ 、H_2O

C. Cl^-、BF_3、OH^-　　D. H_2S、CO_3^{2-} 、H_2O

2. 用质子理论比较下列物质的碱性由强到弱的顺序为( )。

A. $CN^- > CO_3^{2-} > Ac^- > NO_3^-$　　B. $CO_3^{2-} > CN^- > Ac^- > NO_3^-$

C. $Ac^- > NO_3^- > CN^- > CO_3^{2-}$　　D. $NO_3^- > Ac^- > CO_3^{2-} > CN^-$

3. 质子理论认为，下列物质中全部是两性物质的是(　　)。

A. Ac^-、CO_3^{2-}、PO_4^{3-}、H_2O　　B. CO_3^{2-}、CN^-、Ac^-、NO_3^-

C. HS^-、HCO_3^-、$H_2PO_4^-$、H_2O　　D. H_2S、Ac^-、NH_4^+、H_2O

4. 295K 时，纯水中 $c(H^+)=10^{-7}mol \cdot L^{-1}$，溶液呈中性。温度升高时，纯水的 pH 为(　　)。

A. 大于 7　　B. 小于 7　　C. 等于 7　　D. 无法确定

5. 在下列化合物中，其水溶液的 pH 最高的是(　　)。

A. NaCl　　B. Na_2CO_3　　C. NH_4Cl　　D. $NaHCO_3$

6. 已知 H_3PO_4 的 $pK_{a_1}^\ominus$、$pK_{a_2}^\ominus$ 和 $pK_{a_3}^\ominus$ 分别为 2.12、7.20、12.36，则 PO_4^{3-} 的 $pK_{b_1}^\ominus$ 为(　　)。

A. 11.88　　B. 6.80　　C. 1.64　　D. 2.12

7. 在 $0.1mol \cdot L^{-1}$ NaF 溶液中，下列关系正确的为(　　)。

A. $c(H^+) \approx c(HF)$　　B. $c(HF) \approx c(OH^-)$

C. $c(H^+) \approx c(OH^-)$　　D. $c(H^+) \approx c(NaF)$

8. 在 pH = 6.0 的土壤溶液中，下列物质浓度最大的为(　　)。

A. H_3PO_4　　B. $H_2PO_4^-$

C. HPO_4^{2-}　　D. PO_4^{3-}

9. 在 110.0mL 浓度为 $0.10mol \cdot L^{-1}$ 的 HAc 中，加入 10.0mL 浓度为 $0.10mol \cdot L^{-1}$ 的 NaOH 溶液，则混合溶液的 pH 为(　　)。

A. 4.75　　B. 3.75　　C. 2.75　　D. 5.75

10. 向 1L $0.10mol \cdot L^{-1}$ HAc 溶液中加入少量 NaAc 晶体并使之溶解，会发生的情况是(　　)。

A. HAc 的 $K_a^\ominus$ 值增大　　B. HAc 的 $K_a^\ominus$ 值减小

C. 溶液的 pH 增大　　D. 溶液的 pH 减小

11. $0.1mol \cdot L^{-1}$ KCN 水溶液中，下列关系正确的是(　　)。

A. $c(HCN) = c(OH^-) - c(H^+)$　　B. $c(HCN) = c(OH^-) + c(H^+)$

C. $c(HCN) = c(H^+) - c(OH^-)$　　D. $c(HCN) = c(K^+) - c(OH^-)$

12. 设氨水的浓度为 c，若将其稀释一倍，溶液中的 OH^- 浓度为(　　)。

A. $c/2$　　B. $2c$　　C. $\sqrt{cK_b^\ominus/2}$　　D. $\sqrt{cK_b^\ominus}/2$

13. 欲配制 pH= 9.0 的缓冲溶液，应选用(　　)。

A. HCOOH-HCOONa　　B. HAc-NaAc

C. NH_3-NH_4Cl　　D. Na_2HPO_4-Na_3PO_4

14. 下列混合物溶液中，缓冲容量最大的是(　　)。

A. $0.020mol \cdot L^{-1}$ NH_3-$0.18mol \cdot L^{-1}$ NH_4Cl

B. $0.17mol \cdot L^{-1}$ NH_3-$0.030mol \cdot L^{-1}$ NH_4Cl

C. $0.15mol \cdot L^{-1}$ NH_3-$0.050mol \cdot L^{-1}$ NH_4Cl

D. $0.10mol \cdot L^{-1}$ NH_3-$0.10mol \cdot L^{-1}$ NH_4Cl

15. 在 $0.060mol \cdot L^{-1}$ HAc 溶液中，加入 NaAc 固体，使 $c(NaAc) = 0.20mol \cdot L^{-1}$，混合液的 $c(H^+)$接近于(　　)。

A. $10.3 \times 10^{-7} mol \cdot L^{-1}$　　B. $5.4 \times 10^{-5} mol \cdot L^{-1}$

C. $3.6 \times 10^{-4} mol \cdot L^{-1}$　　D. $5.4 \times 10^{-6} mol \cdot L^{-1}$

16. 某酸碱指示剂的 $pK_a^\ominus(HIn)=5$，其理论变色范围 pH 为(　　)。

A. 2～8　　B. 3～7　　C. 4～6　　D. 5～7

17. 用 $0.2000mol \cdot L^{-1}$ NaOH 滴定 $0.2000mol \cdot L^{-1}$ HCl，其 pH 突跃范围是(　　)。

A. 2.0～6.0　　B. 4.0～8.0　　C. 4.0～10.0　　D. 8.0～10.0

18. 用 $0.1000mol \cdot L^{-1}$ 的 NaOH 滴定 $0.10mol \cdot L^{-1}$ 的弱酸 HA($pK_a^\ominus = 4.0$)，其 pH 突跃范围是 7.0～9.7，若弱酸的 $pK_a^\ominus=3.0$，则其 pH 突跃范围为(　　)。

A. 6.0～10.7　　B. 6.0～9.7　　C. 7.0～10.7　　D. 8.0～9.7

19. $0.10mol \cdot L^{-1}$ 下列酸或碱，能借助指示剂指示终点而直接准确滴定的是(　　)。

A. HCOOH　　B. H_3BO_3　　C. NH_4Cl　　D. NaAc

20. 下列 $0.20mol \cdot L^{-1}$ 多元酸能用 NaOH 标准溶液分步滴定的是(　　)。

A. $H_2C_2O_4$　　B. 邻苯二甲酸　　C. H_3PO_4　　D. 柠檬酸

21. 用标准酸溶液滴定 Na_2HPO_4 至化学计量点时，溶液的 pH 计算公式为(　　)。

A. $\sqrt{cK_a^\ominus}$　　B. $\sqrt{K_{a_1}^\ominus \cdot K_{a_2}^\ominus}$　　C. $\sqrt{K_{a_2}^\ominus \cdot K_{a_3}^\ominus}$　　D. $\sqrt{cK_w^\ominus / K_{a_1}^\ominus}$

22. 用 NaOH 标准溶液滴定 $0.10mol \cdot L^{-1}$ HCl 和 $0.10mol \cdot L^{-1}$ H_3BO_3 混合液时，最合适的指示剂是(　　)。

A. 百里酚酞　　B. 酚酞　　C. 中性红　　D. 甲基红

23. 用凯氏法测蛋白质含 N 量，蒸出的 NH_3 用过量的 H_2SO_4 溶液吸收，再用 NaOH 溶液返滴定，确定终点的指示剂应是(　　)。

A. 甲基红　　B. 酚酞　　C. 中性红　　D. 百里酚酞

24. 以甲基橙为指示剂，用 HCl 标准溶液标定含有 CO_3^{2-} 的 NaOH 溶液，然后用此 NaOH 溶液测定试样中的 HAc 含量，则 HAc 含量将会(　　)。

A. 偏高　　B. 偏低　　C. 无影响　　D. 无法确定

25. 配制 NaOH 溶液未除尽 CO_3^{2-}，若以 $H_2C_2O_4$ 标定 NaOH 浓度后，用于测定 HAc 含量，其结果将(　　)。

A. 偏高　　B. 偏低　　C. 无影响　　D. 无法确定

26. 已知浓度的 NaOH 标准溶液，因保存不当吸收了 CO_2，若用此 NaOH 溶液滴定 H_3PO_4 至第二化学计量点，对 H_3PO_4 浓度分析结果的影响是(　　)。

A. 偏高　　B. 偏低　　C. 无影响　　D. 无法确定

27. 用 $0.1000mol \cdot L^{-1}$ HCl 标准溶液测纯碱含量时，滴定产物为 CO_2，则 $T(Na_2CO_3/HCl)$ 为(　　)。

A. $0.005\ 300g \cdot mL^{-1}$　　B. $0.010\ 60g \cdot mL^{-1}$

C. $0.008\ 400g \cdot mL^{-1}$　　D. $0.042\ 00g \cdot mL^{-1}$

28. 磷酸试样 1.000g，用 $0.5000mol \cdot L^{-1}$ NaOH 标准溶液 20.00mL 滴至酚酞终点，H_3PO_4 的质量分数为(　　)。

A. 98.00%　　B. 49.00%　　C. 32.67%　　D. 24.50%

29. 某混合碱先用 HCl 滴定至酚酞变色，耗去 V_1，继续以甲基橙为指示剂，耗去 V_2，已知 $V_1<V_2$，其组成是(　　)。

A. $NaOH\text{-}Na_2CO_3$　　B. Na_2CO_3　　C. $NaHCO_3\text{-}NaOH$　　D. $NaHCO_3\text{-}Na_2CO_3$

30. 含 H_3PO_4-NaH_2PO_4 的混合液，用 NaOH 标准溶液滴至甲基橙变色，耗去 NaOH x mL；等量试液改用酚酞作指示剂，耗去 NaOH y mL，则 x 与 y 的关系是(　　)。

A. $x > y$　　B. $y = 2x$　　C. $y > 2x$　　D. $x = y$

6.4.4 简答题

1. 以配制 HAc-NaAc 缓冲溶液为例，说明常见缓冲溶液的几种配制方法。

2. 为什么酸碱滴定过程用的指示剂一定是弱酸或者弱碱？

3. 在处理工业中的洗瓶废水(强碱性)时，需控制 pH 在 8～9 才能排放，可以采用工业硫酸、盐酸等，但这些酸太强，加入量要严格控制，过程的稳定性不好，你认为最好采用什么？为什么？

4. 人体新陈代谢产生的酸性和碱性物质进入血液，但血液的 pH 仍会稳定在 7.4 ± 0.05，试查阅相关文献回答，这是为什么？

5. 现有一瓶镇江香醋，其颜色为黑色，试设计方案分析镇江香醋中乙酸的含量。

6. 写出 HCl-NH_4Cl 非纯品混合试样中各组分的测定方案。

6.4.5 计算题

1. $0.01mol \cdot L^{-1}$ HAc 溶液的离解度为 0.042，求 HAc 的离解常数和溶液的 pH。

2. 计算下列溶液的 pH：

(1) $0.10mol \cdot L^{-1}$ NH_4Cl　　(2) $1.0mol \cdot L^{-1}$ Na_2S

(3) $0.050mol \cdot L^{-1}$ $NaHSO_4$　　(4) $0.050mol \cdot L^{-1}$ H_3PO_4

3. 写出下列化合物的质子条件式：

(1) NaH_2PO_4　　(2) NH_4HCO_3　　(3) HCl+HAc

4. 向 $0.050mol \cdot L^{-1}$ 盐酸中通 H_2S 至饱和[$c(H_2S) \approx 0.10mol \cdot L^{-1}$]。计算溶液 pH 及 $c(S^{2-})$。

5. 尼古丁($C_{10}H_{14}N_2$)是二元弱碱 $K_{b_1}^{\ominus}=7.0\times10^{-7}$，$K_{b_2}^{\ominus}=1.4\times10^{-11}$。计算 $c(C_{10}H_{14}N_2)$ = $0.050mol \cdot L^{-1}$ 尼古丁水溶液的 pH 及 $c(C_{10}H_{14}N_2)$、$c(C_{10}H_{14}N_2H^+)$、$c(C_{10}H_{14}N_2H_2^{2+})$。

6. 计算 $0.10mol \cdot L^{-1}$ Na_2S 水溶液的 pH 及 $c(S^{2-})$、$c(HS^-)$和 $c(H_2S)$。

7. 在 100.0mL $0.10mol \cdot L^{-1}$ 的氨水中加入 1.07g NH_4Cl，溶液的 pH 为多少？在此溶液中再加入 100.0mL 水，pH 有什么变化？

8. 试计算：

(1) pH =1.00 与 pH = 2.00 的 HCl 溶液等体积混合后溶液的 pH；

(2) pH =2.00 的 HCl 溶液与 pH =13.00 NaOH 溶液等体积混合后溶液的 pH。

9. 计算 $0.20mol \cdot L^{-1}$ HCl 溶液与 $0.20mol \cdot L^{-1}$ 氨水混合溶液的 pH：

(1) 两种溶液等体积混合；

(2) 两种溶液按 2∶1 的体积混合；

(3) 两种溶液按 1∶2 的体积混合。

10. 在 1.0L $0.10mol \cdot L^{-1}$ NaH_2PO_4 溶液中加入 500.0mL $0.10mol \cdot L^{-1}$ NaOH 溶液后，求算此溶液的 pH。

11. 将 2.0mL $14mol \cdot L^{-1}$ 的 HNO_3 溶液稀释至 400.0mL，试计算：

(1) 稀释后溶液的 $c(H_3O^+)$和 pH；

(2) 使 400.0mL HNO_3 溶液的 pH 增加到 7，需要加入固体 KOH 多少克？

12. 欲配制 pH=5.00，含 HAc $0.20mol \cdot L^{-1}$ 的缓冲溶液 1.0L，需 $1.0mol \cdot L^{-1}$ HAc 与 $1.0mol \cdot L^{-1}$ NaAc 溶液各多少毫升？

13. 欲配制 pH 为 9.25 的缓冲溶液，如用 $0.20mol \cdot L^{-1}$ 的氨水溶液 500.0mL，需加入浓度为 $0.50mol \cdot L^{-1}$ 的盐酸多少毫升？

14. $0.1000moL \cdot L^{-1}$ Na_3PO_4 溶液中 $c(PO_4^{3-})$ 和 pH 各是多少？

15. 分别计算下列各混合溶液中的 pH：

(1) $0.50mol \cdot L^{-1}$ 300.0mL HCl 与 $0.50mol \cdot L^{-1}$ 200.0mL NaOH；

(2) $0.20mol \cdot L^{-1}$ 50.0mL NH_4Cl 与 $0.20mol \cdot L^{-1}$ 50.0mL NaOH；

(3) $0.20mol \cdot L^{-1}$ 50.0mL NH_4Cl 与 $0.20mol \cdot L^{-1}$ 25.0mL NaOH;

(4) $0.20mol \cdot L^{-1}$ 25.0mL NH_4Cl 与 $0.20mol \cdot L^{-1}$ 50.0mL NaOH;

(5) $1.0mol \cdot L^{-1}$ 20.0mL $H_2C_2O_4$ 与 $1.0mol \cdot L^{-1}$ 30.0mL NaOH。

16. 用标准酸碱能否直接滴定下列各物质(设 $c = 0.10mol \cdot L^{-1}$)？如能滴定，计算化学计量的 pH，并选择合适的指示剂。

(1) 苯甲酸；(2) 六次甲基四胺。

17. 有 HCl 与 NH_4Cl 的混合溶液，若两组分浓度大约为 $0.10mol \cdot L^{-1}$，能否用 $0.10mol \cdot L^{-1}$ 的 NaOH 标准溶液准确滴定 HCl？应选什么指示剂？

18. 计算以 $0.1000mol \cdot L^{-1}$ 的 NaOH 标准溶液滴定 20.00mL $0.1000mol \cdot L^{-1}$ 甲酸时的 pH 突跃范围，化学计量点时的 pH，是否可用溴酚蓝(pH=3.0～4.6)或中性红(pH = 6.8～8.0)作指示剂？

19. 当用 $0.1000mol \cdot L^{-1}$ HCl 滴定 30.00mL $0.1000mol \cdot L^{-1}$ $NH_3 \cdot H_2O$ 时，计算：

(1) HCl 加入前溶液的 pH；

(2) 当 NH_3 被中和 50%时，溶液的 pH；

(3) 当 NH_3 被全部中和时，溶液的 pH；

(4) 当加入 35.00mL HCl 时，溶液的 pH。

20. 移取 $0.10mol \cdot L^{-1}$ HCl 和 $0.20mol \cdot L^{-1}$ H_3BO_3 混合液 25.00mL，以 $0.100mol \cdot L^{-1}$ NaOH 滴定 HCl 至化学计量点，计算溶液的 pH。

21. 称取不纯的硫酸铵 1.000g，以甲醛法分析，加入适量的甲醛溶液和 $0.3005mol \cdot L^{-1}$ NaOH 溶液 50.00mL，过量的 NaOH 再以 $0.2988mol \cdot L^{-1}$ HCl 溶液 16.54mL 回滴至酚酞终点，计算$(NH_4)_2SO_4$的质量分数。

22. 某试样可能含有 NaOH、Na_2CO_3、$NaHCO_3$ 或其中的两种物质及惰性杂质，称取试样 0.8903g，加入酚酞指示剂，用 $0.2890mol \cdot L^{-1}$ HCl 溶液滴至终点，耗去酸液 30.45mL。再加入甲基橙指示剂，滴至终点，又耗去酸 24.01mL，判断试样组成并计算各组分质量分数。

23. 称取仅含 $NaHCO_3$ 和 Na_2CO_3 的混合物 0.6850g，溶解后以甲基橙为指示剂，用 $0.2000mol \cdot L^{-1}$ HCl 溶液滴至终点，消耗 50.00mL，同样质量的该混合物，如改用酚酞为指示剂，用上述 HCl 溶液滴至终点，要消耗 HCl 多少毫升？

24. 称取某一元弱碱 BOH 试样 0.4000g，加水 50mL，使其溶解，然后用 $0.1000mol \cdot L^{-1}$ HCl 标准溶液滴定，当滴入 HCl 标液 16.40mL 时，测得溶液 pH =7.50，滴至化学计量点时，消耗 HCl 标准溶液 32.80mL，(1)计算 BOH 的摩尔质量；(2)计算 BOH 的 $K_b^\ominus$ 值；(3)计算化学计量点时的 pH，并选用适当的指示剂指示滴定终点。

练习题参考答案

6.4.1　填空题

1. $[Al(H_2O)_6]^{3+}$、HCl；$C_2O_4^{2-}$、NO_3^-、Ac^-；HSO_4^-、$H_2PO_4^-$、H_2O、$[Al(H_2O)_4(OH)_2]^+$　2. 1.3×10^{-2}；1.7×10^{-5}　3. $K_{a_2}^{\ominus}$　4. 0.20；9.88×10^{-6}；等于　5. 4；10　6. 减小；盐效应　7. HAc 的 $pK_a^{\ominus}$；$c(HAc)/c(Ac^-)$　8. 9　9. 偏高　10. 甲基橙；黄色变为橙色　11. 溶液的浓度、酸碱的强度　12. 2.31　13. $3V_1=2V_2$　14. $NaHCO_3$ 和 Na_2CO_3　15. 6.91

6.4.2　是非判断题

1. √　2. ×　3. ×　4. ×　5. √　6. ×　7. ×　8. ×　9. ×　10. √

6.4.3　选择题

1. B　2. B　3. C　4. B　5. B　6. C　7. B　8. B　9. B　10. C　11. A　12. C　13. C　14. D　15. D　16. C　17. C　18. B　19. A　20. C　21. B　22. D　23. A　24. C　25. C　26. A　27. A　28. B　29. D　30. C

6.4.4　简答题

1. (1) 在已配好的 HAc 溶液中加入 NaOH；

(2) 在已配好的 HAc 溶液中加入 NaAc；

(3) 在已配好的 NaAc 溶液中加入 HCl。

2. 因为酸碱滴定过程中发生酸碱反应，其本质是质子的转移，只有酸、碱才能接受或提供质子，引起自身结构变化，造成颜色变化，从而指示溶液质子的转移情况(pH 的改变)。

3. CO_2，可以控制 pH 在 8～9，且：①安全，危险性低，腐蚀性小；②操作简便，易于控制，费用低；无机酸过强，破坏了水的自然缓冲能力，用它准确地控制 pH 困难，CO_2 易达到较平稳的状态；③环保，CO_2 在环境中产生，对环境不增加 SO_4^{2-}、Cl^-等。

4. 血液中有两对离解平衡，一对是 HCO_3^- 和 H_2CO_3，另一对是 HPO_4^{2-} 和 $H_2PO_4^-$，它们均为缓冲溶液。

5. 由于香醋中本身有颜色，不能直接采用指示剂确定滴定终点的酸碱滴定法测定；可以采用酸度计(pH 计)确定终点，或者采用电位滴定确定滴定终点的方法进行测定。

6. 以甲基红作指示剂，用 NaOH 标液滴定至终点，消耗 NaOH V_1；采用甲醛法，以酚酞作指示剂，用 NaOH 标液滴定至终点，消耗 NaOH V_2。

$$n(HCl) = c(NaOH)\cdot V_1$$

$$n(NH_4Cl) = c(NaOH)\cdot(V_2 - V_1)$$

6.4.5　计算题

1. $K_a^{\ominus}=1.76\times10^{-5}$，pH = 3.38

2.(1) pH =5.13　　(2) pH =13.00

(3) pH =1.72　　(4) pH =1.82

3.(1) $c(H^+) + c(H_3PO_4) = c(OH^-) + c(HPO_4^{2-}) + 2c(PO_4^{3-})$

(2) $c(H^+)+ c(H_2CO_3) = c(OH^-)+ c(NH_3)+ c(CO_3^{2-})$

(3) $c(H^+) = c(OH^-) + c(Cl^-) + c(Ac^-)$

4. pH =1.30；$c(S^{2-}) = 4.0\times10^{-18} mol \cdot L^{-1}$

5. pH =10.27；$c(C_{10}H_{14}N_2) = 0.050 mol \cdot L^{-1}$

$c(C_{10}H_{14}N_2H^+) = 1.9\times10^{-14} mol \cdot L^{-1}$

$c(C_{10}H_{14}N_2H_2^{2+}) = 1.4\times10^{-11} mol \cdot L^{-1}$

6. pH=12.48；$c(HS^-) = 3.0\times10^{-2} mol \cdot L^{-1}$；$c(H_2S) = 1.1\times10^{-7} mol \cdot L^{-1}$；$c(S^{2-}) = 0.070 mol \cdot L^{-1}$

7. pH = 8.95，pH = 8.95，基本不变。

8. (1) pH =1.26；(2) pH=12.65

9. (1) pH=5.11；(2) pH=1.17；(3) pH=9.23

10. pH=7.17

11. (1) $c(H_3O^+) = 0.07 mol \cdot L^{-1}$，pH =1.15；(2) 1.57g

12. $V(HAc) = 360mL$，$V(NaAc) = 200mL$

13. $V(HCl) = 100mL$

14.
$$PO_4^{3-} + H_2O \rightleftharpoons HPO_4^{2-} + OH^-$$

$c_{eq}/(mol \cdot L^{-1})$　　0.1000−x　　x　　x

$$K_b^\ominus = \frac{x^2}{0.1000 - x} = \frac{K_w^\ominus}{K_{a_3}^\ominus(H_3PO_4)} = \frac{10^{-14}}{2.20\times10^{-13}} = 4.55\times10^{-2}$$

解得

$$x = 0.0478 mol \cdot L^{-1}$$

$$c(PO_4^{3-}) = 0.1000 - 0.0478 = 0.052(mol \cdot L^{-1})$$

$$c(OH^-) = x = 0.0478 mol \cdot L^{-1}$$

$$pH = 14 - pOH = 14 - \lg(0.0478) = 12.68$$

15. (1) pH=1.00；(2) pH=11.12；(3) pH = 9.25；(4) pH=12.82；(5) pH=4.19

16. (1) pH = 8.46，可以准确滴定，酚酞指示剂；(2) 不可准确滴定

17. 可以；pH = 5.28，选甲基红指示剂

18. pH 突跃范围 6.74～9.70，pH_{sp}= 8.22，可选中性红指示剂

19. (1) pH =11.12；(2) pH = 9.25；(3) pH = 5.28；(4) pH =2.11

20. pH = 5.07

21. $w[(NH_4)_2SO_4] = 0.6655$

22. 试样组成为：Na_2CO_3 和 NaOH。$w(Na_2CO_3) = 0.8261$；$w(NaOH) = 0.0836$

23. $V(HCl) = 12.50mL$

24. (1) $M = 122.0 g \cdot mol^{-1}$；(2) $pK_b^\ominus = 6.50$；(3) pH=4.45，溴甲酚绿

第 7 章　沉淀溶解平衡和沉淀滴定法

7.1　学 习 要 求

1. 掌握难溶电解质的溶度积、溶解度及其关系和有关计算。
2. 理解沉淀溶解平衡的特点，掌握沉淀生成和溶解的条件。
3. 熟悉难溶电解质分步沉淀和沉淀转化的原理。
4. 了解沉淀滴定法、重量分析法的基本原理。

7.2　重难点概要

7.2.1　溶度积和溶解度

1. *溶度积*

沉淀溶解平衡(precipitation dissolution equilibrium) 的平衡常数称为溶度积常数(solubility product constant)，简称溶度积，用符号 $K_{sp}^{\ominus}$ 表示。它是在一定温度下，难溶电解质的饱和溶液(saturated solution)中离子浓度以其计量系数为指数的幂的乘积。对于难溶电解质 A_mB_n 在水溶液中的沉淀溶解平衡可以表示为

$$A_mB_n(s) \rightleftharpoons mA^{n+}(aq) + nB^{m-}(aq)$$
$$K_{sp}^{\ominus} = c^m(A^{n+}) \cdot c^n(B^{m-})$$

2. *溶度积与溶解度的关系*

溶度积 $K_{sp}^{\ominus}$ 和溶解度 S 虽然概念不同，但二者都可以表示难溶电解质的溶解能力。对于相同类型的难溶电解质，可根据 $K_{sp}^{\ominus}$ 直接比较其溶解度的大小，溶度积越大，溶解度就越大；对于不同类型的难溶电解质，则应换算成溶解度(S)之后比较。换算的方法是

对于 1∶1 型(如 AgCl、$BaSO_4$)：　$K_{sp}^{\ominus} = S^2$，$S = \sqrt{K_{sp}^{\ominus}}$

对于 1∶2 型或 2∶1 型(如 $PbCl_2$、Ag_2CrO_4)：　$K_{sp}^{\ominus} = 4S^3$，$S = \sqrt[3]{\dfrac{K_{sp}^{\ominus}}{4}}$

对于 1∶3 型或 3∶1 型[如 $Fe(OH)_3$、Ag_3PO_4]：　$K_{sp}^{\ominus} = 27S^4$，$S = \sqrt[4]{\dfrac{K_{sp}^{\ominus}}{27}}$

注意：S 的单位为 $mol \cdot L^{-1}$ 或 $mol \cdot dm^{-3}$，而 $K_{sp}^{\ominus}$ 无量纲。

7.2.2 溶度积规则

1.离子积

在难溶电解质 A_mB_n 的溶液中，$A_mB_n(s) \rightleftharpoons mA^{n+}(aq) + nB^{m-}(aq)$，在任意状态下各组分离子浓度幂的乘积称为离子积，用 Q 表示。

$$Q = c^m(A^{n+}) \cdot c^n(B^{m-})$$

2. 溶度积规则

沉淀-溶解反应的反应商判据就是溶度积规则(solubility product principle)。即

(1) 当 $Q< K_{sp}^{\ominus}$，为未饱和溶液，无沉淀生成或沉淀溶解，直至饱和，$Q = K_{sp}^{\ominus}$。

(2) 当 $Q = K_{sp}^{\ominus}$，为饱和溶液，处于沉淀-溶解平衡状态。

(3) 当 $Q> K_{sp}^{\ominus}$，为过饱和溶液，有沉淀析出，直至饱和，$Q = K_{sp}^{\ominus}$。

7.2.3 沉淀溶解平衡的移动

1. 沉淀的生成

生成沉淀的条件：$Q> K_{sp}^{\ominus}$。

生成沉淀的方法如下：

1) 加入沉淀剂

在选择和使用沉淀剂时应注意几个问题：①欲使沉淀完全，须加入过量沉淀剂，一般以过量 20%～50%为宜；②沉淀物的溶解度越小，沉淀越完全，应选择沉淀物溶解度最小的沉淀剂；③沉淀剂的离解度越大越好。

2) 同离子效应和盐效应

在难溶电解质的饱和溶液中，加入与该电解质具有相同离子的盐，使其溶解度降低的现象称为同离子效应；在难溶电解质的饱和溶液中，加入与该电解质具有不同离子的盐，使其溶解度增大的现象称为盐效应。利用同离子效应能促使沉淀生成。通常将溶液中 c(残留离子)$\leqslant 10^{-5}mol \cdot L^{-1}$ 或$\leqslant 10^{-6}mol \cdot L^{-1}$ 作为离子定性或定量沉淀完全的标志。发生同离子效应的同时也有盐效应，一般当难溶电解质的溶度积很小时，盐效应的影响不大，可以忽略不计。

3) 控制溶液的 pH

(1) 利用难溶金属氢氧化物在酸中的溶解度的差异，控制溶液的 pH，可以促使沉淀完全，达到分离金属离子的目的。在难溶金属氢氧化物 $M(OH)_n$ 的饱和溶液中，存在以下沉淀-溶解平衡：

$$M(OH)_n(s) \rightleftharpoons M^{n+}(aq) + nOH^-(aq)$$

$$K_{sp}^{\ominus}[M(OH)_n] = c(M^{n+}) \cdot c^n(OH^-)$$

$$S = c(M^{n+}) = K_{sp}^{\ominus}[M(OH)_n]/c^n(OH^-)$$

利用此式可以计算氢氧化物开始沉淀和沉淀完全时溶液的 $c(OH^-)$，从而求得相应条件的 pH。

开始沉淀时：

$$c(\mathrm{OH^-}) \geqslant \sqrt[n]{K_{\mathrm{sp}}^{\ominus}[\mathrm{M(OH)}_n]/c(\mathrm{M}^{n+})}$$

式中：$c(\mathrm{M}^{n+})$为溶液中 M^{n+} 的起始浓度。

沉淀完全时：

$$c(\mathrm{OH^-}) \geqslant \sqrt[n]{K_{\mathrm{sp}}^{\ominus}[\mathrm{M(OH)}_n]/(1.0\times10^{-5})}$$

(2) 利用难溶金属硫化物在酸中溶解度的差异，控制溶液的 pH，也可以达到促使沉淀完全或分离金属离子的目的。在难溶金属硫化物 MS(s)的饱和溶液中，存在以下沉淀-溶解平衡：

$$\mathrm{MS(s) + 2H^+(aq) \rightleftharpoons M^{2+}(aq) + H_2S(aq)}$$

$$K_{\mathrm{J}}^{\ominus} = \frac{c(\mathrm{M^{2+}})\cdot c(\mathrm{H_2S})}{c^2(\mathrm{H^+})} = \frac{K_{\mathrm{sp}}^{\ominus}(\mathrm{MS})}{K_{\mathrm{a_1}}^{\ominus}(\mathrm{H_2S})\cdot K_{\mathrm{a_2}}^{\ominus}(\mathrm{H_2S})}$$

设溶液中 M^{n+} 的初始浓度为 $c(\mathrm{M}^{n+})$，通入 H_2S 气体达饱和时，$c(\mathrm{H_2S}) = 0.10\mathrm{mol\cdot L^{-1}}$，则生成 MS 沉淀的最高 $c(\mathrm{H^+})$的计算式为

$$c(\mathrm{H^+}) = \sqrt{c(\mathrm{M^{2+}})\cdot c(\mathrm{H_2S})\cdot K_{\mathrm{a_1}}^{\ominus}(\mathrm{H_2S})\cdot K_{\mathrm{a_2}}^{\ominus}(\mathrm{H_2S})/K_{\mathrm{sp}}^{\ominus}(\mathrm{MS})}$$

2. 沉淀的溶解

沉淀溶解的条件：$Q< K_{\mathrm{sp}}^{\ominus}$。

沉淀溶解的方法如下：

1) 生成弱电解质

常见的弱酸(弱碱)盐和氢氧化物沉淀都易溶于酸，[其中草酸盐、碳酸盐、乙酸盐都可溶于盐酸，$CaCO_3$ 还可溶于 HAc；氢氧化物均能溶于强酸，$Mg(OH)_2$ 和 $Mn(OH)_2$ 还可以溶于 NH_4Cl]，生成弱酸、弱碱及水，从而降低溶液中的弱酸根及 OH^-的浓度，使 $Q< K_{\mathrm{sp}}^{\ominus}$，沉淀溶解。

2) 发生氧化还原反应

加入氧化剂或还原剂，使沉淀因氧化还原反应而溶解。

3) 发生配位反应

加入配位剂，使沉淀因生成配位化合物而溶解。

如果既发生氧化还原反应，又发生配位反应，可以大大降低相应离子的浓度，使 $Q< K_{\mathrm{sp}}^{\ominus}$，从而将溶解度很小的沉淀溶解。

3. 沉淀的转化

由一种沉淀转化为另一种沉淀的过程称为沉淀的转化。

若难溶解电解质类型相同，则 $K_{\mathrm{sp}}^{\ominus}$ 较大的沉淀易转化为 $K_{\mathrm{sp}}^{\ominus}$ 较小的沉淀；沉淀转化反应的完全程度由两种沉淀物的 $K_{\mathrm{sp}}^{\ominus}$ 值及沉淀的类型决定。在分析化学中常常先将难溶的强酸盐转化为难溶的弱酸盐，然后再用酸溶解使阳离子进入溶液，如

$$\mathrm{CaSO_4(s) + CO_3^{2-}(aq) \rightleftharpoons CaSO_4(s) + SO_4^{2-}(aq)}$$

7.2.4　分步沉淀

在一定条件下，使一种离子先沉淀，而其他离子后沉淀的现象称为分步沉淀或选择性沉淀。

对于同类的沉淀物(如 MA 型)来说，$K_{sp}^{\ominus}$ 小的先沉淀，但对不同类型的沉淀物就不能根据 $K_{sp}^{\ominus}$ 值来判断沉淀的先后顺序。

当一种试剂能沉淀溶液中几种离子时，生成沉淀所需试剂离子浓度越小的越先沉淀；如果生成各种沉淀所需试剂离子的浓度相差较大，就能分步沉淀(fractional precipitation)，从而达到分离离子的目的。

7.2.5　沉淀滴定法

最常用的沉淀滴定法(precipitation titration)为银量法。根据所用指示剂不同又分为莫尔(Mohr)法、福尔哈德(Volhard)法、法扬斯(Fajans)法。

1. 莫尔法

莫尔法是以 K_2CrO_4 溶液为指示剂，以 $AgNO_3$ 溶液为标准溶液，直接滴定 Cl^-、Br^-、CN^- 等离子的银量法。

莫尔法的滴定条件：

(1) 滴定应在 pH = 6.5～10.5 的中性或弱碱性溶液中进行。

(2) CrO_4^{2-} 的浓度最好控制在 $5.0\times10^{-3}mol\cdot L^{-1}$；因为浓度太高终点提前，浓度太低终点滞后。

(3) 滴定时应剧烈振荡，使被 AgCl 或 AgBr 沉淀吸附的 Cl^- 或 Br^- 释放出来，以免终点提前。

(4) 预先分离干扰离子：①在含有氨或与银离子形成配合物的试剂存在时，会增大 AgCl 和 Ag_2CrO_4 的溶解度，影响测定结果；当有 NH_3 时应先用硝酸中和，含有 NH_4^+ 时，滴定酸度应控制在 pH = 6.5～7.2；②莫尔法不适用滴定 I^- 和 SCN^-，这是因为 AgI 和 AgSCN 对 I^- 和 SCN^- 有较强的吸附作用，使终点过早出现，测定误差大；③莫尔法选择性较差，凡能与 CrO_4^{2-} 或 Ag^+ 生成沉淀的阳、阴离子会干扰测定，应预先分离。

2. 福尔哈德法

以铁铵矾作指示剂的银量法称为福尔哈德法。该法分为直接滴定法和返滴定法。

1) 直接滴定法

在酸性溶液中，以铁铵矾 $NH_4Fe(SO_4)_2$ 作指示剂，用 NH_4SCN、KSCN 或 NaSCN 作标准溶液，直接测定 Ag^+。

此滴定一般在硝酸溶液中进行，酸度控制在 $0.1\sim1.0mol\cdot L^{-1}$；同时，滴定时要充分摇动溶液，使被 AgSCN 沉淀吸附的 Ag^+ 及时释放出来以减小误差。

2) 返滴定法

在含有 Cl^-、Br^-、I^-、SCN^- 的硝酸溶液中，加入过量的 $AgNO_3$ 标准溶液，然后以铁铵矾作指示剂，用 NH_4SCN 标准溶液返滴过量的 Ag^+。

7.3　例题和习题解析

7.3.1　例题

【例题 7-1】　已知 25℃时，Ag_2CrO_4 的饱和溶液每升含 4.3×10^{-2}g，求 $K_{sp}^{\ominus}(Ag_2CrO_4)$。

解　Ag_2CrO_4 的摩尔质量为 331.7g · mol^{-1}，则

$$S = 4.3\times10^{-2}/331.7 = 1.3\times10^{-4}(\text{mol}\cdot\text{L}^{-1})$$
$$c(Ag^+) = 2\,c(CrO_4^{2-}) = 2S = 2.6\times10^{-4}\text{mol}\cdot\text{L}^{-1}$$
$$K_{sp}^{\ominus}(Ag_2CrO_4) = [c(Ag^+)/c^{\ominus}]^2\cdot[c(CrO_4^{2-})/c^{\ominus}] = 1.3\times10^{-4}\times(2.6\times10^{-4})^2 = 8.8\times10^{-12}$$

【例题 7-2】　将 20.0mL 0.0020mol · L^{-1} Na_2SO_4 溶液与 10.0mL 0.020mol · L^{-1} $BaCl_2$ 溶液混合，是否产生 $BaSO_4$ 沉淀？判断 SO_4^{2-} 是否沉淀完全？[已知 $K_{sp}^{\ominus}(BaSO_4) = 1.07\times10^{-10}$]

解　两溶液混合后，各物质浓度为

$$c(Ba^{2+}) = 0.0067\text{mol}\cdot\text{L}^{-1},\ c(SO_4^{2-}) = 0.0013\text{mol}\cdot\text{L}^{-1}$$
$$Q = [c(Ba^{2+})/c^{\ominus}]\cdot[c(SO_4^{2-})/c^{\ominus}] = 0.0067\times0.0013 = 8.7\times10^{-6}$$

由于 $Q > K_{sp}^{\ominus}(BaSO_4) = 1.07\times10^{-10}$，所以溶液中有 $BaSO_4$ 白色沉淀产生。

由于沉淀 SO_4^{2-} 时 Ba^{2+}是过量的，当析出 $BaSO_4$ 沉淀后达平衡时，剩余 $c(Ba^{2+})$为

$$c(Ba^{2+}) = 0.0067-0.0013 = 0.0054(\text{mol}\cdot\text{L}^{-1})$$
$$c(SO_4^{2-}) = \frac{K_{sp}^{\ominus}(BaSO_4)}{c(Ba^{2+})} = \frac{1.07\times10^{-10}}{0.0054} = 2.0\times10^{-8}(\text{mol}\cdot\text{L}^{-1}) < 10^{-5}(\text{mol}\cdot\text{L}^{-1})$$

故加入 0.0067mol · L^{-1} $BaCl_2$ 后，溶液中 SO_4^{2-} 能沉淀完全。

【例题 7-3】　计算欲使 0.010mol · L^{-1} Fe^{3+}沉淀完全，溶液的最佳酸度范围。(已知 $K_{sp}^{\ominus}[Fe(OH)_3] = 2.64\times10^{-39}$)

解　开始沉淀所需的 pH：

$$Fe(OH)_3(s) \rightleftharpoons Fe^{3+}(aq) + 3OH^-(aq)$$
$$K_{sp}^{\ominus} = c(Fe^{3+})\cdot c^3(OH^-)$$
$$c(OH^-) = \sqrt[3]{K_{sp}^{\ominus}(Fe(OH)_3)/c(Fe^{3+})} = \sqrt[3]{2.64\times10^{-39}/0.01} = 6.4\times10^{-13}(\text{mol}\cdot\text{L}^{-1})$$
$$\text{pOH}=12.19,\ \text{pH}=1.8$$

沉淀完全时所需的 pH：

$$c(OH^-) = \sqrt[3]{K_{sp}^{\ominus}[Fe(OH)_3]/c(Fe^{3+})} = \sqrt[3]{2.64\times10^{-39}/1.0\times10^{-5}} = 6.4\times10^{-12}(\text{mol}\cdot\text{L}^{-1})$$
$$\text{pOH} = 11.19,\ \text{pH} = 2.8$$

只要将溶液的 pH 控制在 1.8～2.8，就能使 0.010mol · L^{-1} Fe^{3+}沉淀完全。

【例题 7-4】　欲分离混合溶液中的 Mn^{2+}、Zn^{2+}，在溶液中通入 H_2S 气体达饱和(0.10mol · L^{-1})要使溶液 S^{2-}浓度大约为 1.0×10^{-13}mol · L^{-1}，需控制溶液 pH 为多少？

解
$$H_2S \rightleftharpoons 2H^+ + S^{2-}$$

$$\frac{c^2(H^+)\cdot c(S^{2-})}{c(H_2S)} = K_{a_1}^{\ominus}\cdot K_{a_2}^{\ominus}$$

$$c(H^+) = \sqrt{c(H_2S)\cdot K_{a_1}^{\ominus}\cdot K_{a_2}^{\ominus} / c(S^{2-})} = \sqrt{0.10\times 9.1\times 10^{-8}\times 1.1\times 10^{-12} / (1.0\times 10^{-13})}$$
$$= 3.2\times 10^{-4}(\text{mol}\cdot\text{L}^{-1})$$

$$\text{pH} = 3.5$$

需控制溶液 pH 为 3.5。

7.3.2 习题解析

【习题 7-1】 如何根据 $\Delta_r G_m^{\ominus}$ 的数据来计算 298K 时 AgCl 的 $K_{sp}^{\ominus}(AgCl)$?

解 查表

$$AgCl(s) \rightleftharpoons Ag^+(aq) + Cl^-(aq)$$

$\Delta_f G_m^{\ominus}/(\text{kJ}\cdot\text{mol}^{-1})$ −110 76.98 −131.3

$$\Delta_r G_m^{\ominus} = \sum\nu(B)\Delta_f G_m^{\ominus}(B) = (-1)\times\Delta_f G_m^{\ominus}(AgCl) + \Delta_f G_m^{\ominus}(Ag^+) + \Delta_f G_m^{\ominus}(Cl^-)$$
$$= (-1)\times(-110) + 76.98 - 131.3 = 55.68(\text{kJ}\cdot\text{mol}^{-1})$$

$$\Delta_r G_m^{\ominus} = -RT\ln K_{sp}^{\ominus}$$

$$\ln K_{sp}^{\ominus} = \frac{-55.68\times 10^3}{8.314\times 298} = -22.474$$

$$K_{sp}^{\ominus}(AgCl) = 1.74\times 10^{-10}$$

【习题 7-2】 对比滴定分析方法，重量分析法有什么特点?

解 重量分析法直接用分析天平称量获得分析结果，不需要基准物质或标准试样作为参比，分析结果的准确度较高，是一种经典的标准分析方法。通常分析天平称量的相对误差不超过±0.2mg，若称量形式为 0.1～0.2g，则重量分析法的相对误差为 0.1%～0.2%。

重量分析法的缺点是操作烦琐、耗时长，不适于微量组分的测定。

【习题 7-3】 工业生产中锅炉容易产生水垢，带来生产安全隐患。为了预防水垢的产生，可以在工业用水中加入一定量的聚磷酸盐(包括直链聚磷酸盐、超磷酸盐和环状偏聚磷酸盐等)等阻垢剂。请用所学知识解释水垢产生及预防的基本原理。

解 普通用水中含有 $Ca(HCO_3)_2$、$Mg(HCO_3)_2$ 等，受热时会分解产生 $CaCO_3$ 和 $MgCO_3$ 沉淀，形成水垢。加入聚磷酸盐等阻垢剂可以和 Ca 形成螯合物，在受热时不分解沉淀。

【习题 7-4】 Even through $Ca(OH)_2$ is an inexpensive base, its limited solubility restricts its use. What is the pH of a saturated solution of $Ca(OH)_2$?

解
$$Ca(OH)_2(s) \rightleftharpoons Ca^{2+} + 2OH^-$$

平衡 S $2S$

$$4S^3 = 5.5\times 10^{-6}$$

$$S = 1.1\times 10^{-2}\text{mol}\cdot\text{L}^{-1}$$

$$\text{pH} = 14 - [-\lg(2\times 1.1\times 10^{-2})] = 14 - 2 + \lg 2.2 = 12.34$$

【习题 7-5】　根据 $K_{sp}^{\ominus}$ 值计算下列各难溶电解质的溶解度：(1)$Mg(OH)_2$ 在纯水中；(2)$Mg(OH)_2$ 在 $0.010mol \cdot L^{-1}$ $MgCl_2$ 溶液中；(3)CaF_2 在 pH=2 的水溶液中。

解　$$Mg(OH)_2(s) \rightleftharpoons Mg^{2+}(aq) + 2OH^-(aq)$$

(1) $Mg(OH)_2$ 在纯水中

$$4S^3 = K_{sp}^{\ominus} = 5.61 \times 10^{-12}$$

$$S = 1.12 \times 10^{-4} mol \cdot L^{-1}$$

(2) $Mg(OH)_2$ 在 $0.010mol \cdot L^{-1}$ $MgCl_2$ 中

$$S = \frac{1}{2}c(OH^-) = \frac{1}{2} \cdot \sqrt{K_{sp}^{\ominus}[Mg(OH)_2]/c(Mg^{2+})} = \frac{1}{2} \cdot \sqrt{5.61 \times 10^{-12}/0.010}$$

$$S = 1.2 \times 10^{-5} mol \cdot L^{-1}$$

(3)　$$CaF_2(s) + 2H^+ \rightleftharpoons Ca^{2+}(aq) + 2HF$$

$c_{eq}/(mol \cdot L^{-1})$　　10^{-2}　　S　　$2S$

$$K_J^{\ominus} = K_{sp}^{\ominus}(CaF_2)/K_a^{\ominus 2}(HF) = 1.46 \times 10^{-10}/(3.53 \times 10^{-4})^2 = 1.17 \times 10^{-3}$$

$$K_J^{\ominus} = 4S^3/(10^{-2})^2 = 1.17 \times 10^{-3}$$

$$S = 3.08 \times 10^{-3} mol \cdot L^{-1}$$

【习题 7-6】　欲从 $0.0020mol \cdot L^{-1}$ $Pb(NO_3)_2$ 溶液中产生 $Pb(OH)_2$ 沉淀，溶液的 pH 至少为多少？

解　$$Pb^{2+} + 2OH^- \rightleftharpoons Pb(OH)_2(s)$$

0.0020　　x

$$0.0020 \cdot x^2 = 1.42 \times 10^{-20}$$

$$x = 2.7 \times 10^{-9} mol \cdot L^{-1}$$

$$pH = 14 - [-\lg(2.66 \times 10^{-9})] = 5.43$$

【习题 7-7】　下列溶液中能否产生沉淀？(1)$0.020mol \cdot L^{-1}$ $BaCl_2$ 溶液与 $0.010mol \cdot L^{-1}$ Na_2CO_3 溶液等体积混合；(2)$0.050mol \cdot L^{-1}$ $MgCl_2$ 溶液与 $0.10mol \cdot L^{-1}$ 氨水等体积混合；(3)在 $0.10mol \cdot L^{-1}$ HAc 和 $0.10mol \cdot L^{-1}$ $FeCl_2$ 混合溶液中通入 H_2S 气体达饱和(约 $0.10mol \cdot L^{-1}$)。

解　(1)　$$Ba^{2+} + CO_3^{2-} \rightleftharpoons BaCO_3(s)$$

0.020/2　　0.010/2

$$Q = 5.0 \times 10^{-5} > K_{sp}^{\ominus} = 2.58 \times 10^{-9}$$

有沉淀产生。

(2)　$$c(OH^-) = \sqrt{c \cdot K_b^{\ominus}} = \sqrt{0.050 \times 1.76 \times 10^{-5}} = 9.4 \times 10^{-4}(mol \cdot L^{-1})$$

$$Q = (0.050/2) \times (9.4 \times 10^{-4})^2 = 2.2 \times 10^{-8} > K_{sp}^{\ominus} = 5.61 \times 10^{-12}$$

有沉淀产生。

(3)　$$c(H^+) = \sqrt{c \cdot K_a^{\ominus}} = \sqrt{0.10 \times 1.76 \times 10^{-5}} = 1.3 \times 10^{-3}(mol \cdot L^{-1})$$

$$c(S^{2-}) = \frac{c(H_2S) \cdot K_{a_1}^{\ominus} \cdot K_{a_2}^{\ominus}}{c^2(H^+)} = \frac{0.10 \times 9.1 \times 10^{-8} \times 1.1 \times 10^{-12}}{(1.3 \times 10^{-3})^2} = 5.9 \times 10^{-15}(mol \cdot L^{-1})$$

$$Q = 0.10 \times 5.9 \times 10^{-15} = 5.9 \times 10^{-16} > 1.59 \times 10^{-19}$$

有 FeS 沉淀产生。

【习题 7-8】 将 50.0mL 0.20mol · L^{-1} $MnCl_2$ 溶液与等体积的 0.020mol · L^{-1} 氨溶液混合，欲防止 $Mn(OH)_2$ 沉淀，至少需向此溶液中加入多少克 NH_4Cl 固体？

解 设需加 x g NH_4Cl 固体方能防止 $Mn(OH)_2$ 沉淀生成，则

$$c(OH^-) = 0.010 \times K_b^\ominus(NH_3) / (0.10x / 53.5)$$

$$Q = c(Mn^{2+}) \cdot c^2(OH^-) = 0.10\times(1.77 \times 10^{-5} \times 0.010 / 0.10\,x / 53.5)^2 \leqslant K_{sp}^\ominus = 2.06 \times 10^{-13}$$

$$x \geqslant 0.66g$$

【习题 7-9】 将 H_2S 气体通入 0.10mol · L^{-1} $FeCl_2$ 溶液中达到饱和，必须控制多大的 pH 才能阻止 FeS 沉淀？

解

$$\begin{array}{ccccccc} FeS & + & 2H^+ & = & Fe^{2+} & + & H_2S \\ & & x & & 0.10 & & 0.10 \end{array}$$

$$K_J^\ominus = K_{sp}^\ominus(FeS) / [K_{a_1}^\ominus \cdot K_{a_2}^\ominus(H_2S)] = 1.59 \times 10^{-19}/(9.1 \times 10^{-8} \times 1.1 \times 10^{-12}) \geqslant (0.1)^2/x^2$$

$$x \geqslant 7.9\times10^{-2} mol \cdot L^{-1}$$

$$pH \leqslant 1.10$$

【习题 7-10】 在下列情况下，分析结果是偏高、偏低，还是无影响？为什么？(1)在 pH=4 时用莫尔法测定 Cl^-；(2)用福尔哈德法测定 Cl^-时，既没有滤去 AgCl 沉淀，又没有加有机溶剂；(3)在(2)的条件下测定 Br^-。

解 (1) 结果偏高。因为在酸性介质中，Ag_2CrO_4 沉淀不会析出，即

$$Ag_2CrO_4 + H^+ = 2Ag^+ + HCrO_4^-$$

(2) 结果偏低。因为在滴定时，存在 AgCl 和 AgSCN 两种沉淀，计量点后，稍微过量的 SCN^-除与 Fe^{3+}生成红色 $Fe(NCS)^{2+}$以指示终点外，还将 AgCl 转化为溶解度更小的 AgSCN，并破坏 $Fe(NCS)^{2+}$，使红色消失而得不到终点。

(3) 无影响。

【习题 7-11】 分析某铬矿时，称取 0.5100g 试样，生成 0.2615g $BaCrO_4$，求矿中 Cr_2O_3 的质量分数。

解 $BaCrO_4$ 的相对分子质量为 253.32，Cr_2O_3 的相对分子质量为 151.99，有

$$换算因子\ F = 151.99 / (253.32 \times 2) = 0.299\,90$$

试样中 Cr_2O_3 的含量

$$w(Cr_2O_3) = 0.2615 \times 0.29990 / 0.5100 = 0.1538$$

【习题 7-12】 A solution is 0.010mol · L^{-1} in both Cu^{2+} and Cd^{2+}. What percentage of Cd^{2+} remains in the solution when 99.9% of Cu^{2+} has been precipitated as CuS by adding sulfide?

解 $c(S^{2-}) = K_{sp}^\ominus(CuS) / c(Cu^{2+}) = 1.27 \times 10^{-36}/[(1-99.9\%) \times 0.010] = 1.3 \times 10^{-31}(mol \cdot L^{-1})$

$$Q = c(Cd^{2+}) \cdot c(S^{2-}) = 0.010 \times (1.3 \times 10^{-31}) = 1.3 \times 10^{-33} < K_{sp}^\ominus(CdS) = 1.4 \times 10^{-29}$$

无 CdS 沉淀生成，Cd^{2+}的剩余浓度为 0.010mol · L^{-1}。

【习题 7-13】 Consider the titration of 25.00mL of 0.082 30mol · L^{-1} KI with 0.05110mol · L^{-1}

$AgNO_3$. Calculate pAg at the following volumes of added $AgNO_3$: (1)39.00mL; (2) volume of stoichiometric V_{sp}; (3)44.30mL.

解 (1) $c(I^-) = (25.00 \times 0.08230 - 39.00 \times 0.05110)/(25.00 + 39.00) = 0.016\ 15(mol \cdot L^{-1})$

$c(Ag^+) = K_{sp}^{\ominus}(AgI)/c(I^-) = 8.5 \times 10^{-17}/0.016\ 15 = 5.4 \times 10^{-15}(mol \cdot L^{-1})$

$$pAg = 14.28$$

(2) $$c(Ag^+) = [K_{sp}^{\ominus}(AgI)]^{1/2} = 9.2\times10^{-9} mol \cdot L^{-1}$$

$$pAg = 8.04$$

(3) $c(Ag^+) = (44.30 \times 0.05110 - 25.00 \times 0.08230)/(25.00 + 44.30) = 2.976\times10^{-3}(mol \cdot L^{-1})$

$$pAg = 2.53$$

【习题 7-14】 A solution contains $1.8\times10^{-4}mol \cdot L^{-1}$ Co^{2+} and $0.20mol \cdot L^{-1}$ HSO_4^-. How much the solution also contains Na_2SO_4 to prevent precipitation of cobalt (Ⅱ) sulfide when the solution is saturated with hydrogen sulfide ($0.10mol \cdot L^{-1}$ H_2S)?

解 设平衡时溶液中 Na_2SO_4 为 $x mol \cdot L^{-1}$,

$$CoS(s) + 2H^+ \rightleftharpoons Co^{2+} + H_2S$$

$$HSO_4^- \rightleftharpoons H^+ + SO_4^{2-}$$

$$K_J^{\ominus} = \frac{c(Co^{2+}) \cdot c(H_2S)}{c^2(H^+)} = \frac{K_{sp}^{\ominus}(CoS)}{K_{a_1}^{\ominus} \cdot K_{a_2}^{\ominus}(H_2S)}$$

$$c(H^+) = \frac{K_{a_2}^{\ominus}(H_2SO_4) \cdot c(HSO_4^-)}{c(SO_4^{2-})}$$

$$x = c(SO_4^{2-}) = \sqrt{\frac{c^2(HSO_4^-) \cdot K_{a_2}^{\ominus 2}(H_2SO_4) \cdot K_{sp}^{\ominus}(CoS)}{c(Co^{2+}) \cdot c(H_2S) \cdot K_{a_1}^{\ominus} \cdot K_{a_2}^{\ominus}(H_2S)}}$$

$$= \sqrt{\frac{0.20^2 \times 1.2^2 \times 10^{-2\times2} \times 4.0 \times 10^{-21}}{1.8 \times 10^{-4} \times 0.10 \times 9.1 \times 10^{-8} \times 1.1 \times 10^{-12}}} = 0.11(mol \cdot L^{-1})$$

【习题 7-15】 含有 $0.10mol \cdot L^{-1}$ 的 Fe^{3+} 和 Mg^{2+} 的溶液，用 NaOH 使其分离，即将 Fe^{3+} 定性沉淀完全，而将 Mg^{2+} 留在溶液中，pH 应控制在什么范围?

解
$$Fe^{3+} + 3OH^- \rightleftharpoons Fe(OH)_3$$

欲将 Fe^{3+} 定性沉淀完全，所需 OH^- 的最低浓度为

$$c(OH^-) = \sqrt[3]{\frac{K_{sp}^{\ominus}[Fe(OH)_3]}{c(Fe^{3+})}} = \sqrt[3]{\frac{2.6 \times 10^{-39}}{1.0 \times 10^{-5}}} = 6.4 \times 10^{-12}(mol \cdot L^{-1})$$

$$pH = 2.8$$

$$Mg^{2+} + 2OH^- \rightleftharpoons Mg(OH)_2$$

欲使 Mg^{2+} 留在溶液中，则 OH^- 允许的最低浓度为

$$c(OH^-) = \sqrt{\frac{K_{sp}^{\ominus}[Mg(OH)_2]}{c(Mg^{2+})}} = \sqrt{\frac{5.6 \times 10^{-12}}{0.10}} = 7.5 \times 10^{-6}(mol \cdot L^{-1})$$

$$pH = 8.9$$

故欲将 Fe^{3+} 定性沉淀完全，而将 Mg^{2+} 留在溶液中，pH 应控制在 2.8～8.9。

【习题 7-16】 在 $0.05mol \cdot L^{-1}$ $CuSO_4$ 溶液中通入 H_2S 至饱和($0.1mol \cdot L^{-1}$)溶液中，残留的 Cu^{2+} 浓度等于多少？

解

$$Cu^{2+} + 2H_2S \Longrightarrow CuS + 2H^+$$

$$c(H^+) = 2 \times 0.050 = 0.10(mol \cdot L^{-1})$$

$$c(S^{2-}) = \frac{K_{a_1}^{\ominus} \cdot K_{a_2}^{\ominus}(H_2S)}{c^2(H^+)} = 1.0 \times 10^{-18}(mol \cdot L^{-1})$$

$$c(Cu^{2+}) = \frac{K_{sp}^{\ominus}(CuS)}{c(S^{2-})} = \frac{1.27 \times 10^{-36}}{1.0 \times 10^{-18}} = 1.3 \times 10^{-18}(mol \cdot L^{-1})$$

【习题 7-17】 有 0.5000g 的纯 KIO_x，将它还原为 I^- 后，用 $0.1000mol \cdot L^{-1}$ $AgNO_3$ 溶液滴定，用去 23.36mL，求该化合物的分子式。

解

$$n(KIO_x) = n(I^-) = 0.1000 \times 23.36 \times 10^{-3} = 2.336 \times 10^{-3}(mol)$$

$$(39.09 + 126.9 + 15.99x) \times 2.336 \times 10^{-3} = 0.5000$$

$$x = 3$$

化合物的分子式为 KIO_3。

【习题 7-18】 称取含砷试样 0.5000g，溶解后在弱碱性介质中将砷处理为 AsO_4^{3-}，然后沉淀为 Ag_3AsO_4。将沉淀过滤、洗涤，最后将沉淀溶于酸中。以 $0.1000mol \cdot L^{-1}$ NH_4SCN 溶液滴定其中的 Ag^+ 至终点，消耗 45.45mL。计算试样中砷的质量分数。

解 $n(AsO_4^{3-}) = n(Ag^+)/3 = 3n(NH_4SCN)/3 = 0.1000 \times 45.45 \times 10^{-3}/3 = 1.515 \times 10^{-3}(mol)$

$$w(As) = 1.515 \times 10^{-3} \times 74.92/0.5000 = 0.2270$$

【习题 7-19】 称取含有 NaCl 和 NaBr 的试样 0.6280g，溶解后用 $AgNO_3$ 溶液处理，得到干燥的 AgCl 和 AgBr 沉淀 0.5064g。另称取相同质量的试样 1 份，用 $0.1050mol \cdot L^{-1}$ $AgNO_3$ 溶液滴定至终点，消耗 28.34mL。计算试样中 NaCl 和 NaBr 的质量分数。

解

$$n(NaCl) \times 143.4 + n(NaBr) \times 187.8 = 0.5064$$

$$n(NaCl) + n(NaBr) = n(Ag^+) = 0.1050 \times 28.34 \times 10^{-3}$$

得

$$n(NaCl) = 1.794 \times 10^{-3} mol$$

$$n(NaBr) = 1.182 \times 10^{-3} mol$$

$$w(NaCl) = 1.794 \times 10^{-3} \times 58.44/0.6280 = 0.1169$$

$$w(NaBr) = 1.182 \times 10^{-3} \times 102.9/0.6280 = 0.1937$$

【习题 7-20】 Cl^-、Br^-、I^- 都能与 Ag^+ 生成难溶性银盐，当混合溶液中上述三种离子的浓度都是 $0.010mol \cdot L^{-1}$ 时，加入 $AgNO_3$ 溶液，它们的沉淀次序如何？这三种离子是否能分步沉淀？

解 $K_{sp}^{\ominus}(AgCl) > K_{sp}^{\ominus}(AgBr) > K_{sp}^{\ominus}(AgI)$，沉淀的先后次序为 AgI、AgBr、AgCl。

当析出 AgBr 时

$$c(Ag^+) = K_{sp}^{\ominus}(AgBr)/c(Br^-) = 5.35 \times 10^{-11} mol \cdot L^{-1}$$

此时

$$c(I^-) = K_{sp}^{\ominus}(AgI)/c(Ag^+) = 8.51\times 10^{-17}/5.35\times 10^{-11} = 4.8\times 10^{-6}(mol\cdot L^{-1})$$

I^-沉淀完全。

当析出 AgCl 时

$$c(Ag^+)= K_{sp}^{\ominus}(AgCl)/c(Cl^-)=1.77\times 10^{-8}mol\cdot L^{-1}$$

此时

$$c(I^-) = K_{sp}^{\ominus}(AgI)/c(Ag^+) = 4.8\times 10^{-9}mol\cdot L^{-1}$$

$$c(Br^-) = K_{sp}^{\ominus}(AgBr)/c(Ag^+) = 3.0\times 10^{-5}mol\cdot L^{-1}$$

I^-、Br^-沉淀完全。此条件下三种离子可以分步沉淀。

7.4 练　习　题

7.4.1 填空题

1. 相同温度下，$PbSO_4$ 在 KNO_3 溶液中的溶解度比在水中的溶解度__________，这种现象称为__________；而 $PbSO_4$ 在 Na_2SO_4 溶液中的溶解度比在水中的溶解度__________，这种现象称为__________。

2. 在溶液中，加入沉淀剂后，被沉淀的离子在溶液中的残留量小于__________称沉淀完全。

3. 某混合溶液中 KBr、KCl、K_2CrO_4 的浓度均为 $0.010mol\cdot L^{-1}$，向该溶液中逐滴加入 $0.010mol\cdot L^{-1}$ $AgNO_3$ 溶液，先后产生沉淀的离子次序为__________，其沉淀物的颜色分别为__________。

4. 在含有 CaF_2($K_{sp}^{\ominus}=1.46\times10^{-10}$)和 $CaCO_3$($K_{sp}^{\ominus}=8.7\times10^{-9}$) 沉淀的溶液中，$c(F^-)=2.0\times 10^{-4}mol\cdot L^{-1}$，则 $c(CO_3^{2-})=$__________$mol\cdot L^{-1}$。

5. 已知沉淀溶解平衡 $AB_2(s) \rightleftharpoons A^{2+}(aq) + 2B^-(aq)$中相关物质的 $\Delta_f G_m^{\ominus}$ 值，则可通过__________和__________公式求得难溶电解质 AB_2 的 $K_{sp}^{\ominus}(298K)$。

6. 在 $Pb(NO_3)_2$ 溶液中加入 NaCl 溶液，有__________现象产生，其离子反应式是__________；若在混合溶液中再加入 KI 溶液又有__________现象产生，其离子反应式是__________，这种反应现象称为__________，多重平衡常数 $K_J^{\ominus}=$__________。

7. 在 $CaCO_3$ 沉淀中加入 HAc 溶液，有__________现象，其离子反应式是__________。沉淀溶解的原因是__________。

8. 已知 $K_{sp}^{\ominus}[Ca(OH)_2] = 4.68\times 10^{-6}$，则其饱和溶液的 pH 是__________。

9. $K_{sp}^{\ominus}$ 称为难溶电解质的溶度积常数，该常数大小与__________和__________有关，而与__________和溶液中__________无关。溶液中离子浓度改变，只能使__________，但不能__________。

10. M_mN_n 在水溶液中存在如下平衡：$M_mN_n(s) \rightleftharpoons mM^{n+}(aq) + nN^{m-}(aq)$，也存在$\Delta_r G = -RT\ln K_{sp}^{\ominus} + RT\ln Q$ (Q 为离子的浓度积)的关系，若$\Delta_r G = 0$，则 $c^m(M^{n+})\cdot c^n(N^{m-})$__________$K_{sp}^{\ominus}$，

表明__________；若$\Delta_r G<0$，则 $c^m(M^{n+})\cdot c^n(N^{m-})$__________ $K_{sp}^{\ominus}$，表明__________；若$\Delta_r G>0$，则 $c^m(M^{n+})\cdot c^n(N^{m-})$__________ $K_{sp}^{\ominus}$，表明__________。

7.4.2 是非判断题

1. 已知难溶电解质 AgCl 和 Ag_2CrO_4 的溶度积存在如下关系：$K_{sp}^{\ominus}(AgCl) > K_{sp}^{\ominus}(Ag_2CrO_4)$，则在水中 AgCl 的溶解度较 Ag_2CrO_4 大。（　）
2. 对于给定的难溶电解质来说，温度不同，其溶度积也不同。（　）
3. 在任何给定的溶液中，若 $Q < K_{sp}^{\ominus}$，则表示该溶液为过饱和溶液，沉淀从溶液中析出。（　）
4. 欲使 Mg^{2+}沉淀为 $Mg(OH)_2$，用氨水作沉淀剂的效果比强碱 NaOH 的效果好得多。（　）
5. 通常情况下，使难溶的电解质溶解的方法有生成弱电解质(弱酸弱碱)、生成配位化合物、发生氧化还原反应等。（　）
6. 根据同离子效应，欲使沉淀完全，须加入过量沉淀剂，且沉淀剂的量越大，效果越好。（　）
7. 在难溶电解质饱和溶液中加入不含相同离子的强电解质，则其溶解度略有增大，这种作用称为盐效应。盐效应会使平衡发生移动，同时改变 $K_{sp}^{\ominus}$ 的大小。（　）
8. 沉淀滴定法要求用于沉淀滴定的沉淀反应既要满足滴定分析反应的必需条件，还要求沉淀的溶解度足够小，同时沉淀的吸附现象应不影响终点的判断。（　）
9. 重量分析法直接用分析天平称量获得分析结果，不需要基准物质或标准试样作为参比，分析结果的准确度较高，适于微量组分的测定。（　）

7.4.3 选择题

1. 难溶电解质 AB_2 饱和溶液中，$c(A^+) = x\ mol\cdot L^{-1}$、$c(B^-)= y\ mol\cdot L^{-1}$，则 $K_{sp}^{\ominus}$ 值为(　　)。

A. $xy^2/2$　　B. xy　　C. xy^2　　D. $4x^2y$

2. 下列试剂中，能使 $CaSO_4$ (s)溶解度增大的是(　　)。

A. $CaCl_2$　　B. Na_2SO_4　　C. H_2O　　D. NH_4Ac

3. 在含有 $Mg(OH)_2$ 沉淀的饱和溶液中加入固体 NH_4Cl 后，则 $Mg(OH)_2$ 沉淀(　　)。

A. 溶解　　B. 增多　　C. 不变　　D. 无法判断

4. 下列沉淀能溶解于盐酸的是(　　)。

A. HgS　　B. Ag_2S　　C. MnS　　D. CuS

5. 已知 $K_{sp}^{\ominus}(AgCl)=1.8\times10^{-10}$、$K_{sp}^{\ominus}(Ag_2CO_3)= 8.45\times10^{-12}$、$K_{sp}^{\ominus}(AgI)= 8.5\times10^{-17}$。某溶液中含有浓度 c 均为 $0.10mol\cdot L^{-1}$ 的 Cl^-、CO_3^{2-}、I^-，若向此溶液中滴加 $AgNO_3$ 溶液，产生沉淀的先后顺序是(　　)。

A. AgI、Ag_2CO_3、AgCl　　B. Ag_2CO_3、AgI、AgCl

C. AgCl、Ag_2CO_3、AgI　　D. AgI、AgCl、Ag_2CO_3

6. 下列说法正确的是(　　)。

A. 在一定温度下，AgCl 水溶液中，Ag^+ 和 Cl^- 浓度的乘积是一个常数。

B. AgCl 的 $K_{sp}^{\ominus}=1.8\times10^{-10}$，在任何含 AgCl 固体的溶液中，$c(Ag^+) = c(Cl^-)$ 且 Ag^+ 与 Cl^- 浓度的乘积等于 1.8×10^{-10}。

C. 在温度一定时，当溶液中 Ag^+和 Cl^-浓度的乘积等于 $K_{sp}^{\ominus}$，此溶液为 AgCl 的饱和溶液。

D. 一定温度下，AgCl 的水溶液中，Ag^+和 Cl^-浓度的乘积 $Q > K_{sp}^{\ominus}$ 时，AgCl 沉淀溶解。

7. 下列说法正确的是(　　)。

A. 两难溶电解质做比较时，$K_{sp}^{\ominus}$ 小的，溶解度一定小。

B. 欲使溶液中某离子沉淀完全，加入的沉淀剂应该是越多越好。

C. 所谓沉淀完全就是用沉淀剂将溶液中某一离子完全消除。

D. 欲使 Ca^{2+}沉淀完全，选择 $Na_2C_2O_4$ 作沉淀剂效果比 Na_2CO_3 好。

8. 1L $Ag_2C_2O_4$ 饱和溶液中质量为 0.062 57g，若不考虑离子强度、水解等因素，$Ag_2C_2O_4$ 的 $K_{sp}^{\ominus}$ 是(　　)。

A. 4.24×10^{-8}　　B. 3.50×10^{-11}　　C. 2.36×10^{-10}　　D. 8.74×10^{-12}

9. CuS 沉淀可溶于(　　)。

A. 热浓硝酸　　B. 浓氨水　　C. 盐酸　　D. 乙酸

10. 根据 $K_{sp}^{\ominus}$ 值比较下列几种难溶物的溶解度最小的是(　　)。

A. $BaCrO_4$　　B. $CaCO_3$　　C. AgCl　　D. AgI

11. $BaSO_4$ 的相对分子质量为 233，$K_{sp}^{\ominus}=1.07\times10^{-10}$，把 1mmol $BaSO_4$ 溶于 10.0L 水中，有多少克 $BaSO_4$ 尚未溶解？(　　)

A. 2.1g　　B. 0.21g　　C. 0.021g　　D. 0.0021g

12. 为了除去溶液中的杂质铁离子，用下面哪种沉淀方法最佳？(　　)

A. $Fe(OH)_2$　　B. $Fe(OH)_3$　　C. FeS　　D. $FeCO_3$

13. $CaCO_3$ 在下列哪种溶液中的溶解度较大？(　　)

A. H_2O　　B. Na_2CO_3　　C. KNO_3　　D. C_2H_5OH

14. 298K 时，AgCl 和 Ag_2CrO_4 的溶度积分别为 1.56×10^{-10} 和 9×10^{-12}，AgCl 的溶解度和 Ag_2CrO_4 的溶解度相比较，前者比后者(　　)。

A. 大　　B. 小　　C. 相等　　D. 2 倍

15. 已知 $K_{sp}^{\ominus}(ZnS)=2.93\times10^{-25}$。在 Zn^{2+}的浓度为 $1.00\times10^{-5}mol\cdot L^{-1}$ 的溶液中，通入 H_2S 气体达到饱和[$c(H_2S)= 0.10mol\cdot L^{-1}$]，调节 pH 使 ZnS 开始析出时，溶液的 pH 为(　　)。

A. 0.51　　B. 0.45　　C. 0.23　　D. 0.13

16. 欲使 Ag_2CO_3($K_{sp}^{\ominus} = 8.3\times10^{-12}$)转化为 $Ag_2C_2O_4$($K_{sp}^{\ominus} = 53\times10^{-12}$)，必须使(　　)。

A. $c(C_2O_4^{2-}) > 0.64\,c(CO_3^{2-})$　　B. $c(C_2O_4^{2-}) > 1.6\,c(CO_3^{2-})$

C. $c(C_2O_4^{2-}) < 1.6\,c(CO_3^{2-})$　　D. $c(C_2O_4^{2-}) < 0.64\,c(CO_3^{2-})$

17. $Ca(OH)_2$ 在纯水中可以认为是完全离解的，那么它的溶解度为(　　)。

A. $\sqrt[3]{K_{sp}^{\ominus}}$　　B. $\sqrt[3]{\dfrac{K_{sp}^{\ominus}}{4}}$　　C. $\sqrt{\dfrac{K_{sp}^{\ominus}}{4}}$　　D. $\dfrac{K_{sp}^{\ominus}}{K_w^{\ominus}}$

18. 能使 AgCl 溶解、AgBr 不溶解，可将二者分离的试剂是(　　)。

A. $NH_3\cdot H_2O$　　B. $Na_2S_2O_3$　　C. KCN　　D. 饱和$(NH_4)_2CO_3$

19. 在 pH≈4 时，用莫尔法测定 Cl^- 的含量分析结果将(　　)。

A. 偏高　　B. 偏低　　C. 准确　　D. 无法确定

7.4.4 简答题

1. 怎样才能使难溶沉淀溶解？举三例说明，并写出反应方程式。

2. 沉淀转化的条件是什么？为什么 $BaSO_4$ 沉淀可以转化为 $BaCO_3$ 沉淀？

3. 由于 X 射线不能穿过 $BaSO_4$，医学上将 $BaSO_4$ 用于 X 射线检查的辅助剂，但 Ba^{2+} 对人体有很大的毒性，实际上医生给患者服用的辅助剂是 $BaSO_4$ 与 Na_2SO_4 的混合物。请用沉淀溶解平衡的原理分析在辅助剂中加入 Na_2SO_4 的作用。

4. 饮用水中 SO_4^{2-} 浓度不能超过 $2.6\times10^{-3}mol\cdot L^{-1}$，否则会引起腹泻。若天然水流经含有石膏的土壤，被 $CaSO_4$ 饱和，此水能否饮用？[已知：$K_{sp}^{\ominus}(CaSO_4)=9.1\times10^{-6}$]

5. 方解石(calcite)和文石(aragonite)是碳酸钙两种不同的晶体类型。珊瑚是方解石，而珍珠是文石。已知 25℃时，$K_{sp}^{\ominus}$(方解石) = 5.0×10^{-9}，$K_{sp}^{\ominus}$(文石) = 7.0×10^{-9}，请分析：

(1) 哪种晶型在水中的溶解度更大？

(2) 在水中两者是否可以相互转化？

(3) 廉价的珊瑚是用石膏($CaSO_4\cdot 2H_2O$)制作的，请设计一简单的实验用于区分真假珊瑚。

7.4.5 计算题

1. 根据 $Mg(OH)_2$ 的溶度积 $K_{sp}^{\ominus}[Mg(OH)_2]=5.61\times10^{-12}$ 计算：

(1) $Mg(OH)_2$ 在水中的溶解度；

(2) $Mg(OH)_2$ 饱和溶液中的 $c(OH^-)$ 和 $c(Mg^{2+})$；

(3) $Mg(OH)_2$ 在 $0.010mol\cdot L^{-1}$ NaOH 溶液中的溶解度；

(4) $Mg(OH)_2$ 在 $0.010mol\cdot L^{-1}$ $MgCl_2$ 溶液中的溶解度。

2. 在 $0.50mol\cdot L^{-1}$ $MgCl_2$ 溶液中加入等体积的 $0.10mol\cdot L^{-1}$ 氨水，是否产生 $Mg(OH)_2$ 沉淀？

3. 计算 CaF_2 在 pH = 5.0 的盐酸中的溶解度。[已知：$K_{sp}^{\ominus}(CaF_2)=1.46\times10^{-10}$，$K_a^{\ominus}(HF)=3.53\times10^{-4}$]

4. 某溶液中含有 $0.10mol\cdot L^{-1}$ Ba^{2+} 和 $0.10mol\cdot L^{-1}$ Ag^+，在向混合溶液中滴加 Na_2SO_4 溶液时(忽略体积变化)，哪种离子先沉淀出来？当第二种离子析出沉淀时，第一种被沉淀的离子是否沉淀完全？两种离子能否用此沉淀法分离？[已知：$K_{sp}^{\ominus}(BaSO_4)=1.67\times10^{-10}$，$K_{sp}^{\ominus}(Ag_2SO_4)=1.2\times10^{-5}$]

5. 一溶液中，$c(Fe^{3+})=c(Fe^{2+})=0.050mol\cdot L^{-1}$，若要求将 Fe^{3+} 沉淀完全而又不至生成 $Fe(OH)_2$ 沉淀，溶液的 pH 应控制在什么范围？

6. 海水中几种离子的浓度如下：

	Na^+	Mg^{2+}	Ca^{2+}	Al^{3+}	Fe^{3+}
$c/(mol\cdot L^{-1})$	0.46	0.050	0.010	4.0×10^{-7}	2.0×10^{-7}

(1) $c(OH^-)$浓度为多少时，$Mg(OH)_2$ 开始沉出？{ $K_{sp}^{\ominus}[Mg(OH)_2] = 5.61\times10^{-12}$}

(2) 在该 OH^-浓度下，是否还有别的离子沉出？{已知：$K_{sp}^{\ominus}[Al(OH)_3]=1.1\times10^{-33}$，$K_{sp}^{\ominus}[Fe(OH)_3] = 2.64\times10^{-39}$}

7. $CaCO_3$ 能溶解在 HAc 中，设沉淀溶解达到平衡时 HAc 的浓度为 1.0mol · L^{-1}。已知在室温下，反应产物 H_2CO_3 的饱和浓度为 0.040mol · L^{-1}，求在 1.0L 溶液中能溶解多少 $CaCO_3$？共需浓度为多少的 HAc？

[已知：$K_{sp}^{\ominus}(CaCO_3) = 4.96\times10^{-9}$，$K_a^{\ominus}(HAc) =1.76\times10^{-5}$，$K_{a_1}^{\ominus} \cdot K_{a_2}^{\ominus}(H_2CO_3) = 4.3\times10^{-7}\times 5.61 \times 10^{-11}$]

练习题参考答案

7.4.1　填空题

1. 大；盐效应；小；同离子效应　2. 1.0×10^{-5}mol · L^{-1}或 1.0×10^{-6}mol · L^{-1}　3. AgBr，AgCl，Ag_2CrO_4；浅黄色，白色，砖红色　4. 2.4×10^{-6}　5. $\Delta_r G_m^{\ominus} = \sum\Delta_f G_m^{\ominus}(B)$，$\Delta_r G_m^{\ominus} = -RT\ln K^{\ominus}$　6. 白色沉淀；$Pb^{2+} + 2Cl^- \rightleftharpoons PbCl_2$；黄色沉淀；$PbCl_2 + 2I^- \rightleftharpoons PbI_2+2Cl^-$；沉淀的转化；$K_{sp}^{\ominus}(PbCl_2)/ K_{sp}^{\ominus}(PbI_2)$　7. 沉淀溶解；$CaCO_3 + 2HAc \rightleftharpoons Ca^{2+} + H_2CO_3 + 2Ac^-$；$Q < K_{sp}^{\ominus}$　8. 12.34　9. 难溶电解质的本性；温度；沉淀量；离子浓度；平衡移动；改变溶度积常数　10. 等于；溶液为饱和溶液；小于；沉淀的溶解为主要方向；大于；沉淀的生成为主要方向

7.4.2　是非判断题

1. ×　2. √　3. ×　4. ×　5. √　6. ×　7. ×　8. √　9. ×

7.4.3　选择题

1. C　2. D　3. A　4. C　5. D　6. C　7. D　8. B　9. A　10. D　11. B　12. B　13. C　14. B　15. C　16. A　17. B　18. A　19. A

7.4.4　简答题

1. (1) 加酸溶解：$CaCO_3(s) + 2H^+ \rightleftharpoons Ca^{2+} + CO_2\uparrow + H_2O$

(2) 加配位剂溶解：$AgCl(s) + 2NH_3 \rightleftharpoons [Ag(NH_3)_2]^+ + Cl^-$

(3) 加氧化剂(或还原剂)溶解：$3CuS(s) + 8HNO_3(稀) \rightleftharpoons 3Cu(NO_3)_2 + 3S(s) + 2NO(g) + 4H_2O$

2. 沉淀转化的条件是当难溶电解质类型相同时，$K_{sp}^{\ominus}$ 较大的沉淀易转化为 $K_{sp}^{\ominus}$ 较小的沉淀。因为 $K_{sp}^{\ominus}(BaCO_3) = 2.58 \times 10^{-9} > K_{sp}^{\ominus}(BaSO_4) = 1.07 \times 10^{-10}$，所以 $BaSO_4$ 沉淀可以转化为 $BaCO_3$ 沉淀。

3. 因为 $BaSO_4$ 在人体内存在如下沉淀溶解平衡：

$$BaSO_4 \rightleftharpoons Ba^{2+} + SO_4^{2-}$$

所以在 $BaSO_4$ 中加入 Na_2SO_4 后，由于同离子效应，致使上述平衡向左移动，从而降低了 Ba^{2+}的浓度，于是增加了辅助剂的安全性。

4. 因为被 $CaSO_4$ 饱和后，水中 $c(SO_4^{2-}) = \sqrt{K_{sp}^{\ominus}} = 3.0 \times 10^{-3}$mol · L^{-1}>$2.6\times10^{-3}$mol · L^{-1}，所以此水不能饮用。

5. (1) 因为两者同属碳酸钙，是同类型的难溶物，由于$K_{sp}^{\ominus}$(方解石)<$K_{sp}^{\ominus}$(文石)，所以文石溶解度更大。

(2) 能相互转化，但不完全。

(3) 真珊瑚是碳酸钙，可以与稀盐酸反应放出气泡，而假珊瑚则无此现象。利用此性质可以区分真假珊瑚。

7.4.5 计算题

1.
$$Mg(OH)_2\,(s) \rightleftharpoons 2OH^- + Mg^{2+}$$

(1) $K_{sp}^{\ominus}[Mg(OH)_2] = c^2(OH^-) \cdot c(Mg^{2+})$，即有

$$4\,c^3(Mg^{2+}) = K_{sp}^{\ominus}[Mg(OH)_2]$$

$$S = c(Mg^{2+}) = 1.12\times10^{-4}mol \cdot L^{-1}$$

(2) $Mg(OH)_2$饱和溶液中：

$$c(Mg^{2+}) = 1.12\times10^{-4}mol \cdot L^{-1}$$

$$c(OH^-) = 2\,c(Mg^{2+}) = 2.24\times10^{-4}mol \cdot L^{-1}$$

(3) $Mg(OH)_2$在$0.010mol \cdot L^{-1}$的NaOH溶液中：

$$c(OH^-) = 0.010 + 2\,c(Mg^{2+}) \approx 0.010mol \cdot L^{-1}$$

$$S = c(Mg^{2+}) = K_{sp}^{\ominus}[Mg(OH)_2]/\,c^2(OH^-) = 5.6\times10^{-8}mol \cdot L^{-1}$$

(4) $Mg(OH)_2$在$0.010mol \cdot L^{-1}$的$MgCl_2$溶液中：

$$c(Mg^{2+}) = 0.010mol \cdot L^{-1}$$

$$c(OH^-) = \sqrt{K_{sp}^{\ominus}[Mg(OH)_2]/\,c(Mg^{2+})} = 2.4\times10^{-5}\,mol \cdot L^{-1}$$

$$S = \frac{1}{2}\,c(OH^-) = 1.2\times10^{-5}mol \cdot L^{-1}$$

2. $Q = 2.2\times10^{-7} > K_{sp}^{\ominus}[Mg(OH)_2]$，有$Mg(OH)_2$白色沉淀生成。

3. 设CaF_2的溶解度为S，$c(HF)$为$x\ mol \cdot L^{-1}$则$c(F^-) = 2S–x$，

反应式：
$$CaF_2 \rightleftharpoons Ca^{2+} + 2F^-$$

$$c/(mol \cdot L^{-1}) \qquad S \qquad 2S–x$$

$$K_{sp}^{\ominus} = 1.46\times10^{-10} = S(2S - x)^2 \tag{1}$$

$$HF \rightleftharpoons H^+ + F^-$$

$$x \qquad 10^{-5} \qquad 2S–x$$

$$3.53\times10^{-4} = \frac{10^{-5}\times(2S - x)}{x} \tag{2}$$

由(2)得
$$x = 5.5\times10^{-2}S \tag{3}$$

将(3)代入(1)：
$$1.46\times10^{-10} = S\cdot(2S - 5.5\times10^{-2}S)^2$$

$$S = 3.4\times10^{-4}mol \cdot L^{-1}$$

4. 根据溶度积规则，要使$BaSO_4$沉淀，则

$$c(SO_4^{2-}) > \frac{10.7\times10^{-10}}{0.10} = 1.1\times10^{-9}(mol\cdot L^{-1})$$

5. (1) 计算Fe^{3+}定量沉淀完全所需溶液的最低pH。

$$c(OH^-) = \sqrt[3]{K_{sp}^{\ominus}[Fe(OH)_3]/c(Fe^{3+})} = \sqrt[3]{2.64\times10^{-39}/(1.0\times10^{-5})} = 1.4 \times 10^{-11}(mol\cdot L^{-1})$$

$$pH = 3.1$$

(2)计算 Fe^{2+}不能生成 $Fe(OH)_2$ 沉淀时溶液的最高 pH：

$$c(OH^-) = \sqrt[3]{K_{sp}^{\ominus}[Fe(OH)_3]/c(Fe^{3+})} = \sqrt[3]{4.78\times10^{-17}/0.050} = 3.1\times10^{-8}(mol\cdot L^{-1})$$

$$pH = 6.5$$

即溶液 pH 应控制在 3.1～6.5，可将 Fe^{3+}沉淀完全而不生成 $Fe(OH)_2$ 沉淀。

6. (1) $Q > K_{sp}^{\ominus}[Mg(OH)_2]$时开始有 $Mg(OH)_2$ 沉淀析出，

$$c(OH^-) \geqslant \sqrt{K_{sp}^{\ominus}[Mg(OH)_2]/c(Mg^{2+})} = \sqrt{5.61\times10^{-12}/0.050} = 1.1 \times 10^{-5}(mol\cdot L^{-1})$$

(2) $Q[Al(OH)_3] = c(Al^{3+})\cdot c^3(OH^-) = 4.0\times10^{-7}\times(1.1\times10^{-5})^3 = 5.3\times10^{-22} > K_{sp}^{\ominus}[Al(OH)_3] = 1.1\times10^{-33}$

所以溶液中还有 $Al(OH)_3$ 白色沉淀生成。

同时，

$$Q[(Fe(OH)_3] = c(Fe^{3+})\cdot c^3(OH^-) = 2.0\times10^{-7}\times(1.1\times10^{-5})^3 = 2.7\times10^{-22} > K_{sp}^{\ominus}[Fe(OH)_3] = 2.64\times10^{-39}$$

也有 $Fe(OH)_3$ 沉淀析出。

7. 设平衡时溶解的 $CaCO_3$ 达 x mol · L^{-1}，有

$$CaCO_3 + 2HAc = Ca^{2+} + H_2CO_3 + 2Ac^-$$

$$1.0 \qquad x \qquad 0.040 \qquad 2x$$

$$K_J^{\ominus} = K_{sp}^{\ominus}(CaCO_3)\cdot K_a^{\ominus 2}(HAc)/[K_{a_1}^{\ominus}\cdot K_{a_2}^{\ominus}(H_2CO_3)] = 6.4\times10^{-2}$$

$$x^2\cdot 0.040\cdot(2x)^2/1.0^2 = 6.4\times10^{-2}$$

$$x = 0.74mol\cdot L^{-1}$$

即在 1.0L 溶液中能溶解 $CaCO_3$ 0.74mol，溶解此所需 HAc 的浓度为

$$c(HAc) = 1.0 + 2\times0.74 = 2.5(mol\cdot L^{-1})$$

第 8 章　配位平衡和配位滴定法

8.1　学 习 要 求

1. 掌握配位化合物的组成及命名，了解决定配位数的因素。

2. 掌握配位化合物键价理论的要点，熟悉内轨型及外轨型配合物的杂化方式，了解配合物的磁性。

3. 掌握配位平衡及有关计算；掌握沉淀反应、酸碱反应对配位平衡的影响；了解多重平衡常数及其应用。

4. 掌握螯合物的结构特点及稳定性，了解螯合剂的应用。

5. 掌握影响 EDTA 配合物稳定性的外部因素，重点掌握酸效应和酸效应系数。

6. 掌握 EDTA 滴定法的基本原理，重点掌握单一金属离子准确滴定的界限及配位滴定中酸度的控制。

7. 掌握金属离子指示剂的作用原理，了解提高配位滴定选择性的方法。

8.2　重难点概要

8.2.1　配位化合物的命名

配位化合物命名与无机化合物命名规则相似，阴离子名称在前，阳离子名称在后。配离子(或中性配合物)的命名顺序为：配位数(汉字)→配体名称→合→中心离子(原子)名称→中心离子(原子)氧化数(罗马数字)。若有多种配体，则先无机，后有机；先阴离子，后中性分子；先简单，后复杂。若有同类配位体，则按配位原子的元素符号的英文顺序排列；不同配体之间用“·”隔开。

8.2.2　配位平衡

1. 稳定常数

$$Cu^{2+} + 4\,NH_3 \rightleftharpoons \left[Cu(NH_3)_4\right]^{2+} \qquad K_f^{\ominus} = \frac{c\{[Cu(NH_3)_4]^{2+}\}}{c(Cu^{2+})\cdot c^4(NH_3)}$$

2. 不稳定常数

$$[Cu(NH_3)_4]^{2+} \rightleftharpoons Cu^{2+} + 4\,NH_3 \qquad K_d^{\ominus} = \frac{c(Cu^{2+})\cdot c^4(NH_3)}{c\{[Cu(NH_3)_4]^{2+}\}}$$

显然 $K_f^{\ominus} = \dfrac{1}{K_d^{\ominus}}$。

3. 逐级稳定常数

如 $[Cu(NH_3)_4]^{2+}$ 的稳定常数与逐级稳定常数的关系：

$$K_f^\ominus = K_1^\ominus \cdot K_2^\ominus \cdot K_3^\ominus \cdot K_4^\ominus$$

4. 累积稳定常数

将逐级稳定常数依次相乘，可得到各级累积稳定常数 $\beta_n^\ominus$，如 $[Cu(NH_3)_4]^{2+}$ 的各级累积稳定常数与逐级稳定常数的关系：

$$\beta_1^\ominus = K_1^\ominus,\quad \beta_2^\ominus = K_1^\ominus \cdot K_2^\ominus,\quad \beta_3^\ominus = K_1^\ominus \cdot K_2^\ominus \cdot K_3^\ominus,\quad \beta_4^\ominus = K_1^\ominus \cdot K_2^\ominus \cdot K_3^\ominus \cdot K_4^\ominus = K_f^\ominus$$

8.2.3 配位平衡的移动

1. 配位平衡与酸碱平衡

配体 L 与 H^+结合生成质子酸，而使配离子稳定性降低的现象，称为配体的酸效应；金属离子与 OH^-结合，使配离子稳定性降低，使平衡向配离子离解的方向移动的现象，称为金属离子的碱效应。

2. 配位平衡与沉淀溶解平衡

在含有配离子的溶液中，如果加入某一沉淀剂，使金属离子生成沉淀，则配离子的配位平衡遭到破坏，配离子将发生离解。在一些难溶盐的溶液中加入某一配位剂，配离子的形成使得沉淀溶解。这时溶液中同时存在配位平衡和沉淀溶解平衡，反应的过程实质上就是配位剂和沉淀剂争夺金属离子的过程。

(1) 配离子转化为沉淀：$K_J^\ominus = \dfrac{1}{K_f^\ominus \cdot K_{sp}^\ominus}$

(2) 沉淀转化为配离子：$K_J^\ominus = K_f^\ominus \cdot K_{sp}^\ominus$

3. 配离子之间的移动

在含有配离子的溶液中加入另一种配位剂，使之生成另一种更稳定的配离子，这时即发生了配离子的转化。

$$K_f^\ominus = \frac{K_f^\ominus(\text{生成物配离子})}{K_f^\ominus(\text{反应物配离子})}$$

8.2.4 螯合物

1. 螯合物的概念

(1) 螯合物：由多基配体与金属离子形成的具有环状结构的配合物称为螯合物。
(2) 螯合剂：形成螯合物的多基配体称为螯合剂。
(3) 螯合比：中心离子与螯合剂分子(或离子)数目之比。

2. 螯合物的稳定性

螯合效应：螯环的形成使配离子稳定性显著增强的作用称为螯合效应。

影响螯合物稳定性的主要因素有两方面：①螯环的大小。以五、六元环最稳定，它们相应的键角分别是 108°、120°，有利于成键。更小的环由于张力较大，稳定性较差或不能形成，更大的环因为键合的原子轨道不能发生较大程度重叠而不易形成。②螯环的数目。中心离子相同时，螯环数目越多，螯合物越稳定。

8.2.5 影响金属 EDTA 配合物稳定性的因素

1. EDTA 的酸效应及酸效应系数

$$\alpha[\mathrm{Y(H)}]=\frac{c(\mathrm{Y'})}{c(\mathrm{Y})}=\frac{c(\mathrm{Y})+c(\mathrm{HY})+c(\mathrm{H_2Y})+\cdots+c(\mathrm{H_6Y})}{c(\mathrm{Y})}$$

$$=1+\frac{c(\mathrm{HY})}{c(\mathrm{Y})}+\frac{c(\mathrm{H_2Y})}{c(\mathrm{Y})}+\cdots+\frac{c(\mathrm{H_6Y})}{c(\mathrm{Y})}=1+\frac{c(\mathrm{H^+})}{K^{\ominus}_{\mathrm{a_6}}}+\frac{c^2(\mathrm{H^+})}{K^{\ominus}_{\mathrm{a_6}}K^{\ominus}_{\mathrm{a_5}}}+\cdots+\frac{c^6(\mathrm{H^+})}{K^{\ominus}_{\mathrm{a_6}}K^{\ominus}_{\mathrm{a_5}}K^{\ominus}_{\mathrm{a_4}}K^{\ominus}_{\mathrm{a_3}}K^{\ominus}_{\mathrm{a_2}}K^{\ominus}_{\mathrm{a_1}}}$$

$$=1+c(\mathrm{H^+})\beta_1^{\mathrm{H}}+c^2(\mathrm{H^+})\beta_2^{\mathrm{H}}+\cdots+c^6(\mathrm{H^+})\beta_6^{\mathrm{H}}$$

式中：β_n^{H} 为 Y 的累积质子化常数，对反应 $\mathrm{Y}+n\mathrm{H^+}\longrightarrow \mathrm{H}_n\mathrm{Y}$，$\beta_n^{\mathrm{H}}=\dfrac{c(\mathrm{H}_n\mathrm{Y})}{c(\mathrm{Y})c^n(\mathrm{H^+})}$。

酸效应系数是指未与 M 配位的 EDTA 各种形态的总浓度 $c(\mathrm{Y'})$ 与游离的 $\mathrm{Y^{4-}}$ 浓度之比。$\alpha[\mathrm{Y(H)}]$ 值越大，表示 EDTA 的副反应(酸效应)越大。

2. 金属离子的配位效应及配位效应系数 $\alpha(\mathrm{M})$

溶液中的共存配位剂 L 能与 M 形成配合物，从而使 M 与 Y 的配位能力降低的现象称为配位效应，也属于副反应。其配位效应大小由配位效应系数 $\alpha[\mathrm{M(L)}]$ 衡量。

$$a[\mathrm{M}]=\alpha[\mathrm{M(L)}]=\frac{c(\mathrm{M'})}{c(\mathrm{M})}=\frac{c(\mathrm{M})+c(\mathrm{ML})+c(\mathrm{ML_2})+\cdots+c(\mathrm{ML}_n)}{c(\mathrm{M})}$$

$$=1+c(\mathrm{L})\beta_1^{\ominus}+c^2(\mathrm{L})\beta_2^{\ominus}+\cdots+c^n(\mathrm{L})\beta_n^{\ominus}$$

式中：$\beta_n^{\ominus}$ 为配合物的累积稳定常数；$c(\mathrm{M'})$ 为未参加主反应的金属离子各种存在形式的总浓度；$c(\mathrm{M})$为游离金属离子浓度；$c(\mathrm{L})$越大，$\alpha[\mathrm{M(L)}]$ 越大，表示副反应越大；$\alpha(\mathrm{M})$ 的大小仅与配位剂的种类和浓度有关。

3. 条件稳定常数 $K^{\ominus\prime}(\mathrm{MY})$

MY 的绝对稳定常数可表示为：$K^{\ominus}(\mathrm{MY})=\dfrac{c(\mathrm{MY})}{c(\mathrm{M})\cdot c(\mathrm{Y})}$

条件稳定常数，用 $K^{\ominus\prime}(\mathrm{MY})$ 表示：

$$K^{\ominus\prime}(\mathrm{MY})=\frac{c(\mathrm{MY'})}{c(\mathrm{M'})\cdot c(\mathrm{Y'})}\approx\frac{c(\mathrm{MY})}{c(\mathrm{M'})\cdot c(\mathrm{Y'})}=\frac{c(\mathrm{MY})}{c(\mathrm{M})\cdot\alpha(\mathrm{M})\cdot c(\mathrm{Y})\cdot\alpha(\mathrm{Y})}$$

$$=K^{\ominus}(\mathrm{MY})\frac{1}{\alpha(\mathrm{M})\cdot\alpha(\mathrm{Y})}$$

$$\lg K^{\ominus\prime}(\mathrm{MY})=\lg K^{\ominus}(\mathrm{MY})-\lg\alpha(\mathrm{M})-\lg\alpha(\mathrm{Y})$$

如果配位滴定体系中仅考虑酸效应与配位效应，则

$$\lg K^{\ominus\prime}(MY) = \lg K^{\ominus}(MY) - \lg\alpha[M(L)] - \lg\alpha[Y(H)]$$

如果配位滴定体系中忽略配位效应只考虑酸效应，则

$$\lg K^{\ominus\prime}(MY) = \lg K^{\ominus}(MY) - \lg\alpha[Y(H)]$$

8.2.6　配位滴定原理

1. 影响滴定突跃大小的因素——$c(M)$和 $K^{\ominus\prime}(MY)$

$\lg c(M)\cdot K^{\ominus\prime}(MY)$ 越大，滴定反应越完全，滴定突跃越大。

2. 单一金属离子准确滴定的界限

若要求分析结果相对误差 ≤ 0.1%，则要求 $\lg c(M)\cdot K^{\ominus\prime}(MY) \geqslant 6$ 或 $K^{\ominus\prime}(MY) \geqslant 10^8$ 或 $\lg K^{\ominus\prime}(MY) \geqslant 8$。

3. 滴定允许的最高酸度

当 $c(M) = 0.010\text{mol}\cdot L^{-1}$ 时，准确滴定 M 要求 $\lg K^{\ominus\prime}(MY) \geqslant 8$。

随着溶液的酸度逐渐提高，$\alpha[Y(H)]$不断增大，而 $K^{\ominus\prime}(MY)$ 变小，当酸度提高到某一限度时，$\lg K^{\ominus\prime}(MY) = 8$，如果酸度再提高，滴定就有困难，这个酸度界限就是滴定允许的最高酸度，可按下式计算。

$$\lg K^{\ominus\prime}(MY) = \lg K^{\ominus}(MY) - \lg\alpha[Y(H)] \geqslant 8$$

$$\lg\alpha[Y(H)] \leqslant \lg K^{\ominus}(MY) - 8$$

8.2.7　提高配位滴定选择性的方法

当溶液中的两种离子 M、N 共存时，若 $K^{\ominus\prime}(MY) > K^{\ominus\prime}(NY)$，要准确滴定 M，共存 N 不干扰，则必须满足以下两个条件：

$$\frac{c(M)\cdot K^{\ominus\prime}(MY)}{c(N)\cdot K^{\ominus\prime}(MY)} \geqslant 10^5 \qquad (1)$$

$$K^{\ominus\prime}(MY) > 10^8 \qquad (2)$$

若 $c(M) = c(N)$，则式(1)可写为$\Delta K^{\ominus\prime}(MY) \geqslant 5$，若仅考虑酸效应，且 $c(M) = c(N)$，则式(1)中可写为 $\Delta K^{\ominus}(MY) \geqslant 5$。

1. 控制酸度分步确定

如果 M、N 共存，符合以上条件，则可控制溶液酸度，使其满足准确滴定 M 的最小 pH，以及防止 M 水解析出沉淀的最大 pH，选择滴定 M，N 不干扰测定。

2. 利用掩蔽的方法选择确定

若 M、N 共存时，不满足条件(1)，就不能控制酸度选择滴定，这时可以加入掩蔽剂，使

之与干扰离子 N 发生反应，以消除干扰。

8.3 例题和习题解析

8.3.1 例题

【例题 8-1】 下列化合物中哪些是简单盐？哪些是复盐？哪些是螯合配合物？哪些是单基配合物？

$CuSO_4 \cdot 5H_2O$，K_2PtCl_6，$Co(NH_3)_6Cl_3$，$Ni(en)_2Cl_2$，$(NH_4)_2SO_4 \cdot FeSO_4 \cdot 6H_2O$，$Cu(NH_2CH_2COO)_2$，$Cu(OOCCH_3)_2$，$KCl \cdot MgCl_2 \cdot 6H_2O$。

解 简单盐 $Cu(OOCCH_3)_2$

复盐 $(NH_4)_2SO_4 \cdot FeSO_4 \cdot 6H_2O$，$KCl \cdot MgCl_2 \cdot 6H_2O$

螯合配合物 $Cu(NH_2CH_2COO)_2$，$Ni(en)_2Cl_2$

单基配合物 K_2PtCl_6，$Co(NH_3)_6Cl_3$，$CuSO_4 \cdot 5H_2O$

【例题 8-2】 指出下列各配合物中配离子、中心离子、配位体、配位数及配位原子。

(1) $K_2Cu(CN_4)$；(2)$[Co(NH_3)(en)_2Cl]Cl_2$；(3)$K_2Na[Co(ONO)_6]$；

(4) $K_2[Pt(NH_3)_2(OH)_2Cl_2]$；(5)$NH_4[Cr(SCN)_4(NH_3)_2]$。

解

序号	配离子	中心离子	配位体	配位数	配位原子
(1)	$[Cu(CN)_4]^{2-}$	Cu^{2+}	CN^-	4	C
(2)	$[Co(NH_3)(en)_2Cl]^{2+}$	Co^{3+}	NH_3，en，Cl^-	6	N，N，Cl
(3)	$[Co(ONO)_6]^{3-}$	Co^{3+}	ONO^-	6	O
(4)	$[Pt(NH_3)_2(OH)_2Cl_2]^{2-}$	Pt^{2+}	NH_3，OH^-，Cl^-	6	N，O，Cl
(5)	$[Cr(SCN)_4(NH_3)_2]^-$	Cr^{3+}	SCN^-，NH_3	6	S，N

【例题 8-3】 根据实验测得的磁矩 μ 的值，判断下列各配离子是低自旋还是高自旋，是内轨型还是外轨型，中心离子杂化类型，配离子的空间构型。

(1) $[Fe(en)_3]^{2+}$ 5.5 B.M.；(2)$[Cr(SCN)_4]^{2-}$ 4.3 B.M.；(3)$[Mn(CN)_6]^{4-}$ 1.8 B.M.；

(4) $[FeF_6]^{3-}$ 5.9 B.M.；(5)$[Ni(CN)_4]^{2-}$ 0 B.M.；(6)$[Ni(NH_3)_4]^{2+}$ 3.2 B.M.。

解

配离子	μ /B.M.	单电子数	自旋情况	内、外轨型	杂化类型	空间结构
$[Fe(en)_3]^{2+}$	5.5	4	高	外轨型	sp^3d^2	八面体
$[Cr(SCN)_4]^{2-}$	4.3	3	高	外轨型	sp^3	四面体
$[Mn(CN)_6]^{4-}$	1.8	1	低	内轨型	d^2sp^3	八面体
$[FeF_6]^{3-}$	5.9	5	高	外轨型	sp^3d^2	八面体
$[Ni(CN)_4]^{2-}$	0	0	低	内轨型	dsp^2	正方形
$[Ni(NH_3)_4]^{2+}$	3.2	2	高	外轨型	sp^3	四面体

【例题 8-4】 等体积混合 $0.30mol \cdot L^{-1}$ 的 NH_3 溶液，$0.30mol \cdot L^{-1}$ 的 NaCN 和 $0.030mol \cdot L^{-1}$ 的 $AgNO_3$ 溶液，求平衡时 $[Ag(CN)_2]^-$ 和 $[Ag(NH_3)_2]^+$ 的浓度比是多少？已知：$K_f^\ominus\{[Ag(CN)_2]^-\}=1.0\times10^{21}$，$K_f^\ominus\{[Ag(NH_3)_2]^+\} = 1.6\times10^7$。

解 溶液在刚混合时，假定尚未反应，则有

$c(NH_3) = 0.100mol \cdot L^{-1}$，$c(CN^-)=0.100mol \cdot L^{-1}$，$c(Ag^+)=0.010mol \cdot L^{-1}$

设平衡时 $c\{[Ag(NH_3)_2]^+\} = x\ mol \cdot L^{-1}$，$c\{[Ag(CN)_2]^-\} = y\ mol \cdot L^{-1}$

$$[Ag(NH_3)_2]^+ + 2CN^- \rightleftharpoons [Ag(CN)_2]^- + 2NH_3$$

平衡浓度/$(mol \cdot L^{-1})$　　x　　$0.10-2y$　　y　　$0.10-2x$

$$K_J^\ominus = \frac{c\{[Ag(CN)_2]^-\}\cdot c^2(NH_3)}{c\{[Ag(NH_3)_2]^+\}\cdot c^2(CN^-)} = \frac{K_f^\ominus\{[Ag(CN)_2]^-\}}{K_f^\ominus\{[Ag(NH_3)_2]^+\}} = 6.25\times10^{13}$$

即

$$\frac{y(0.10-2x)^2}{x(0.10-2y)^2} = 6.25\times10^{13} \qquad (1)$$

由于 Ag^+几乎全部生成配离子，可以近似认为

$$x + y = 0.010mol\cdot L^{-1} \qquad (2)$$

由(1)、(2)两式得

$x=2.5\times10^{-16}mol \cdot L^{-1}$，$y=0.010mol \cdot L^{-1}$；$c\{[Ag(NH_3)_2]^+\}/c\{[Ag(CN)_2]^-\} = 4\times10^{13}$

简单解法：假定 Ag^+先与 CN^-反应生成$[Ag(CN)_2]^-$，因 CN^-过量，同时$[Ag(CN)_2]^-$的平衡常数很大，Ag^+几乎全部转化为$[Ag(CN)_2]^-$，即平衡时$[Ag(CN)_2]^-$的浓度为 $0.010mol \cdot L^{-1}$，CN^-浓度为 $0.080mol \cdot L^{-1}$。在此基础上有如下平衡：

$$[Ag(CN)_2]^- + 2NH_3 \rightleftharpoons [Ag(NH_3)_2]^+ + CN^-$$

平衡浓度/$(mol \cdot L^{-1})$　$0.010-x$　$0.10-2x$　　x　　$0.080+2x$

$K_J^\ominus$很小，说明平衡时$c\{[Ag(NH_3)_2]^+\}$浓度很小，则有 $0.080+2x \approx 0.080$，$0.010-x \approx 0.010$，$0.10-2x\approx0.10$，代入上式，解得 $x=2.5\times10^{-16}$，即$c\{[Ag(NH_3)_2]^+\}=2.5\times10^{-16}mol\cdot L^{-1}$，$c\{[Ag(CN)_2]^-\} = 0.010mol \cdot L^{-1}$

【例题 8-5】 计算 pH=2.0 和 5.0 时的 $\lg K^{\ominus\prime}(ZnY)$ 值。

解 已知 $\lg K^\ominus(ZnY)=16.5$，pH=2.0，查表 $\lg\alpha[Y(H)]=13.8$，$\lg\alpha[Zn(OH)]=0$，

$$\lg K^{\ominus\prime}(ZnY) = \lg K^\ominus(ZnY) - \lg\alpha[Zn(OH)] - \lg\alpha[Y(H)] = 16.5-0-13.8 = 2.7$$

pH=5.0，查表 $\lg\alpha[Y(H)]=6.6$，$\lg\alpha[Zn(OH)]=0$，

$$\lg K^{\ominus\prime}(ZnY) = \lg K^\ominus(ZnY) - \lg\alpha[Zn(OH)] - \lg\alpha[Y(H)] = 16.5-0-6.6 = 9.9$$

【例题 8-6】 用 $2.0\times10^{-2}mol \cdot L^{-1}$ EDTA 滴定等浓度的 Zn^{2+}。若溶液 pH=9.0，$c(NH_3) = 0.20mol \cdot L^{-1}$。计算滴定至化学计量点时 pZn′、pZn 值，以及 pY′ 和 pY 值。通过计算说明什么问题？

解 计量点时，pH = 9.0，$c(NH_3) = 0.20/2 = 0.10(mol \cdot L^{-1})$。$[Zn(NH_3)_4]^{2+}$的 $\lg\beta_1^\ominus \sim \lg\beta_4^\ominus$ 分别为 2.27、4.61、7.01、9.06。

$$\alpha[Zn(NH_3)] = 1 + \beta_1^\ominus c(NH_3) + \beta_2^\ominus c^2(NH_3) + \beta_3^\ominus c^3(NH_3) + \beta_4^\ominus c^4(NH_3)$$
$$= 1 + 10^{2.27-1.0} + 10^{4.61-2.0} + 10^{7.01-3.0} + 10^{9.06-4.0} = 10^{5.10}$$

查表 pH=9.0 时，$\lg\alpha[\mathrm{Zn(OH)}]=0.2$，则

$$\alpha(\mathrm{Zn})=\alpha[\mathrm{Zn(NH_3)}]+\alpha[\mathrm{Zn(OH)}]=10^{5.10}+10^{0.2}\approx 10^{5.10}$$

查表 pH = 9.0 时，$\lg\alpha[\mathrm{Y(H)}]=1.4$，

$$\lg K^{\ominus\prime}(\mathrm{ZnY})=\lg K^{\ominus}(\mathrm{ZnY})=-\lg\alpha(\mathrm{Zn})-\lg\alpha[\mathrm{Y(H)}]=16.5-5.1-1.4=10.0$$

令 c(Zn，计量点)=$10^{-2}\mathrm{mol\cdot L^{-1}}$，

$$K^{\ominus\prime}(\mathrm{ZnY})=\frac{c(\mathrm{ZnY'})}{c(\mathrm{Zn'})c(\mathrm{Y'})}=\frac{c(\mathrm{Zn})}{c^2(\mathrm{Zn'})}$$

$$\mathrm{pZn'}(\text{计量点})=\frac{1}{2}[\lg K^{\ominus\prime}(\mathrm{ZnY})+\mathrm{p}c(\mathrm{Zn})]=\frac{1}{2}(10+2)=6.0$$

因 $c(\mathrm{Zn})=\dfrac{c(\mathrm{Zn'})}{\alpha(\mathrm{Zn})}$，故

$$\mathrm{pZn}=\mathrm{pZn'}+\lg\alpha(\mathrm{Zn})=6.0+5.1=11.1$$

在化学计量点时，

$$\mathrm{pY'}=\mathrm{pZn'}=6.0,\ \ \mathrm{pY}=\mathrm{pY'}+\lg\alpha[\mathrm{Y(H)}]=6.0+1.4=7.4$$

由于反应进行得很完全，计量点时未与 EDTA 配位的 Zn^{2+}的总浓度 $c(\mathrm{Zn'})$仅为 1.0×10^{-6} $\mathrm{mol\cdot L^{-1}}$(即 pZn′ = 6.0)，故与 Zn^{2+}配位所消耗的 NH_3 可忽略。一般若能准确滴定，这种忽略应是合理的。

【例题 8-7】 已知在 pH=10.0 的氨性缓冲溶液中，Mg^{2+}和 Hg^{2+}的浓度分别为 $2.0\times10^{-2}\mathrm{mol\cdot L^{-1}}$ 和 $2.0\times10^{-3}\mathrm{mol\cdot L^{-1}}$，其中游离 NaCN 的浓度为 $2.2\times10^{-5}\mathrm{mol\cdot L^{-1}}$。在此条件下 Hg^{2+}能否被完全掩蔽？可否用同浓度的 EDTA 滴定其中的 Mg^{2+}？已知 $\lg K^{\ominus}(\mathrm{MgY})=8.7$，$\lg K^{\ominus}(\mathrm{HgY})=21.7$，$Hg^{2+}$-$CN^-$配合物的 $\lg\beta_4^{\ominus}$=41.0；HCN 的 $\mathrm{p}K_\mathrm{a}^{\ominus}$=9.0，pH= 10.0 时，$\lg\alpha[\mathrm{Y(H)}]$=0.45。

解

$$\alpha[\mathrm{CN(H)}]=1+\frac{c(\mathrm{H^+})}{K_\mathrm{a}^{\ominus}}=1+10^{-10+9.0}=1.1$$

滴定至终点时，

$$c(\mathrm{CN^-})=1.1\times10^{-5}/1.1=1\times10^{-5}(\mathrm{mol\cdot L^{-1}})$$

$$\alpha[\mathrm{Hg(H)}]=1+10^{41.0}\times(1\times10^{-5})^4\approx10^{21.0}$$

$$c(\mathrm{Hg^{2+}})=1\times10^{-3}/10^{21.0}=10^{-24}(\mathrm{mol\cdot L^{-1}})$$

说明 Hg^{2+}已被完全掩蔽。

$$\alpha(\mathrm{Y})=\alpha[\mathrm{Y(H)}]+\alpha[\mathrm{Y(Hg)}]=0.45+(1+10^{21.7}\times10^{-24.0})-1=10^{0.45}$$

$$\lg K^{\ominus\prime}(\mathrm{MgY})=8.7-0.45=8.25$$

$$\lg c(\mathrm{Mg^{2+}})K^{\ominus\prime}(\mathrm{MgY})=-2.0+8.25=6.2$$

可以用同浓度的 EDTA 滴定其中的 Mg^{2+}。

8.3.2 习题解析

【习题 8-1】 什么是螯合物？螯合物有什么特点？作为螯合剂必须具备什么条件？试举例说明。

解　多齿配体和同一中心原子形成具有环状结构的配合物，称为螯合物。

螯合剂必须具有以下两个特点：

(1) 螯合剂分子(或离子)具有两个或两个以上配位原子，而且这些配位原子必须能与中心金属离子 M 配位。

(2) 螯合剂中每个配位原子之间相隔 2～3 个其他原子，以便与中心原子形成稳定的五元环或者六元环。

【习题 8-2】　将 KSCN 加入 $NH_4Fe(SO_4)_2 \cdot 12H_2O$ 溶液中，溶液呈血红色，但加到 $K_3[Fe(CN)_6]$溶液中并不出现红色，这是为什么？

解　这是因为 $NH_4Fe(SO_4)_2 \cdot 12H_2O$ 是复盐，溶液中铁是以 Fe^{3+}形式存在；而铁在 $K_3[Fe(CN)_6]$中主要以$[Fe(CN)_6]^{3-}$配离子形式存在，SCN^-遇到 Fe^{3+}才会形成血红色配离子$[Fe(SCN)_x]^{3-x}$，并且配离子$[Fe(CN)_6]^{3-}$的稳定性要比配离子$[Fe(SCN)_x]^{3-x}$的稳定性强，也不会发生配离子的转化，因而在 $K_3[Fe(CN)_6]$溶液中不出现红色。

【习题 8-3】　AgCl 溶于氨水形成$[Ag(NH_3)_2]^+$后，若用 HNO_3 酸化溶液，则又析出沉淀，这种现象怎么解释？

解　AgCl 溶于氨水形成$\left[Ag(NH_3)_2\right]^+$，在溶液中存在如下配位离解平衡

$$\left[Ag(NH_3)_2\right]^+ \rightleftharpoons Ag^+ + 2NH_3$$

若用 HNO_3 酸化，则其中的 NH_3 与 H^+反应生成 NH_4^+，失去配位能力，平衡向右移动，Ag^+重新与 Cl^-结合，溶液中又析出沉淀 AgCl。

【习题 8-4】　无水 $CrCl_3$ 和氨作用能形成两种配合物 A 和 B，组成分别为 $CrCl_3 \cdot 6NH_3$ 和 $CrCl_3 \cdot 5NH_3$。加入 $AgNO_3$，A 溶液中几乎全部的氯沉淀为 AgCl，而 B 溶液中只有 $\frac{2}{3}$ 的氯沉淀出来。加入 NaOH 并加热，两种溶液均无氨味。试写出这两种配合物的化学式并命名。

解　A　$[Cr(NH_3)_6]Cl_3$　　三氯化六氨合铬(Ⅲ)

B　$[CrCl(NH_3)_5]Cl_2$　　二氯化一氯 · 五氨合铬(Ⅲ)

【习题 8-5】　指出下列配合物的中心离子、配体、配位数、配离子电荷数和配合物名称。

$K_2[HgI_4]$　　$[CrCl_2(H_2O)_4]Cl$　　$[Co(NH_3)_2(en)_2](NO_3)_2$

$Fe_3[Fe(CN)_6]_2$　　$K[Co(NO_2)_4(NH_3)_2]$　　$Fe(CO)_5$

解

分子式	中心离子	配体	配位数	配离子电荷数	配合物名称
$K_2[HgI_4]$	Hg^{2+}	I^-	4	2−	四碘合汞(Ⅱ)酸钾
$[CrCl_2(H_2O)_4]Cl$	Cr^{3+}	Cl^-、H_2O	6	1+	氯化二氯 · 四水合铬(Ⅲ)
$[Co(NH_3)_2(en)_2](NO_3)_2$	Co^{2+}	NH_3、en	6	2+	硝酸二氨 · 二(乙二胺)合钴(Ⅱ)
$Fe_3[Fe(CN)_6]_2$	Fe^{3+}	CN^-	6	3−	六氰合铁(Ⅲ)酸亚铁
$K[Co(NO_2)_4(NH_3)_2]$	Co^{3+}	NO_2^-、NH_3	6	1−	四硝基 · 二氨合钴(Ⅲ)酸钾
$[Fe(CO)_5]$	Fe	CO	5	0	五羰基铁

【习题 8-6】　试用价键理论说明下列配离子的类型、空间构型和磁性。

(1) $[CoF_6]^{3-}$ 和 $[Co(CN)_6]^{3-}$　　(2) $[Ni(NH_3)_4]^{2+}$ 和 $[Ni(CN)_4]^{2-}$

解

配离子	中心离子轨道杂化类型	空间构型	磁性
$[CoF_6]^{3-}$	sp^3d^2	正八面体	顺磁性
$[Co(CN)_6]^{3-}$	d^2sp^3	正八面体	反磁性
$[Ni(NH_3)_4]^{2+}$	sp^3	正四面体	顺磁性
$[Ni(CN)_4]^{2-}$	dsp^2	平面正方形	反磁性

【习题 8-7】 将 $0.10mol \cdot L^{-1}$ $ZnCl_2$ 溶液与 $1.0mol \cdot L^{-1}$ NH_3 溶液等体积混合，求此溶液中 $[Zn(NH_3)_4]^{2+}$ 和 Zn^{2+} 的浓度。

解　　$Zn^{2+} + 4NH_3 \rightleftharpoons [Zn(NH_3)_4]^{2+}$

平衡浓度/$(mol \cdot L^{-1})$　x　　$0.50-4\times0.050+4x \approx 0.30$　　$0.050-x \approx 0.050$

$$K_f^{\ominus} = \frac{c\{[Zn(NH_3)_4]^{2+}\}}{c(Zn^{2+}) \cdot c^4(NH_3)} = \frac{0.05}{x \cdot 0.30^4} = 2.9\times10^9$$

$$x = c(Zn^{2+}) = 2.1\times10^{-9} mol \cdot L^{-1}$$

【习题 8-8】 在 100.0mL $0.050mol \cdot L^{-1}$ $[Ag(NH_3)_2^+]$ 溶液中加入 1.0mL $1.0mol \cdot L^{-1}$ NaCl 溶液，溶液中 NH_3 的浓度至少需多大才能阻止 AgCl 沉淀生成？

解　　$[Ag(NH_3)_2]^+ + Cl^- \rightleftharpoons AgCl + 2NH_3$

平衡浓度/$(mol \cdot L^{-1})$ 0.050　　0.010　　$c(NH_3)$

$$K_J^{\ominus} = \frac{c^2(NH_3)}{c(Cl^-) \cdot c\{[Ag(NH_3)_2]^+\}} = \frac{1}{K_f^{\ominus} \cdot K_{sp}^{\ominus}} = \frac{1}{1.1\times10^7 \times 1.77\times10^{-10}}$$

$$c(NH_3) = \sqrt{\frac{0.050\times0.010}{1.1\times10^7 \times 1.77\times10^{-10}}} = 0.51(mol \cdot L^{-1})$$

【习题 8-9】 计算 AgCl 在 $0.10mol \cdot L^{-1}$ 氨水中的溶解度。

解　设 AgCl 的溶解度为 $S\, mol \cdot L^{-1}$，

$$AgCl + 2NH_3 \rightleftharpoons [Ag(NH_3)_2]^+ + Cl^-$$

平衡浓度/$(mol \cdot L^{-1})$　　$0.10-2S$　　S　　S

$$K_J^{\ominus} = \frac{c(Cl^-) \cdot c\{[Ag(NH_3)_2]^+\}}{c^2(NH_3)} = K_f^{\ominus} \cdot K_{sp}^{\ominus} = 1.1\times10^7 \times 1.77\times10^{-10} = 1.95\times10^{-3}$$

$$\frac{S^2}{(0.10-2S)^2} = 1.95\times10^{-3}$$

$$S = 4.1\times10^{-3} mol \cdot L^{-1}$$

【习题 8-10】 在 100.0mL $0.15mol \cdot L^{-1}$ $[Ag(CN)_2]^-$ 溶液中加入 50.0mL $0.10mol \cdot L^{-1}$ KI 溶液，是否有 AgI 沉淀生成？在上述溶液中再加入 50.0mL $0.20mol \cdot L^{-1}$ KCN 溶液，又是否会产生 AgI 沉淀？

解　加入 KI 后，

$$c\{[Ag(CN)_2]^-\} = 0.10mol \cdot L^{-1}, \quad c(I^-) = 0.033mol \cdot L^{-1}$$

设$[Ag(CN)_2]^-$溶液中 Ag^+浓度为 x mol · L^{-1}，

$$[Ag(CN)_2]^- \rightleftharpoons Ag^+ + 2CN^-$$

$$0.10-x \qquad x \qquad 2x$$

$$K_f^\ominus = \frac{c\{[Ag(CN)_2]^-\}}{c(Ag^+) \cdot c^2(CN^-)} = \frac{0.10 - x}{x \cdot (2x)^2} = 1.3 \times 10^{21}$$

解得

$$x = 2.7 \times 10^{-8} mol \cdot L^{-1}$$

$$Q = 0.033 \times 2.7 \times 10^{-8} = 8.8 \times 10^{-10} > K_{sp}^\ominus(AgI) = 8.5 \times 10^{-12}$$

故有沉淀产生。再加入 KCN 后，

$$c\{[Ag(CN)_2]^-\} = 0.075mol \cdot L^{-1}, \quad c(I^-)=0.025mol \cdot L^{-1}, \quad c(CN^-)=0.050mol \cdot L^{-1}$$

由于同离子效应，设平衡时 Ag^+的浓度为 y mol · L^{-1}，

$$[Ag(CN)_2]^- \rightleftharpoons Ag^+ + 2CN^-$$

$$0.075-y \qquad y \qquad 0.050+y$$

$$K_f^\ominus = \frac{0.075 - y}{y(0.05 + y)^2} = \frac{0.075}{y \cdot 0.05^2} = 1.3 \times 10^{21}$$

$$y = 2.3 \times 10^{-20} mol \cdot L^{-1}$$

$$Q = 0.025 \times 2.3 \times 10^{-20} = 5.8 \times 10^{-22} < K_{sp}^\ominus(AgI) = 8.5 \times 10^{-12}$$

故没有沉淀产生。

【习题 8-11】 0.080mol $AgNO_3$ 溶解在 1L $Na_2S_2O_3$ 溶液中形成$[Ag(S_2O_3)_2]^{3-}$，过量的$S_2O_3^{2-}$浓度为 0.20 mol · L^{-1}。欲得到卤化银沉淀，所需 I^-和 Cl^-的浓度各为多少？能否得到 AgI、AgCl 沉淀？

解　设溶液中 Ag^+浓度为 x mol · L^{-1}，

$$Ag^+ \quad + \quad 2S_2O_3^{2-} \rightleftharpoons [Ag(S_2O_3)_2]^{3-}$$

$$x \qquad 0.20+2x \approx 0.20 \qquad 0.080-x \approx 0.080$$

$$K_f^\ominus = \frac{c\{[Ag(S_2O_3)_2]^{3-}\}}{c(Ag^+)c^2(S_2O_3^{2-})} = \frac{0.080}{x \cdot (0.20)^2} = 2.9 \times 10^{13}, \quad x = c(Ag^+) = 6.9 \times 10^{-14} mol \cdot L^{-1}$$

则生成 AgI 沉淀需要 $c(I^-)$的最低浓度为

$$c(I^-) = \frac{K_{sp}^\ominus}{c(Ag^+)} = \frac{8.51 \times 10^{-17}}{6.9 \times 10^{-14}} = 1.2 \times 10^{-3}$$

故能生成 AgI 沉淀。

生成 AgCl 沉淀需要 $c(Cl^-)$的最低浓度为

$$c(Cl^-) = \frac{K_{sp}^\ominus}{c(Ag^+)} = \frac{1.77 \times 10^{-10}}{6.9 \times 10^{-14}} = 2.6 \times 10^3$$

故不能生成 AgCl 沉淀。

【习题 8-12】 50.0mL 0.10mol · L^{-1} $AgNO_3$ 溶液与等量的 6.0mol · L^{-1} 氨水混合后，向此溶液中加入 0.119g KBr 固体，有无 AgBr 沉淀析出？如欲阻止 AgBr 析出，原混合溶液中氨的初始浓度至少应为多少？

解 设混合后溶液中 Ag^+ 浓度为 x mol · L^{-1}，

$$\begin{array}{cccc} Ag^+ & + \ 2NH_3 & \rightleftharpoons & [Ag(NH_3)_2]^+ \\ x & 3.0-2(0.050-x) & & 0.050-x \\ & \approx 2.9 & & \approx 0.050 \end{array}$$

$$K_f^\ominus = \frac{c\{[Ag(NH_3)_2]^+\}}{c(Ag^+)\cdot c^2(NH_3)} = \frac{0.050}{x\cdot(2.9)^2} = 1.1\times10^7，\ c(Ag^+) = x = 5.4\times10^{-10}\text{mol}\cdot L^{-1}$$

$$c(Br^-) = 0.119/119\times0.10 = 0.010(\text{mol}\cdot L^{-1})$$

$$Q = c(Ag^+)\cdot c(Br^-) = 5.4\times10^{-12} > K_{sp}^\ominus(AgBr) = 5.35\times10^{-13}$$

故有沉淀产生。

要不至生成 AgBr 沉淀，则有

$$c(Ag^+)\cdot c(Br^-) < K_{sp}^\ominus(AgBr)，\ c(Ag^+) < K_{sp}^\ominus(AgCl)/0.01 = 5.35\times10^{-11}\text{mol}\cdot L^{-1}$$

$$c(NH_3) = \left(c\{[Ag(NH_3)_2]^+\}/[K_f^\ominus c(Ag^+)]\right)^{1/2} = 9.2\text{mol}\cdot L^{-1}$$

则氨的初始浓度

$$c(NH_3) = 9.22 + 0.05\times2 = 9.3(\text{mol}\cdot L^{-1})$$

【习题 8-13】 分别计算 $Zn(OH)_2$ 溶于氨水生成 $[Zn(NH_3)_4]^{2+}$ 和 $[Zn(OH)_4]^{2-}$ 时的平衡常数。若溶液中 NH_3 和 NH_4^+ 的浓度均为 0.10mol · L^{-1}，则 $Zn(OH)_2$ 溶于该溶液中主要生成哪种配离子？

解

$$Zn(OH)_2 + 4NH_3 \rightleftharpoons [Zn(NH_3)_4]^{2+} + 2OH^- \quad (1)$$

$$Zn(OH)_2 + 2NH_3\cdot H_2O \rightleftharpoons [Zn(OH)_4]^{2-} + 2NH_4^+ \quad (2)$$

$$K_1^\ominus = \frac{c\{[Zn(NH_3)_4]^{2+}\}\cdot c^2(OH^-)}{c^4(NH_3)} = K_f^\ominus\cdot K_{sp}^\ominus = 2.9\times10^9\times6.68\times10^{-17} = 1.9\times10^{-7}$$

$$K_2^\ominus = \frac{c\{[Zn(OH)_4]^{2-}\}\cdot c^2(NH_4^+)}{c^2(NH_3)} = K_f^\ominus\cdot K_{sp}^\ominus\cdot K_b^{\ominus 2} = 4.6\times10^{17}\times6.68\times10^{-17}\times(1.77\times10^{-5})^2$$

$$= 9.6\times10^{-9}$$

注 计算到此可以说明问题，因(1)的平衡常数远远大于(2)，故主要生成 $[Zn(NH_3)_4]^{2+}$。还可继续计算两种配离子的浓度，计算如下：

当 $c(NH_3) = c(NH_4^+) = 0.10\text{mol}\cdot L^{-1}$，

$$c(OH^-) = K_b^\ominus\cdot\frac{c(NH_3)}{c(NH_4^+)} = 1.77\times10^{-5}$$

$$\frac{c\{[Zn(NH_3)_4]^{2+}\}\cdot(1.77\times10^{-5})^2}{0.10^4} = 1.9\times10^{-7}，\ c\{[Zn(NH_3)_4]^{2+}\} = 6.2\times10^{-2}\text{mol}\cdot L^{-1}$$

$$\frac{c\{[Zn(OH)_4]^{2-}\}\times 0.10^2}{0.10^2}=9.6\times10^{-9}\text{，}\quad c\{[Zn\ (OH)_4]^{2-}\}=9.6\times10^{-9}mol\cdot L^{-1}$$

故主要生成$[Zn(NH_3)_4]^{2+}$配离子。

【习题 8-14】 将含有 $0.20mol\cdot L^{-1}$ NH_3和 $1.0mol\cdot L^{-1}$ NH_4^+的缓冲溶液与 $0.020mol\cdot L^{-1}$ $[Cu(NH_3)_4]^{2+}$溶液等体积混合，有无 $Cu(OH)_2$沉淀生成？[已知 $Cu(OH)_2$的 $K_{sp}^{\ominus}=2.2\times10^{-20}$]

解 设该溶液中 Cu^{2+}浓度为 x $mol\cdot L^{-1}$，

$$Cu^{2+}+4NH_3 \;=\!=\!=\; [Cu(NH_3)_4]^{2+}$$

$$x \qquad 0.10+4x\approx0.10 \qquad 0.010-x\approx0.010$$

$$K_f^{\ominus}=\frac{c\{[Cu(NH_3)]^{2+}\}}{c(Cu^{2+})\cdot c^4(NH_3)}=\frac{0.010}{x\cdot(0.10)^4}=2.1\times10^{13}\text{，}\quad x=c(Cu^{2+})=4.8\times10^{-12}\,mol\cdot L^{-1}$$

$$c(OH^-)=K_b^{\ominus}\cdot\frac{c(NH_3)}{c(NH_4^+)}=1.77\times10^{-5}\times\frac{0.10}{0.50}=3.5\times10^{-6}(mol\cdot L^{-1})$$

$$Q=4.8\times10^{-12}(3.54\times10^{-6})^2=6.0\times10^{-23}<K_{sp}^{\ominus}$$

因此，没有沉淀产生。

【习题 8-15】 写出下列反应的方程式并计算平衡常数：

(1) AgI 溶于 KCN 溶液中；

(2) AgBr 微溶于氨水中，溶液酸化后又析出沉淀(两个反应)。

解 (1)

$$AgI+2CN^- = [Ag(CN)_2]^- + I^-$$

$$K_J^{\ominus}=\frac{c\{[Ag(CN)_2]^-\}\cdot c(I^-)}{c^2(CN^-)}=K_f^{\ominus}\cdot K_{sp}^{\ominus}=1.3\times10^{21}\times8.51\times10^{-17}=1.11\times10^5$$

(2)

$$AgBr+2NH_3 = [Ag(NH_3)_2]^+ + Br^-$$

$$K_J^{\ominus}=\frac{c\{[Ag(NH_3)_2]^+\}\cdot c(Br^-)}{c^2(NH_3)}=K_f^{\ominus}\cdot K_{sp}^{\ominus}=1.1\times10^7\times5.35\times10^{-13}=5.88\times10^{-6}$$

$$[Ag(NH_3)_2]^+ + Br^- + 2H^+ = AgBr + 2NH_4^+$$

$$K_J^{\ominus}=\frac{c^2(NH_4^+)}{c\{[Ag(NH_3)_2]^+\}\cdot c(Br^-)\cdot c^2(H^+)}=\frac{K_b^{\ominus 2}}{K_f^{\ominus}\cdot K_{sp}^{\ominus}\cdot K_w^{\ominus 2}}=5.32\times10^{23}$$

【习题 8-16】 下列化合物中，哪些可作为有效的螯合剂？

(1) HO—OH　　(2) $H_2N—(CH_2)_3—NH_2$　　(3) $(CH_3)_2N—NH_2$

(4) $H_3C—CH(COOH)—OH$　　(5) 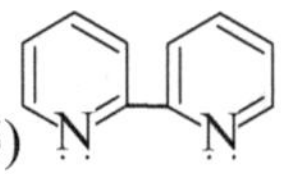　　(6) $H_2N(CH_2)_4COOH$

解 (2)、(4)、(5)可作为有效的螯合剂。

【习题 8-17】 计算 pH=7.0 时 EDTA 的酸效应系数 $\alpha[Y(H)]$，此时 Y^{4-}占 EDTA 总浓度的百分数是多少？

解 已知 EDTA 的各级离解常数 $K_{a_1}^{\ominus}\sim K_{a_6}^{\ominus}$ 分别为 $10^{-0.9}$、$10^{-1.60}$、$10^{-2.00}$、$10^{-2.67}$、$10^{-6.16}$、$10^{-10.26}$，故各级累积质子化常数 $\beta_1^H\sim\beta_6^H$ 分别为 $10^{10.26}$、$10^{16.42}$、$10^{19.09}$、$10^{21.09}$、$10^{22.69}$、$10^{23.59}$，pH=7.00 时，按下式计算

$$\alpha[\mathrm{Y(H)}]=1+c(\mathrm{H^+})\beta_1^{\mathrm{H}}+c^2(\mathrm{H^+})\beta_2^{\mathrm{H}}+c^3(\mathrm{H^+})\beta_3^{\mathrm{H}}+c^4(\mathrm{H^+})\beta_4^{\mathrm{H}}+c^5(\mathrm{H^+})\beta_5^{\mathrm{H}}+c^6(\mathrm{H^+})\beta_6^{\mathrm{H}}$$
$$=1+10^{10.26-7.00}+10^{16.42-14.00}+10^{19.09-21.00}+10^{21.09-28.00}+10^{22.69-35.00}+10^{23.59-42.00}$$
$$=1+10^{3.26}+10^{2.42}+10^{-1.91}+10^{-6.91}+10^{-12.31}+10^{-18.41}$$
$$=10^{3.32}$$

$\alpha[\mathrm{Y(H)}]=\dfrac{c(\mathrm{Y'})}{c(\mathrm{Y})}$，则 $\dfrac{c(\mathrm{Y})}{c(\mathrm{Y'})}=\dfrac{1}{\alpha[\mathrm{Y(H)}]}=10^{-3.32}=0.05\%$。

【习题 8-18】 在 $0.010\mathrm{mol\cdot L^{-1}}$ Zn^{2+}溶液中，用浓的 NaOH 溶液和氨水调节 pH 至 12.0，且使氨浓度为 $0.010\mathrm{mol\cdot L^{-1}}$(不考虑溶液体积的变化)，此时游离 Zn^{2+}的浓度为多少？

解 $[\mathrm{Zn(NH_3)_4}]^{2+}$的 $\lg\beta_1^{\ominus}\sim\lg\beta_4^{\ominus}$ 分别为 2.27、4.61、7.01、9.06。

$$\alpha[\mathrm{Zn(NH_3)}]=1+c(\mathrm{NH_3})\beta_1^{\ominus}+c^2(\mathrm{NH_3})\beta_2^{\ominus}+c^3(\mathrm{NH_3})\beta_3^{\ominus}+c^4(\mathrm{NH_3})\beta_4^{\ominus}$$
$$=1+10^{2.27-2.00}+10^{4.61-4.00}+10^{7.01-6.00}+10^{9.06-8.00}$$
$$=1+10^{0.27}+10^{0.61}+10^{1.01}+10^{1.06}$$
$$=10^{1.46}$$

查表知 pH=12 时，$\lg\alpha[\mathrm{Zn(OH)}]=8.5$，则

$$\alpha(\mathrm{Zn})=\alpha[\mathrm{Zn(NH_3)}]+\alpha[\mathrm{Zn(OH)}]=10^{1.46}+10^{8.5}=10^{8.5}$$

游离的 Zn^{2+}的浓度为

$$c(\mathrm{Zn})=\frac{c(\mathrm{Zn'})}{\alpha(\mathrm{Zn})}=\frac{0.01}{10^{8.5}}=3.2\times10^{-11}(\mathrm{mol\cdot L^{-1}})$$

【习题 8-19】 pH=6.0 的溶液中含有 $0.10\mathrm{mol\cdot L^{-1}}$ 的游离酒石酸根(Tart)，计算此时 $\lg K^{\ominus\prime}([\mathrm{CdY}]^{2-})$。若 Cd^{2+}的浓度为 $0.010\mathrm{mol\cdot L^{-1}}$，能否用 EDTA 标准溶液准确滴定？(已知 Cd^{2+}-Tart 的 $\lg\beta_1^{\ominus}=2.8$)

解 pH = 6.00 时，$\lg\alpha[\mathrm{Y(H)}]=4.65$，查表知 $\lg K^{\ominus}([\mathrm{CdY}]^{2-})=16.46$，

$$\alpha(\mathrm{CdT})=1+\beta_1^{\ominus}c(\mathrm{Tart})=1+10^{2.8}\times0.1=10^{1.8}$$

$$\lg K^{\ominus\prime}([\mathrm{CdY}]^{2-})=\lg K^{\ominus}([\mathrm{CdY}]^{2-})-\lg\alpha[\mathrm{Y(H)}]-\lg\alpha([\mathrm{CdY}]^{2-})=16.46-4.65-1.8=10.01>8$$

$\lg K^{\ominus\prime}([\mathrm{CdY}])^{2-}=10.1>8$，故能用 EDTA 标准溶液准确滴定。

【习题 8-20】 pH = 4.0 时，能否用 EDTA 准确滴定 $0.010\mathrm{mol\cdot L^{-1}}$ Fe^{2+}? pH = 6.0、8.0 时又如何？

解 查表 pH = 4、6、8 时，$\lg\alpha[\mathrm{Y(H)}]$=8.44、4.65、2.27，$\lg cK^{\ominus}(\mathrm{FeY})=14.32$。

pH=4，$\lg K^{\ominus\prime}(\mathrm{FeY})=\lg K^{\ominus}(\mathrm{FeY})-\lg\alpha[\mathrm{Y(H)}]=14.32-8.44=5.88<8$，故不能准确滴定。

pH=6 时，$\lg K^{\ominus\prime}(\mathrm{FeY})=\lg K^{\ominus}(\mathrm{FeY})-\lg\alpha[\mathrm{Y(H)}]=14.32-4.65=9.67>8$。

pH=8，$\lg K^{\ominus\prime}(\mathrm{FeY})=\lg K^{\ominus}(\mathrm{FeY})-\lg\alpha[\mathrm{Y(H)}]=14.32-2.27=12.05>8$。

又 Fe^{2+}的滴定允许的最低 pH 为：$\lg\alpha[\mathrm{Y(H)}]$=14.32−8=6.32，pH=5.1；滴定允许的最高 pH 为

$$c(\mathrm{OH^-})=\sqrt{\frac{K_{\mathrm{sp}}^{\ominus}}{c(\mathrm{Fe^{2+}})}}=\sqrt{\frac{4.87\times10^{-17}}{0.01}}=7.0\times10^{-8}(\mathrm{mol\cdot L^{-1}})，\mathrm{pH}=6.80$$

因此，pH = 6.0 时能准确滴定，pH = 8.0 时不能准确滴定。

【习题 8-21】 若配制 EDTA 溶液的水中含有 Ca^{2+}、Mg^{2+}，在 pH =5～6 时，以二甲酚橙作指示剂，用 Zn^{2+}标定该 EDTA 溶液，其标定结果是偏高还是偏低？若以此 EDTA 溶液测定 Ca^{2+}、Mg^{2+}，所得结果又如何？

解 (1) pH = 5～6 时，Ca^{2+}、Mg^{2+}不干扰，c(EDTA)为准确浓度，测定结果无影响。

(2) pH =10 时，Ca^{2+}、Mg^{2+}消耗部分 EDTA，c(EDTA)的实际浓度小于计算浓度，测定结果偏高。

【习题 8-22】 含 $0.010\text{mol}\cdot\text{L}^{-1}$ Pb^{2+}、$0.010\text{mol}\cdot\text{L}^{-1}Ca^{2+}$的溶液中，能否用 $0.01000\text{mol}\cdot\text{L}^{-1}$ EDTA 准确滴定 Pb^{2+}？若可以，应在 pH 为多少时滴定而 Ca^{2+}不干扰？

解 查表得：$\lg K^{\ominus}(\text{PdY}) = 18.04$，$\lg K^{\ominus}(\text{CaY}) = 10.69$，$\lg K^{\ominus}(\text{PdY})\cdot c(Pb^{2+})/\ [c(Ca^{2+})\cdot \lg K^{\ominus}(\text{CaY})] = 10^{7.35} > 10^{6}$

故可用 $0.010\text{mol}\cdot\text{L}^{-1}$ EDTA 准确滴定 Pb^{2+}。由 $\lg\alpha[\text{Y(H)}] = \lg K^{\ominus}(\text{PdY}) - 8$ 得 $\lg\alpha[\text{Y(H)}] = 18.04 - 8 = 10.04$，查表得 pH=3.3。

由 $K_{sp}^{\ominus}[\text{Pb(OH)}_2] = c(Pb^{2+})\cdot c^2(OH^-) = 1.42\times10^{-20}$，$c(OH^-) = [K_{sp}^{\ominus}/\ c(Pb^{2+})]^{1/2} = 1.2\times10^{-9}$ $\text{mol}\cdot\text{L}^{-1}$，pH =14 − pOH=5，即滴定溶液的 pH 在 3.3～5。

【习题 8-23】 用返滴定法测定 Al^{3+}的含量时，首先在 pH = 3 左右加入过量的 EDTA 并加热，使 Al^{3+}完全配位。为何选择此 pH？

解 酸度不高时，Al^{3+}水解生成一系列多核、多羟基配合物，如$[Al_2(H_2O)_6(OH)_3]^{3+}$等，即使酸度提高至 EDTA 滴定 Al^{3+}最高酸度 pH = 4，仍不可避免水解；铝的多羟基配合物(多核配合物)与 EDTA 反应缓慢，Al^{3+}对 XO 等指示剂有封闭作用，因此不能直接滴定。

在 pH=3 时，酸度较大，Al^{3+}不水解，但 EDTA 过量较多，Al^{3+}与 EDTA 配位完全。设 $c(Al^{3+})$= $0.010\text{mol}\cdot\text{L}^{-1}$，则 $c(OH^-) = \sqrt[3]{\dfrac{K_{sp}^{\ominus}}{c(Al^{3+})}} = \sqrt[3]{\dfrac{2\times10^{-33}}{0.01}} = 5.85\times10^{-11}(\text{mol}\cdot\text{L}^{-1})$，pH =3.80，因此，为防止 Al^{3+}发生水解选择 pH =3 左右比较合适。

【习题 8-24】 量取含 Bi^{3+}、Pb^{2+}、Cd^{2+}的试液 25.00mL，以二甲酚橙为指示剂，在 pH=1.0 时用 $0.020\ 15\text{mol}\cdot\text{L}^{-1}$EDTA 溶液滴定，用去 20.28mL。调节 pH 至 5.5，用此 EDTA 滴定时又消耗 28.86mL。加入邻二氮菲，破坏 CbY^{2-}，释放出的 EDTA 用 $0.012\ 02\text{mol}\cdot\text{L}^{-1}$ Pb^{2+}溶液滴定，用去 18.05mL。计算溶液中的 Bi^{3+}、Pb^{2+}、Cd^{2+}的浓度。

解 查表得：$\lg K^{\ominus}(\text{BiY}) = 27.94$，$\lg K^{\ominus}(\text{PdY}) = 18.04$，$\lg K^{\ominus}(\text{CdY}) = 16.46$，

pH=1.0 时，$\lg\alpha[\text{Y(H)}] = 18.01$；pH=5.5 时，$\lg\alpha[\text{Y(H)}] = 5.69$。

由判据 $\lg K^{\ominus\prime}(\text{MY})\,c(\text{M}) > 6$ 知，pH=1 时只能测定 Bi^{3+}，pH=5.5 时可测定 Pb^{2+}、Cd^{2+}。

而由 CdY^{2-}释放出来的 EDTA 消耗的 Pb^{2+}量相当于 Cd^{2+}的量，则有：

$$c(Bi^{3+}) = c(\text{EDTA})\cdot V(\text{EDTA})/V(Bi^{3+}) = 20.28\times0.020\ 15/25.00 = 0.016\ 34(\text{mol}\cdot\text{L}^{-1})$$

$$c(Cd^{2+}) = c(Pb^{2+})\cdot V(Pb^{2+})\ /V(Cd^{2+}) = 0.012\ 02\times18.05/25.00 = 0.008\ 678(\text{mol}\cdot\text{L}^{-1})$$

$$c(Pb^{2+}) = [c(EDTA)\cdot V(EDTA) - c(Pb^{2+})\cdot V(Pb^{2+})]/V(Pb^{2+})$$
$$= (0.020\,15\times 28.86 - 18.05\times 0.012\,02)/25.00$$
$$= 0.014\,58(mol\cdot L^{-1})$$

【习题 8-25】 在 25.00mL 含 Ni^{2+}、Zn^{2+}的溶液中加入 50.00mL 0.015 00mol · L^{-1} EDTA 溶液，用 0.010 00mol · L^{-1} Mg^{2+}返滴定过量的 EDTA，用去 17.52mL，然后加入二巯丙醇解蔽 Zn^{2+}，释放出 EDTA，再用去 22.00mL Mg^{2+}溶液滴定。计算原试液中 Ni^{2+}、Zn^{2+}的浓度

解 $c(Zn^{2+}) = 0.010\,00\times22.00/25.00 = 0.008\,800(mol\cdot L^{-1})$

$c(Ni^{2+}) =(0.015\,00\times50.00-0.010\,00\times17.52)/25.00 = 0.014\,19(mol\cdot L^{-1})$

【习题 8-26】 间接法测定 SO_4^{2-} 时，称取 3.000g 试样溶解后，稀释至 250.00mL。在 25.00mL 试液中加入 25.00mL 0.050 00mol · L^{-1} $BaCl_2$ 溶液，过滤 $BaSO_4$ 沉淀后，滴定剩余 Ba^{2+}用去 29.15mL 0.020 02mol · L^{-1} EDTA。试计算 SO_4^{2-} 的质量分数。

解

$$n(SO_4^{2-}) = [n(Ba^{2+})-n(EDTA)]\times250.00/25.00$$

$$w(SO_4^{2-}) = [(0.050\,00\times25.00-0.020\,02\times29.15)\times10^{-3}\times10\times M(SO_4^{2-})]/3.000 = 0.2133$$

【习题 8-27】 称取硫酸镁样品 0.2500g，以适当方式溶解后，以 0.021 15mol · L^{-1}EDTA 标准溶液滴定，用去 24.90mL，计算 EDTA 溶液对 $MgSO_4\cdot 7H_2O$ 的滴定度及样品中 $MgSO_4$ 的质量分数。

解 $T(MgSO_4\cdot 7H_2O/EDTA) = 0.021\,55\times 246.47\times 10^{-3} = 0.005\,203(g\cdot L^{-1})$

$$w(MgSO_4) = \frac{0.021\,55\times 24.90\times 10^{-3}\times 120.4}{0.2500} = 0.2584$$

【习题 8-28】 分析铜、锌、镁合金时，称取试样 0.5000g，溶解后稀释至 250.00mL。取 25.00mL 调至 pH=6，用 PAN 作指示剂，用 0.030 80mol · L^{-1} EDTA 溶液滴定，用去 30.30mL。另取 25.00mL 试液，调至 pH=10，加入 KCN 掩蔽铜、锌，用同浓度 EDTA 滴定，用去 3.40mL，然后滴加甲醛解蔽剂，再用该 EDTA 溶液滴定，用去 8.85mL。计算试样中铜、锌、镁的质量分数。

解 查表得：$\lg K^{\ominus}(ZnY)=16.50$，$\lg K^{\ominus}(MgY)=8.7$，$\lg K^{\ominus}(CuY)=18.80$。

pH=6 时，$\lg\alpha[Y(H)]=4.65$；pH=10.0 时，$\lg\alpha[Y(H)]= 0.45$。

由准确滴定的判据可知 pH = 6 时，可滴定 Cu^{2+}和 Zn^{2+}，消耗 EDTA 体积为 30.30mL。

pH=10.0 时，加 KCN 掩蔽 Cu^{2+}和 Zn^{2+}，则滴定 Mg^{2+}消耗 3.40mL EDTA。

甲醛解蔽后，用去 EDTA 体积为 8.85mL，为滴定 Cu^{2+}所消耗的量。则有

$$w(M)=c(EDTA)\cdot V(EDTA)\times M/G\times(25.00/200.00)$$

$$w(Mg)=3.40\times0.030\,80\times24.30\times10^{-3}/(1/8)\times0.5000= 0.04072$$

$$w(Zn) = 8.85\times0.030\,80\times65.39\times10^{-3}/(1/8)\times0.5000 = 0.2852$$

$$w(Cu^{2+}) = (30.30-8.85)\times0.030\,80\times63.55\times10^{-3}/(1/8)\times0.5000 = 0.6718$$

【习题 8-29】 取 100.0mL 水样，调节 pH=10，用铬黑 T 作指示剂，用去 0.0100mol · L^{-1} EDTA 25.40mL；另取一份 100.0mL 水样，调节 pH=12，用钙作指示剂，用去 EDTA 14.25mL，求每升水中 CaO、MgO 的质量。

解

$$\rho(\mathrm{CaO})=\frac{c(\mathrm{EDTA})\cdot V_2\cdot M(\mathrm{CaO})}{V\times 10^{-3}}=\frac{0.0100\times 14.25\times 56.08}{100\times 10^{-3}}=79.9(\mathrm{mg\cdot L^{-1}})$$

$$\rho(\mathrm{MgO})=\frac{c(\mathrm{EDTA})\cdot (V_1-V_2)\cdot M(\mathrm{MgO})}{V\times 10^{-3}}=\frac{0.0100\times (25.40-14.25)\times 40.30}{100\times 10^{-3}}=44.9(\mathrm{mg\cdot L^{-1}})$$

【习题 8-30】 A 100.0mL sample of water is titrated with 12.24mL of the EDTA solution(0.020 40mol · L^{-1}). Calculate the degree of hardness of the water in parts per million of $CaCO_3$.

解 水的总硬度(ppm $CaCO_3$)= c(EDTA)·V(EDTA) ·M($CaCO_3$)×1000/100

$$=0.020\,40\times 12.24\times 100.09\times 1000/100=249.9(\mathrm{mg\cdot L^{-1}})$$

【习题 8-31】 A 25.00mL sample of unknown Fe^{3+} and Cu^{2+} required 16.06mL of 0.05083 mol · L^{-1} EDTA for coordination titraition. A 50.00mL sample of unknown was treated with NH_4F to protect the Fe^{3+}. Then the Cu^{2+} was reduced and masked by addition of thiourea. Upon addition of 25.00 mL of 0.050 83mol · L^{-1} EDTA, the Fe^{3+} was liberated from its fluoride complex and formed an EDTA complex.The excess EDTA required 19.77mL of 0.01883mol · L^{-1} Pb^{2+} to reach an endpoint using xylenol orange. Find the concentration of Cu^{2+} in the unknown.

解 与 Fe^{3+}反应的 EDTA 为(25.00×0.05083−19.77×0.01883)mmol，则 Cu^{2+}的物质的量浓度

$$c(\mathrm{Cu^{2+}})=\frac{16.06\times 0.050\,83-\dfrac{25.00}{50.00}\times(25.00\times 0.050\,83-19.77\times 0.018\,83)}{25.00}=0.014\,68(\mathrm{mol\cdot L^{-1}})$$

8.4 练　习　题

8.4.1 填空题

1. 下列几种配离子：$[Ag(CN)_2]^-$、$[FeF_6]^{3-}$、$[Fe(CN)_6]^{4-}$、$[Ni(NH_3)_4]^{2+}$(四面体)属于内轨型的有__________。

2. 在 $CuSO_4$ 溶液中加入少量氨水，则溶液中有__________色沉淀生成，若加入过量氨水，则沉淀溶解，生成__________色__________配离子。

3. 根据下列配合物的名称，写出它们的化学式。

(1) 二(硫代硫酸)合银(Ⅰ)酸钠__________。

(2) 二氯·一草酸根·一(乙二胺)合铁(Ⅲ)__________。

(3) 四氯合铂(Ⅱ)酸六氨合铂(Ⅱ)__________。

(4) 四(异硫氰根)·二氨合钴(Ⅲ)酸铵__________。

4. 根据 $K_J^{\ominus}$ 值，判断标态下，下列配位反应进行的方向。

(1) $[HgCl_4]^{2-}+4I^- \rightleftharpoons [HgI_4]^{2-}+4Cl^-$，$K_J^{\ominus}$=__________。

(2) $[Cu(NH_3)_4]^{2+}+Zn^{2+} \rightleftharpoons [Zn(NH_3)_4]^{2+}+Cu^{2+}$，$K_J^{\ominus}$ =__________。

5. 含有 0.010mol · L^{-1} Mg^{2+}-EDTA 配合物的 pH=10 的氨性溶液中，

$c(Mg^{2+})$=__________$mol \cdot L^{-1}$，$c(Y^{4-})$=__________$mol \cdot L^{-1}$。已知 $\lg K^{\ominus}(MgY)=8.7$；pH=10，$\lg \alpha[Y(H)]=0.45$。

6. 在含有酒石酸和 KCN 的氨性溶液中，用 EDTA 滴定 Pb^{2+}、Zn^{2+}混合溶液中的 Pb^{2+}。加入酒石酸的作用是__________，KCN 的作用是__________。

7 某金属离子(Cr^{3+}、Mn^{2+}、Mn^{3+}、Fe^{2+})生成的两种配合物的磁矩分别为 μ=4.90B.M.和 μ=0B.M.，则该金属离子是__________。

8.4.2 是非判断题

1. 包含配离子的配合物都易溶于水，如 $K_3[Fe(CN)_6]$和$[Co(NH_3)_6]Cl_3$ 就是这样。这是它们与一般离子化合物的显著区别。( )
2. Ag^+只可能形成外轨型配合物。( )
3. EDTA 可以看作是六元酸，在配位滴定时只能在碱性条件下进行。( )
4. 在 $Pt(NH_3)_4Cl_4$ 中，铂的氧化数为+4，配位数为 6。( )
5. 在 pH 等于 5 时滴定 Zn^{2+}，如 Fe^{3+}有干扰，可加入三乙醇胺掩蔽。( )
6. 配合物的配位体都是带负电荷的离子，可以抵消中心离子的正电荷。( )
7. 配位数是中心离子(或原子)接受配位体的数目。( )
8. 配离子的电荷数等于中心离子的电荷数。( )
9 对同一中心离子，形成外轨型配离子时磁矩大，形成内轨型配合物时磁矩小。( )
10. 中心离子的未成对电子数越多，配合物的磁矩越大。( )

8.4.3 选择题

1. 关于配合物，下列说法错误的是( )。

A. 配体是一种可以给出孤对电子或 π 键电子的离子或分子

B. 配位数是指直接同中心离子相结合的配体总数

C. 广义地讲，所有金属离子都可能生成配合物

D. 配离子既可以存在于晶体中，又可以存在于溶液中

2. 关于外轨型与内转型配合物的区别，下列说法不正确的是( )。

A. 外轨型配合物中配位原子的电负性比内轨型配合物中配位原子的电负性大

B. 中心离子轨道杂化方式在外轨型配合物是 *n*s、*n*p、*n*d 轨道杂化，内轨型配合物是(*n*−1)d、*n*s、*n*p 轨道杂化

C. 一般外轨型配合物比内轨型配合物键能小

D. 通常外轨型配合物比内轨型配合物磁矩小

3. Fe(III)形成配位数为 6 的外轨型配合物中，Fe^{3+}接受孤对电子的空轨道是( )。

A. d^2sp^3　　B. sp^3d^2　　C. p^3d^3　　D. sd^5

4.下列配离子能在强酸性介质中稳定存在的是( )。

A. $[Ag(S_2O_3)_2]^{3-}$　　B. $[Ni(NH_3)_4]^{2+}$　　C. $[Fe(C_2O_4)_3]^{3-}$　　D. $[HgCl_4]^{2-}$

5. 测得$[Co(NH_3)_6]^{3+}$的磁矩μ=0.0B.M.，可知 Co^{3+}采取的杂化类型为( )。

A. d^2sp^3　　B. sp^3d^2　　C. sp^3　　D. dsp^2

6. 下列物质具有顺磁性的是( )。

A. $[Ag(NH_3)]^+$　B. $[Fe(CN)_6]^{4-}$　C. $[Cu(NH_3)_4]^{2+}$　D. $[Zn(CN)_4]^{2-}$

7. 在$[RhBr_2(NH_3)_4]^+$中，Rh 的氧化数和配位数分别是(　　)。

A. +2 和 4　B. +3 和 6　C. +2 和 6　D. +3 和 4

8. $[Cu(en)_2]^{2+}$的稳定性比$[Cu(NH_3)_4]^{2+}$大得多，主要原因是前者(　　)。

A. 配体比后者大　B. 具有螯合效应　C. 配位数比后者小　D. en 的相对分子质量比 NH_3 大

9. 下列配体中，配位能力最强的是(　　)。

A. NH_3　B. H_2O　C. Cl^-　D. CN^-

10. 下列物质中，难溶于 $Na_2S_2O_3$ 溶液，而易溶于 KCN 溶液的是(　　)。

A. AgCl　B. AgI　C. AgBr　D. Ag_2S

11.在$[Cr(CN)_6]^{4-}$中，未成对电子数是(　　)。

A. 2　B. 4　C. 5　D. 6

12. 向含有$[Ag(NH_3)_2]^+$配离子的溶液中分别加入下列物质时，平衡不向$[Ag(NH_3)_2]^+$离解方向移动的是(　　)。

A. 稀 HNO_3　B. $NH_3·H_2O$　C. Na_2S　D. KI

13. 下列各组盐溶液中加入浓氨水产生沉淀不溶解的是(　　)。

A. $ZnCl_2$ 和 AgCl　B. $CuSO_4$ 和 $CoSO_4$　C. $Mg(NO_3)_2$ 和 $FeCl_3$　D. $Ni(NO_3)_2$ 和 AgCl

14. EDTA 与金属离子形成螯合物时，其螯合比一般为(　　)。

A. 1∶1　B. 1∶2　C. 1∶4　D. 1∶6

15. 在非缓冲溶液中用 EDTA 滴定金属离子时，溶液的 pH 将(　　)。

A. 升高　B. 降低　C. 不变　D. 与金属离子价态有关

16. 下列叙述α[Y(H)]正确的是(　　)。

A. α[Y(H)]随酸度减小而增大　B. α[Y(H)]随 pH 增大而减小

C. α[Y(H)]随酸度增大而减小　D. α[Y(H)]与 pH 变化无关

17. 以铬黑 T 为指示剂，用 EDTA 溶液滴定 Mg^{2+}，可选择的缓冲溶液为(　　)。

A. $KHC_8H_4O_4$-HCl　B. KH_2PO_4-Na_2HPO_4　C. NH_4Cl-$NH_3·H_2O$　D. NaAc-HAc

18. 用 EDTA 直接滴定有色金属离子，终点时所呈现的颜色是(　　)。

A. 游离指示剂 In 的颜色　B. MY 的颜色　C. MIn 的颜色　D. A 与 B 的混合颜色

19. Fe^{3+}、Al^{3+}对铬黑 T 有(　　)。

A. 僵化作用　B. 氧化作用　C. 沉淀作用　D. 封闭作用

20. 用含少量 Cu^{2+}的蒸馏水配制 EDTA 溶液，于 pH=5.0 时用锌标准溶液标定此 EDTA 溶液，然后用此 EDTA 标准溶液于 pH=10.0 时滴定试样中的 Ca^{2+}含量，对结果的影响是(　　)。

A. 偏高　B. 偏低　C. 基本无影响　D. 不能确定

21. 用含少量 Ca^{2+}、Mg^{2+}的蒸馏水配制 EDTA 溶液，然后于 pH=5.5 时，以二甲酚橙为指示剂，用标准 Zn^{2+}溶液标定 EDTA 溶液，最后在 pH=10.0 时，用上述 EDTA 溶液滴定试样中 Ni 的含量，对测定结果的影响是(　　)。

A. 偏高　B. 偏低　C. 无影响　D. 不能确定

22. 在配位滴定中，用返滴定法测 Al^{3+}时，以某金属离子标准溶液滴定过量的 EDTA，最适合的金属离子标准溶液是(　　)。

A. Mg^{2+}　B. Zn^{2+}　C. Ag^+　D. Bi^{3+}

23. 于 50.00mL 0.020 00mol · L^{-1} Ca^{2+}溶液中，准确加入 0.020 00mol · L^{-1} EDTA 溶液 50.00mL，当 pH=12.0 时，溶液中游离 Ca^{2+}浓度为(　　)。

A. 9.04×10^{-7}　　B. 2.78×10^{-7}　　C. 4.52×10^{-7}　　D. 4.52×10^{-8}

24. 在 Fe^{3+}、Al^{3+}、Ca^{2+}、Mg^{2+}混合液中，EDTA 测定 Fe^{3+}、Al^{3+}含量时，为了消除 Ca^{2+}、Mg^{2+}的干扰，最简便的方法是(　　)。

A. 沉淀分离法　　B. 控制酸度法　　C.配位掩蔽法　　D. 溶剂萃取法

25. 用 EDTA 滴定 Bi^{3+}时，消除 Fe^{3+}干扰宜采用(　　)。

A. 加入 NaOH　　B. 加抗坏血酸　　C. 加三乙醇胺　　D. 加氰化钾

26. 某溶液含 Ca^{2+}、Mg^{2+}及少量 Fe^{3+}、Al^{3+}，今加入三乙醇胺，调至 pH=10，以铬黑 T 为指示剂，用 EDTA 滴定，此时测定的是(　　)。

A. Mg^{2+}含量　　B. Ca^{2+}含量　　C. Ca^{2+}、Mg^{2+}总量　D. Ca^{2+}、Mg^{2+}、Fe^{3+}、Al^{3+}总量

27. 在 pH=5.0 时，用 EDTA 滴定含有 Al^{3+}、Zn^{2+}、Mg^{2+}和大量 F^{-}的溶液，则测得的是(　　)。

A. Al^{3+}、Zn^{2+}、Mg^{2+}的总量　B. Zn^{2+}、Mg^{2+}总量　C. Mg^{2+}的含量　D. Zn^{2+}的含量

28. 在配位滴定中，金属离子与 EDTA 形成的配合物越稳定，$K^{\ominus}$(MY)越大，在滴定时允许 pH(仅考虑酸效应)(　　)。

A. 越低　　B. 越高　　C. 中性　　D. 无法确定

29. Co(Ⅲ)的八面体配合物 $CoCl_m \cdot nNH_3$，若 1.0mol 配合物与 $AgNO_3$ 作用生成 1.0mol AgCl 沉淀，则 m 和 n 的值是(　　)。

A. $m = 1$，$n = 5$　　B. $m = 3$，$n = 4$　　C. $m = 5$，$n = 1$　　D. $m = 4$，$n = 5$

30. 在 pH=10.0 的氨性缓冲溶液中，用 EDTA 滴定 Zn^{2+}至化学计量点时，下列关系式中正确的是(　　)。

A. $c(Zn^{2+}) = c(Y^{4-})$　　B. $c(Zn^{2+}) = c(Y^{4-}{}')$

C. $c^2(Zn^{2+}{}') = c(ZnY^{2-})/ K^{\ominus}{}'(ZnY)$　　D. $c(Zn^{2+})^2 = c(ZnY^{2-})/ K^{\ominus}{}'(ZnY)$

8.4.4 简答题

1. 配合物价键理论的要点是什么？该理论如何说明配合物的稳定性和空间构型？举例说明。

2. 什么是配合物的逐级稳定常数和配合物的累积稳定常数？二者关系如何？

3. 试解释螯合物特殊的稳定性。EDTA 与金属离子形成的配合物为什么配位比大多是 1∶1？

4. 配位滴定的条件如何选择？主要从哪些方面考虑？

5. 提高配位滴定选择性的方法有哪些？举例说明。

6. 配位滴定中为什么要使用缓冲溶液？

7. 酸效应曲线是如何绘制的？它在配位滴定中有什么用途？

8. 金属指示剂应具备什么条件？金属指示剂的作用原理是什么？

9. 在 pH=2 的酸性溶液中，已知其中 $c(Fe^{3+}) = 0.010$mol · L^{-1}，$c(Al^{3+}) = 0.010$mol · L^{-1}，(1) Al^{3+}的存在是否干扰 EDTA 滴定 Fe^{3+}？(2) 滴定 Fe^{3+}后的试液中，如果继续滴定 Al^{3+}，则试液允许的最低 pH 应为多大？如何测定 Al^{3+}？

10. 溶液中含有 1.0×10^{-2}mol · L^{-1} 左右的 Fe^{3+}、Al^{3+}、Ca^{2+}、Mg^{2+}，拟出测定这四种离子

的测定条件。

11. 用配位滴定法测定 Al^{3+}、Zn^{2+}、Mg^{2+}混合液中的 Zn^{2+}，设计简要方案。

12. 溶液中有 $1.0\times10^{-2}mol\cdot L^{-1}$ 的 Bi^{3+}、Pb^{2+}、Al^{3+}、Mg^{2+}，如何用 EDTA 滴定法测定 Pb^{2+} 的含量？

13. 在用 EDTA 滴定 Ca^{2+}、Mg^{2+}时，用三乙醇胺、KCN 都可能掩蔽 Fe^{3+}，抗坏血酸则不能掩蔽；在滴定 Bi^{3+}时，恰恰相反，即抗坏血酸可以掩蔽 Fe^{3+}，而三乙醇胺、KCN 则不可能掩蔽，试述原理。

8.4.5 计算题

1. 将 $0.20mol\cdot L^{-1}$ $AgNO_3$ 溶液与 $0.80mol\cdot L^{-1}$ 氨水等体积混合，计算溶液中 Ag^+和 $[Ag(NH_3)_2]^+$ 的浓度。

2. 0.10mol $ZnSO_4$ 固体溶于 1L $6.0mol\cdot L^{-1}$ 氨水中，测得 $c(Zn^{2+}) = 8.13\times10^{-14}mol\cdot L^{-1}$，试计算$[Zn(NH_3)_4]^{2+}$的 $K_f^{\ominus}$ 值。

3. 1.0L 浓度为 $1.0mol\cdot L^{-1}$ 氨溶液中，最多溶解 AgCl、AgBr 和 AgI 各多少(mol)？通过计算得出什么结论？

4. 欲使 0.010mol HgS 溶于 1.0L KCN 溶液中，CN^-的平衡浓度为多少?通过计算说明 HgS 能否溶于 KCN 溶液？

5. 有一混合溶液，含有 $0.10mol\cdot L^{-1}$ NH_3、$0.010mol\cdot L^{-1}$ NH_4Cl 和 $0.15mol\cdot L^{-1}$ $[Cu(NH_3)_4]^{2+}$，该溶液中有无 $Cu(OH)_2$ 沉淀生成？

6. 欲使 $c\{[Ag(NH_3)_2]^+\} = c(NH_3) = 0.10mol\cdot L^{-1}$ 银氨配离子能稳定存在(离解度≤1.0%)，溶液 pH 不应低于多少？

7. 有一配合物，经分析其组成的元素含量，钴为 21.4%、氢 5.4%、氮 25.4%、氧 23.2%、硫 11.65%、氯 13%。该配合物的水溶液中滴入 $AgNO_3$ 溶液无沉淀生成，但滴入 $BaCl_2$ 溶液则有白色沉淀生成。它与稀碱溶液也无反应。若其摩尔质量为 $275.5g\cdot mol^{-1}$，试写出该化合物的结构式。

8. 称取 0.2510g 基准级试剂 $CaCO_3$ 溶于盐酸后，移入 250.00mL 容量瓶中，稀释至刻度，吸取该溶液 25.00mL，在 pH=12 时加入指示剂，用 EDTA 滴定，用去 26.84mL，计算：(1)EDTA 溶液的物质的量浓度；(2)计算 $T(CaO/EDTA)$ 和 $T(Fe_2O_3/EDTA)$。

9. 称取 Zn、Al 试样 0.2000g，溶解后调至 pH 为 3.5，加入 50.00mL $0.051\ 32mol\cdot L^{-1}$ EDTA 煮沸，冷却后，加乙酸缓冲液(pH 约 5.5)，以 XO 为指示剂，用 $0.050\ 00mol\cdot L^{-1}$ 标准 Zn^{2+}溶液滴至红色，耗去 Zn^{2+}溶液 5.08mL；然后加足量 NH_4F，加热至 40℃，再用上述 Zn^{2+}标准溶液滴定，耗去 20.70mL，计算试样中 Zn、Al 的质量分数。

10. 称取含磷试样 0.2000g，处理成试液，将其中的磷氧化成磷酸根，并使之形成 $MgNH_4PO_4$ 沉淀。沉淀经洗涤过滤后，再溶于盐酸中，并用 NH_3-NH_4Cl 缓冲液调节 pH=10，以铬黑 T 为指示剂，用 $0.020\ 00mol\cdot L^{-1}$ 的 EDTA 20.00mL 滴至终点，计算试样中磷的质量分数。

11. 在用配位滴定法连续测定溶液中 Fe^{3+}和 Al^{3+}时，取 50.00mL 试液，用缓冲溶液控制其 pH=2.0，以水杨酸(SSal)为指示剂，用 $0.040\ 16mol\cdot L^{-1}$ EDTA 标准溶液滴至 FeSSal 的红色刚刚消失，共用去 EDTA 标准溶液 29.61mL。再准确移取 50.00mL 相同浓度的 EDTA 至溶液中，煮沸片刻，使 Al^{3+}完全配位，将 pH 调至 5.0，此时用 $0.032\ 28mol\cdot L^{-1}$ Fe^{3+}标准溶液 19.03mL

返滴定剩余的 EDTA 至出现 FeSSal 的红色为终点，计算试液中 Fe^{3+}和 Al^{3+}的物质的量浓度。

练习题参考答案

8.4.1 填空题

1. $[Fe(CN)_6]^{4-}$ 2. 蓝色；深蓝色；$[Cu(NH_3)_4]^{2+}$ 3. (1)$Na_3[Ag(S_2O_3)_2]$；(2)$[Fe(en)(C_2O_4)Cl_2]$；(3)$[Pt(NH_3)_6][PtCl_4]$；(4)$(NH_4)_2[Co(NH_3)_2(NCS)_4]$ 4. (1)5.7×10^{14} 反应正向进行；(2)1.4×10^{-4} 反应正向进行较困难，在一定条件下也是可以进行的，反应逆向进行较容易 5. 7.6×10^{-6}；2.7×10^{-6} 6. 辅助配位剂(或防止 Pb^{2+}水解)；掩蔽剂 7. Fe^{2+}

8.4.2 是非题

1.× 2.√ 3. × 4.√ 5. × 6. × 7.× 8. × 9. √ 10. √

8.4.3 选择题

1. B 2. D 3. B 4. D 5.A 6. C 7. B 8. B 9. D 10. B 11. A 12. B 13. C 14. A 15. B 16. B 17. C 18. D 19. D 20. C 21. A 22. B 23. C 24. B 25. B 26. C 27. D 28. A 29. B 30. C

8.4.4 简答题

1. 配合物价键理论要点：中心离子→提供空轨道→杂化→杂化空轨道→配体→提供孤电子对→以配位键形成配合物。根据内、外轨型配合物成键情况，内轨型配合物具有较大的稳定性。杂化轨道的类型决定其空间构型。如 $[Fe(CN)_6]^{3-}$ (内轨型)比 $[FeF_6]^{3-}$ (外轨型)稳定，$[Cu(NH_3)_4]^{2+}$ 是 dsp^2 杂化，平面为四边形构型，$[Zn(NH_3)_4]^{2+}$ 为 sp^3 杂化，为四面体构型。

2. 配合物的形成是逐步进行的，每一步都有配位平衡和相应的稳定常数，这类稳定常数称为配合物的逐级稳定常数。将逐级稳定常数相乘，可得各级累积稳定常数，最后一级累积稳定常数即为配合物的累积稳定常数。

3. 螯合物因螯合效应而具有特殊的稳定性，原因是螯环的形成增加了螯合物的熵。EDTA 与金属离子形成的配合物配位比大多是 1∶1，原因是：金属离子提供的空轨道一般为 9 个以下，一个 EDTA 可与金属离子形成 6 个 σ 键，再者中心离子的空间条件有限(配位数为 2、4、6、8)。

4. 配位滴定的条件根据条件稳定常数选择。主要从金属离子存在的适宜的 pH 范围、指示剂变色的 pH 范围、缓冲溶液等方面考虑。

5. 提高配位滴定选择性的方法有控制酸度、掩蔽和解蔽、预先分离或使用其他配位剂。如 Fe^{3+}、Al^{3+}可以通过控制酸度进行滴定。

6. 配位滴定中使用缓冲溶液的目的是：维持体系的 pH 基本不变，保证滴定的准确性。因为滴定过程中，不断有 H^+释放出来，溶液的酸度不断增大，不仅降低了配合物的实际稳定性，使滴定突跃减小，同时也可能改变指示剂变色的适宜酸度，导致滴定误差，甚至无法滴定。

7. 酸效应曲线是以不同的 $\lg K^{\ominus}(MY)$ 值对相应的最低 pH 作图而得到的。在配位滴定中可以找出滴定某一金属离子所需的最低 pH，可以找出在一定 pH 时，哪些离子被滴定，哪些离子有干扰，从而可以利用控制酸度，达到分别滴定或连续滴定的目的。

8. 金属指示剂应具备的条件是：金属离子与指示剂形成的配合物与指示剂本身在颜色上应有显著的区别，金属离子与指示剂形成的配合物比 EDTA-金属离子配合物稳定性要低，显色反应要灵敏、迅速，有一定的选择性，金属离子与指示剂形成的配合物应易溶于水，指示剂比较稳定等。金属指示剂的作用原理是：M+In(甲色)══MIn(乙色)，EDTA+M══EDTA-M，EDTA+ MIn(乙色)══EDTA-M+ In(甲色)。

9. $\lg K^\ominus(\text{FeY})=25.1$，$\lg K^\ominus(\text{AlY})=16.3$，$\dfrac{c(\text{Fe}^{3+})K^{\ominus\prime}(\text{FeY})}{c(\text{Al}^{3+})K^{\ominus\prime}(\text{AlY})}=\dfrac{K^\ominus(\text{FeY})}{K^\ominus(\text{AlY})}=10^{8.8}>10^5$，因此 Al^{3+}的存在不会干扰 EDTA 滴定 Fe^{3+}。滴定 Fe^{3+}后的试液中，如果继续滴定 Al^{3+}，则试液允许的最低 pH：$\lg\alpha[\text{Y(H)}]=\lg K^\ominus(\text{AlY})-8=16.3-8=8.3$，对应的最低 pH 为 4.0。测定 Al^{3+}时，一般先将溶液的 pH 调至 3，加入过量的 EDTA，煮沸，使 Al^{3+}与 EDTA 完全配位，再调 pH 为 5～6，用 PAN 作指示剂，用 Cu^{2+}标准溶液滴定过量的 EDTA，即可测出 Al^{3+}的含量。

10. 查表 $\lg K^\ominus(\text{FeY})=25.1$，$\lg K^\ominus(\text{AlY})=16.3$，$\lg K^\ominus(\text{CaY})=10.7$，$\lg K^\ominus(\text{MgY})=8.69$。

根据 $\lg\dfrac{c(\text{M})\cdot K^{\ominus\prime}(\text{MY})}{c(\text{N})\cdot K^{\ominus\prime}(\text{NY})}\geqslant 5$，$\lg K^{\ominus\prime}(\text{MY})\geqslant 8$ 判断能否选择滴定，并求出准确滴定允许的最小 pH，确定防止金属离子水解的最低酸度。

(1) pH=1～2 时，滴定 Fe^{3+}，其他离子不干扰。

(2) 接着在 pH=4～5 时，返滴定法测 Al^{3+}，其他离子不干扰。

(3) 另取两份试液，将 Al^{3+}、Fe^{3+}掩蔽后，一份在 pH=12 时滴 Ca^{2+}，此时 Mg^{2+}转化为 $Mg(OH)_2$ 沉淀，因此 Mg^{2+}不影响滴 Ca^{2+}。另一份在 pH=10，滴 Ca^{2+}、Mg^{2+}总量，根据二次 EDTA 标液所用的体积差，可求算 Mg^{2+}的含量。

11. 在 pH=5 时，加入 NH_4F 掩蔽 Al^{3+}，以 PAN 作指示剂用 EDTA 直接滴定即可。

12. (1)
$$\lg K^\ominus(\text{AlY})=16.3,\quad \lg K^\ominus(\text{PdY})=18.04$$
$$\Delta\lg K^\ominus=18.04-16.3=1.74$$
不可控制酸度消除 Al^{3+}的干扰，可采用配位掩蔽法消除 Al^{3+}的干扰。

(2)
$$\lg K^\ominus(\text{MgY})=8.69$$
$$\Delta\lg K^\ominus=18.04-8.69=9.35>5$$
可控制酸度消除 Mg^{2+}的干扰。

(3)
$$\lg K^\ominus(\text{BiY})=27.94$$
$$\Delta\lg K^\ominus=27.94-18.04=9.9>5$$
可控制酸度先滴定 Bi^{3+}，后滴定 Pb^{2+}。

通过计算或查林旁曲线可知滴定 Bi^{3+}的允许最高酸度 pH=0.7，而 Pb^{2+}的允许最高酸度 pH=3.3，若考虑到金属离子的水解，在 pH=1 时滴定 Bi^{3+}，在 pH=4～5 时滴定 Pb^{2+}，可以二甲酚橙为指示剂。

13. 因为在用 EDTA 滴定 Ca^{2+}、Mg^{2+}时，是在 pH =10 的溶液中滴定，此时只能选用碱性掩蔽剂；在滴定 Bi^{3+}时，是在 pH=2 左右的溶液中滴定，此时只能选用酸性掩蔽剂；否则会发生酸碱反应而失去掩蔽作用。

8.4.5　计算题

1. 混合后假设还未开始反应时，$c(Ag^+)=0.10\text{mol}\cdot\text{L}^{-1}$，$c(NH_3)=0.40\text{mol}\cdot\text{L}^{-1}$，氨水过量，设生成 $[Ag(NH_3)_2]^+$后的平衡体系中，$c(Ag^+)=x\ \text{mol}\cdot\text{L}^{-1}$，

	Ag^+	+ $2NH_3$	══ $[Ag(NH_3)_2]^+$
平衡浓度/$(\text{mol}\cdot\text{L}^{-1})$	x	$0.20+2x$	$0.10-x$
		≈ 0.20	≈ 0.10

$$K_f^{\ominus}=\frac{c\{[Ag(NH_3)_2]^+\}}{c(Ag^+)\cdot c^2(NH_3)}=\frac{0.10}{x(0.20)^2}$$

$$x=c(Ag^+)=2.2\times10^{-7}mol\cdot L^{-1}\qquad c\{[Ag(NH_3)_2]^+\}=0.10mol\cdot L^{-1}$$

2.　　$Zn^{2+}\ +\ 4NH_3 \ =\!=\!=\ [Zn(NH_3)_4]^{2+}$

平衡浓度/($mol\cdot L^{-1}$)　8.13×10^{-14}　$6.0-0.10\times4+4\times8.13\times10^{-14}=5.6$　$0.10-8.13\times10^{-14}\approx0.10$

$$K_f^{\ominus}\{[Zn(NH_3)_4]^{2+}\}=\frac{c\{[Zn(NH_3)_4]^{2+}\}}{c(Zn^{2+})\cdot c^4(NH_3)}=\frac{0.10}{(5.6)^4\times8.31\times10^{-14}}=1.25\times10^{-9}$$

3. 设 1.0L 浓度为 $1.0mol\cdot L^{-1}$ 氨溶液中，最多溶解 AgCl x mol，

$$AgCl + 2NH_3 =\!=\!= Ag[(NH_3)_2]^+ + Cl^-$$

$$1.0\qquad\qquad x\qquad\qquad x$$

$$K_J^{\ominus}=K_f^{\ominus}\{[Ag(NH_3)_2]^+\}K_{sp}^{\ominus}=1.1\times10^7\times1.77\times10^{-10}=\frac{x^2}{1.0^2}$$

$$x=4.1\times10^{-2}\ mol$$

即溶解 AgCl 为 4.1×10^{-2} mol。

同理可计算溶解 AgBr 为 2.4×10^{-3} mol，溶解 AgI 为 3.0×10^{-5} mol。

结论：AgCl 易溶于氨水，AgBr 微溶，AgI 在氨水中几乎不溶。

4. 设 0.010mol HgS 全部溶于 1.0L KCN 溶液中，CN^-的平衡浓度为 x $mol\cdot L^{-1}$，

$$HgS + 4CN^- =\!=\!= [Hg(CN)_4]^{2-} + S^{2-}$$

平衡浓度/($mol\cdot L^{-1}$)　　x　　0.010　　0.010

$$K_J^{\ominus}=\frac{c\{[Hg(CN)_4]^{2-}\}\cdot c(S^{2-})}{c^4(CN^-)}=K_f^{\ominus}\{[Hg(CN)_4]^{2-}\}\cdot K_{sp}^{\ominus}(HgS)=2.5\times10^{41}\times6.44\times10^{-53}=1.6\times10^{-11}$$

将有关数据代入上式解得

$$c(CN^-)=x=50.0mol\cdot L^{-1}$$

c(KCN)根本达不到 $50.0mol\cdot L^{-1}$，故 HgS 不溶于 KCN 溶液。

5.　　$Cu^{2+}+4NH_3 =\!=\!= [Cu(NH_3)_4]^{2+}$

$$K_f^{\ominus}=\frac{c\{[Cu(NH_3)_4]^{2+}\}}{c(Cu^{2+})\cdot c^4(NH_3)}=\frac{0.15}{0.1^4\times c(Cu^{2+})},\ c(Cu^{2+})=7.1\times10^{-11}mol\cdot L^{-1}$$

$$c(OH^-)=K_b^{\ominus}\cdot\frac{c(NH_3)}{c(NH_4^+)}=1.77\times\frac{0.1}{0.01}=1.77\times10^{-4}\,(mol\cdot L^{-1})$$

$$Q=7.1\times10^{-11}\times(1.77\times10^{-4})^2=2.2\times10^{-19}$$

由于 $Q>K_{sp}^{\ominus}[Cu(OH)_2]=2.2\times10^{-20}$，所以溶液中有 $Cu(OH)_2$ 沉淀生成。

6.　　$[Ag(NH_3)_2]^+\ +\ 2H^+\ =\!=\!=\ Ag^+\ +\ 2NH_4^+$

平衡浓度/($mol\cdot L^{-1}$)　$0.10-0.10\times1\%=0.099$　　x　　$0.10\times1\%=0.0010$　　$0.10+2\times0.10\times1\%=0.102$

$$K_J^{\ominus}=\frac{c(Ag^+)\cdot c^2(NH_4^+)}{c[Ag(NH_3)_2]^+\cdot c^2(H^+)}=\frac{K_b^{\ominus2}}{K_w^{\ominus2}\cdot K_f^{\ominus}}=\frac{(1.8\times10^{-5})^2}{(10^{-14})^2\times1.1\times10^7}=2.9\times10^{11}=\frac{10^{-3}(0.102)^2}{0.099x^2}$$

$$x=c(H^+)=1.9\times10^{-8}mol\cdot L^{-1}$$

pH = 7.72，即溶液中 pH 不低于 7.72。

7. 该配合物分子内的原子数之比应为

$$\mathrm{Co : H : N : O : S : Cl} = \frac{21.4}{58.9} : \frac{5.4}{1} : \frac{25.4}{14} : \frac{23.2}{16} : \frac{11.6}{32.1} : \frac{13}{35.5} = 1 : 15 : 5 : 4 : 1 : 1$$

根据题意：

(1) 滴加 $AgNO_3$ 溶液无沉淀，说明 Cl^- 为配体，在内界。

(2) 滴加 $BaCl_2$ 溶液有白色沉淀，说明 SO_4^{2-} 在外界。

(3) 滴加碱液无反应，说明 Co^{2+} 为中心离子。

该配合物的结构式为 $[CoCl(NH_3)_5]SO_4$，其摩尔质量正好为 275.5g · mol^{-1}。

8.(1) $(0.2510/100.09)\times 25.00/250.00 = 26.84\times 10^{-3}\times c(\mathrm{EDTA})$，$c(\mathrm{EDTA}) = 0.009\,343\ \mathrm{mol\cdot L^{-1}}$

(2)
$$T(\mathrm{CaO/EDTA}) = c(\mathrm{EDTA})\times 10^{-3}\times M(\mathrm{CaO}) = 0.5239\times 10^{-3}\mathrm{g\cdot mL^{-1}}$$

$$T(\mathrm{Fe_2O_3/EDTA}) = 1/2\times c(\mathrm{EDTA})\times 10^{-3}\times M(\mathrm{Fe_2O_3}) = 0.7460\times 10^{-3}\mathrm{g\cdot mL^{-1}}$$

9.
$$w(\mathrm{Al}) = \frac{0.050\,00\times 20.70\times 26.98}{0.2000\times 1000} = 0.1396$$

$$w(\mathrm{Zn}) = \frac{(0.051\,32\times 50.00 - 0.050\,00\times 5.08 - 0.050\,00\times 20.07)\times 65.39}{0.2000\times 1000} = 0.4175$$

10.
$$w(\mathrm{P}) = \frac{0.020\,00\times 20.00\times 10^{-3}\times 30.97}{0.2000} = 0.0619$$

11.
$$50.00\times c(\mathrm{Fe^{3+}}) = 0.040\,16\times 29.61$$

$$c(\mathrm{Fe^{3+}}) = 0.023\,78\mathrm{mol\cdot L^{-1}}$$

$$50.00\times c(\mathrm{Al^{3+}}) = (50.00\times 0.040\,16 - 0.032\,28\times 19.03)$$

$$c(\mathrm{Al^{3+}}) = 0.027\,87\mathrm{mol\cdot L^{-1}}$$

第 9 章　氧化还原平衡和氧化还原滴定法

9.1　学 习 要 求

1. 掌握氧化数、氧化还原反应、氧化反应、还原反应、氧化剂、还原剂、氧化态、还原态、电对、电极电势和标准电极电势等基本概念。

2. 熟悉原电池的组成、电极反应和电池符号的书写，掌握电动势的计算方法。

3. 熟悉影响电极电势的因素，掌握能斯特方程的应用、电极电势的计算方法。

4. 熟悉氧化还原滴定法的特点及其主要方法，了解氧化还原滴定法中的指示剂。

5. 掌握氧化还原滴定法的计算，了解氧化还原滴定法的应用。

9.2　重难点概要

9.2.1　氧化数和氧化还原反应

1. 氧化数

氧化数(oxidation number)是某元素一个原子的表观电荷数，是假设把每个化学键中的电子指定给电负性较大的一个原子而求得的。

2. 半反应

氧化还原反应(redox reaction)可分为两个半反应(half-reaction)。一是氧化半反应，即还原剂失去电子，氧化数升高的反应；二是还原半反应，即氧化剂得到电子，氧化数降低的反应。例如，

$$5Fe^{2+} + MnO_4^- + 8H^+ = 5Fe^{3+} + Mn^{2+} + 4H_2O$$

$$\text{半反应}\begin{cases}\text{氧化反应：} Fe^{2+} - e^- = Fe^{3+} \\ \text{还原反应：} MnO_4^- + 8H^+ + 5e^- = Mn^{2+} + 4H_2O\end{cases}$$

3. 氧化还原电对及其表示法

在半反应中，氧化数高的物质称氧化态，氧化数低的物质称还原态。电对通常表示成“氧化态/还原态”，如上例中有 Fe^{3+}/Fe^{2+}、MnO_4^-/Mn^{2+}两电对。

4. 氧化还原反应方程式的配平

配平方法有离子-电子法和氧化数法。总的原则是如下。

(1) 还原剂(reducing agent)失电子总数 = 氧化剂(oxidizing agent)得电子总数。

(2) 反应前后各元素原子个数必须相等。在离子-电子法配平过程中，如果氧化还原半反

应式前、后氧原子的个数不等，则可按如下所示方法做相应的处理。

介质的酸碱性	反应物比生成物多 n 个 O		反应物比生成物少 n 个 O	
	反应物加	生成物加	反应物加	生成物加
酸性	$2n$ 个 H^+	n 个 H_2O	n 个 H_2O	$2n$ 个 H^+
中性	n 个 H_2O	$2n$ 个 OH^-	n 个 H_2O	$2n$ 个 H^+
碱性	n 个 H_2O	$2n$ 个 OH^-	$2n$ 个 OH^-	n 个 H_2O

9.2.2 原电池及电池符号

将化学能直接转换成直流电的装置称为原电池(primary cell)。利用氧化还原反应构成原电池时，必须将其分解成两个半反应，即氧化半反应和还原半反应。氧化半反应在负极半电池进行，还原半反应在正极半电池进行。

原电池名称	半电池	电极反应	电对
例:Cu-Zn	Zn 半电池 Cu 半电池	(−)负极：$Zn-2e^- \longrightarrow Zn^{2+}$ (+)正极：$Cu^{2+}+2e^- \longrightarrow Cu$	Zn^{2+}/Zn Cu^{2+}/Cu
电池反应		$Zn+Cu^{2+}=Zn^{2+}+Cu$	
电池表示式		$(-)Zn \mid Zn^{2+}(c_1) \parallel Cu^{2+}(c_2) \mid Cu(+)$ “∣”代表两相间的界面；“‖”代表盐桥	
电池电动势		$E=\varphi_{(+)}-\varphi_{(-)}$	

9.2.3 电极电势 φ

1. 电极电势的产生

根据能斯特双电层理论，电极电势(electrode potential)就是电极的金属与其盐溶液之间的电势差。影响φ值大小的主要因素是金属活泼性大小和溶液的浓度。金属越活泼，盐溶液越稀，电极电势φ值越负(小)，反之，φ值越正(大)。

2. 标准电极电势 $\varphi^{\ominus}$

若组成电极的各物质均处于热力学标准状态，则此时电极的电极电势称为该电极的标准电极电势 $\varphi^{\ominus}$ 。根据标准电极电势的规定，标准氢电极(standard hydrogen electrode)的电极电势：$\varphi^{\ominus}(H^+/H_2)=0V$ 。

3. 关于标准电极电势 $\varphi^{\ominus}$ 的几点说明

(1) 电对 $\varphi^{\ominus}$ 值的大小表明电对中氧化态物质(还原态物质)氧化性(还原性)的强弱。

(2) 标准状态条件下，总是 $\varphi^{\ominus}$ 值大的电对中氧化态和 $\varphi^{\ominus}$ 值小的电对中的还原态发生反应。

(3) $\varphi^{\ominus}$ 值大小只表示在水溶液中物质得失电子的能力。

(4) $\varphi^{\ominus}$ 是强度性质的物理量，取决于电极材料的本性，与物质的量无关。

(5) $\varphi^{\ominus}$ 仅从热力学衡量反应进行的可能性和程度，而与反应速率无关。

9.2.4 电池电动势与自由能变化的关系

定温定压下氧化还原反应摩尔吉布斯自由能的变化等于原电池对环境所做的最大电功(非体积功)，即

$$(\Delta_r G_m)_{T,p} = W_{max}$$

当某氧化还原反应进度为 $\xi = 1\text{mol}$ 时，则 $W_{max} = -nEF$。故

$$(\Delta_r G_m)_{T,p} = -nEF$$

若反应在标准状态进行，则

$$\Delta_r G_m^{\ominus} = -nE^{\ominus}F$$

式中：F 为法拉第常量，$F = 96\,485\text{C} \cdot \text{mol}^{-1}$(或 $\text{J} \cdot \text{V}^{-1} \cdot \text{mol}^{-1}$)。

9.2.5 非标准状态下的电极电势 φ

1. 能斯特方程式

对于任意电极 $a\text{Ox} + n\text{e}^- \!=\!=\!= b\text{Red}$，$T$=298.15K 时，$R = 8.314\text{J} \cdot \text{K}^{-1} \cdot \text{mol}^{-1}$，有

$$\varphi = \varphi^{\ominus} + \frac{2.303RT}{nF} \lg \frac{c^a(\text{Ox})}{c^b(\text{Red})}$$

2. 影响电极电势 φ 的因素

(1) 电极的本性。

(2) 温度 T 升高，φ 增大。

(3) 离子浓度(或活度)，包括氧化态、还原态的浓度，以及参与电极反应的 H^+ 或 OH^- 的浓度。沉淀剂或配合剂也会影响 φ 值的大小。

3. 电极电势的应用

(1) 判断物质氧化还原能力的强弱。

(2) 判断氧化还原反应进行的方向。

(3) 判断氧化还原反应进行的程度。

(4) 测定溶度积常数 $K_{sp}^{\ominus}$ 和稳定常数 $K_f^{\ominus}$。

9.2.6 元素电势图及其应用

1. 元素电势图

将同一元素的各种氧化态从高到低排列，并在连线上标明各电对 $\varphi^{\ominus}$ 值，这种关系图称为元素电势图，如 Cu 的电势图($\varphi^{\ominus}$/V)。

$$\underbrace{Cu^{2+} \xrightarrow{0.158} Cu^{+} \xrightarrow{0.521} Cu}_{0.340}$$

2. 元素电势图的应用

(1) 判断中间氧化态能否发生歧化反应。

(2) 计算某一电对的 $\varphi^{\ominus}$ 值。

9.2.7 条件电极电势与氧化还原平衡

1. 条件电极电势 φ'(Ox/Red)

条件电极电势(condition electrode potential)是在特定条件下，电对氧化型和还原型的分析浓度均为 1.0mol · L^{-1} 或它们比值为 1 时的实际电极电势。溶液酸度、离子强度及副反应系数等影响条件电极电势的大小。条件电极电势比用标准电极电势更能正确地判断氧化还原反应的方向、次序和反应完成的程度。

2. 氧化还原平衡与条件平衡常数

对于下列氧化还原反应：

$$a\mathrm{Ox}_1 + b\mathrm{Red}_2 \rightleftharpoons c\mathrm{Red}_1 + d\mathrm{Ox}_2$$

可用条件稳定常数 $K^{\ominus'}$ 来衡量各种因素影响下，反应实际进行的程度。

$$K^{\ominus'} = \frac{[c'(\mathrm{Red}_1)]^c \cdot [c'(\mathrm{Ox}_2)]^d}{[c'(\mathrm{Ox}_1)]^a \cdot [c'(\mathrm{Red}_2)]^b}$$

$K^{\ominus'}$ 可依下式计算：

$$\lg K^{\ominus'} = \frac{n\left[\varphi^{\ominus'}_{(+)} - \varphi^{\ominus'}_{(-)}\right]}{0.0592}$$

显然，两电对条件电极电势的差值 $\Delta\varphi^{\ominus'}$ 越大，反应进行地越完全。在定量分析中，要求两电对的条件电极电势有足够大的差别，才能准确滴定。

9.2.8 氧化还原滴定的基本原理

1. 滴定曲线

氧化还原滴定在化学计量点附近出现电势突跃，其滴定曲线可由电势滴定法实际测得，也可根据能斯特公式，从理论计算得出，如以 $\mathrm{Ox_1}$ 滴定 $\mathrm{Red_2}$。

$$n_2\mathrm{Ox}_1 + n_1\mathrm{Red}_2 \rightleftharpoons n_2\mathrm{Red}_1 + n_1\mathrm{Ox}_2$$

滴定开始到计量点前：

$$\varphi = \varphi(\mathrm{Ox}_2 / \mathrm{Red}_2) = \varphi^{\ominus'}(\mathrm{Ox}_2 / \mathrm{Red}_2) + \frac{0.0592}{n_2}\lg\frac{c'(\mathrm{Ox}_2)}{c'(\mathrm{Red}_2)}$$

计量点时(对称电对)：

$$\varphi_{\mathrm{sp}} = \frac{n_1\varphi_1^{\ominus'} + n_2\varphi_2^{\ominus'}}{n_1 + n_2}$$

计量点后：

$$\varphi = \varphi(\mathrm{Ox}_1 / \mathrm{Red}_1) = \varphi^{\ominus'}(\mathrm{Ox}_1 / \mathrm{Red}_1) + \frac{0.0592}{n_1}\lg\frac{c'(\mathrm{Ox}_1)}{c'(\mathrm{Red}_1)}$$

2. 影响滴定突跃范围大小的因素

(1) 计量点附近突跃范围与两电对的条件电极电势的差值 $\Delta\varphi^{\ominus\prime}$ 有关。$\Delta\varphi^{\ominus\prime}$ 越大，突跃越长，$\Delta\varphi^{\ominus\prime}$ 越小，突跃越短。借助指示剂指示终点时，通常要求有 $\Delta\varphi^{\ominus\prime} > 0.2V$ 以上的突跃。

(2) 滴定反应中，若 $n_1 = n_2$，则化学计量点在突跃中点；若 $n_1 \neq n_2$，则计量点偏向电子转移数多的电对一方，n_1、n_2 相差越大，偏移越多，选择指示剂时，应注意化学计量点在滴定突跃中的位置。

(3) 氧化还原滴定曲线的起始电势与电对的条件电极电势有关，也与滴定时的介质条件有关。

9.2.9　氧化还原滴定法的指示剂

氧化还原滴定法采用的指示剂有自身指示剂、特殊指示剂和氧化还原指示剂。自身指示剂和特殊指示剂分别应用于高锰酸钾法和碘量法。对于氧化还原指示剂，其基本原理是这类指示剂的氧化型与还原型随着溶液电势的变化会发生相互转变，从而发生颜色改变而指示滴定终点。氧化还原指示剂变色的电势范围为

$$\varphi_{\text{In}}^{\ominus\prime} \pm \frac{0.0592}{n}$$

选择指示剂时要求其变色的电势范围全部或部分落在滴定的突跃范围之内。一般情况下，只要指示剂的条件电极电势落在滴定的突跃范围之内就可以选用。

9.2.10　常见的氧化还原滴定法

1. $KMnO_4$ 法

$KMnO_4$ 是一种强氧化剂，在强酸性介质中，$KMnO_4$ 氧化能力较强，所以 $KMnO_4$ 法一般在酸性溶液中应用。但测定某些有机物时，在碱性条件下，反应速率更快。

1) $KMnO_4$ 标准溶液配制与标定

$KMnO_4$ 标准溶液只能用间接法配制，标定 $KMnO_4$ 的基准物质包括 As_2O_3、$H_2C_2O_4 \cdot 2H_2O$、$Na_2C_2O_4$ 和纯铁丝等，而 $Na_2C_2O_4$ 最常用。

用 $Na_2C_2O_4$ 标定 $KMnO_4$，应选择合适的滴定条件(温度、酸度、催化剂、滴定速度、指示剂等)。

2) 应用

$KMnO_4$ 法应用很广，可测定多种有机物和无机物，但其选择性差。

如 $KMnO_4$ 法直接测 Fe 时，在 H_2SO_4 介质中进行。若在 HCl 介质中，则会使测定结果偏高。

$KMnO_4$ 法可间接测定植物、食品中的含 Ca 量。先用 $(NH_4)_2C_2O_4$ 将 Ca^{2+} 完全沉淀，沉淀处理后溶于稀 H_2SO_4，再用 $KMnO_4$ 标准溶液滴定溶液中的 $H_2C_2O_4$，即可求出样品中的 Ca 含量。

2. $K_2Cr_2O_7$ 法

$K_2Cr_2O_7$ 在酸性条件下是一种强氧化剂：

$$Cr_2O_7^{2-} + 14H^+ + 6e^- \rightleftharpoons 2Cr^{3+} + 7H_2O \qquad \varphi^{\ominus} = 1.33V$$

1) 特点

$K_2Cr_2O_7$ 稳定，可直接配制标准溶液；可在 HCl 介质中反应；常用二苯胺磺酸钠作指示剂；但 $Cr_2O_7^{2-}$ 和 Cr^{3+} 都是环境污染物，使用时应注意废液处理。

2) 应用

$K_2Cr_2O_7$ 法最重要的应用是测铁矿石中全铁的含量。该反应在 H_2SO_4-H_3PO_4 介质中进行，加 H_3PO_4 可降低 $\varphi'(Fe^{3+}/Fe^{2+})$ 使滴定突跃增大，反应进行完全，还可与 Fe^{3+} 作用生成无色的 $[Fe(HPO_4)_2]^-$，消除 Fe^{3+} 的黄色，有利于终点的观察。

3. 碘量法

利用 I_2 的氧化性和 I^- 的还原性进行滴定的方法称为碘量法。通常分为直接碘量法(direct iodimetry)，可直接滴定 S^{2-}、SO_3^{2-}、Sn^{2+}、$S_2O_3^{2-}$、AsO_2^- 或抗坏血酸等还原性物质，在弱酸性或中性条件下反应。间接碘量法(indirect iodimetry)，两者均用淀粉作指示剂。

在间接碘量法中，必须严格控制反应的酸度，并防止 I_2 的挥发和 I^- 的氧化。

硫化钠的总还原能力，钢铁、矿石、石油和废水及有机物中的硫含量、铜的含量的测定均可用到碘量法。

9.3 例题和习题解析

9.3.1 例题

【例题 9-1】 用氧化数法配平下列反应方程式。

(1) $H_2O_2(aq) + I^-(aq) + H_3O^+(aq) \longrightarrow I_2(s) + H_2O(l)$

(2) $NH_3(g) + O_2(g) \longrightarrow NO_2(g) + H_2O(g)$

(3) $HNO_3(aq) + Cu(s) \longrightarrow Cu(NO_3)_2(aq) + NO(g) + H_2O(l)$

(4) $Ca_3(PO_4)_2 + C(s) + SiO_2(s) \longrightarrow CaSiO_3(l) + P_4(g) + CO(g)$

解　(1) $H_2O_2(aq) + 2I^-(aq) + 2H_3O^+(aq) = I_2(s) + 4H_2O(l)$

(2) $4NH_3(g) + 7O_2(g) = 4NO_2(g) + 6H_2O(g)$

(3) $8HNO_3(aq) + 3Cu(s) = 3Cu(NO_3)_2(aq) + 2NO(g) + 4H_2O(l)$

(4) $2Ca_3(PO_4)_2 + 10C(s) + 6SiO_2(s) = 6CaSiO_3(l) + P_4(g) + 10CO(g)$

【例题 9-2】 用半反应法配平下列反应方程式。

(1) $I^-(aq) + H_3O^+(aq) + NO_2(g) \longrightarrow NO(g) + H_2O(l) + I_2(s)$

(2) $Al(s) + H_3O^+(aq) + SO_4^{2-}(aq) \longrightarrow Al^{3+}(aq) + H_2O(l) + SO_2(g)$

(3) $Zn(s) + OH^-(aq) + NO_3^-(aq) + H_2O(l) \longrightarrow NH_3(aq) + [Zn(OH)_4]^{2-}(aq)$

(4) $I_2(s) + OH^-(aq) \longrightarrow I^-(aq) + IO_3^-(aq) + H_2O(l)$

解　(1) $2I^-(aq) + 2H_3O^+(aq) + NO_2(g) = NO(g) + 3H_2O(l) + I_2(s)$

(2) $2Al(s) + 12H_3O^+(aq) + 3SO_4^{2-}(aq) = 2Al^{3+}(aq) + 18H_2O(l) + 3SO_2(g)$

(3) $4Zn(s) + 7OH^-(aq) + NO_3^-(aq) + 6H_2O(l) = NH_3(aq) + 4[Zn(OH)_4]^{2-}(aq)$

(4) $3I_2(s) + 6OH^-(aq) = 5I^-(aq) + IO_3^-(aq) + 3H_2O(l)$

【例题 9-3】 根据电极电势解释下列现象。

(1) 金属铁能置换铜离子而三氯化铁溶液又能溶解铜板。

(2) $FeSO_4$溶液久置会变黄。

解　(1)查表可知：$\varphi^{\ominus}(Fe^{2+}/Fe)=-0.441V$，$\varphi^{\ominus}(Cu^{2+}/Cu)=0.342V$，$\varphi^{\ominus}(Fe^{3+}/Fe^{2+})=0.771V$。由于$\varphi^{\ominus}(Cu^{2+}/Cu)>\varphi^{\ominus}(Fe^{2+}/Fe)$，因此，在标准状态下，将电对$Cu^{2+}/Cu$与$Fe^{2+}/Fe$组成氧化还原反应时，$Cu^{2+}$是氧化剂，Fe是还原剂。下列反应正向自发进行：

$$Cu^{2+}+Fe = Fe^{2+}+Cu$$

也就是说发生了金属铁置换铜离子的反应。

又因为$\varphi^{\ominus}(Fe^{3+}/Fe^{2+})>\varphi^{\ominus}(Cu^{2+}/Cu)$，因此在标准状态下电对$Cu^{2+}/Cu$与$Fe^{3+}/Fe^{2+}$发生氧化还原反应时，$Fe^{3+}$是氧化剂，Cu是还原剂。下列反应正向自发进行，

$$Cu+2Fe^{3+} = 2Fe^{2+}+Cu^{2+}$$

因此三氯化铁溶液可溶解铜板。

(2) 查表可知：$\varphi^{\ominus}(Fe^{3+}/Fe^{2+})=0.771V$，$\varphi^{\ominus}(O_2/H_2O)=1.229V$。因此，$O_2$可以将$Fe^{2+}$氧化为$Fe^{3+}$，即$FeSO_4$溶液久置易被空气氧化成$Fe_2(SO_4)_3$而变黄，其反应为

$$O_2+4Fe^{2+}+4H^+ = 4Fe^{3+}+2H_2O$$

【例题 9-4】　在酸性介质中，以等浓度的$K_2Cr_2O_7$溶液滴定20.00mL的Fe^{2+}溶液，试推导其化学计量点时电势的计算公式。假设酸度的影响忽略不计，$c(H^+)=1.00\ mol\cdot L^{-1}$。

解　滴定反应为　$Cr_2O_7^{2-}+6Fe^{2+}+14H^+ = 2Cr^{3+}+6Fe^{3+}+7H_2O$

$$\varphi(Cr_2O_7^{2-}/Cr^{3+})=\varphi^{\ominus}(Cr_2O_7^{2-}/Cr^{3+})+\frac{0.0592}{6}\lg c(Cr_2O_7^{2-})\cdot c^{14}(H^+)/c^2(Cr^{3+}) \quad (1)$$

$$\varphi(Fe^{3+}/Fe^{2+})=\varphi^{\ominus}(Fe^{3+}/Fe^{2+})+0.0592\lg c(Fe^{3+})/c(Fe^{2+}) \quad (2)$$

化学计量点时，$\varphi_{sp}=\varphi(Cr_2O_7^{2-}/Cr^{3+})=\varphi(Fe^{3+}/Fe^{2+})$，将(1)×6 +(2)得

$$7\varphi_{sp}=6\varphi^{\ominus}(Cr_2O_7^{2-}/Cr^{3+})+\varphi^{\ominus}(Fe^{3+}/Fe^{2+})+0.0592\lg\frac{c(Fe^{3+})\cdot c(Cr_2O_7^{2-})\cdot c^{14}(H^+)}{c(Fe^{2+})\cdot c^2(Cr^{3+})}$$

在计量点时，$c(Fe^{2+})=6c(Cr_2O_7^{2-})$，$c(Fe^{3+})=3c(Cr^{3+})$，则

$$7\varphi_{sp}=6\varphi^{\ominus}(Cr_2O_7^{2-}/Cr^{3+})+\varphi^{\ominus}(Fe^{3+}/Fe^{2+})+0.0592\lg\frac{3c(Cr^{2+})\cdot c(Cr_2O_7^{2-})\cdot c^{14}(H^+)}{6c(Cr_2O_7^{2-})\cdot c^2(Cr^{3+})}$$

$$=6\varphi^{\ominus}(Cr_2O_7^{2-}/Cr^{3+})+\varphi^{\ominus}(Fe^{3+}/Fe^{2+})+0.0592\lg\frac{1}{2}c(Cr^{3+})$$

即

$$\varphi_{sp}=\frac{6\varphi^{\ominus}(Cr_2O_7^{2-}/Cr^{2+})+\varphi^{\ominus}(Fe^{3+}/Fe^{2+})}{7}+\frac{0.0592}{7}\lg\frac{1}{2}c(Cr^{3+})$$

【例题 9-5】　在氧化还原滴定中，为什么可以用氧化剂和还原剂两个电对中的任意一个电对计算滴定过程中溶液的电势？

答　在氧化还原滴定中，加入一定量的滴定剂时，反应最终要达到一个新的平衡，此时氧化剂和还原剂这两个电对的电极电势相等。因此，溶液中某一平衡点的电势可以选用便于计算的任何一个电对来计算。

【例题 9-6】　今有$PbO\text{-}PbO_2$混合物，现称取试样1.234g，加入20.00mL 0.2500mol · L^{-1}草酸溶液，将PbO_2还原为Pb^{2+}，然后用氨中和，这时Pb^{2+}以PbC_2O_4的形式沉淀，过滤，滤液酸化后用$KMnO_4$滴定，消耗0.040 00mol · L^{-1} $KMnO_4$溶液10.00mL，沉淀溶解于酸中，滴

定时消耗 0.040 00mol · L^{-1} $KMnO_4$溶液 30.00mL。计算试样中 PbO 和 PbO_2的质量分数。

解
$$2MnO_4^- + 5H_2C_2O_4 + 6H^+ = 2Mn^{2+} + 10CO_2 + 8H_2O$$

$$PbO_2 + H_2C_2O_4 + 2H^+ = Pb^{2+} + 2CO_2 + 2H_2O$$

$$PbO + PbO_2 \xrightarrow{H_2C_2O_4} Pb^{2+} \xrightarrow{NH_3\ 中和} PbC_2O_4 \xrightarrow{过滤、酸化} H_2C_2O_4 \xrightarrow{KMnO_4滴定} CO_2 + H_2O$$

$$n_{总}(C_2O_4^{2-}) = 0.2500 \times 20.00 = 5.000(\text{mmol})$$

滤液中　$n(C_2O_4^{2-}) = \frac{5}{2}n(KMnO_4) = \frac{5}{2} \times 0.040\,00 \times 10.00 = 1.000(\text{mmol})$

沉淀中　$n(C_2O_4^{2-}) = \frac{5}{2}n(KMnO_4) = \frac{5}{2} \times 0.040\,00 \times 30.00 = 3.000(\text{mmol})$

还原 $Pb^{4+} \rightarrow Pb^{2+}$所消耗的 $n(C_2O_4^{2-}) = 5.000 - 1.000 - 3.000 = 1.000(\text{mmol})$

即
$$n(PbO_2) = 1.000\ \text{mmol}$$

$$w(PbO_2) = n(PbO_2)M(PbO_2)/m = 1.000 \times 10^{-3} \times 239.2/1.234 = 0.1938$$

$$w(PbO) = n(PbO)M(PbO)/m = [n(Pb) - n(PbO_2)] \cdot M(PbO)/m$$
$$= (3.000 - 1.000) \times 10^{-3} \times 223.2/1.234 = 0.3618$$

【例题 9-7】　现有 KNO_3 和 $NaNO_2$ 的混合样品 5.000g，制备成 500.0mL 的溶液，移液 25.00mL 用浓度为 0.1200mol · L^{-1} 的 Ce^{4+}标准溶液 50.00mL 在强酸中氧化，过量的 Ce^{4+}用浓度为 0.02500 mol · L^{-1} 的 Fe^{2+}标准溶液滴定，用去 Fe^{2+}溶液 28.40mL，相应的反应如下：

$$2Ce^{4+} + HNO_2 + H_2O = 2Ce^{3+} + NO_3^- + 3H^+$$

$$Ce^{4+} + Fe^{2+} = Ce^{3+} + Fe^{3+}$$

(1) 若将第一个反应式作为原电池的电池反应，写出该原电池的电极反应，并计算该电池反应的 $\Delta_r G_m^\ominus$；[已知 $\varphi^\ominus(Ce^{4+}/Ce^{3+}) = 1.44V$，$\varphi^\ominus(NO_3^-/NO_2^-) = 0.934V$]

(2) 计算试样中 $NaNO_2$ 的质量分数 w；[已知 $M(NaNO_2) = 69.00g \cdot mol^{-1}$]

(3) 计算第一步的标准平衡常数 $K^\ominus$。

解　此题是考查电化学与热力学、化学平衡间的计算。

(1) 电池的电极反应：

$$(+)Ce^{4+} + e^- = Ce^{3+}$$

$$(-)HNO_2 + H_2O = 2e^- + NO_3^- + 3H^+$$

$$\Delta_r G_m^\ominus = -nFE^\ominus = -2 \times 96485 \times [\varphi^\ominus(Ce^{4+}/Ce^{3+}) - \varphi^\ominus(NO_3^-/NO_2^-)]$$
$$= -2 \times 96485 \times (1.44 - 0.934)$$
$$= -97.64(\text{kJ} \cdot \text{mol}^{-1})$$

(2) 根据题意

$$n(NaNO_2) = \frac{1}{2}n(Ce^{4+}) = \frac{1}{2}[c(Ce^{4+}) \cdot V(Ce^{4+}) - c(Fe^{2+}) \cdot V(Fe^{2+})] = 2.645 \times 10^{-3}\text{mol}$$

$$w(NaNO_2) = \frac{n(NaNO_2) \cdot M(NaNO_2)}{\frac{25.00}{500} \times m(\text{样品})} = \frac{2.645 \times 10^{-3} \times 69.00}{0.05000 \times 5.000} = 0.7300$$

(3)
$$\lg K^\ominus = nE^\ominus/0.0592 = 2 \times (1.44 - 0.934)/0.0592 = 17.09$$

$$K^\ominus = 1.24 \times 10^{17}$$

【例题 9-8】 已知 $\varphi^{\ominus}(Cu^{2+}/Cu^{+})=0.153V$，$\varphi^{\ominus}(I_2/I^-)=0.536V$。

(1) 计算 $\varphi^{\ominus}(Cu^{2+}/CuI)$ 的值；

(2) 计算当 $c(Cu^{2+})=0.50mol \cdot L^{-1}$，$c(I^-)=0.10mol \cdot L^{-1}$ 时，反应 $2Cu^{2+}+4I^- =\!=\!= 2CuI+I_2$ 的标准平衡常数 $K^{\ominus}$；

(3) 判断在条件(2)下该反应的自发进行方向。[已知 $K_{sp}^{\ominus}(CuI)=1.27\times10^{-12}$]

解 (1)

$$\varphi^{\ominus}(Cu^{2+}/CuI)=\varphi^{\ominus}(Cu^{2+}/Cu^{+})+0.0592\lg(1/K_{sp}^{\ominus})$$

$$=0.153-0.0592\lg K_{sp}^{\ominus}$$

$$=0.153-0.0592\lg(1.27\times10^{-12})=0.857(V)$$

(2)

$$\lg K^{\ominus}=nE^{\ominus}/0.0592=2\times(0.857-0.536)/0.0592=10.84$$

$$K^{\ominus}=6.9\times10^{10}$$

(3) 当 $c(Cu^{2+})=0.50mol \cdot L^{-1}$，$c(I^-)=0.10mol \cdot L^{-1}$ 时，有

$$\varphi_{(+)}=\varphi(Cu^{2+}/CuI)=\varphi^{\ominus}(Cu^{2+}/Cu^{+})+0.0592\lg\frac{c(Cu^{2+})}{K_{sp}^{\ominus}/c(I^-)}$$

$$=0.153+0.0592\lg\frac{0.50\times0.10}{1.27\times10^{-12}}=0.780(V)$$

$$\varphi_{(-)}=\varphi(I_2/I^-)=\varphi^{\ominus}(I_2/I^-)+\frac{0.0592}{2}\lg[1/c(I^-)]=0.536+\frac{0.0592}{2}\lg\frac{1}{0.10}=0.566(V)$$

$\varphi_{(+)}>\varphi_{(-)}$，所以该反应正向自发进行。

9.3.2 习题解析

【习题 9-1】 氧化还原电对有哪些类型？举例说明。

解 氧化还原电对主要有以下 4 类：

(1) 金属离子/金属电对，如 Zn^{2+}/Zn、Cu^{2+}/Cu、Fe^{2+}/Fe 等；

(2) 气体/还原态或氧化态/气体电对，如 H^+/H_2、O_2/H_2O_2、O_2/H_2O；

(3) 离子电对，即氧化态和还原态在溶液中均以离子状态存在，如 Fe^{3+}/Fe^{2+}、$Cr_2O_7^{2-}/Cr^{3+}$、MnO_4^-/Mn^{2+}；

(4) 难溶盐/金属电对，如 $AgCl/Ag$、$PbSO_4/Pb$、AgI/Ag。

【习题 9-2】 若电对中有氧原子，如何配平其还原半反应中的氧原子？举例说明。

解 (1) 在酸性介质中，在多余氧原子的一端，按多余氧原子个数的 2 倍加 H^+，另一端则生成和多余的氧原子数量相同的水，如 MnO_4^-/Mn^{2+}，

$$MnO_4^-+8H^++5e^- =\!=\!= Mn^{2+}+4H_2O$$

(2) 在碱性介质中，在多余氧原子的一端，按多余的氧原子个数加 H_2O，另一端则按多余的氧原子数量的 2 倍生成 OH^-，如 Cu_2O/Cu，

$$Cu_2O+H_2O+2e^- =\!=\!= 2Cu+2OH^-$$

(3) 在中性介质中，氧化态一端加 H_2O，还原态一端视情况生成 OH^- 和 H^+。若还原态少氧原子，则生成 OH^-；反之，则生成 H^+。

【习题 9-3】 工业盐外观与食盐相似，味咸，价格低廉。有人误将工业盐当食盐购回食用而中毒。请问食用工业盐为什么易中毒？如果你碰到了这类中毒者，如何帮助他解毒？

解 工业盐的主要成分是亚硝酸钠($NaNO_2$)，既有氧化性，又有还原性。人一旦误食，进入血液，就会将红细胞中二价铁血红蛋白氧化为三价铁血红蛋白，使血红蛋白的输运氧气和释放氧气的能力下降或丧失，造成组织器官的缺氧而中毒。一旦发现就要立即催吐洗胃和服用维生素 C 或硫酸亚铁胶囊解毒。

【习题 9-4】 现代城市中很多家庭都备有洁厕剂和消毒剂。曾有报道称有人误将两者混合使用，出现氯气中毒现象。请说明中毒原因。

解 洁厕剂有强酸性(如 HCl 存在)，消毒剂中含有次氯酸钠(如 84 消毒液)。次氯酸钠在酸性环境中发生如下反应：

$$ClO^-+Cl^-+2H^+ \xlongequal{} Cl_2 + H_2O$$

释放出的氯气致人中毒。

【习题 9-5】 水体被污染时，其溶解氧有什么变化？为什么？采用什么方法可以测定溶解氧的含量？

解 空气中的分子态氧溶解在水中称为溶解氧，常用符号 DO 表示。当水体被污染时，水中的溶解氧将会降低。若水体被有机物污染，污染物越多，细菌就越活跃，这种过程通常要消耗大量的氧才能进行。若水体被硫化氢、亚硝酸盐等还原性无机物污染时，则会与氧发生氧化反应而消耗大量的溶解氧。因此，水被污染时，其溶解氧常会降低。测量溶解氧的方法常采用碘量法。

【习题 9-6】 配平下列反应式。

(1) $HClO_4 + H_2SO_3 \longrightarrow HCl + H_2SO_4$

(2) $Cu+H_2SO_4(浓) \longrightarrow CuSO_4 + SO_2 + H_2O$

(3) $Cl_2(g)+NaOH \longrightarrow NaCl + NaClO_3$

(4) $Cr(OH)_3(s)+Br_2(l)+KOH \longrightarrow K_2CrO_4 +KBr$

解

$$HClO_4 + 4H_2SO_3 \xlongequal{} HCl+4H_2SO_4$$

$$Cu + 2H_2SO_4(浓) \xlongequal{} CuSO_4 + SO_2 + 2H_2O$$

$$3Cl_2(g)+ 6NaOH \xlongequal{} NaClO_3 + 5NaCl + 3H_2O$$

$$2Cr(OH)_3(s)+3Br_2(l)+10KOH \xlongequal{} 2K_2CrO_4+6KBr + 8H_2O$$

提示：正负极得失电子数相等，以及元素的种类和原子的个数相等，以上述(3)、(4)为例。

(3)

$$Cl_2(g)+2e^- \xlongequal{} 2Cl^- \quad ①$$

$$l_2(g)+ 12OH^- \xlongequal{} 2\,ClO_3^- + 6H_2O + 10\,e^- \quad ②$$

①×5 +②得

$$6Cl_2(g)+ 12OH^- \xlongequal{} 10Cl^-+2\,ClO_3^- + 6H_2O$$

化简得

$$3Cl_2(g)+6OH^- \xlongequal{} 5Cl^-+ ClO_3^- + 3H_2O$$

即

$$3Cl_2(g)+6NaOH \xlongequal{} 5NaCl+NaClO_3+3H_2O$$

(4)
$$Cr(OH)_3(s)+Br_2(l) \longrightarrow CrO_4^{2-}+Br^-$$
$$Br_2(l)+2e^- = 2Br^- \quad ①$$
$$Cr(OH)_3(s)+8OH^- = CrO_4^{2-}+3OH^-+4H_2O+3e^-$$
即
$$Cr(OH)_3(s)+5OH^- = CrO_4^{2-}+4H_2O+3e^- \quad ②$$

①×3+②×2 得

$$2Cr(OH)_3(s)+3Br_2(l)+10OH^- = 2CrO_4^{2-}+6Br^-+8H_2O$$
$$2Cr(OH)_3(s)+3Br_2(l)+10KOH = 2K_2CrO_4+6KBr+8H_2O$$

【习题 9-7】 酸性溶液中含有 Fe^{3+}、$Cr_2O_7^{2-}$、MnO_4^-，当通入 H_2S 时，还原的顺序如何？写出有关的化学反应方程式。

解 查表可知，在酸性条件下，$\varphi^\ominus(MnO_4^-/Mn^{2+})>\varphi^\ominus(Cr_2O_7^{2-}/Cr^{3+})>\varphi^\ominus(Fe^{3+}/Fe^{2+})$，则通入 H_2S 时，还原的顺序为 MnO_4^-、$Cr_2O_7^{2-}$、Fe^{3+}。有关的离子反应方程式为

$$2MnO_4^-+5H_2S+6H^+ = 2Mn^{2+}+5S+8H_2O$$
$$Cr_2O_7^{2-}+3H_2S+8H^+ = 2Cr^{3+}+3S+7H_2O$$
$$2Fe^{3+}+H_2S = 2Fe^{2+}+S+2H^+$$

【习题 9-8】 298.15K 时，Fe^{3+}、Fe^{2+}的混合溶液中加入 NaOH 时，有 $Fe(OH)_3$ 和 $Fe(OH)_2$ 沉淀生成(假设没有其他的反应发生)。当沉淀反应达到平衡时，保持 $c(OH^-)=1.0mol \cdot L^{-1}$，计算 $\varphi(Fe^{3+}/Fe^{2+})$。

解 混合液中，$c(Fe^{3+})\cdot c^3(OH^-)=K_{sp}^\ominus[Fe(OH)_3]$，$c(OH^-)=1.0mol \cdot L^{-1}$ 时，$c(Fe^{3+})=K_{sp}^\ominus[Fe(OH)_3]$，同理，$c(Fe^{2+})=K_{sp}^\ominus[Fe(OH)_2]$，有

$$\varphi(Fe^{3+}/Fe^{2+}) = 0.771+0.0592\lg\frac{c(Fe^{3+})}{c(Fe^{2+})} = 0.771+0.0592\lg\frac{2.64\times10^{-39}}{4.87\times10^{-17}} = -0.547(V)$$

【习题 9-9】 Diagram primary cell that have the following net reactions.

(1) $Fe+Cu^{2+} = Fe^{2+}+Cu$ (2) $Ni+Pb^{2+} = Ni^{2+}+Pb$

(3) $Cu+2Ag^+ = Cu^{2+}+2Ag$ (4) $Sn+2H^+ = Sn^{2+}+H_2$

解 (1) $Fe+Cu^{2+} = Fe^{2+}+Cu$

原电池符号：$(-)Fe \mid Fe^{2+}(c_1) \parallel Cu^{2+}(c_2) \mid Cu(+)$

电极反应：正极 $Cu^{2+}+2e^- = Cu$，负极 $Fe-2e^- = Fe^{2+}$

(2) $Ni+Pb^{2+} = Ni^{2+}+Pb$

原电池符号：$(-)Ni \mid Ni^{2+}(c_1) \parallel Pb^{2+}(c_2) \mid Pb(+)$

电极反应：正极 $Pb^{2+}+2e^- = Pb$，负极 $Ni-2e^- = Ni^{2+}$

(3) $Cu+2Ag^+ = Cu^{2+}+2Ag$

原电池符号：$(-)Cu \mid Cu^{2+}(c_1) \parallel Ag^+(c_2) \mid Ag(+)$

电极反应：正极 $Ag^++2e^- = 2Ag$，负极 $Cu-2e^- = Cu^{2+}$

(4) $Sn+2H^+ = Sn^{2+}+H_2$

原电池符号：$(-)Sn \mid Sn^{2+}(c_1) \parallel H^+(c_2) \mid H_2(p^\ominus) \mid Pt(+)$

电极反应：正极 $2H^++2e^- = H_2$，负极 $Sn-2e^- = Sn^{2+}$

【习题 9-10】 计算 298.15K 时下列各电池的标准电动势，并写出每个电池的自发电

池反应。

(1) (—)Pt | I^-，I_2 ‖ Fe^{3+}，Fe^{2+} | Pt(+)

(2) (—)Zn | Zn^{2+} ‖ Fe^{3+}，Fe^{2+} | Pt(+)

(3) (—)Pt | Fe^{3+}，Fe^{2+} ‖ H^+，NO_3^-，HNO_2 | Pt(+)

(4) (—)Pt | Fe^{3+}，Fe^{2+} ‖ MnO_4^-，Mn^{2+}，H^+ | Pt(+)

解　(1) $E^\ominus=\varphi_{(+)}-\varphi_{(-)}=\varphi^\ominus(Fe^{3+}/Fe^{2+})-\varphi^\ominus(I_2/I^-)=0.771-0.5355=0.236(V)>0$

自发电池反应：$2Fe^{3+}+3I^- = 2Fe^{2+}+I_3^-$

(2) $E^\ominus=\varphi_{(+)}-\varphi_{(-)}=\varphi^\ominus(Fe^{3+}/Fe^{2+})-\varphi^\ominus(Zn^{2+}/Zn)=0.771-(-0.762)=1.533(V)>0$

自发电池反应：$2Fe^{3+}+Zn = 2Fe^{2+}+Zn^{2+}$

(3) $E^\ominus=\varphi_{(+)}-\varphi_{(-)}=\varphi^\ominus(NO_3^-/HNO_2)-\varphi^\ominus(Fe^{3+}/Fe^{2+})=0.934-0.771=0.163(V)>0$

自发电池反应：$2Fe^{2+}+NO_3^-+3H^+ = 2Fe^{3+}+HNO_2+H_2O$

(4) $E^\ominus=\varphi_{(+)}-\varphi_{(-)}=\varphi^\ominus(MnO_4^-/Mn^{2+})-\varphi^\ominus(Fe^{3+}/Fe^{2+})=1.507-0.771=0.736(V)>0$

自发电池反应：$5Fe^{2+}+MnO_4^-+8H^+ = 5Fe^{3+}+Mn^{2+}+4H_2O$

【习题 9-11】　计算 298.15K 时下列各电对的电极电势。

(1) Fe^{3+}/Fe^{2+}，$c(Fe^{3+})=0.10mol\cdot L^{-1}$，$c(Fe^{2+})=0.50mol\cdot L^{-1}$

(2) Sn^{4+}/Sn^{2+}，$c(Sn^{4+})=1.0mol\cdot L^{-1}$，$c(Sn^{2+})=0.20mol\cdot L^{-1}$

(3) $Cr_2O_7^{2-}/Cr^{3+}$，$c(Cr_2O_7^{2-})=0.10mol\cdot L^{-1}$，$c(Cr^{3+})=0.20mol\cdot L^{-1}$，$c(H^+)=2.0mol\cdot L^{-1}$

(4) Cl_2/Cl^-，$c(Cl^-)=0.10mol\cdot L^{-1}$，$p(Cl_2)=2.0\times10^5Pa$

解　(1) 查表可知，$\varphi^\ominus(Fe^{3+}/Fe^{2+})=0.771V$，有

$$Fe^{3+}+e^- = Fe^{2+}$$

$$\varphi(Fe^{3+}/Fe^{2+})=\varphi^\ominus(Fe^{3+}/Fe^{2+})+0.0592\lg\frac{c(Fe^{3+})}{c(Fe^{2+})}=0.771+0.0592\lg\frac{0.10}{0.50}=0.73(V)$$

(2) 查表可知，$\varphi^\ominus(Sn^{4+}/Sn^{2+})=0.151V$，有

$$Sn^{4+}+2e^- = Sn^{2+}$$

$$\varphi(Sn^{4+}/Sn^{2+})=\varphi^\ominus(Sn^{4+}/Sn^{2+})+\frac{0.0592}{2}\lg\frac{c(Sn^{4+})}{c(Sn^{2+})}=0.151+\frac{0.0592}{2}\lg\frac{1.0}{0.20}=0.172(V)$$

(3) 查表可知，$\varphi^\ominus(Cr_2O_7^{2-}/Cr^{3+})=1.33V$，有

$$Cr_2O_7^{2-}+14H^++6e^- = 2Cr^{3+}+7H_2O$$

$$\varphi(Cr_2O_7^{2-}/Cr^{3+})=\varphi^\ominus(Cr_2O_7^{2-}/Cr^{3+})+\frac{0.0592}{6}\lg\frac{c(Cr_2O_7^{2-})\cdot c^{14}(H^+)}{c^2(Cr^{3+})}$$

$$=1.33+\frac{0.0592}{6}\lg\frac{0.10\times2.0^{14}}{0.20^2}=1.38(V)$$

(4) 查表可知，$\varphi^\ominus(Cl_2/Cl^-)=1.358V$，有

$$Cl_2+2e^- = 2Cl^-$$

$$\varphi(Cl_2/Cl^-) = \varphi^{\ominus}(Cl_2/Cl^-) + \frac{0.0592}{2}\lg\frac{p(Cl_2)/p^{\ominus}}{c(Cl^-)/c^{\ominus}}$$

$$=1.358+\frac{0.0592}{2}\lg\frac{2.0\times10^5/1.00\times10^5}{(0.10)^2}=1.428(V)$$

【习题 9-12】 计算 298.15K 时，1.0×10^5Pa 的 H_2 分别在 0.10mol · L^{-1} HAc 溶液和 1.0mol · L^{-1} NaOH 溶液中的电极电势。

解　0.10mol · L^{-1} HAc 溶液中，有

$$c(H^+) = \sqrt{0.10\times1.76\times10^{-5}} = 1.33\times10^{-3}(mol \cdot L^{-1})$$

$$2H^+ + 2e^- = H_2$$

$$\varphi(H^+/H_2) = \varphi^{\ominus}(H^+/H_2) + \frac{0.0592}{2}\lg\frac{c^2(H^+)}{p(H_2)/p^{\ominus}} = 0.0592\lg c(H^+)$$

$$= 0.0592\lg(1.33\times10^{-3}) = -0.170(V)$$

1.0mol · L^{-1} NaOH 溶液中，$c(H^+)=K_w^{\ominus}=1.0\times10^{-14}$ mol · L^{-1}

$$\varphi(H^+/H_2)=0.0592\lg(1.0\times10^{-14}) = -0.829(V)$$

【习题 9-13】 计算 298.15K 时 AgBr/Ag 电对和 AgI/Ag 电对的标准电极电势。

解

$$AgBr(s)+ e^- = Ag(s)+ Br^-$$

反应实质为：$Ag^+ + e^- = Ag$　　$\varphi^{\ominus}(Ag^+/Ag)=0.799$ V

若在溶液中加入 Br^-，则生成 AgBr 沉淀，$K_{sp}^{\ominus}(AgBr)= 5.35\times10^{-13}$。

达平衡时，如果 $c(Br^-)$=1mol · L^{-1}，则

$$\varphi^{\ominus}(AgBr/Ag)=\varphi(Ag^+/Ag)=\varphi^{\ominus}(Ag^+/Ag)+0.0592\lg c(Ag^+)$$

$$=\varphi^{\ominus}(Ag^+/Ag)+0.0592\lg\frac{K_{sp}^{\ominus}(AgBr)}{c(Br^-)}$$

$$= 0.799+0.0592\lg(5.35\times10^{-13})= 0.073(V)$$

同理，标准态时，

$$\varphi^{\ominus}(AgI/Ag)=\varphi(Ag^+/Ag)=\varphi^{\ominus}(Ag^+/Ag)+0.0592\lg c(Ag^+)$$

$$=\varphi^{\ominus}(Ag^+/Ag)+0.0592\lg K_{sp}^{\ominus}(AgI)$$

$$= 0.799+0.0592\lg(8.51\times10^{-17})=-0.152(V)$$

【习题 9-14】 计算 298.15K 时 $[Zn(NH_3)_4]^{2+}$/Zn 电对和 $[Zn(CN)_4]^{2-}$/Zn 电对的标准电极电势。

解

$$[Zn(NH_3)_4]^{2+} + 2e^- = Zn + 4NH_3$$

标准态时，$c\{[Zn(NH_3)_4]^{2+}\} = c(NH_3)$= 1mol · L^{-1}，$c(Zn^{2+})=1/K_f^{\ominus}\{[Zn(NH_3)_4]^{2+}\}$，故

$$\varphi^{\ominus}\{[Zn(NH_3)_4]^{2+}/Zn\} = \varphi(Zn^{2+}/Zn) = \varphi^{\ominus}(Zn^{2+}/Zn) + \frac{0.0592}{2}\lg c(Zn^{2+})$$

$$= -0.762 + \frac{0.0592}{2}\lg1/2.9\times10^9 = -1.042(V)$$

$$[Zn(CN)_4]^{2-} + 2e^- = Zn + 4CN^-$$

标准态时，$c\{[Zn(CN)_4]^{2-}\}=c(CN^-)=1mol\cdot L^{-1}$，$c(Zn^{2+})=1/K_f^{\ominus}\{[Zn(CN)_4]^{2-}\}$，故

$$\varphi^{\ominus}\{[Zn(CN)_4]^{2-}/Zn\}=\varphi(Zn^{2+}/Zn)=\varphi^{\ominus}(Zn^{2+}/Zn)+\frac{0.0592}{2}\lg c(Zn^{2+})$$

$$=-0.762+\frac{0.0592}{2}\lg(1/5.0\times10^{16})=-1.2569(V)$$

【习题 9-15】 在 298.15K 的标准状态下，MnO_2 和盐酸反应能否制得 Cl_2？如果改用 $12mol\cdot L^{-1}$ 的浓盐酸呢？(设其他物质仍处在标准状态)

解　　$\varphi^{\ominus}(MnO_2/Mn^{2+})=1.224\ V$　　$\varphi^{\ominus}(Cl_2/Cl^-)=1.358\ V$

$$\varphi^{\ominus}(MnO_2/Mn^{2+})<\varphi^{\ominus}(Cl_2/Cl^-)$$

故标准状态下，MnO_2 和 HCl 反应不能制得 Cl_2。

$c(HCl)=12mol\cdot L^{-1}$ 时，$c(Mn^{2+})=1mol\cdot L^{-1}$。对于 MnO_2/Mn^{2+} 电对

$$MnO_2+4H^++2e^-=\!=\!=Mn^{2+}+2H_2O$$

$$\varphi(MnO_2/Mn)=\varphi^{\ominus}(MnO_2/Mn)+\frac{0.0592}{2}\lg[c^4(H^+)/c(Mn^{2+})]$$

$$=1.224+\frac{0.0592}{2}\lg12^4=1.35(V)$$

对于 Cl_2/Cl^- 电对

$$2Cl^--2e^-=\!=\!=Cl_2$$

$$\varphi(Cl_2/Cl^-)=\varphi^{\ominus}(Cl_2/Cl^-)+\frac{0.0592}{2}\lg\frac{p(Cl_2)/p^{\ominus}}{c^2(Cl^-)}$$

$$=1.358+\frac{0.0592}{2}\lg\frac{1}{12^2}=1.29(V)$$

故用 $12mol\cdot L^{-1}$ 的 HCl 能制得 Cl_2，反应方程式为

$$MnO_2+4HCl=\!=\!=Cl_2+MnCl_2+2H_2O$$

【习题 9-16】 根据标准电极电势判断下列反应能否正向自发进行。

(1) $2Br^-+2Fe^{3+}=\!=\!=Br_2+2Fe^{2+}$　　(2) $I_2+Sn^{2+}=\!=\!=2I^-+Sn^{4+}$

(3) $2Fe^{3+}+Cu=\!=\!=2Fe^{2+}+Cu^{2+}$　　(4) $H_2O_2+2Fe^{2+}+2H^+=\!=\!=2Fe^{3+}+2H_2O$

解　(1) $E^{\ominus}=\varphi_{(+)}-\varphi_{(-)}=\varphi^{\ominus}(Fe^{3+}/Fe^{2+})-\varphi^{\ominus}(Br_2/Br^-)=0.771-1.066=-0.295(V)<0$，所以该反应不能正向自发进行。

(2) $E^{\ominus}=\varphi_{(+)}-\varphi_{(-)}=\varphi^{\ominus}(I_2/I^-)-\varphi^{\ominus}(Sn^{4+}/Sn^{2+})=0.536-0.151=0.385(V)>0$，所以该反应能正向自发进行。

(3) $E^{\ominus}=\varphi_{(+)}-\varphi_{(-)}=\varphi^{\ominus}(Fe^{3+}/Fe^{2+})-\varphi^{\ominus}(Cu^{2+}/Cu)=0.771-0.342=0.429(V)>0$，所以该反应能正向自发进行。

(4) $E^{\ominus}=\varphi_{(+)}-\varphi_{(-)}=\varphi^{\ominus}(H_2O_2/H_2O)-\varphi^{\ominus}(Fe^{3+}/Fe^{2+})=1.776-0.771=1.005(V)>0$，所以该反应能正向自发进行。

【习题 9-17】 Calculate the electromotive force and the equilibrium constant at 298.15K for the primary cell:

(1) $(-)Zn\mid Zn^{2+}(0.10mol\cdot L^{-1})\parallel Cu^{2+}(0.50mol\cdot L^{-1})\mid Cu(+)$

(2) (—)Sn | Sn^{2+}(0.050mol · L^{-1}) ‖ H^+(1.0mol · L^{-1}) | H_2(1.0×10^5Pa)，Pt(+)

(3) (—)Pt，H_2(1.0×10^5Pa) | H^+(1.0mol · L^{-1}) ‖ Sn^{4+}(0.50mol · L^{-1})，Sn^{2+}(0.100mol · L^{-1}) | Pt(+)

(4) (—)Pt，H_2(1.0×10^5Pa) | H^+(0.010mol · L^{-1}) ‖ H^+(1.0mol · L^{-1}) | H_2(1.0×10^5Pa)，Pt(+)

解 (1)
$$\varphi_{(+)} = \varphi(\mathrm{Cu^{2+}/Cu}) = \varphi^{\ominus}(\mathrm{Cu^{2+}/Cu}) + \frac{0.0592}{2}\lg c(\mathrm{Cu^{2+}})$$
$$= 0.342 + \frac{0.0592}{2}\lg 0.50 = 0.333(\mathrm{V})$$
$$\varphi_{(-)} = \varphi(\mathrm{Zn^{2+}/Zn}) = \varphi^{\ominus}(\mathrm{Zn^{2+}/Zn}) + \frac{0.0592}{2}\lg c(\mathrm{Zn^{2+}})$$
$$= -0.762 + \frac{0.0592}{2}\lg 0.10 = -0.791(\mathrm{V})$$
$$E = \varphi_{(+)} - \varphi_{(-)} = 0.333-(-0.791)= 1.124(\mathrm{V})$$
$$\lg K^{\ominus} = nE^{\ominus} / 0.0592 = 2(0.342 + 0.762) / 0.0592 = 37.20$$
$$K^{\ominus} = 1.98\times10^{37}$$

(2)
$$\varphi_{(+)} = \varphi(\mathrm{H^+/H_2}) = 0\mathrm{V}$$
$$\varphi_{(-)} = \varphi(\mathrm{Sn^{2+}/Sn}) = \varphi^{\ominus}(\mathrm{Sn^{2+}/Sn}) + \frac{0.0592}{2}\lg c(\mathrm{Sn^{2+}})$$
$$= -0.138 + \frac{0.0592}{2}\lg 0.050 = -0.176(\mathrm{V})$$
$$E = \varphi_{(+)} - \varphi_{(-)} = 0-(-0.176)= 0.176(\mathrm{V})$$
$$\lg K^{\ominus} = \frac{nE^{\ominus}}{0.0592} = \frac{2\times(0.000+0.138)}{0.0592} = 4.66$$
$$K^{\ominus} = 4.57\times10^{4}$$

(3)
$$\varphi_{(+)} = \varphi(\mathrm{Sn^{4+}/Sn^{2+}}) = \varphi^{\ominus}(\mathrm{Sn^{4+}/Sn^{2+}}) + \frac{0.0592}{2}\lg\frac{c(\mathrm{Sn^{4+}})}{c(\mathrm{Sn^{2+}})}$$
$$= 0.151 + \frac{0.0592}{2}\lg(0.50/0.10) = 0.172(\mathrm{V})$$
$$\varphi_{(-)} = \varphi(\mathrm{H^+/H_2}) = 0$$
$$E = 0.172-0=0.172(\mathrm{V})$$
$$\lg K^{\ominus} = nE^{\ominus} / 0.0592 = 2(0.151 - 0.000) / 0.0592 = 5.10$$
$$K^{\ominus} = 1.26\times10^{5}$$

(4)
$$\varphi_{(+)} = \varphi(\mathrm{H^+/H_2}) = 0$$
$$\varphi_{(-)} = \varphi(\mathrm{H^+/H_2}) = \varphi^{\ominus}(\mathrm{H^+/H_2}) + \frac{0.0592}{2}\lg\frac{c^2(\mathrm{H^+})}{p(\mathrm{H_2})/p^{\ominus}}$$
$$= 0+\frac{0.0592}{2}\lg\frac{0.010^2}{100/100} =-0.118$$
$$E = 0-(-0.1184)= 0.118(\mathrm{V})$$

$$\lg K^{\ominus} = \frac{nE^{\ominus}}{0.0592} = \frac{2(0-0)}{0.0592} = 0$$

$$K^{\ominus} = 1.00$$

【习题 9-18】 将 Cu 片插入 0.10mol · L^{-1} $[Cu(NH_3)_4]^{2+}$ 和 0.10mol · L^{-1} NH_3 的混合溶液中，298.15K 时测得该电极的电极电势 φ=0.056V，求 $[Cu(NH_3)_4]^{2+}$ 的稳定常数 $K_f^{\ominus}$ 值。

解　设平衡体系中 Cu^{2+} 的浓度为 x mol · L^{-1}。

$$Cu^{2+} + 4NH_3 \Longrightarrow [Cu(NH_3)_4]^{2+}$$

平衡浓度/(mol · L^{-1})　　x　　0.100　　0.100

$$K_f^{\ominus} = \frac{c\{[Cu(NH_3)_4]^{2+}\}}{c^4(NH_3)\cdot c(Cu^{2+})} = \frac{0.100}{(0.100)^4\cdot x} \qquad c(Cu^{2+}) = x = \frac{1000}{K_f^{\ominus}}$$

对于电对 Cu^{2+}/Cu，$Cu^{2+} + 2e^- \Longrightarrow Cu$，则

$$\varphi(Cu^{2+}/Cu) = \varphi^{\ominus}(Cu^{2+}/Cu) + \frac{0.0592}{2}\lg c(Cu^{2+})$$

$$= \varphi^{\ominus}(Cu^{2+}/Cu) + \frac{0.0592}{2}\lg\frac{1000}{K_f^{\ominus}}$$

即

$$0.056 = 0.342 + \frac{0.0592}{2}\lg\frac{1000}{K_f^{\ominus}}$$

$$K_f^{\ominus} = 4.59\times 10^{12}$$

【习题 9-19】 已知 $\varphi^{\ominus}(Fe^{2+}/Fe) = -0.441V$，$\varphi^{\ominus}(Fe^{3+}/Fe^{2+}) = 0.771V$，求 $\varphi^{\ominus}(Fe^{3+}/Fe)$ 的值。

解　由已知条件可以得到铁的元素电势图为

$$Fe^{3+} \xrightarrow{0.771V} Fe^{2+} \xrightarrow{-0.441V} Fe \quad (Fe^{3+} \to Fe: ?)$$

$$\varphi^{\ominus}(Fe^{3+}/Fe) = \frac{1\times 0.771 + 2\times(-0.441)}{3} = -0.037(V)$$

【习题 9-20】 已知 $\varphi^{\ominus}(MnO_4^-/Mn^{2+})$=1.507V，$\varphi^{\ominus}(MnO_2/Mn^{2+})$=1.224V，计算 $\varphi^{\ominus}(MnO_4^-/MnO_2)$ 的值。

解　由已知条件可以得

$$MnO_4^- \xrightarrow{?} MnO_2 \xrightarrow{1.224V} Mn^{2+} \quad (MnO_4^- \to Mn^{2+}: 1.507V)$$

$$1.507 = \frac{3\times\varphi^{\ominus}(MnO_4^-/MnO_2) + 2\times 1.224}{3+2}$$

解得

$$\varphi^{\ominus}(MnO_4^-/MnO_2) = 1.696(V)$$

【习题 9-21】 以 $K_2Cr_2O_7$ 标准溶液滴定 0.4000g 褐铁矿，若消耗 $K_2Cr_2O_7$ 溶液的体积(以 mL 为单位)与试样中 Fe_2O_3 的质量分数相等，求 $K_2Cr_2O_7$ 溶液对铁的滴定度。

解　由题意可得

$$w(Fe_2O_3) = m(Fe_2O_3)/m = V(K_2Cr_2O_7)\times 10^{-2}$$

$$T(Fe/K_2Cr_2O_7) = \frac{m(Fe)}{V(K_2Cr_2O_7)} = 2M(Fe)\cdot\frac{m(Fe_2O_3)}{M(Fe_2O_3)\cdot V(K_2Cr_2O_7)}$$

$$= \frac{2M(\mathrm{Fe})}{M(\mathrm{Fe_2O_3})} \cdot \frac{m \cdot V(\mathrm{K_2Cr_2O_7}) \times 10^{-2}}{V(\mathrm{K_2Cr_2O_7})}$$

$$= \frac{2 \times 55.85}{159.7} \times 0.4000 \times 10^{-2} = 2.798 \times 10^{-3}(\mathrm{g \cdot mL^{-1}})$$

【习题 9-22】 称取软锰矿试样 0.4012g，以 0.4488g $Na_2C_2O_4$处理，滴定剩余的 $Na_2C_2O_4$需消耗 0.010 12mol · L^{-1} 的 $KMnO_4$标准溶液 30.20mL，计算试样中 MnO_2的质量分数。

解

$$\mathrm{MnO_2 + C_2O_4^{2-} + 4H^+ = Mn^{2+} + 2CO_2\uparrow + 2H_2O}$$

$$\mathrm{2MnO_4^- + 5H_2C_2O_4 + 6H^+ = 2Mn^{2+} + 10CO_2\uparrow + 8H_2O}$$

$$n(\mathrm{MnO_2}) = \frac{m(\mathrm{Na_2C_2O_4})}{M(\mathrm{Na_2C_2O_4})} - \frac{5}{2}c(\mathrm{MnO_4^-}) \cdot V(\mathrm{MnO_4^-})$$

$$w(\mathrm{MnO_2}) = \frac{m(\mathrm{MnO_2})}{m} = [\frac{m(\mathrm{Na_2C_2O_4})}{M(\mathrm{Na_2C_2O_4})} - \frac{5}{2}c(\mathrm{MnO_4^-}) \cdot V(\mathrm{MnO_4^-})] \cdot \frac{M(\mathrm{MnO_2})}{m}$$

$$= \frac{(\frac{0.4488}{134.0} - \frac{5}{2} \times 0.01012 \times 30.20 \times 10^{-3}) \times 86.94}{0.4012} = 0.5602$$

【习题 9-23】 仅含有惰性杂质的铅丹(Pb_3O_4)试样 3.500g，加一移液管 Fe^{2+}标准溶液和足量的稀 H_2SO_4溶液于此试样中。溶解作用停止以后，过量的 Fe^{2+}需 3.05mL 0.040 00mol · L^{-1} $KMnO_4$ 溶液滴定。同样一移液管的上述 Fe^{2+}标准溶液，在酸性介质中用 0.040 00mol · L^{-1} $KMnO_4$标准溶液滴定时，需用去 48.05mL。计算铅丹中 Pb_3O_4的质量分数。

解

$$\mathrm{Pb_3O_4 + 2Fe^{2+} + 8H^+ = 3Pb^{2+} + 2Fe^{3+} + 4H_2O}$$

$$\mathrm{MnO_4^- + 5Fe^{2+} + 8H^+ = Mn^{2+} + 5Fe^{3+} + 4H_2O}$$

$$\mathrm{Pb_3O_4} \sim 2\mathrm{Fe^{2+}} \sim 2/5\,\mathrm{MnO_4^-}$$

$$w(\mathrm{Pb_3O_4}) = \frac{5}{2}c(\mathrm{KMnO_4}) \cdot [V_1(\mathrm{KMnO_4}) - V_2(\mathrm{KMnO_4})] \cdot M(\mathrm{Pb_3O_4}) / (1000m)$$

$$= \frac{\frac{5}{2} \times 0.04000 \times (48.05 - 3.05) \times 685.6}{1000 \times 3.500} = 0.8815$$

【习题 9-24】 将 1.000g 钢样中的铬氧化为 $Cr_2O_7^{2-}$，加入 25.00mL 0.1000mol · L^{-1} $FeSO_4$标准溶液，返滴过量 $FeSO_4$消耗 0.01800mol · L^{-1} 的 $KMnO_4$标准溶液 7.00mL。计算钢中铬的质量分数。

解

$$\mathrm{Cr_2O_7^{2-} + 6Fe^{2+} + 14H^+ = 2Cr^{3+} + 6Fe^{3+} + 7H_2O}$$

$$\mathrm{MnO_4^- + 5Fe^{2+} + 8H^+ = Mn^{2+} + 5Fe^{3+} + 4H_2O}$$

$$\mathrm{Cr_2O_7^{2-}} \sim 2\mathrm{Cr^{3+}}$$

$$n(\mathrm{Cr_2O_7^{2-}}) = \frac{1}{6}[c(\mathrm{FeSO_4}) \cdot V(\mathrm{FeSO_4}) - 5c(\mathrm{MnO_4^-}) \cdot V(\mathrm{MnO_4^-})]$$

$$w(\mathrm{Cr}) = \frac{m(\mathrm{Cr})}{m} = \frac{2}{6} \times [c(\mathrm{FeSO_4}) \cdot V(\mathrm{FeSO_4}) - 5c(\mathrm{MnO_4^-}) \cdot V(\mathrm{MnO_4^-})] \cdot M(\mathrm{Cr}) / m$$

$$= 2 \times (0.1000 \times 25.00 - 5 \times 0.01800 \times 7.00) \times 52.00 / (6 \times 1.000 \times 1000) = 0.0324$$

【习题 9-25】 对于氧化还原反应 $BrO_3^- + 5Br^- + 6H^+ = 3Br_2 + 3H_2O$，计算：(1)此反应的平衡常数；(2)当溶液的 pH=7.00，$c(BrO_3^-)= 0.1000mol \cdot L^{-1}$，$c(Br^-)= 0.7000mol \cdot L^{-1}$ 时，游离溴的平衡浓度。

解 (1) 与此反应有关的两个电对的还原半反应为

$$BrO_3^- + 6H^+ + 5e^- = \frac{1}{2}Br_2 + 3H_2O \qquad \varphi^\ominus(BrO_3^-/Br_2)=1.482V$$

$$\frac{1}{2}Br_2(l) + e^- = Br^- \qquad \varphi^\ominus(Br_2/Br^-)=1.066V$$

$$\lg K^\ominus = n(\varphi^\ominus_{(+)} - \varphi^\ominus_{(-)}) / 0.0592 = n[\varphi(BrO_3^-/Br_2) - \varphi(Br_2/Br^-)]/0.0592$$

$$= 5\times(1.482-1.066)/0.0592 = 35.14$$

$$K^\ominus = 1.37\times10^{35}$$

(2) 因为

$$K^\ominus = \frac{c^3(Br_2)}{c(BrO_3^-)\cdot c^5(Br^-)\cdot c^6(H^+)}$$

所以

$$1.37\times10^{35} = \frac{c^3(Br_2)}{0.1000\times0.7000^5\times(1.0\times10^{-7})^6}$$

$$c(Br_2)= 2.1\times10^{-3}mol \cdot L^{-1}$$

【习题 9-26】 准确称取铁矿石试样 0.5000g，用酸溶解后加入 $SnCl_2$，使 Fe^{3+}还原为 Fe^{2+}，滴定 Fe^{2+} 消耗 24.50mL $KMnO_4$ 标准溶液。已知 1.00mL $KMnO_4$ 相当于 0.012 60g $H_2C_2O_4 \cdot 2H_2O$。(1)矿样中 Fe 及 Fe_2O_3 的质量分数各为多少？(2)取市售双氧水 3.00mL 稀释定容于 250.0mL 容量瓶，从中取出 20.00mL 试液，需用上述 $KMnO_4$ 溶液 21.18mL 滴定至终点。计算每 100.0mL 市售双氧水所含 H_2O_2 的质量。

解

$$Fe_2O_3 \sim 2Fe^{3+} \sim 2Fe^{2+}$$

$$MnO_4^- + 5Fe^{2+} + 8H^+ = Mn^{2+} + 5Fe^{3+} + 4H_2O$$

$$2MnO_4^- + 5H_2C_2O_4 + 6H^+ = 2Mn^{2+} + 10CO_2\uparrow + 8H_2O$$

$$2MnO_4^- + 5H_2O_2 + 6H^+ = 2Mn^{2+} + 5O_2\uparrow + 8H_2O$$

$$Fe_2O_3 \sim 2Fe^{3+} \sim \frac{2}{5}MnO_4^-$$

(1) $$c(KMnO_4)= n(KMnO_4)/V(KMnO_4) = 2n(H_2C_2O_4\cdot2H_2O)/5V(KMnO_4)$$

$$= 2\times\frac{0.01260}{126.07}/(5\times10^{-3}) = 0.03998(mol\cdot L^{-1})$$

$$w(Fe_2O_3) = \frac{5}{2}c(KMnO_4)\cdot V(KMnO_4)\cdot M(Fe_2O_3)/m$$

$$= 2.5\times0.03998\times24.50\times159.69\times10^{-3}/0.5000 = 0.7821$$

$$w(Fe) = 5c(KMnO_4)\cdot V(KMnO_4)\cdot M(Fe)/m$$

$$= 5\times0.039\,98\times24.50\times55.85\times10^{-3}/0.5000 = 0.5471$$

(2) 100.0mL 市售双氧水所含 H_2O_2 的质量为

$$m(H_2O_2) = \frac{5\times c(KMnO_4)\cdot V(KMnO_4)\cdot M(H_2O_2)}{2V(H_2O_2)\times(20.00/250.0)}\times100$$

$$=\frac{5\times 0.039\,98\times 21.18\times 10^{-3}\times 34.02}{2\times 3.00\times (20.00/250.0)}\times 100=30.01(\text{g})$$

【习题 9-27】 抗坏血酸(摩尔质量为 $176.1\text{g}\cdot\text{mol}^{-1}$)是一种还原剂，它的半反应为 $C_6H_6O_6+2H^++2e^-$══$C_6H_8O_6$，它能被 I_2 氧化，如果 10.00mL 柠檬水果汁样品用 HAc 酸化，并加 20.00mL $0.025\,00\text{mol}\cdot\text{L}^{-1}$ I_2 溶液，待反应完全后，返滴过量的 I_2 消耗 10.00mL $0.010\,00\text{mol}\cdot\text{L}^{-1}$ $Na_2S_2O_3$ 溶液，计算每毫升柠檬水果汁中抗坏血酸的质量。

解

$$C_6H_8O_6+I_2 = C_6H_6O_6+2HI$$

$$I_2+2S_2O_3^{2-} = S_4O_6^{2-}+2I^-$$

$$n(C_6H_6O_6)=n(I_2)_{总}-n(I_2)_{余}=0.025\,00\times 20.00\times 10^{-3}-1/2\times 0.010\,00\times 10.00\times 10^{-3}$$
$$=4.500\times 10^{-4}(\text{mol})$$

$$\rho(C_6H_6O_6)=n(C_6H_6O_6)\cdot M(C_6H_6O_6)/10.00=4.500\times 10^{-4}\times 176.1/10.00$$
$$=7.925\times 10^{-3}(\text{g}\cdot\text{mL}^{-1})。$$

【习题 9-28】 间接碘量法测定铜：

$$2Cu^{2+}+4I^- = 2CuI+I_2$$

$$I_2+2S_2O_3^{2-} = S_4O_6^{2-}+2I^-$$

用此方法分析铜矿样中铜的含量，为了使 1.00mL $0.1050\text{mol}\cdot\text{L}^{-1}$ $Na_2S_2O_3$ 标准溶液能准确表示 1.00%的 Cu，应称取铜矿样多少克？

解 由题意可知：$w(\text{Cu})\times 100=V(NaS_2O_3)$，注意体积单位为 mL。

$$2Cu^{2+}\sim I_2\sim 2S_2O_3^{2-}$$

$$n(\text{Cu})=n(Cu^{2+})=n(S_2O_3^{2-})=c(Na_2S_2O_3)\cdot V(Na_2S_2O_3)\times 10^{-3}$$

因为

$$w(\text{Cu})=m(\text{Cu})/m=c(Na_2S_2O_3)\cdot V(Na_2S_2O_3)\times 10^{-3}\cdot\frac{M(\text{Cu})}{m}$$

所以

$$m=c(Na_2S_2O_3)\cdot V(Na_2S_2O_3)\times 10^{-3}\cdot\frac{M(\text{Cu})}{w(\text{Cu})}$$

$$=c(Na_2S_2O_3)\times 100\times 10^{-3}\times M(\text{Cu})=0.1050\times 100\times 10^{-3}\times 63.55=0.6673(\text{g})$$

【习题 9-29】 称取苯酚试样 0.4082g，用 NaOH 溶解后，移入 250.0mL 容量瓶中，加水稀释至刻度，摇匀。吸取 25.00mL，加入溴酸钾标准溶液($KBrO_3$ + KBr)25.00mL，然后加入 HCl 及 KI。待析出 I_2 后，用 $0.1084\text{mol}\cdot\text{L}^{-1}$ $Na_2S_2O_3$ 标准溶液滴定，用去 20.04mL。另取 25.00mL 溴酸钾标准溶液做空白实验，消耗同浓度的 $Na_2S_2O_3$ 41.60mL。试计算试样中苯酚的质量分数。

解 有关的反应为

$$BrO_3^-+5Br^-+6H^+ = 3Br_2+3H_2O$$

$$3Br_2+C_6H_5OH = C_6H_2Br_3OH+3HBr$$

$$Br_2+2I^- = I_2+2Br^-$$

$$I_2+2S_2O_3^{2-} = 2I^-+S_4O_6^{2-}$$

可知

$$BrO_3^-\sim C_6H_5OH\sim 6S_2O_3^{2-}$$

$$w(C_6H_5OH)=\frac{m(C_6H_5OH)}{m\times 25.00/250.0}=\frac{n(BrO_3^-)\cdot M(C_6H_5OH)}{m\times 25.00/250.0}$$

$$=\frac{\{c(Na_2S_2O_3)\cdot[V(Na_2S_2O_3)_{总}-V(Na_2S_2O_3)]\}\cdot M(C_6H_5OH)}{6m\cdot(25.00/250.0)}$$

$$=\frac{0.1084\times(41.60-20.04)\times 10^{-3}\times 94.14}{6\times 0.4082\times(25.00/250.0)}=0.8983$$

【习题 9-30】 Calculate the electrode potential for a copper electrode immersed in: (1)0.0200mol · L^{-1} Cu^{2+}; (2)0.0200mol · L^{-1} Cu^{+}; (3)0.0300mol · L^{-1} KI saturated with CuI; (4)0.0100mol · L^{-1} NaOH saturated with $Cu(OH)_2$.

解 (1) $Cu^{2+}+2e^- \rightleftharpoons Cu$，$\varphi^\ominus(Cu^{2+}/Cu)=0.342V$

$$\varphi(Cu^{2+}/Cu)=\varphi^\ominus(Cu^{2+}/Cu)+\frac{0.0592}{2}\lg c(Cu^{2+})=0.342+\frac{0.0592}{2}\lg 0.0200=0.292(V)$$

(2) $Cu^{+}+e^- \rightleftharpoons Cu$，$\varphi^\ominus(Cu^{+}/Cu)=0.521V$

$$\varphi(Cu^{+}/Cu)=\varphi^\ominus(Cu^{+}/Cu)+\frac{0.0592}{2}\lg c(Cu^{+})=0.521+0.0592\lg 0.0200=0.420(V)$$

(3) $CuI+e^- \rightleftharpoons Cu+I^-$，$Cu^{+}+e^- \rightleftharpoons Cu$，$\varphi^\ominus(Cu^{+}/Cu)=0.521V$，$c(I^-)=0.0300mol\cdot L^{-1}$

在标准状态下，$c(I^-)=1.00mol\cdot L^{-1}$，则

$$\varphi^\ominus(CuI/Cu)=\varphi(Cu^{+}/Cu)=\varphi^\ominus(Cu^{+}/Cu)+0.0592\lg c(Cu^{+})$$

$$=\varphi^\ominus(Cu^{+}/Cu)+0.0592\lg[K_{sp}^\ominus(CuI)/c(I^-)]$$

$$=0.521+0.0592\lg(1.27\times 10^{-12})=-0.183(V)$$

$c(I^-)=0.0300mol\cdot L^{-1}$时，则

$$\varphi(CuI/Cu)=\varphi^\ominus(CuI/Cu)+0.0592\lg[1/c(I^-)]=-0.183+0.0592\lg(1/0.0300)=-0.093(V)$$

(4) $Cu(OH)_2+2e^- \rightleftharpoons Cu+2OH^-$，$\varphi^\ominus[Cu(OH)_2/Cu]=-0.222V$

$$\varphi[Cu(OH)_2/Cu]=\varphi^\ominus[Cu(OH)_2/Cu]+\frac{0.0592}{2}\lg[1/c^2(OH^-)]$$

$$=-0.222+\frac{0.0592}{2}\lg[1/(0.0100)^2]=-0.1036(V)$$

【习题 9-31】 A 0.2236g sample of lime stone was dissolved in dilute HCl. After$(NH_4)_2C_2O_4$ was introduced and the pH of the resulting solution was adjusted to permit the quantitative precipitation of CaC_2O_4, the solid was isolated by filtration, washed free excess $C_2O_4^{2-}$ and dissolved in dilute H_2SO_4. Titration of the liberated $H_2C_2O_4$ required 26.77mL of 0.02356 mol · L^{-1} $KMnO_4$. Calculation the mass fraction of CaO in the sample.

解 $Ca^{2+}\xrightarrow{C_2O_4^{2-}}CaC_2O_4\xrightarrow{H^+}H_2C_2O_4\xrightarrow{KMnO_4,\,H^+}2CO_2$

$$CaC_2O_4+H_2SO_4(稀) \rightleftharpoons H_2C_2O_4+CaSO_4$$

$$2MnO_4^-+5H_2C_2O_4+6H^+ \rightleftharpoons 2Mn^{2+}+10CO_2+8H_2O$$

$$n(CaO)=\frac{5}{2}c(KMnO_4)\cdot V(KMnO_4)$$

$$w(\mathrm{CaO}) = m(\mathrm{CaO}) / m = \frac{5}{2} c(\mathrm{KMnO_4}) \times V(\mathrm{KMnO_4}) \times M(\mathrm{CaO}) / m$$
$$= 5 \times 0.02356 \times 26.77 \times 10^{-3} \times 56.08 / (2 \times 0.2236) = 0.3955$$

9.4 练 习 题

9.4.1 填空题

1. 在标准状态下，用电对 MnO_4^-/Mn^{2+}、Cl_2/Cl^- 组成原电池，其正极反应为__________，负极反应为__________，电池的标准电动势为__________V，电池符号为__________。

2. 已知 $\varphi^\ominus(Cu^{2+}/Cu^+)=0.153V$，$\varphi^\ominus(I_2/I^-)=0.536V$，则 $\varphi^\ominus(Cu^{2+}/CuI)=$__________V [$K_{sp}^\ominus(CuI)=1.27\times10^{-12}$]，若将碘离子加入 Cu^{2+} 溶液中能否被氧化？__________。其离子反应为____________________。

3. Ag^+/Ag 半电池中，加入足量的氨水、$Na_2S_2O_3$ 和 KCN 溶液后，Ag^+/Ag 电对电极电势将依次变__________，这是因为生成__________、__________和__________，其稳定常数依次__________。

4. 标准氢电极中，$p(H_2)=$__________，$c(H^+)=$__________，$\varphi^\ominus(H^+/H_2)=$__________。

5. $KMnO_4$ 分别在 $1.0mol\cdot L^{-1}$ H_2SO_4、$1.0mol\cdot L^{-1}$ NaOH 和水中与 Na_2SO_3 反应，$KMnO_4$ 被还原的产物分别是__________、__________和__________。

6. 已知 $\varphi^\ominus(Ag^+/Ag)= 0.799V$，$\varphi^\ominus(Cu^{2+}/Cu)= 0.342V$。同一反应有两种表达式：

(1) $2Ag^+ + Cu═Cu^{2+} + 2Ag$

(2) $Ag^+ +1/2Cu═1/2Cu^{2+} +Ag$

则这两式所代表的原电池的标准电动势 $E^\ominus$ 为__________V，两反应的平衡常数 $K^\ominus$ 分别是__________、__________。

7. 已知溴的元素电势图如下：

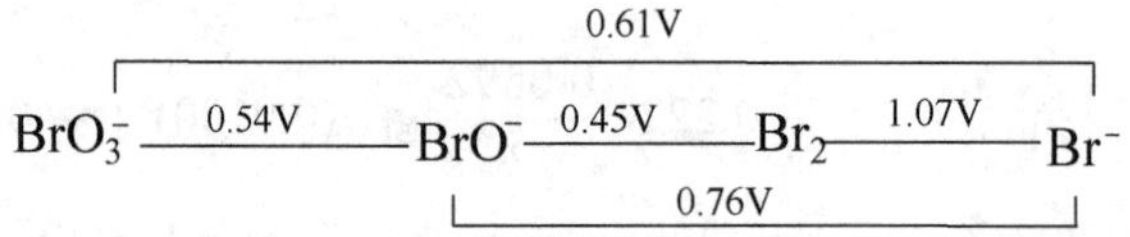

可推断能发生歧化反应的物质是__________和__________；其反应式

(1) ____

(2) ____

8. 对于任意状态下的氧化还原反应，当相应原电池的电动势 $E>0$，反应__________进行。该反应的标准平衡常数与电动 E__________(填“有”或“无”)关。

9. 碘量法的主要误差来源：(1)__________；(2)__________。

9.4.2 是非判断题

1. 一个原电池反应的 E 值越大，其自发进行的倾向越大，反应速率就越快。　(　)

2. 氧化还原反应是自发地由较强氧化剂与较强还原剂相互作用，向着生成较弱氧化剂和

较弱还原剂的方向进行。（　）

3. 氧化还原滴定中，溶液 pH 越大越好。（　）

4. $K_2Cr_2O_7$ 可在 HCl 介质中测定铁矿石中 Fe 的含量。（　）

5. NH_4^+ 中，氮原子的氧化数为–3，其共价数为 4。（　）

6. 对电极反应 $Zn^{2+}+2e^-$══Zn 来说，Zn^{2+}是氧化剂被还原，Zn 是还原剂被氧化。（　）

7. 原电池中盐桥的作用是盐桥中的电解质中和两个半电池中过剩的电荷。（　）

8. 设计原电池时，$\varphi^{\ominus}$ 值大的电对应是正极，而 $\varphi^{\ominus}$ 值小的电对应为负极。（　）

9. 电对的 φ 和 $\varphi^{\ominus}$ 值的大小都与电极反应式的写法无关。（　）

10. 条件电极电势是考虑溶液中存在副反应及离子强度影响之后的实际电极电势。（　）

9.4.3　选择题

1. 下列电极中，$\varphi^{\ominus}$ 值最高的是(　　)。

A. $[Ag(NH_3)_2]^+/Ag$　　B. Ag^+/Ag

C. $[Ag(CN)_2]^-/Ag$　　D. AgCl/Ag

2. 下列电极的电极电势与介质酸度无关的是(　　)。

A. O_2/H_2O　　B. MnO_4^-/Mn^{2+}

C. $[Ag(CN)_2]^-/Ag$　　D. AgCl/Ag

3. 根据标准电极电势判断，下列每组的物质能共存的是(　　)。

A. Fe^{3+}与 Cu　　B. Fe^{3+}和 Fe

C. $Cr_2O_7^{2-}$ (酸性介质)与 Fe^{2+}　　D. MnO_4^- (酸性介质)与 Fe^{3+}

4. 下列说法正确的是(　　)。

A. 在氧化还原反应中，若两个电对 $\varphi^{\ominus}$ 值相差越大，则反应进行得越快

B. 由于 $\varphi^{\ominus}(Fe^{2+}/Fe)=-0.441V$，$\varphi^{\ominus}(Fe^{3+}/Fe^{2+})=0.771V$，故 Fe^{3+}与 Fe^{2+}能发生氧化还原反应

C. 某物质的电极电势代数值越小，说明它的还原性越强

D. $\varphi^{\ominus}$ 值越大则电对中氧化型物质的氧化能力越强

5. 在半电池 Cu/Cu^{2+}溶液中，加入氨水后，可使 $\varphi(Cu^{2+}/Cu)$值(　　)。

A. 增大　　B. 减少　　C. 不变　　D. 等于零

6. 已知 $\varphi^{\ominus}(Mn^{2+}/Mn)=-1.029V$；$\varphi^{\ominus}(Cu^{2+}/Cu)=0.342V$；$\varphi^{\ominus}(Ag^+/Ag)=0.799V$，判断氧化剂强弱的顺序是(　　)。

A. $Ag^+>Mn^{2+}>Cu^{2+}$　　B. $Mn^{2+}>Cu^{2+}>Ag^+$

C. $Ag^+>Cu^{2+}>Mn^{2+}$　　D. $Cu^{2+}>Mn^{2+}>Ag^+$

7. 欲使(—)Pt | $Fe^{2+}(c_1)$，$Fe^{3+}(c_2)$ ‖ $MnO_4^-(c_3)$，$Mn^{2+}(c_4)$，$H^+(c_5)$ | Pt(+)的正极电极电势 φ 增大，应选用的方法是(　　)。

A. 增大 Fe^{3+}的浓度

B. 增大 MnO_4^- 浓度，减小 H^+的浓度

C. 减小 MnO_4^- 浓度，增大 H^+的浓度

D. 增大 MnO_4^- 和 H^+的浓度

8. 关于标准电极电势，下列叙述正确的是(　　)。

A. $\varphi^{\ominus}$ 值都是利用原电池装置测定的

B. 同一元素有多种氧化态时，不同氧化态组成的电对的 $\varphi^{\ominus}$ 值不同

C. 电对中有气态物质时，$\varphi^{\ominus}$ 值指气体在 273K 和 100kPa 下的电极电势值

D. 氧化态和还原态浓度相等时的电极电势就是标准电极电势

9. 某电池反应 $A+B^{2+}=\!=A^{2+}+B$ 的平衡常数为 1.00×10^{4}，则该电池在 298.15K 时的 $E^{\ominus}$ 是(　　)。

A. +0.118V　　B. −0.24V　　C. +0.108V　　D. +0.24V

10. 已知 $Fe^{3+}+e^{-}=\!=Fe^{2+}$，$\varphi^{\ominus}=0.77V$，今测得 $\varphi(Fe^{3+}/Fe^{2+})=0.73V$，则说明电极溶液中的必定是(　　)。

A. $c(Fe^{3+})<1mol\cdot L^{-1}$　　B. $c(Fe^{2+})<1mol\cdot L^{-1}$

C. $c(Fe^{3+})/c(Fe^{2+})>1$　　D. $c(Fe^{3+})/c(Fe^{2+})<1$

11. 关于歧化反应的正确叙述是(　　)。

A. 同种分子中两种原子间发生的氧化还原反应

B. 同种分子中同种原子间发生的氧化还原反应

C. 两种分子中同种原子间发生的氧化还原反应

D. 两种分子中两种原子间发生的氧化还原反应

12. 在标准状态下，下列哪一种物质能将 Fe^{2+} 氧化为 Fe^{3+}，却不会使 Cl^{-} 变成 Cl_2(　　)。

A. Ag^{+}　　B. MnO_4^{-}　　C. Cu^{2+}　　D. $[Ag(NH_3)_2]^{+}$

13. 根据 $\varphi^{\ominus}$ 值判断，下列反应在 298.15K 的标准状态时自发进行程度最大的是(　　)。

A. $2Fe^{3+}+Cu=\!=2Fe^{2+}+Cu^{2+}$　　B. $Cu^{2+}+Fe=\!=Fe^{2+}+Cu$

C. $Fe^{2+}+Zn=\!=Fe+Zn^{2+}$　　D. $2Fe^{3+}+Fe=\!=3Fe^{2+}$

14. 已知 $Zn^{2+}+2e^{-}=\!=Zn$，$\varphi^{\ominus}(Zn^{2+}/Zn)=-0.763V$，$K_f^{\ominus}\{[Zn(CN)_4]^{2-}\}=5.00\times10^{16}$，则电对 $[Zn(CN)_4]^{2-}/Zn$ 的 $\varphi^{\ominus}$ 为(　　)。

A. −0.27V　　B. −1.26V　　C. −1.75V　　D. −0.22V

15. 反应 $3A^{2+}+2B=\!=3A+2B^{3+}$ 在标准下电池电动势为 1.8V；在某浓度时测得电池电动势为 1.6V，则此反应的 $\lg K^{\ominus}$ 值可以表示为(　　)。

A. $3\times1.8/0.0592$　　B. $6\times1.8/0.0592$

C. $6\times1.6/0.0592$　　D. $3\times1.6/0.0592$

16. 将溶液中 7.16×10^{-4}mol 的 MnO_4^{-} 还原，需 $0.0660mol\cdot L^{-1}$ 的 Na_2SO_3 溶液 26.98mL，则 Mn 元素还原后的氧化数为(　　)。

A. +6　　B. +4　　C. +2　　D. 0

17. 在一定条件下用 $Ce(SO_4)_2$ 标准溶液滴定相同浓度的 Fe^{2+} 溶液，当滴定百分数为 50% 时，溶液的电极电势等于(　　)。

A. 滴定剂电对的条件电极电势

B. 被滴物电对的条件电极电势

C. 滴定剂电对的条件电极电势的一半

D. 被滴物电对的条件电极电势的一半

18. 下列基准物质中，既可以标定 NaOH，又可以标定 $KMnO_4$ 溶液的是(　　)。

A. $KHC_8H_4O_4$　　B. $Na_2C_2O_4$　　C. $H_2C_2O_4\cdot 2H_2O$　　D. $Na_2B_4O_7\cdot 10H_2O$

19. 用 $Na_2C_2O_4$ 标定 $KMnO_4$ 溶液时，滴定开始前不慎将被滴定溶液加热至沸腾，如果继续滴定，则最后标定结果(　　)。

A. 偏高　　B. 偏低　　C. 准确无误　　D. 不确定

20. 用 $KMnO_4$ 法进行定量分析，调节溶液酸度应用(　　)。

A. H_2SO_4　　B. HNO_3

C. CH_3COOH　　D. HCl

21. 用 $Na_2C_2O_4$ 标定 $KMnO_4$ 溶液，滴定溶液的温度应控制在(　　)。

A. 室温　　B. 50℃　　C. 75～85℃　　D. 100℃

22. 用同一种 $KMnO_4$ 标准溶液分别滴定等体积的 $FeSO_4$ 和 $H_2C_2O_4$ 溶液，若消耗的 $KMnO_4$ 溶液的体积相等，则(　　)。

A. $c(FeSO_4)= c(H_2C_2O_4)$　　B. $c(FeSO_4)= 2c(H_2C_2O_4)$

C. $c(H_2C_2O_4)= 2c(FeSO_4)$　　D. $c(FeSO_4)= 4c(H_2C_2O_4)$

23. 滴定时能用碱式滴定管盛装的溶液是(　　)。

A. 高锰酸钾　　B. 硫代硫酸钠　　C. 重铬酸钾　　D. 碘液

24. $K_2Cr_2O_7$ 法测定铁矿石中 Fe 含量时，加入 H_3PO_4 的主要目的是(　　)。

A. 加快反应的速度　　B. 防止出现 $Fe(OH)_3$ 沉淀

C. 使 Fe^{3+} 转化为无色配离子　　D. 沉淀 Cr^{3+}

25. 在 H_3PO_4 存在下的 HCl 溶液中，用 $0.1000mol\cdot L^{-1}$ $K_2Cr_2O_7$ 溶液滴定 $0.1000mol\cdot L^{-1}$ Fe^{2+} 溶液，其化学计量点的电位为 0.86V，则此滴定最适合的指示剂为(　　)。

A. 次甲基蓝($\varphi^{\ominus\prime}$ =0.36V)　　B. 二苯胺磺酸钠($\varphi^{\ominus\prime}$ =0.85V)

C. 二苯胺($\varphi^{\ominus\prime}$ =0.76V)　　D. 邻二氮菲亚铁($\varphi^{\ominus\prime}$ =1.06V)

26. 间接碘量法中加入淀粉指示剂的适宜时间为(　　)。

A. 滴定开始　　B. 在标准溶液滴定了近 50%时

C. 滴定至近终点时　　D. 滴定至 I_3^- 的红棕色褪尽，溶液无色时

27. 标定 $Na_2S_2O_3$ 溶液中，可选用的基准物质是(　　)。

A. $KMnO_4$　　B. 纯 Fe　　C. $K_2Cr_2O_7$　　D. 维生素 C

28. 碘量法测定二价铜盐时，加入 KSCN 的作用是(　　)。

A. 消除三价铁的干扰　　B. 催化剂

C. 减少 CuI 对碘的吸附　　D. 防止碘离子被氧气氧化

29. 欲使原电池$(-)Zn|Zn^{2+}(c_1)||Ag^+(c_2)|Ag(+)$的电动势下降，可采取的方法为(　　)。

A. 在银半电池中加入固体硝酸银　　B. 在锌半电池中加入固体硫化钠

C. 在银半电池中加入氯化钠　　D. 在锌半电池中加入氨水

30. 在碘量法测铜的实验中，加入过量 KI 的作用是(　　)。

A. 还原剂、沉淀剂、配位剂　　B. 氧化剂、配位剂、掩蔽剂

C. 沉淀剂、指示剂、催化剂　　D. 缓冲剂、配位剂、预处理剂

9.4.4 简答题

1. 已知$\varphi(I_2/I^-)=0.54V$，$\varphi(Cu^{2+}/Cu^+)=0.16V$。从两电对的电极电势来看，下列反应

$$2Cu^{2+}+4I^- \longrightarrow 2CuI\downarrow+I_2$$

应该向左进行，而实际是向右进行，其主要原因是什么？

2. 试分别写出 H^+/H_2、MnO_4^-/Mn^{2+}、CuBr/Cu、Ag_2O/Ag 等电对作为正极和负极时在电池符号中的表示方法，并写出 CuBr/Cu 与 Fe^{3+}/Fe^{2+}组成原电池的电池符号和反应方程式。

3. 写出下列电对的电极反应式及能斯特方程

酸性介质中：O_2/H_2O_2、$PbSO_4$/Pb、$CO_2/H_2C_2O_4$、BrO_3^-/Br_2、PbO_2/Pb^{2+}和MnO_4^-/Mn^{2+}等电对。

碱性介质中：Bi_2O_3/Bi、MnO_4^{2-}/MnO_2、H_2O/H_2 和 $Ba(OH)_2$/Ba 等电对。

9.4.5 计算题

1. 计算反应$Hg_2^{2+} \longrightarrow Hg^{2+}+Hg$ 在 298.15K 时的标准平衡常数 $K^\ominus$ 及 $Hg(NO_3)_2$ 的水溶液中 $c(Hg^{2+})/c(Hg_2^{2+})$的值。

2. 若溶液中 $c(MnO_4^-)=c(Mn^{2+})=1.0mol \cdot L^{-1}$，$c(Br^-)=c(I^-)=1.0mol \cdot L^{-1}$，通过计算回答在如下酸度时 $KMnO_4$ 能否氧化 Br^-和 I^-：(1)pH = 3.00；(2)pH = 6.00？

3. Cu 片插入 $0.010mol \cdot L^{-1}$ $CuSO_4$ 溶液中，Ag 片插入 $AgNO_3$ 溶液中组成原电池，298.15K 时，测得其电动势 E = 0.46V。

(1) 写出电池表示式；

(2) 写出电极反应和电池反应；

(3) 计算 $AgNO_3$ 浓度。

4. 根据 $O_2+4H^++4e^- \longrightarrow 2H_2O$，$\varphi^\ominus=1.229V$，计算电极 $O_2+2H_2O+4e^- \longrightarrow 4OH^-$的标准电极电势。

5. 测得标准甘汞电极与电极 $HB(0.100mol \cdot L^{-1})/H_2(100kPa)$组成原电池的电动势 E= 0.480V，计算 $K_a^\ominus(HB)$。[已知 $\varphi^\ominus(Hg_2Cl_2/Hg)=0.268V$]

6. 298.15K 时，$\varphi^\ominus(H_3AsO_4/HAsO_2)=0.575V$，$\varphi^\ominus(I_2/I^-)=0.545V$。

(1) 如果溶液的 pH = 4.00，其他物质的浓度均处于标准状态，判断反应 $H_3AsO_4+2I^-+2H^+ \longrightarrow HAsO_2+2H_2O+2I_2$ 自发进行的方向。

(2) 计算该反应的标准平衡常数 $K^\ominus$。

7. 分析草酸($H_2C_2O_4 \cdot 2H_2O$)的纯度时，称取 0.5000g 样品，溶于水后，在 H_2SO_4 介质存在下，用 $KMnO_4$ 标准溶液(1.00mL $KMnO_4$ 溶液含 8.012mg $KMnO_4$)滴定，用去 27.28mL，计算草酸($H_2C_2O_4 \cdot 2H_2O$)样品的纯度。

8. 现有不纯的 KI 试样 0.3500g，溶解在 H_2SO_4 溶液中，加入 0.1940g 纯 $K_2Cr_2O_7$，煮沸赶尽生成的碘，然后加入过量的 KI，使之与剩余的 $K_2Cr_2O_7$ 作用，析出的 I_2 用 $0.1100mol \cdot L^{-1}$ $Na_2S_2O_3$ 标准溶液滴定，用去 $Na_2S_2O_3$ 溶液 18.72mL，求试样中 KI 的质量分数。

9. 称取铜矿样品 0.4000g，溶解后加入 KI 溶液，析出的 I_2 用 $Na_2S_2O_3$ 标准溶液滴定，消耗 21.02mL，而 20.00mL $Na_2S_2O_3$ 标准溶液相当于 0.1079g $K_2Cr_2O_7$。求：(1)$Na_2S_2O_3$ 溶液的物质的量浓度；(2)铜矿样中 CuO 的质量分数。

10. 为测定软锰矿中 MnO_2 的含量，将 1.025g 软锰矿试样与浓盐酸共热，产生的 Cl_2 通入过量的 KI 溶液中，随即将此溶液稀释定容至 250.0mL，然后吸取此溶液 25.00mL，用 $0.1000mol \cdot L^{-1}$ $Na_2S_2O_3$ 标准溶液滴定，消耗 $Na_2S_2O_3$ 溶液 20.02mL，求软锰矿中 MnO_2 的质量分数。

提示：$MnO_2 + 4HCl(浓) = 2H_2O + Cl_2 + MnCl_2$

11. 称取漂白粉 5.000g，加水研化后，定容至 250.0mL 容量瓶中，然后吸取 25.00mL，加入适量 KI 溶液和稀 HCl 溶液，析出的 I_2 用 $0.1125mol \cdot L^{-1}$ 的 $Na_2S_2O_3$ 标准溶液滴至终点，消耗 36.20mL，计算漂白粉中有效氯(具有氧化性的氯)的质量分数。

提示：$Ca(ClO)Cl + 2I^- + 2H^+ = Ca^{2+} + 2Cl^- + I_2 + H_2O$

练习题参考答案

9.4.1 填空题

1. $MnO_4^- + 8H^+ + 5e^- = Mn^{2+} + 4H_2O$；$2Cl^- - 2e^- = Cl_2$；0.15；$(-)Pt \mid Cl_2(p^\ominus) \mid Cl^- \parallel MnO_4^-, Mn^{2+}, H^+ \mid Pt(+)$　2. 0.857；能；$2Cu^{2+} + 4I^- = 2CuI + I_2$　3. 小；$[Ag(NH_3)_2]^+$；$[Ag(S_2O_3)_2]^{3-}$；$[Ag(CN)_2]^-$；增大　4. 100kPa；$1mol \cdot L^{-1}$；0V　5. 酸性：Mn^{2+}；碱性：MnO_4^{2-}；中性：MnO_2　6. 0.457；2.75×10^{15}；5.24×10^7　7. Br_2；BrO^-；$3BrO^- = 2Br^- + BrO_3^-$；$3Br_2 + 6OH^- = 5Br^- + BrO_3^- + 3H_2O$　8. 正向；无　9. I_2 的挥发；I^- 易被空气中的氧氧化

9.4.2 是非判断题

1.×　2.√　3.×　4.√　5.×　6.×　7.×　8.×　9.√　10.√

9.4.3 选择题

1. B　2. D　3. D　4. D　5. B　6. C　7. D　8. B　9. A　10. D　11. B　12. A　13. D　14. B　15. B　16. C　17. B　18. C　19. A　20. A　21. C　22. B　23. B　24. C　25. B　26. C　27. C　28. C　29. C　30.A

9.4.4 简答题

1. 虽然 $\varphi(I_2/I^-) > \varphi(Cu^{2+}/Cu^+)$，但是 Cu^{2+} 被还原为 Cu^+ 后生成 CuI，致使电对 $\varphi(Cu^{2+}/Cu^+)$ 中 Cu^+ 的浓度大大降低，从而使得电对 $\varphi(Cu^{2+}/Cu^+)$ 的电极电势大于 $\varphi(I_2/I^-)$，Cu^{2+} 可以将 I^- 氧化，该化学反应自发向右进行。

2. H^+/H_2,	负极：$(-)Pt \mid H_2 \mid H^+$	正极：$H^+ \mid H_2 \mid Pt(+)$
MnO_4^-/Mn^{2+}	负极：$(-)Pt \mid MnO_4^-, Mn^{2+}, H^+$	正极：H^+，MnO_4^-，$Mn^{2+} \mid Pt(+)$
CuBr/Cu	负极：$(-)Cu \mid CuBr \mid Br^-$	正极：$Br^- \mid CuBr \mid Cu(+)$
Ag_2O/Ag	负极：$(-)Ag \mid Ag_2O \mid OH^-$	正极：$OH^- \mid Ag_2O \mid Ag(+)$

CuBr/Cu 与 Fe^{3+}/Fe^{2+} 组成原电池为：$(-)Cu \mid CuBr \mid Br^-(c_1) \parallel Fe^{3+}(c_2)$，$Fe^{2+}(c_3) \mid Pt(+)$

电池反应为：$Cu + Br^- + Fe^{3+} = CuBr + Fe^{2+}$

3. 酸性介质中：

O_2/H_2O_2　　$O_2 + 2H^+ + 2e^- = H_2O_2$

$$\varphi(O_2/H_2O_2) = \varphi^\ominus(O_2/H_2O_2) + \frac{0.0592}{2}\lg[\frac{p(O_2)\cdot c^2(H^+)}{p^\ominus \cdot c(H_2O_2)}]$$

$PbSO_4/Pb$　　$PbSO_4 + 2e^- = Pb + SO_4^{2-}$

$$\varphi(PbSO_4/Pb) = \varphi^\ominus(PbSO_4/Pb) + \frac{0.0592}{2}\lg\frac{1}{c(SO_4^{2-})}$$

$CO_2/H_2C_2O_4$　　$2CO_2 + 2H^+ + 2e^- = H_2C_2O_4$

$$\varphi(CO_2/H_2C_2O_4) = \varphi^\ominus(CO_2/H_2C_2O_4) + \frac{0.0592}{2}\lg\left\{\left[\frac{p(CO_2)}{p^\ominus}\right]^2 \cdot \frac{c^2(H^+)}{c(H_2C_2O_4)}\right\}$$

BrO_3^-/Br_2　　$2BrO_3^- + 12H^+ + 10e^- = Br_2 + 6H_2O$

$$\varphi(BrO_3^-/Br_2) = \varphi^\ominus(BrO_3^-/Br_2) + \frac{0.0592}{10}\lg[c^2(BrO_3^-)\cdot c^{12}(H^+)]$$

PbO_2/Pb^{2+}　　$PbO_2 + 4H^+ + 2e^- = Pb^{2+} + 2H_2O$

$$\varphi(PbO_2/Pb^{2+}) = \varphi^\ominus(PbO_2/Pb^{2+}) + \frac{0.0592}{2}\lg[c^4(H^+)/c(Pb^{2+})]$$

MnO_4^-/Mn^{2+}　　$MnO_4^- + 8H^+ + 5e^- = Mn^{2+} + 4H_2O$

$$\varphi(MnO_4^-/Mn^{2+}) = \varphi^\ominus(MnO_4^-/Mn^{2+}) + \frac{0.0592}{5}\lg[c(MnO_4^-)\cdot c^8(H^+)/c(Mn^{2+})]$$

碱性介质中：

Bi_2O_3/Bi　　$Bi_2O_3 + 3H_2O + 6e^- = 2Bi + 6OH^-$

$$\varphi(Bi_2O_3/Bi) = \varphi^\ominus(Bi_2O_3/Bi) + \frac{0.0592}{6}\lg\frac{1}{c^6(OH^-)}$$

MnO_4^{2-}/MnO_2　　$MnO_4^{2-} + 2H_2O + 3e^- = MnO_2 + 4OH^-$

$$\varphi(MnO_4^{2-}/MnO_2) = \varphi^\ominus(MnO_4^{2-}/MnO_2) + \frac{0.0592}{3}\lg\frac{c(MnO_4^{2-})}{c^4(OH^-)}$$

H_2O/H_2　　$2H_2O + 2e^- = H_2 + 2OH^-$

$$\varphi(H_2O/H_2) = \varphi^\ominus(H_2O/H_2) + \frac{0.0592}{2}\lg\frac{1}{c^2(OH^-)\cdot p(H_2)/p^\ominus}$$

$Ba(OH)_2/Ba$　　$Ba(OH)_2 + 2e^- = Ba + 2OH^-$

$$\varphi[Ba(OH)_2/Ba] = \varphi^\ominus[Ba(OH)_2/Ba] + \frac{0.0592}{2}\lg\frac{1}{c^2(OH^-)}$$

9.4.5 计算题

1. 已知 $\varphi^\ominus(Hg^{2+}/Hg_2^{2+})=0.920V$，$\varphi^\ominus(Hg_2^{2+}/Hg)=0.797V$，有

$$Hg_2^{2+} = Hg^{2+} + Hg$$

$$\lg K^\ominus = nE^\ominus/0.0592 = 1\times(0.797-0.920)/0.0592 = -2.077$$

$$K^\ominus = 8.36\times10^{-3}$$

即　　$c(Hg^{2+})/c(Hg_2^{2+}) = 8.46\times10^{-3}$

2.　　$MnO_4^- + 8H^+ + 5e^- = Mn^{2+} + 4H_2O$，$\varphi^\ominus(MnO_4^-/Mn^{2+})=1.507V$

$$\frac{1}{2}Br_2(l) + e^- = Br^-，\varphi^\ominus(Br_2/Br^-)=1.066V$$

$$\frac{1}{2}I_2 + e^- = I^-，\varphi^\ominus(I_2/I^-)=0.536V$$

(1) pH = 3.00 时，$c(H^+)=1.0\times10^{-3}$，有

$$\varphi(MnO_4^-/Mn^{2+}) = \varphi^{\ominus}(MnO_4^-/Mn^{2+}) + \frac{0.0592}{5}\lg[c(MnO_4^-)\cdot c^8(H^+)/c(Mn^{2+})]$$

$$=1.507+\frac{0.0592}{5}\lg[1.0\times(1.0\times10^{-3})^8/1.0]=1.22(V)$$

$$\varphi(Br_2/Br^-)=\varphi^{\ominus}(Br_2/Br^-)=1.066V,\quad \varphi(I_2/I^-)=\varphi^{\ominus}(I_2/I^-)=0.536(V)$$

即

$$\varphi(MnO_4^-/Mn^{2+})>\varphi(Br_2/Br^-),\quad \varphi(MnO_4^-/Mn^{2+})>\varphi(I_2/I^-)$$

故在 pH = 3.00 时，$KMnO_4$ 能氧化 Br^- 和 I^-。

(2) 同理，pH = 6.00 时，$\varphi(MnO_4^-/Mn^{2+})$= 0.939V，即

$$\varphi(MnO_4^-/Mn^{2+})<\varphi(Br_2/Br^-),\quad \varphi(MnO_4^-/Mn^{2+})>\varphi(I_2/I^-)$$

故在 pH = 6.00 时，$KMnO_4$ 能氧化 I^-，而不能氧化 Br^-。

3.

$$(-)Cu|Cu^{2+}(0.010mol\cdot L^{-1})||Ag^+[c(Ag^+)]|Ag(+)$$

正极：$Ag^+ + e^- \longrightarrow Ag$ $\quad\varphi^{\ominus}(Ag^+/Ag)=0.799V$

负极：$Cu - 2e^- \longrightarrow Cu^{2+}$ $\quad\varphi^{\ominus}(Cu^{2+}/Cu)=0.342V$

电池反应：$2Ag^+ + Cu \longrightarrow 2Ag + Cu^{2+}$

$$\varphi_{(+)}=\varphi^{\ominus}(Ag^+/Ag)+0.0592\lg c(Ag^+)$$

$$\varphi_{(-)}=\varphi^{\ominus}(Cu^{2+}/Cu)+\frac{0.0592}{2}\lg c(Cu^{2+})$$

$$E=\varphi_{(+)}-\varphi_{(-)}=\varphi^{\ominus}(Ag^+/Ag)+0.0592\lg c(Ag^+)-[\varphi^{\ominus}(Cu^{2+}/Cu)+\frac{0.0592}{2}\lg c(Cu^{2+})]=0.46(V)$$

即

$$0.799-0.642+0.0592\lg c(Ag^+)-\frac{0.0592}{2}\lg 0.010=0.46(V)$$

$$c(Ag^+)=0.11mol\cdot L^{-1}$$

4.

$$O_2 + 4H^+ + 4e^- \longrightarrow 2H_2O$$

能斯特方程式为

$$\varphi(O_2/H_2O)=\varphi^{\ominus}(O_2/H_2O)+\frac{0.0592}{4}\lg[\frac{p(O_2)}{p^{\ominus}}\times c^4(H^+)]$$

在 $p(O_2)=p^{\ominus}$，$c(OH^-)=1mol\cdot L^{-1}$，$c(H^+)=1.00\times10^{-14}mol\cdot L^{-1}$ 时，则

$$\varphi(O_2/H_2O)=1.229+\frac{0.0592}{4}\lg(1.00\times10^{-14})^4=0.400(V)$$

对于电极反应： $O_2 + 2H_2O + 4e^- \longrightarrow 4OH^-$

在标准状态下，$p(O_2)=p^{\ominus}$，$c(OH^-)=1mol\cdot L^{-1}$，即 $c(H^+)=1.00\times10^{-14}mol\cdot L^{-1}$，则

$$\varphi^{\ominus}(O_2/OH^-)=\varphi(O_2/H_2O)=0.400V$$

5. 由题意可知，$E=\varphi^{\ominus}(Hg_2Cl_2/Hg)-\varphi(H^+/H_2)$，则

$$0.480=0.268-\varphi(H^+/H_2)$$

即

$$\varphi(H^+/H_2)=-0.212V$$

在 $0.100mol\cdot L^{-1}$ HB 溶液中，对于 $H^+/H_2(100kPa)$ 电对，

$$\varphi(H^+/H_2)=\varphi^{\ominus}(H^+/H_2)+\frac{0.0592}{2}\lg\frac{c^2(H^+)}{p(H_2)/p^{\ominus}}$$

$$-0.212=0+\frac{0.0592}{2}\lg[c^2(H^+)]$$

即

$$c(H^+)=2.62\times10^{-4}mol\cdot L^{-1}$$

对于 HB 溶液，$HB \rightleftharpoons H^+ + B^-$

$$K_a^{\ominus}(HB) = c(H^+)\cdot c(B^-)/c(HB)$$
$$= (2.62\times10^{-4})^2/(0.100-2.62\times10^{-4}) \approx (2.62\times10^{-4})^2/0.100 = 6.87\times10^{-7}$$

6.(1)
$$H_3AsO_4 + 2e^- + 2H^+ \rightleftharpoons HAsO_2 + 2H_2O$$
$$\varphi_{(+)} = \varphi^{\ominus}(H_3AsO_4/HAsO_2) + \frac{0.0592}{2}\lg(1.0\times10^{-4})^2 = 0.338(V)$$
$$2I^- \rightleftharpoons 2e^- + 2I_2$$
$$\varphi_{(-)} = \varphi^{\ominus}(I_2/I^-) = 0.545\ V$$

$\varphi_{(+)} < \varphi_{(-)}$，所以该反应不能自发进行。

(2)
$$E^{\ominus} = \varphi_{(+)}^{\ominus} - \varphi_{(-)}^{\ominus} = 0.575-0.545 = 0.03(V)$$
$$\lg K^{\ominus} = 2\times0.03/0.0.592 = 1.01$$
$$K^{\ominus} = 10.3$$

7.
$$2MnO_4^- + 5H_2C_2O_4 + 6H^+ \rightleftharpoons 2Mn^{2+} + 10CO_2 + 8H_2O$$
$$c(KMnO_4) = n(KMnO_4)/V(KMnO_4) = 8.012\times10^{-3}/158.04\times1.000\times10^{-3} = 0.05070(mol\cdot L^{-1})$$
$$w(H_2C_2O_4\cdot2H_2O) = 5c(KMnO_4)\cdot V(KMnO_4)\cdot M(H_2C_2O_4\cdot2H_2O)/2m(H_2C_2O_4\cdot2H_2O)$$
$$= 5\times0.05070\times27.28\times126.07/2\times0.5000\times1000 = 0.8718$$

8.
$$6I^- + Cr_2O_7^{2-} + 14H^+ \rightleftharpoons 2Cr^{3+} + 3I_2 + 7H_2O$$
$$I_2 + 2S_2O_3^{2-} \rightleftharpoons S_4O_6^{2-} + 2I^-$$
$$n(I^-) = 6[n(K_2Cr_2O_7) - \frac{1}{3}\times\frac{1}{2}n(Na_2S_2O_3)]$$
$$w(KI) = 6\times(\frac{0.1940}{294.2} - \frac{1}{3}\times\frac{1}{2}\times0.1100\times18.72\times10^{-3})\times\frac{166.0}{0.3500} = 0.8999$$

9.
$$6I^- + Cr_2O_7^{2-} + 14H^+ \rightleftharpoons 2Cr^{3+} + 3I_2 + 7H_2O$$
$$I_2 + 2S_2O_3^{2-} \rightleftharpoons S_4O_6^{2-} + 2I^-$$
$$c(Na_2S_2O_3) = \frac{m(K_2Cr_2O_7)}{M(K_2Cr_2O_7)}\times6/V(Na_2S_2O_3) = \frac{0.1079}{294.2}\times6/20.00\times10^{-3}$$
$$= 0.1100\ (mol\cdot L^{-1})$$
$$w(Cu) = c(Na_2S_2O_3)\cdot V(Na_2S_2O_3)\cdot M(Cu)/m$$
$$= 0.1100\times21.02\times63.55/(1000\times0.4000) = 0.3674$$

10.
$$MnO_2 + 4HCl(浓) \rightleftharpoons 2H_2O + Cl_2 + MnCl_2$$
$$Cl_2 + 2KI \rightleftharpoons I_2 + 2KCl$$
$$I_2 + 2S_2O_3^{2-} \rightleftharpoons S_4O_6^{2-} + 2I^-$$
$$w(MnO_2) = c(Na_2S_2O_3)\cdot V(Na_2S_2O_3)\times\frac{1}{2}M(MnO_2)/(m\times\frac{1}{10})$$
$$= 0.1000\times20.02\times86.94\times10/(1000\times2\times1.025) = 0.8490$$

11.
$$Ca(ClO)Cl + 2I^- + 2H^+ \rightleftharpoons Ca^{2+} + 2Cl^- + I_2 + H_2O$$
$$I_2 + 2S_2O_3^{2-} \rightleftharpoons S_4O_6^{2-} + 2I^-$$
$$w(Cl) = c(Na_2S_2O_3)\times V(Na_2S_2O_3)\times\frac{1}{2}M(Cl)/(m\times\frac{1}{10})$$
$$= 0.1125\times36.20\times35.45\times10/(1000\times2\times5.000) = 0.1444$$

第 10 章　电势分析法

10.1　学 习 要 求

1. 掌握电势分析法的基本原理。
2. 了解各类电极的基本结构和响应机理。
3. 掌握溶液 pH 的测定方法；掌握直接电势法测定离子浓度的方法。
4. 掌握电势滴定法确定终点的方法。
5. 了解离子选择性电极选择性系数的物理意义及相关运算。

10.2　重难点概要

10.2.1　电势分析法的基本原理

在电势分析法(potential analysis)中，常选用一个电极电势随溶液中被测离子活度变化而变化的电极[称为指示电极(indicating electrode)]和一个在一定条件下电极电势恒定的电极[称为参比电极(reference electrode)]与待测溶液组成工作电池。

参比电极可作正极，也可作负极，视两个电极电势的高低而定。

设电池为

$$\text{参比电极} \| M^{n+}|M$$

则

$$E = \varphi_{(+)} - \varphi_{(-)} = \varphi(M^{n+}/M) - \varphi(\text{参比}) = \varphi^{\ominus}(M^{n+}/M) + \frac{RT}{nF}\ln a(M^{n+}) - \varphi(\text{参比}) = K + \frac{RT}{nF}\ln a(M^{n+})$$

式中，E 为电池电动势；$\varphi_{(+)}$、$\varphi_{(-)}$ 分别为正极和负极的电极电势；$\varphi(\text{参比})$ 为参比电极的电极电势。

在一定温度下，$\varphi^{\ominus}(M^{n+}/M)$、$\varphi(\text{参比})$ 都是常数，只要测出电动势 E 就可求得 $a(M^{n+})$。这种方法即为直接电势法。

若 M^{n+} 是被测离子，在滴定过程中，电极电势 $\varphi^{\ominus}(M^{n+}/M)$ 将随 $a(M^{n+})$ 变化而变化，E 也随之不断改变。在计量点附近，$a(M^{n+})$ 发生突变，相应的 E 也有较大的变化。通过测量 E 的变化确定滴定终点的方法称为电势滴定法。

10.2.2　参比电极

参比电极是测定电池电动势、计算电极电势的基础。要求参比电极的电极电势已知且稳定、重现性好、容易制备。

标准氢电极是最重要、最准确的参比电极。但其制作麻烦，且铂黑易中毒，一般不用。

实际工作中常用的参比电极是甘汞电极(calomel electrode)和 Ag-AgCl 电极。

10.2.3 指示电极

指示电极的电极电势随被测离子活度变化而变化。要求指示电极的电极电势与待测离子活度之间的关系符合能斯特公式，且电极选择性高、重现性好、响应速度快，使用方便。

金属-金属离子电极、金属-金属难溶盐电极及惰性电极在特定情况下都可作指示电极。但它们的选择性都不如离子选择性电极高，应用受到一定的限制。

离子选择性电极(ion selective electrode)又称膜电极，其膜电位是通过敏感膜选择性地进行离子交换和扩散而产生的。

离子选择电极有多种，本章重点介绍 pH 玻璃电极和氟离子选择性电极。

1. 玻璃电极

主要指用于测定溶液 pH 的玻璃电极。使用之前必须在水中浸泡一定时间，其膜电势为

$$\varphi(\text{膜}) = K + \frac{RT}{F}\ln a(\text{H}^+)$$

25℃
$$\varphi(\text{膜}) = K + 0.0592\ln a(\text{H}^+) = K - 0.0592\text{pH} \tag{10-1}$$

pH 玻璃电极的电极电势

$$\varphi(\text{玻璃}) = \varphi(\text{AgCl/Ag}) + \varphi(\text{膜}) = K - 0.0592\text{pH} \tag{10-2}$$

2. 氟离子选择性电极

氟离子选择性电极敏感膜由 LaF_3 单晶切片制成，晶体中掺有少量 Ca^{2+}、Eu^{2+}以降低电阻。其膜电势为

$$\varphi(\text{膜}) = K - 0.0592\lg a(\text{F}^-) = K + 0.0592\text{pF} \tag{10-3}$$

10.2.4 离子选择性电极的选择性

离子选择性电极的选择性用选择性系数 K_{ij} 表示。

K_{ij} 是在相同条件下，产生相同电势的待测离子活度 a_i 与干扰离子活度 a_j 的比值。即 $K_{ij}=a_i / a_j$。显然，K_{ij} 越小，选择性越高。

若 i 离子电荷数为 n，j 离子电荷数为 m，则

$$\varphi(\text{膜}) = K \pm \frac{2.303RT}{nF}\lg\left[a_i + K_{ij}(a_j)^{n/m}\right] \tag{10-4}$$

K_{ij} 是实验值，并不是一个严格的常数。但利用 K_{ij} 可判断电极对各种离子的选择性，并可粗略地估算干扰离子共存下测定 i 离子所造成的误差。

$$\text{相对误差} = \frac{K_{ij}(a_j)^{n/m}}{a_i} \tag{10-5}$$

10.2.5　pH 的测定

1. 测定的基本原理

测定溶液的 pH 常用 pH 玻璃电极作指标电极，甘汞电极作参比电极，与待测溶液组成工作电池。

$$(-)\,\mathrm{Ag,AgCl}\,|\,\mathrm{HCl}\,|\,\text{玻璃膜}\,|\,\text{试液}\left[a(\mathrm{H^+})\right]\|\,\mathrm{KCl}\,(\text{饱和})\,|\,\mathrm{Hg_2Cl_2,Hg}(+)$$

$$E = \varphi(\mathrm{HgCl_2/Hg}) - \varphi(\text{玻璃}) = \varphi(\mathrm{HgCl_2/Hg}) - (K - 0.0592\mathrm{pH}_{\text{试}}) = K' + 0.0592\mathrm{pH}_{\text{试}} \quad (10\text{-}6)$$

由式(10-6)可知，电池电动势 E 与试液的 pH 呈直线关系，这是测定 pH 的理论依据。其中 K' 除包括内、外参比电极电势等常数外，还包括难于测量与计算的液接电势和不对称电势，因而需以已知 pH 的标准缓冲溶液为基准，比较包括待测溶液和标准缓冲溶液的两个工作电池的电动势来求得待测试液的 pH。

(—)玻璃电极|标准溶液 S 或未知液 X||参比电极(+)

式中，X 为待测溶液；S 为标准溶液，其 pH 分别为 $\mathrm{pH_X}$ 和 $\mathrm{pH_S}$。

$$E_\mathrm{S} = K' + \frac{2.303RT}{F}\mathrm{pH_S}$$

$$E_\mathrm{X} = K' + \frac{2.303RT}{F}\mathrm{pH_X}$$

两式相减得

$$\mathrm{pH_X} = \mathrm{pH_S} + \frac{E_\mathrm{X} - E_\mathrm{S}}{2.303\dfrac{RT}{F}} \quad (10\text{-}7)$$

式中，$\mathrm{pH_S}$ 已知，通过测量 E_S、E_X 即可求得 $\mathrm{pH_X}$ 值。国际纯粹与应用化学联合会(IUPAC)建议将此式作为 pH 的实用定义，通常也称为 pH 标度。在测量时，应使所选用的标准溶液的 $\mathrm{pH_S}$ 与 $\mathrm{pH_X}$ 相接近，以提高准确度。

2. 电极系数

由式(10-7)可以看出，E_S 与 E_X 的差值和 $\mathrm{pH_S}$ 和 $\mathrm{pH_X}$ 的差值呈直线关系，直线的斜率 $\dfrac{2.303RT}{F}$ 是温度的函数。

一般地，令 $S = \dfrac{2.303RT}{F}$，通常称 S 为电极系数，也称为电极斜率。电极斜率可由理论计算得到，称为理论斜率。例如，pH 玻璃电极在 25℃时，其理论斜率为 0.059V/pH 或 59.2mV/pH。

10.2.6　离子选择性电极的应用

1. 测定离子活(浓)度的基本原理

测定离子活度时，常用离子选择性电极与参比电极组成工作电池。其电池电动势与离子活度之间关系的一般式如下

$$E = K \pm \frac{2.303RT}{nF}\lg a_i \tag{10-8}$$

当离子选择性电极作正极时，对阳离子选择响应的电极，公式取“+”号，对阴离子响应的电极，公式取“—”号。若离子选择性电极作负极，则正好相反。一定条件下，通过测量电池电动势，即可求得待测离子活度 a_i 。

在化学分析中，一般要求测定的是浓度，而 $a_i = \gamma \cdot c$，γ 为活度系数，γ 取决于溶液的离子强度，在极稀溶液中，γ =1。因而在标准溶液和待测溶液中加入离子强度缓冲调节剂(TISAB)，使溶液中离子强度 I 基本相同，则 γ 不变。

$$E = K' + \frac{2.303RT}{nF}\lg[\gamma(i)\cdot c(i)] = K \pm \frac{2.303RT}{nF}\lg c(i) \tag{10-9}$$

此时，电池电动势 E 与溶液浓度对数 $\lg c(i)$呈直线关系，测出 E，即可求出溶液浓度 c_i。

2. 测定离子浓度的方法

1) 标准曲线法

将一系列已知浓度的标准溶液，用指示电极与参比电极构成工作电池，分别测其电动势，然后绘制 E_i-$\lg c(i)$标准曲线，在同样条件下测出待测溶液的 E_x 值，即可从标准曲线上查出被测试液的浓度 $c(i)$。

用氟电极测 F^-的浓度时，常用的 TISAB 组为：$NaCl(1mol \cdot L^{-1})$、$HAc(0.25mol \cdot L^{-1})$、$NaAc(0.75mol \cdot L^{-1})$及柠檬酸钠$(0.001mol \cdot L^{-1})$。它除固定离子强度外，还起缓冲溶液的 pH、掩蔽干扰离子的作用。

2) 标准加入法

当待测溶液组成比较复杂、离子强度较大时，就难以使它的 γ 同标准溶液的一致，这时可采用标准加入法。

$$c_x = \frac{\Delta c}{10^{\Delta E/S} - 1} \tag{10-10}$$

式中，$\Delta c = \dfrac{V(S)\cdot c(S)}{V(X)}$ 为浓度增加量；ΔE 为电动势改变量。

3. 影响测定准确度的因素

电动势的测量、干扰离子的存在、测定的温度、溶液的 pH 及电势平衡时间等诸多因素都会影响测定的准确度。

10.2.7 电势滴定法

电势滴定法(potentiometric titration)是借助指示电极电势的变化以指示化学计量点的到达。其确定滴定终点的方法有 E-V 曲线法、$\Delta E / \Delta V$-V 曲线法和二级微商法。

电势滴定法不受溶液颜色、浑浊等限制，对滴定反应用指示剂指示终点有困难时，可采用电势滴定法。电势滴定法不仅用于确定终点，还可用于确定一些热力学常数，如弱酸、弱碱的离解常数、配离子稳定常数等。

10.3 例题和习题解析

10.3.1 例题

【例题 10-1】 试举出两种常用的参比电极，写出半电池及电极电势表达式。

解 (1) 甘汞电极

半电池符号： Hg，$Hg_2Cl_2(s)$| KCl(饱和，$1mol \cdot L^{-1}$或 $0.1mol \cdot L^{-1}$)

电极反应： $Hg_2Cl_2 + 2e^- = 2Hg + 2Cl^-$

电极电势(25℃)：

$$\begin{aligned}\varphi^{\ominus}(Hg_2Cl_2/Hg) &= \varphi^{\ominus}(Hg_2Cl_2/Hg) - 0.0592\lg a(Cl^-)^2/2 \\ &= \varphi^{\ominus}(Hg_2Cl_2/Hg) - 0.0592\lg a(Cl^-)\end{aligned}$$

常用的是饱和甘汞电极，在 25℃时，其电极电势为 0.2415V。

(2) Ag-AgCl 电极

半电池符号： Ag，AgCl(s)|KCl(饱和或 $1mol \cdot L^{-1}$)

电极反应： $AgCl + e^- = Ag + Cl^-$

电极电势(25℃)： $\varphi^{\ominus}(AgCl/Ag) = \varphi(Ag^+/Ag) = \varphi^{\ominus}(Ag^+/Ag) - 0.0592\lg a(Cl^-)$

常用的是以饱和 KCl 为内参比溶液，在 25℃时，其电极电势为 0.1998V。

【例题 10-2】 以电势滴定法确定氧化还原滴定终点时，什么情况下与计量点吻合比较好？什么情况下有较大的误差？

答 电势滴定法是以滴定曲线中突跃部分的中点作为滴定的终点，这与化学计量点不一定相符。当滴定体系的两电对的电子转移数相等时，终点与化学计量点吻合较好，而两电对的电子转移数不相等时，φ_{sp}不在突跃的中点，误差较大。

【例题 10-3】 25℃条件下，用一支玻璃电极测得 pH=6.86 的缓冲溶液($0.025mol \cdot L^{-1}$磷酸二氢钾与 $0.025mol \cdot L^{-1}$ 磷酸二氢钠的混合溶液)的 E=386mV，pH=4.01 的缓冲溶液($0.05mol \cdot L^{-1}$邻苯二甲酸氢钾)的 E=220mV，求该电极的实测斜率。

解 由题意，所测得电动势的差值为

$$\Delta E = 386 - 220 = 166(mV)$$

两个缓冲溶液的 pH 差值为

$$\Delta pH = 6.86 - 4.01 = 2.85$$

所以电极的实测斜率为

$$S = \frac{\Delta E}{\Delta pH} = \frac{166}{2.85} = 58.2(mV/pH)$$

【例题 10-4】 一自动电势滴定仪以 $0.1mL \cdot s^{-1}$ 的恒定速度滴加滴定剂。按设计要求，当二次微商滴定曲线为零时，仪器自动关闭滴液设置，但由于机械延迟，使关闭时间晚了 2s。如果用这台滴定仪以 $0.10mol \cdot L^{-1}$ 的 Ce(Ⅳ)来滴定 50mL $0.1mol \cdot L^{-1}$ 的 Fe(Ⅱ)，由于延迟将引起多大的误差？当滴定仪关闭时，电势为多少？[已知 $\varphi^{\ominus}(Ce^{4+}/Ce^{3+}) = 1.28V$]

解 滴定反应： $Ce^{4+} + Fe^{2+} = Ce^{3+} + Fe^{3+}$

设计量点时用去 Ce(Ⅳ)体积为 VmL，则

$$V=\frac{0.10\times 50}{0.10}=50(\text{mL})$$

当延迟 2s 时，过量的 Ce(Ⅳ)体积为

$$2\times 0.10=0.2(\text{mL})$$

则误差为

$$\frac{0.2}{50}\times 100\%=0.4\%$$

当滴定结束时，溶液中：

$$c(\text{Ce}^{4+})=\frac{0.2\times 0.10}{50+50+0.2}=2\times 10^{-4}(\text{mol}\cdot\text{L}^{-1})$$

$$c(\text{Ce}^{3+})=\frac{0.10\times 50}{50+50+0.2}=0.05(\text{mol}\cdot\text{L}^{-1})$$

$$\varphi(\text{Ce}^{4+}/\text{Ce}^{3+})=\varphi^{\ominus}(\text{Ce}^{4+}/\text{Ce}^{3+})+0.0592\lg\frac{c(\text{Ce}^{4+})}{c(\text{Ce}^{3+})}$$

$$=1.28+0.0592\lg\frac{1.996\times 10^{-4}}{0.0499}=1.14\text{V}$$

10.3.2　习题解析

【习题 10-1】　什么是指示电极？什么是参比电极？对它们各有哪些要求？

答　指示电极是指示被测离子活度的电极，其电极电势随被测离子活度的变化而变化。要求：电极电势与有关离子的活度之间的关系符合能斯特方程；选择性高，干扰物质少；电极反应快，响应速度快。达到平衡快；重现性好，使用方便。参比电极是测量电池电动势、计算电极电势的基准。参比电极电极电势的稳定与否直接关系到测定结果的准确性。要求：电极电势已知且稳定；不受试液组成变化的影响；重现性好；容易制备。

【习题 10-2】　简述测定 pH 时所使用的玻璃电极的构造和作用机理。

答　玻璃电极的主要部分是一个玻璃泡，泡的下半部是对 H^+ 有选择性响应的玻璃薄膜，泡内装有 pH 一定的 0.1mol·L^{-1} 的 HCl 内参比溶液，其中插入一支 Ag-AgCl 电极作为内参比电极，这样就构成了玻璃电极。

玻璃电极中内参比电极的电位是恒定的，与待测溶液的 pH 无关。玻璃电极能测定溶液 pH 是由于玻璃膜产生的膜电位与待测溶液 pH 有关。玻璃电极在使用前在水溶液中浸泡一定时间，使玻璃膜的外表面形成了水合硅胶层。当浸泡好的玻璃电极浸入待测溶液时，水合层与溶液接触，由于硅胶层表面和溶液的 H^+ 活度不同，形成活度差，H^+便从活度大的一侧向活度小的一侧迁移，硅胶层与溶液中的 H^+ 建立了平衡，产生一定的相界电位。同理，在玻璃膜内侧水合硅胶层-内部溶液界面也存在一定的相界电位。由于内参比溶液 H^+活度 a_2 是一定值，在一定的温度下玻璃电极的膜电位与试液的 pH 呈直线关系。

【习题 10-3】　直接电势法的依据是什么？为什么用此法测定溶液的 pH 时，必须使用标准 pH 缓冲溶液？

答　直接电势法是通过测量电池电动势来确定指示电极的电势，然后根据能斯特方程由

所测得的电极电势值计算出被测物质的含量。

测定溶液 pH 是依据：

$$E = \varphi(Hg_2Cl_2 / Hg) - \varphi(AgCl / Ag) - K + 0.059\ pH_{试} + \varphi_L$$

式中：$\varphi\,(Hg_2Cl_2/Hg)$、$\varphi\,(AgCl/Ag)$、K、φ_L 在一定的条件下都是常数，将其合并为 K'，而 K' 中包括难以测量和计算的不对称电位和液接电位。所以在实际测量中使用标准缓冲溶液作为基准，并比较包含待测溶液和包含标准缓冲溶液的两个工作电池的电动势来确定待测溶液的 pH，其中标准缓冲溶液的作用是确定 K'。

【习题 10-4】 直接电势法测定离子活(浓)度的方法有哪些？哪些因素影响测定的准确度？

答 直接电位法测定离子活(浓)度的方法有标准曲线法和标准加入法。影响测定的准确度因素有温度、电动势测量的准确度、干扰离子、溶液的酸度、待测离子浓度、电位平衡时间。

【习题 10-5】 试讨论膜电势、电极电势和电池电动势三者之间的关系。

答 在一定的温度下，离子选择性电极的膜电位与待测离子的活度的对数呈直线关系。即 $\varphi(膜) = K \pm 2.303RT / (nF) \times \lg a$，电极电势等于内参比电极的电位加上膜电位，即

$$\varphi(电极) = \varphi(参比) + \varphi(膜)$$

电动势等于外参比电极的电位与离子选择性电极的电位之差，即

$$E = \varphi(参比) - \varphi(内参比) - \varphi(膜)$$

【习题 10-6】 TISAB 在用氟离子选择性电极测定 F^-浓度时起什么作用？

答 TISAB 是一种高离子强度缓冲溶液，可维持溶液有较大而稳定的离子强度，使离子的活度系数不变。使试液与标准溶液测定条件相同。同时起到控制溶液的酸度和掩蔽 Fe^{3+}、Al^{3+}的作用，以消除对 F^-的干扰。

【习题 10-7】 电势滴定法的基本原理是什么？有哪些确定终点的方法？

答 电位滴定法是通过测量滴定过程中电位的变化，根据滴定过程中化学计量点附近的电位突跃来确定终点。确定终点的方法有 E-V 曲线法、$\Delta E/\Delta V$-V 曲线法和二级微商法。

【习题 10-8】 下列电池(25℃)

$$(-)玻璃电极\,|\,标准溶液或未知液\,\|\,饱和甘汞电极(+)$$

当标准缓冲溶液的 pH=4.00 时，电动势为 0.209V，当缓冲溶液由未知溶液代替时，测得下列电动势值：(1)0.088V；(2)0.312V。求未知溶液的 pH。

解 (1)　　pH_S=4.0　E_S= 0.209V　E_X= 0.088V

$$pH_X = pH_S + \frac{E_X - E_S}{0.0592} = 4.00 + \frac{0.088 - 0.209}{0.0592} = 1.96$$

(2)　　pH_S=4.0　E_S= 0.209V　E_X= 0.312V

$$pH_X = pH_S + \frac{E_X - E_S}{0.0592} = 4.00 + \frac{0.312 - 0.209}{0.0592} = 5.74$$

【习题 10-9】 25℃时下列电池的电动势为 0.518V (忽略液接电势)，

$$(-)Pt\,|\,H_2(10^5\,Pa),\ HA(0.01mol \cdot L^{-1}),\ A^-(0.01mol \cdot L^{-1})\,\|\,SCE(+)$$

计算弱酸 HA 的 $K_a^{\ominus}$ 值。

解

$$\varphi_{(+)} = \varphi(SCE) = 0.2438V$$

$$\varphi_{(-)} = \varphi^{\ominus}(H^+/H_2) + \frac{0.0592}{2}\lg\frac{c^2(H^+)}{p(H_2)/p^{\ominus}} = 0.0592\lg c(H^+) = -0.0592\text{pH}$$

$$E = \varphi_{(+)} - \varphi_{(-)} = 0.2438 - (-0.0592\text{pH}) = 0.518(\text{V})$$

$$\text{pH} = 4.63$$

$$c(\text{HA}) = c(\text{A}^-) = 0.01\text{mol}\cdot\text{L}^{-1}$$

$$\text{pH} = \text{p}K_a^{\ominus} + \lg 0.01/0.01$$

$$4.63 = \text{p}K_a^{\ominus}$$

$$K_a^{\ominus} = 2.3\times10^{-5}$$

【习题 10-10】 某种钠敏感电极的选择性系数 $K(Na^+, H^+)$约为 30。若用这种电极测定 pNa=3 的 Na^+溶液，并要求测定误差小于 3%，则试液 pH 必须大于多少？

解
$$K(Na^+,H^+) = c(Na^+)/c(H^+) = 30$$

$$c(H^+)\cdot K(Na^+,H^+) = c(Na^+) \qquad c(Na^+) = 30c(H^+)$$

$$\text{pNa} = 3 \qquad c(Na^+) = 1.0\times10^{-3}\text{mol}\cdot\text{L}^{-1}$$

$$\text{RE}(\%) = 30c(H^+)/1.0\times10^{-3} < 3\%$$

$$c(H^+) < 10^{-6}\text{mol}\cdot\text{L}^{-1}$$

$$\text{pH} < 6$$

【习题 10-11】 测定$3.3\times10^{-4}\text{mol}\cdot\text{L}^{-1}$ $CaCl_2$溶液的活度，若溶液中存在$0.20\text{mol}\cdot\text{L}^{-1}$ NaCl，计算：

(1) 由于 NaCl 的存在所引起的相对误差是多少？[已知 $K(Ca^{2+},Na^+)=1.6\times10^{-3}$]

(2) 若要使误差减少到 2%，允许 NaCl 的最高浓度是多少？

解 (1)
$$K(Ca^{2+},Na^+) = c(Ca^{2+})/c^2(Na^+) = 1.6\times10^{-3}$$

$$c(Ca^{2+}) = K(Ca^{2+},Na^+)\cdot c^2(Na^+)$$

$$c(Ca^{2+}) = 1.6\times10^{-3}c^2(Na^+) = 1.6\times10^{-3}\times0.20^2 = 6.4\times10^{-5}(\text{mol}\cdot\text{L}^{-1})$$

$$\text{RE}(\%) = \frac{6.4\times10^{-5}}{3.3\times10^{-4}}\times100\% = 19\%$$

(2)
$$\text{RE}(\%) = \frac{K(Ca^{2+},Na^+)\cdot c^2(Na^+)}{c(Ca^{2+})}\times100\% = 2\%$$

$$\frac{1.6\times10^{-3}\times c^2(Na^+)}{3.3\times10^{-4}}\times100\% = 2\%$$

$$c(Na^+) = \sqrt{\frac{3.3\times10^{-4}\times2\%}{1.6\times10^{-3}\times100\%}} = 6.4\times10^{-2}(\text{mol}\cdot\text{L}^{-1})$$

【习题 10-12】 以 SCE 作正极，氟离子选择性电极作负极，放入 $0.001\text{mol}\cdot\text{L}^{-1}$ 氟离子溶液中，测得 $E= -0.159$V。换用含氟离子试液，测得 $E= -0.212$V。计算溶液中氟离子浓度。

解

$$E_X = K - \frac{0.0592}{n}\lg c(X)$$

$$E_S = K - \frac{0.0592}{n}\lg c(S)$$

$$E_X - E_S = \frac{0.0592}{n}\lg\frac{c(S)}{c(X)}$$

$$\lg c(X) = \lg c(S) - n(E_X - E_S)/0.0592 = \lg 0.001 - (-0.212 + 0.159)/0.0592 = -0.895$$

$$c(x) = 0.127\text{mol}\cdot\text{L}^{-1}$$

【习题 10-13】 在 25℃时用标准加入法测定 Cu^{2+}浓度，于 100mL 铜盐溶液中添加 $0.1\text{mol}\cdot\text{L}^{-1}$ $Cu(NO_3)_2$溶液 1.0mL，电动势增加 10mV，求原溶液的 Cu^{2+}浓度。(设电极系数符合理论值)

解

$$\Delta c = 1.0\times 0.1/(100+1.0) = 9.9\times 10^{-4}(\text{mol}\cdot\text{L}^{-1})$$

$$\Delta E = 10\text{mV}$$

$$S=\frac{59.2}{2} = 29.6(\text{mV})$$

$$c(X) = \frac{\Delta c}{10^{\Delta E/S}-1} = \frac{9.9\times 10^{-4}}{10^{10/29.6}-1} = 8.4\times 10^{-4}(\text{mol}\cdot\text{L}^{-1})$$

【习题 10-14】 称取土壤样品 6.00g，用 pH=7 的 $1\text{mol}\cdot\text{L}^{-1}$ 乙酸铵提取，离心，转移含钙的澄清液于 100mL 容量瓶中，并稀释至刻度。取 50.00mL 该溶液在 25℃时用钙离子选择性电极和 SCE 电极测得电动势为 20.0mV，加入 $0.0100\text{mol}\cdot\text{L}^{-1}$ 标准钙溶液 1.0mL，测得电动势为 32.0mV，实测电极斜率为 29.0mV，计算每克土壤样品中 Ca 的质量(mg)。

解

$$\Delta c = 1.0\times 0.0100/(50.00+1.0) = 1.96\times 10^{-4}(\text{mol}\cdot\text{L}^{-1})$$

$$\Delta E = 32.0 - 20.0 = 12.0(\text{mV})$$

$$S = 29.0\text{mV}$$

$$c(X) = \frac{\Delta c}{10^{\Delta E/S}-1} = \frac{1.96\times 10^{-4}}{10^{12.0/29.0}-1} = 1.23\times 10^{-4}(\text{mol}\cdot\text{L}^{-1})$$

$$m(\text{Ca}) = 1.23\times 10^{-4}\times 0.1\times 40/6.00 = 0.082(\text{mg})$$

【习题 10-15】 以 $0.1052\text{mol}\cdot\text{L}^{-1}$ NaOH 标准溶液电势滴定 25.00mL HCl 溶液，用玻璃电极和 SCE 电极组成电池，测得以下数据：

V(NaOH)/mL	pH	V(NaOH)/mL	pH	V(NaOH)/mL	pH
0.55	1.70	25.80	3.60	26.30	10.47
24.50	3.00	25.90	3.75	26.40	10.52
25.50	3.37	26.00	7.50	26.50	10.56
25.60	3.41	26.10	10.20	27.00	10.74
25.70	3.45	26.20	10.35	27.50	10.92

(1) 绘制 pH-V(NaOH)的曲线，从曲线的拐点确定测定终点。

(2) 绘制 ΔpH-V(NaOH)的曲线，从曲线的最高点确定测定终点。

(3) 用二次微商计算法，从曲线的最高点确定滴定终点。

(4) 根据(3)的值计算 HCl 的浓度。

解　(1)和(2)根据相关数据作图(见下图)结果表明终点均为 25.98mL 左右。

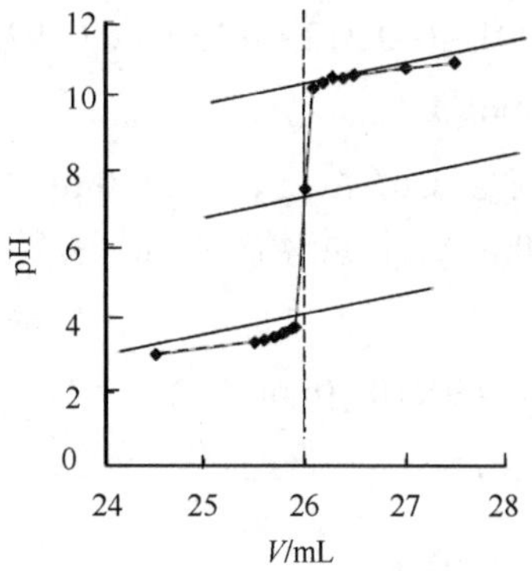

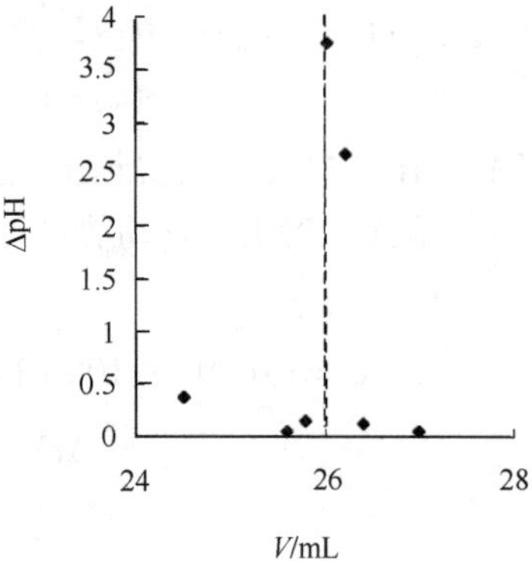

(3) 首先求二级微商数据：

V(NaO)/mL	pH	ΔpH	ΔV /mL	ΔpH / V	$\Delta^2 pH / \Delta V^2$
25.80	3.60				
		0.15	0.10	1.50	
25.90	3.75				360
		3.75	0.10	37.5	
26.00	7.50				−105
		2.70	0.10	27.0	
26.10	10.20				

由表中计算数据可知，滴定终点在 25.90～26.00mL，则

$$V_{终} = 25.90 + \frac{360 \times (26.00 - 25.90)}{105 + 360} = 25.98(\text{mL})$$

(4)

$$c(\text{HCl}) = \frac{0.1052 \times 25.98}{25.00} = 0.1093(\text{mol} \cdot \text{L}^{-1})$$

【习题 10-16】　在电势滴定中接近滴定终点时测得电动势数据如下：

滴定剂体积 V/mL	29.90	30.00	30.10	30.20	30.30	30.40	30.50
E/mV	240	250	266	526	666	740	750

计算滴定终点时滴定剂的体积。

解　首先求二级微商数据：

滴定剂体积 V/mL	电动势 E/mV	ΔE	ΔV /mL	$\Delta E / \Delta V$	$\Delta^2 E / \Delta V^2$
29.90	240				
		10	0.10	100	
30.00	250				600
		16	0.10	160	
30.10	266				24 400
		260	0.10	2600	
30.20	526				−12 000
		140	0.10	1400	
30.30	666				6 600
		74	0.10	740	
30.40	740				6 400
		10	0.10	100	
30.50	750				

由表中计算数据可知，滴定终点在 30.10～30.20mL，则

$$V = 30.10 + \frac{24\,400 \times (30.20 - 30.10)}{24\,400 + 12\,000} = 30.17(\text{mL})$$

【习题 10-17】 The cell

$$(-)\text{SCE} \,\|\, \text{Ag}_2\text{CrO}_4(\text{sat,d}),\ \ \text{CrO}_4^{2-} \,|\, \text{Ag}(+)$$

is employed for the determination of $\text{p}\,\text{CrO}_4^{2-}$. Calculate $\text{p}\,\text{CrO}_4^{2-}$ when the cell potential is 0.402V.

解

$$\varphi_{(+)} = \varphi(\text{Ag}_2\text{CrO}_4 / \text{Ag}) = \varphi^{\ominus}(\text{Ag}^+ / \text{Ag}) + 0.0592\lg c(\text{Ag}^+)$$

$$\varphi_{(-)} = \varphi(\text{SCE}) = 0.2438\text{V}$$

$$E = 0.799 + 0.0592\lg c(\text{Ag}^+) - 0.2438 = 0.402$$

$$c(\text{Ag}^+) = 2.58 \times 10^{-3}(\text{mol} \cdot \text{L}^{-1}),\ \ \text{pAg}^+ = 2.588$$

$$K_{\text{sp}}^{\ominus} = c^2(\text{Ag}^+)c(\text{CrO}_4^{2-}),\ \ \text{p}K_{\text{sp}}^{\ominus} = 2\text{pAg}^+ + \text{pCrO}_4^{2-} = 11.951$$

即

$$\text{pCrO}_4^{2-} = 11.951 - 2 \times 2.588 = 6.775$$

【习题 10-18】 The concentration of Ca in a sample of sea water is determined using a Ca ion-selective electrode and a one-point standard addition. A 10.00mL sample is transferred to a 100mL volumetric flask and diluted to volume. A 50.00mL aliquot of sample is placed in a beaker with the Ca ion-selective electrode and a reference electrode, and the potential is measured as –0.052 90V. A 1.00mL aliquot of a 5.00×10^{-2} mol · L^{-1} standard solution of Ca^{2+} is added, and a potential of –0.04417 V is measured. What is the concentration of Ca^{2+} in the sample of sea water?

解

$$\Delta c = \frac{1.00 \times 5.00 \times 10^{-2}}{50.00 + 1.00} = 9.80 \times 10^{-4}(\text{mol} \cdot \text{L}^{-1})$$

$$\Delta E = -0.04417 - (-0.05290) = 0.00873(\text{V})$$

$$S=\frac{0.0592}{2} = 0.0296(\text{V})$$

$$c(\text{X}) = \frac{\Delta c}{10^{\Delta E/S} - 1} = \frac{9.80\times10^{-4}}{10^{0.00873/0.0296} - 1} = 1.01\times10^{-3}(\text{mol}\cdot\text{L}^{-1})$$

$$c(\text{Ca}) = \frac{1.01\times10^{-3}\times0.1}{10}\times1000 = 1.01\times10^{-2}(\text{mol}\cdot\text{L}^{-1})$$

10.4 练 习 题

10.4.1 选择题

1. 在电势分析法中作为指示电极，其电势应与被测离子的浓度(　　)。

A. 无关　　B. 成正比

C. 与对数成正比　　D. 符合能斯特公式的关系

2. 在电势分析法中，作为参比电极，其要求之一是电极电势(　　)。

A. 应等于零　　B. 与温度无关

C. 在一定条件下为定值　　D. 随试液中被测离子活度变化而变化

3. pH 玻璃电极的响应机理与膜电势的产生是由于(　　)。

A. H^+在玻璃膜表面还原而传递电子

B. H^+进入玻璃膜的晶格缺陷而形成双电层结构

C. H^+穿透玻璃膜而使膜内外 H^+产生浓差而形成双电层结构

D. H^+在玻璃膜表面进行离子交换和扩散而形成双电层结构

4. 普通玻璃电极不宜测定 pH>9 的溶液的 pH，主要原因是(　　)。

A. Na^+在电极上有响应　　B. OH^-在电极上有响应

C. 玻璃被碱腐蚀　　D. 玻璃电极内阻太大

5. 电势分析中，pH 玻璃电极的内参比电极一般为(　　)。

A. 标准氢电极　　B. 铂丝

C. Ag-AgCl 电极　　D. 甘汞电极

6. 离子选择性电极的电势选择性系数可用于(　　)。

A. 估计电极的检测限　　B. 估计共存离子的干扰程度

C. 计算电极的响应斜率　　D. 估计电极线性响应范围

7. 对于离子选择性电极，其电极选择性系数(　　)。

A. 越大，其选择性越好　　B. 恒等于 1.0

C. 越小，其选择越好　　D. 总小于 0.5

8. 玻璃膜 Na^+电极对 K^+的电极选择系数为 0.001，这意味着电极对 Na^+的敏感为对 K^+的(　　)。

A. 0.001 倍　　B. 1000 倍

C. 100 倍　　D. 10 倍

9. 用二次测量法测溶液 pH，在 25℃时，用 pH= 4.00 的缓冲溶液组成工作电池，测得 $E =$

0.209V，用未知液时，测得 $E = 0.255$V，则溶液的 pH 为(　　)。

A. 4.78　　B. 1.98　　C. 3.22　　D.5.00

10. 离子选择电极响应斜率(mV/pX)的理论值为(　　)。

A. $\frac{RT}{nF}$　　B. $\frac{2.303RT}{F}$

C. $\frac{2.303RT}{nF}$　　D. $\frac{2.303\times10^3 RT}{nF}$

11. 测 F^-浓度时，加入总离子强度调节剂(TISAB)，其作用之一表达错误的是(　　)。

A. 使参比电极电势恒定　　B. 固定溶液的离子强度

C. 掩蔽干扰离子　　D. 调节溶液 pH

12. 用离子选择性电极标准加入法进行定量分析时，对加入标准溶液的要求为(　　)。

A. 浓度高，体积小　　B. 浓度低，体积小

C. 体积大，浓度高　　D. 体积大，浓度低

13. 在电势滴定中，以$\Delta E/\Delta V$-V 作图绘制滴定曲线，滴定终点为(　　)。

A. 曲线的最大斜率点　　B. 曲线的最小斜率点

C. 峰状曲线的最高点　　D. $\Delta E/\Delta V$ 为零时的点

10.4.2　填空题

1. 电势分析法包括__________和__________。

2. 电势分析法是利用电池__________与试液中__________之间一定量的数量关系从而测得离子活度的。

3. 选择系数 K_{ij} 小，表明电极对被测离子选择性__________，即受干扰离子的影响__________。

4. 用离子选择电极以“一次标准加入法”进行定量分析时，应要求加入标准溶液的体积要__________，浓度要__________，这样做的目的是____________________。

5. 用离子选择电极进行测量时，需要用磁力搅拌器搅拌溶液，这是为了__________。

6. 膜电极是具有__________并能产生__________电势的电极，其电极电势是由于__________而产生的，而没有电子的转移。

7. 在一定的条件下，提供恒定电势的电极，称为__________，在电势分析中，常用的有__________电极和__________电极。

8. 在电势分析中，参比电极要满足可逆性、重现性和__________的基本要求。

10.4.3　是非判断题

1.在电势分析中，常选用一个电极电势随溶液中被测离子活度变化而变化的电极作参比电极。(　　)

2. 参比电极可作正极，也可作负极。(　　)

3. 通过测定 E 的变化确定滴定终点的方法称为电势滴定法。(　　)

4. K_{ij} 越小，选择性越低。(　　)

5. 测定溶液的 pH 常用 pH 玻璃电极作参比电极，甘汞电极作指示电极。(　　)

6. 玻璃电极是一种指示电极。(　　)

7. 甘汞电极外玻璃管中装入的 KCl 溶液的浓度越低，电极电势也越低。（　）

8. 电势滴定法不用指示剂确定终点。（　）

9. 用离子选择性电极以标准曲线法进行定量分析时，应要求试样溶液与标准系列溶液中待测离子的活度相一致。（　）

10. pH 玻璃电极的电极电势与待测试样的氢离子浓度呈线性关系。（　）

10.4.4　简答题

1. 为什么不能用伏特计或普通电位计来测量玻璃电极组成的电池的电动势？用玻璃电极测量溶液的 pH 时，为什么要用标准缓冲溶液校准？

2. 为什么离子选择性电极对待测离子具有选择性？如何估量这种选择性？

3. 简述测定 pH 的基本原理，为什么测定溶液 pH 时必须使用 pH 标准缓冲溶液？

4. 电势滴定法有哪些类型？与普通化学分析中的滴定方法相比有什么特点？并说明为什么有这些特点？

5. 简单说明电势法中标准加入法的特点和适用范围？

10.4.5　计算题

1. 用标准甘汞电极作正极，氢电极作负极与待测的 HCl 溶液组成电池。在 25℃时，测得 E=0.342V。当待测液为 NaOH 溶液时，测得 E=1.050V，取此 NaOH 溶液 25.00mL，需上述 HCl 溶液多少毫升才能中和完全？[已知 25℃时，标准甘汞电极的电极电势为 0.2828V，$p(H_2)=10^5$Pa]

2. 设溶液中 pBr = 3，pCl =1，如用溴电极测定 Br^-的浓度，将产生多大误差？为使误差≤6%，则允许的 Cl^-的最高浓度为多少？[已知 $K(Br^-, Cl^-)=6\times10^{-3}$]

3. 20.0mL 未知浓度的弱酸 HA 溶液，稀释至 100.0mL，以 0.100mol · L^{-1} NaOH 溶液进行电势测定，用的是饱和甘汞电极-氢电极对。当一半酸被中和时，电动势读数为 0.524V，滴定终点时是 0.749V，已知饱和甘汞电极的电势为 0.2438V，求：

(1) 该酸的离解常数；

(2) 终点时溶液的 pH；

(3) 终点时消耗 NaOH 溶液的体积；

(4) 弱酸 HA 的原始浓度。

4. 用氯离子选择性电极测定果汁中氯化物含量时，在 100mL 的果汁中测得电动势为 −26.8mV，加入 1.00mL 0.500mol · L^{-1} 经酸化的 NaCl 溶液，测得电动势为−54.2mV，计算果汁中氯化物的浓度。

5. 氟离子选择电极测定水中氟含量。根据下列数据计算水样中氟离子的浓度。

(1) 取 20.00mL 水样于 100.0mL 容量瓶中，再加入 10.0mL TISAB，用去离子水定容，倒入 200mL 干燥的塑料烧杯中，测定电动势 E_1= 0.550V；

(2) 向上述溶液中加入 1.00mL 浓度为 100μg · mL^{-1} 的氟标准溶液，摇匀，测定 E_2= 0.530V；

(3) 取 10.0mL TISAB 于 100mL 容量瓶中，用去离子水定容。然后倒入第二步测定过的溶液中，摇匀，测定 E_3= 0.547V。

练习题参考答案

10.4.1 选择题

1. D　2. C　3. D　4. A　5. C　6. B　7. C　8. B　9. A　10. D　11. A　12. A　13. C

10.4.2 填空题

1. 直接电势法；电势滴定法　2. 电动势；对应的离子活度　3. 越好；越小　4. 小；高；保持溶液的离子强度不变　5. 加快响应速度　6. 敏感膜；膜；离子的交换和扩散　7. 参比电极；饱和甘汞电极；Ag-AgCl 电极　8. 稳定性

10.4.3 是非判断题

1. ×　2. √　3. √　4. ×　5. ×　6. √　7. ×　8. √　9. ×　10. ×

10.4.4 简答题

1. 玻璃电极的阻抗很大，测量时输入的阻抗更大。对于同一支玻璃电极，不对称电势并非是确定不变的常数，而是随时间缓慢地变化。但是，一般玻璃电极在使用前需要用水(或是适量电解质溶液)浸泡 24h 以上，即可使不对称电势降至最小并保持稳定。只要电极的不对称电势保持恒定，也就可以通过使用标准缓冲液校正电极的方法给予抵消。

2. 离子选择性电极基本上都是薄膜电极，它们主要是由对某种离子具有不同程度的选择性响应的膜所构成的。用离子选择性系数来表示。

3. 溶液 pH 测定时，以 pH 玻璃电极为指示电极，以饱和甘汞电极为参比电极，与待测溶液组成工作电池，电池电动势与溶液 pH 呈线性关系：

$$E = K' + 0.0592\text{pH}$$

因为 K' 是一个不确定的常数，它是 $\varphi_{甘汞}$、$\varphi_{不}$、$\varphi_{液接}$等电势的代数和，所以不能通过测定 E 直接求算 pH，而是通过与标准 pH 缓冲溶液进行比较。

4. 电势滴定法包括酸碱滴定、氧化还原滴定 、配位滴定和沉淀滴定等。与普通化学分析中的滴定方法相比，其确定终点的方法更为客观和准确。此外，电势滴定可用于有色或浑浊的溶液，并可用于无合适指示剂(如一些非水滴定)的滴定中。因为在电势滴定中是根据滴定过程中溶液的电势变化来确定终点而不是用指示剂。

5. 标准加入法仅需要配制一个标准溶液，操作简单快速，由于加入的标准溶液很少，不影响溶液的离子强度，这样可减小因活度系数的变化而引起的误差。它适用于基体组成较为复杂、数量较少的样品的分析。

10.4.5 计算题

1. 当待测液为 HCl 时：

$$E = \varphi(甘汞) - \varphi(H^+/H_2) = 0.2828 - [\varphi^\ominus(H^+/H_2) + \frac{0.0592}{2}\lg\frac{c^2(H^+)}{p(H_2)/p^\ominus}] = 0.2828 - 0.0592\lg c(H^+) = 0.342$$

$$c(H^+) = 0.100\text{mol}\cdot\text{L}^{-1}$$

当待测液为 NaOH 时：

$$1.050 = 0.2828 - 0.0592\lg c(H^+)$$
$$c(H^+) = 1.00\times10^{-13}\text{mol}\cdot L^{-1}$$
$$c(NaOH) = 0.100\text{mol}\cdot L^{-1}$$
$$V(HCl) = \frac{c(NaOH)\cdot V(NaOH)}{c(HCl)} = \frac{0.100\times25.00}{0.100} = 25.0(\text{mL})$$

2.
$$pBr = 3 \quad c(Br^-) = 1.0\times10^{-3}\text{mol}\cdot L^{-1}$$
$$pCl = 1 \quad c(Cl^-) = 0.1\text{mol}\cdot L^{-1}$$
$$K(Br^-,Cl^-) = \frac{c(Br^-)}{c(Cl^-)} = 6.0\times10^{-3}$$
$$c(Br^-) = K(Br^-,Cl^-)\cdot c(Cl^-)$$
$$c(Br^-) = 6.0\times10^{-3}\times0.1 = 6.0\times10^{-4}(\text{mol}\cdot L^{-1})$$
$$RE(\%) = \frac{6.0\times10^{-4}}{1.0\times10^{-3}}\times100\% = 60\%$$
$$RE(\%) = \frac{K(Br^-,Cl^-)\cdot c(Cl^-)}{c(Br^-)} = \frac{6.0\times10^{-3}\cdot c(Cl^-)}{1.0\times10^{-3}} \leqslant 6\%$$
$$c(Cl^-) \leqslant 1\times10^{-2}\text{mol}\cdot L^{-1}$$

3. (1)
$$NaOH + HA = NaA + H_2O$$
$$c(HA) = c(NaA)$$
$$pH = pK_a^\ominus + \lg\frac{c(NaA)}{c(HA)} = pK_a^\ominus$$
$$E=\varphi(SCE) - \varphi(H^+/H_2) = 0.2438 - 0.0592\lg c(H^+)$$
$$E=0.524V$$
$$0.2438 - 0.0592\lg c(H^+) = 0.524$$
$$c(H^+) = 1.85\times10^{-5}\text{mol}\cdot L^{-1}$$
$$K_a^\ominus = 1.85\times10^{-5}$$

(2)
$$E=0.749V$$
$$0.2438 - 0.0592\lg c(H^+) = 0.2438 + 0.0592pH = 0.749$$
$$pH = 8.53$$

(3)
$$pOH = 14 - pH = 14 - 8.53 = 5.47$$
$$c(OH^-) = 3.40\times10^{-6}\text{mol}\cdot L^{-1}$$
$$A^- + H_2O = HA + OH^-$$
$$K_b^\ominus = c(HA)\cdot c(OH^-)/c(A^-) = c^2(OH^-)/c(A^-) = K_w^\ominus/K_a^\ominus$$
$$c(A^-) = c^2(OH^-)\cdot K_a^\ominus/K_w^\ominus = (3.40\times10^{-6})^2\times1.85\times10^{-5}/10^{-14} = 0.021(\text{mol}\cdot L^{-1})$$
$$0.1V = 0.021(100+V)$$
$$V = 27\text{mL}$$

(4)
$$c(\text{HA})=\frac{0.1\times 26}{20}=0.13(\text{mol}\cdot\text{L}^{-1})$$

4.
$$\Delta c=\frac{1.00\times 0.500}{100+1.00}=4.95\times 10^{-3}(\text{mol}\cdot\text{L}^{-1})$$

$$\Delta E=-26.8-(-54.2)=27.4(\text{mV})$$

$$S=59.2\text{mV}$$

$$c(\text{X})=\frac{\Delta c}{10^{\Delta E/S}-1}=\frac{4.95\times 10^{-3}}{10^{27.4/59.2}-1}=2.60\times 10^{-3}(\text{mol}\cdot\text{L}^{-1})$$

5.
$$\Delta c=\frac{c(\text{S})\cdot V(\text{S})}{V(\text{S})+V(\text{S})}=\frac{1.00\times 100}{100+1}=0.990(\mu\text{g}\cdot\text{mL}^{-1})$$

$$\Delta E=|E_2-E_1|=|0.530-0.550|=0.020(\text{V})$$

$$S=(E_3-E_2)/\lg 2=(0.547-0.530)/0.301=0.0565(\text{V})$$

$$c(\text{X})=\frac{\Delta c}{10^{\Delta E/S}-1}=\frac{0.990}{10^{0.020/0.0.565}-1}=0.786(\mu\text{g}\cdot\text{mL}^{-1})$$

$$c=\frac{100c(\text{X})}{20}=\frac{100\times 0.786}{20}=3.93(\mu\text{g}\cdot\text{mL}^{-1})$$

第 11 章　吸光光度法

11.1　学 习 要 求

1. 了解物质颜色与光吸收的关系。
2. 了解吸光光度法的基本概念和特点，掌握吸收曲线的特点，了解其应用。
3. 掌握朗伯-比尔(Lambert-Beer)定律的原理和应用，掌握吸光系数 a 和摩尔吸光系数ε。
4. 掌握显色反应的特点、显色条件和测量条件的选择。
5. 掌握吸光光度法的应用，了解分光光度计的仪器构件及特点。

11.2　重难点概要

11.2.1　光吸收定律

1. 物质对光的选择性吸收

可见光波长范围为 400～760nm。单一波长的光为单色光，由不同波长光组成的混合光称为复合光。不同物质对光的吸收具有特征性，当一束白光通过某一有色溶液时，一些波长的光被吸收，而其余波长的光透过溶液。被吸收的光与透射光组成白光，故称为互补色光，溶液显示的颜色为吸收光的互补色。

2. 光吸收曲线

测量溶液对不同波长光的吸光度，以波长为横坐标，吸光度为纵坐标，可得到一条曲线，称为光吸收曲线(absorption curve)。吸收曲线是吸光物质的特征曲线。从吸收曲线可以看出物质对光的吸收具有选择性，在 λ_{max} 处有最大吸光度，测定的灵敏度最高。利用这一特性，在吸光光度法测定中常选择 λ_{max} 作为入射光的波长。

3. 朗伯-比尔定律

当一束平行单色光垂直照射某均匀溶液时，一部分光被溶液吸收，另一部分光通过溶液。用透光度 T(transmittance)表示通过溶液光的强度与入射光强度之比，$T=\dfrac{I}{I_0}$。I_0 为入射光强度，I 为透射光强度。

透光度倒数的对数是吸光度(absorbance)A，

$$A=\lg\frac{1}{T}$$

溶液的吸光度 A 与液层厚度 b 及溶液浓度 c 成正比，即 $A=Kbc$。这就是朗伯-比尔定律。K 为比例系数，与入射光波长、溶剂、有色物质本身的性质和温度有关，并随浓度 c 所用单位不同而异。

当浓度 c 以 $g \cdot L^{-1}$ 为单位，b 以 cm 为单位时，则常数 K 用 a 表示，称为吸光系数(absorption coefficient)，a 的单位为 $L \cdot g^{-1} \cdot cm^{-1}$。当浓度 c 以 $mol \cdot L^{-1}$ 为单位，b 以 cm 为单位时，K 用 ε 表示，称为摩尔吸光系数(molar absorptivity)，ε 的单位为 $L \cdot mol^{-1} \cdot cm^{-1}$。

ε 是吸光物质在特定波长下的特征常数，反映了吸光物质的吸光灵敏度。主要影响因素是波长。

4. 朗伯-比尔定律的偏离

在实际工作中，常出现偏离朗伯-比尔定律的现象。偏离的原因主要是单色光的单色性不够，另外，溶液的浓度较高、介质不均匀、溶液中发生离解、缔合、异构化等因素也会造成对朗伯-比尔定律的偏离。

11.2.2　显色反应与显色条件的选择

在吸光光度分析中，将待测组分 M 转化为有色化合物 MR 的反应，称为显色反应，与待测组分形成有色化合物的试剂 R 是显色剂。

$$\underset{(待测组分)}{M} + \underset{(显色剂)}{R} = \underset{(有色化合物)}{MR}$$

选择合适的显色反应是提高分析测定的灵敏度、准确度和重现性的前提。用于光度分析的显色反应必须符合一定的条件：灵敏度高，一般要求 ε 为 $10^4 \sim 10^5$；显色剂的选择性好；生成的有色化合物组成恒定，性质稳定；MR 与 R 的色差大。

吸光光度法测定的是显色反应达到平衡时溶液的吸光度，影响显色反应的主要因素有显色剂用量、溶液的 pH、显色温度、时间和溶剂效应等。应根据化学平衡原理和有色化合物吸光度与各因素的关系曲线控制显色条件。为使显色反应完全，有色化合物稳定，在测定过程中，要严格控制显色反应的条件。

11.2.3　测量条件的选择

在光度分析中，为使测得的吸光度有较高的灵敏度和准确度，还必须选择合适的测量条件。

1. 入射光波长的选择

一般以 λ_{max} 作为入射光波长。如有干扰，则根据干扰最小而吸光度尽可能大的原则选择入射光波长。

2. 参比溶液的选择

参比溶液主要是用来消除由于吸收皿壁及试剂或溶剂等对入射光的反射和吸收带来的误差。应视具体情况，分别选用纯溶剂空白、试剂空白、样品空白作参比溶液。

3. 吸光度读数范围的选择

吸光光度分析所用的仪器为分光光度计，测量误差不仅与仪器质量有关，还与被测溶液的吸光度大小有关。由下式可计算在不同吸光度或透光度读数范围引起的浓度的相对误差。

$$\frac{\Delta c}{c}=\frac{0.434}{T\lg T}\Delta T$$

若分光光度计的读数误差ΔT为1%，当T=20%～65%，(或A=0.70～0.20)，则测量误差$\frac{\Delta c}{c}<4\%$。通常应控制溶液吸光度A在0.2～0.7，此范围是最合适的读数范围。通过调节溶液的浓度或比色皿的厚度可以将吸光度调节到最合适的范围内。

当T = 36.8%或A = 0.434时，由于读数误差引起的浓度测量相对误差最小。

11.2.4　吸光光度法的应用

吸光光度法应用十分广泛。几乎所有的无机物和许多有机物都可用此法进行测定，并常用于化学反应机理和化学平衡的研究，以及某些常数的测定。

1. 标准曲线法

先将一系列不同浓度的标准溶液显色、定容，分别测其吸光度，作A-c标准曲线。并在相同的条件下，测出被测物的吸光度$A(x)$，由$A(x)$在标准曲线上查出未知样品中被测物的浓度$c(x)$。

2. 标准比较法

将浓度相近的标准溶液c(s)和试液$c(x)$在相同条件下显色、定容，分别测出其吸光度A(s)和$A(x)$，比较A(s)和$A(x)$即可求出$c(x)$。

3. 高含量组分的测定——示差法

当被测组分含量较高时，由于吸光度超出适宜读数范围，偏离朗伯-比尔定律，而引起较大的测量误差。用示差法则可克服这一缺点。

4. 多组分的分析

应用吸光度具有加和性的特点，可在同一溶液中不经分离而测定2个或2个以上的组分。

11.3　例题和习题解析

11.3.1　例题

【例题 11-1】　某溶液在一定波长下用1.0cm比色皿测得吸光度A = 0.35，求透光度T。若改用2.0cm比色皿，A和T分别为多少？

解　　$A=\lg\frac{1}{T}$　　　$0.35=\lg\frac{1}{T}$　　　T= 44.7%

根据朗伯-比尔定律，溶液的吸光度A与液层厚度b和溶液浓度c的乘积成正比，即$A=Kbc$。改用2.0cm比色皿，$A_2=2A_1=0.70$，则

$A=\lg\frac{1}{T}$　　　$0.70=\lg\frac{1}{T}$　　　T= 20.0%

【例题 11-2】 有一浓度为 $55.85\text{mg}\cdot\text{L}^{-1}$ 的 Fe^{2+}溶液，取此溶液 1.00mL 在 50.0mL 容量瓶中显色、定容。用 1.0cm 比色皿在 640nm 处测得吸光度 $A = 0.263$，求有色物质的吸光系数 a 和摩尔吸光系数ε。

解 $c = 55.85\text{mg}\cdot\text{L}^{-1}\times 1.00/50.0 = 1.12\times10^{-3}\text{g}\cdot\text{L}^{-1} = 2.00\times10^{-5}\text{mol}\cdot\text{L}^{-1}$

$$A = abc \qquad 0.263 = a\times1.0\times1.12\times10^{-3} \qquad a = 2.35\times10^{2}\ \text{L}\cdot\text{g}^{-1}\cdot\text{cm}^{-1}$$

$$A = \varepsilon bc \qquad 0.263 = \varepsilon\times1.0\times2.00\times10^{-5} \qquad \varepsilon = 1.32\times10^{4}\ \text{L}\cdot\text{mol}^{-1}\cdot\text{cm}^{-1}$$

【例题 11-3】 称取钢样 1.00g，溶解后在 500.00mL 容量瓶中定容。移取 10.00mL，将其中的 Mn 氧化为 MnO_4^-，定容为 25.00mL。用 1.0cm 比色皿在 520nm 处测得吸光度 $A = 0.284$，求该钢样中 Mn 的含量。[已知$\varepsilon(MnO_4^-) = 2.24\times10^{3}\ \text{L}\cdot\text{mol}^{-1}\cdot\text{cm}^{-1}$]

解 根据朗伯-比尔定律：

$$A = \varepsilon bc \qquad 0.284 = 2.24\times10^{3}\times1.0\times c \qquad c = 1.27\times10^{-4}\text{mol}\cdot\text{L}^{-1}$$

$$w(\text{Mn}) = m(\text{Mn})/m = 1.27\times10^{-4}\times54.94\times0.025\times500.00/10.00/1.00 = 0.87\%$$

【例题 11-4】 波长 450nm 时，物质 M 的摩尔吸光系数$\varepsilon_1 = 1.5\times10^{4}\text{L}\cdot\text{mol}^{-1}\cdot\text{cm}^{-1}$，物质 N 的摩尔吸光系数$\varepsilon_2 = 2.4\times10^{4}\text{L}\cdot\text{mol}^{-1}\cdot\text{cm}^{-1}$。相同浓度的 M、N 溶液等体积混合，用 1.0cm 比色皿在 450nm 处测得吸光度 $A = 0.368$，求 M、N 溶液的浓度。

解 设 M、N 溶液的浓度都为 c，根据朗伯-比尔定律 $A=\varepsilon bc$，且

$$A = A_1 + A_2 = \varepsilon_1 bc + \varepsilon_2 bc$$

$$0.368 = 1.5\times10^{4}\times1.0\times c + 2.4\times10^{4}\times1.0\times c$$
$$c = 9.44\times10^{-6}\text{mol}\cdot\text{L}^{-1}$$

11.3.2 习题解析

【习题 11-1】 朗伯-比尔定律的物理意义是什么？

答 溶液的吸光度 A 与液层厚度 b 成正比，与溶液浓度 c 成正比，即 $A = Kbc$ 。

【习题 11-2】 摩尔吸光系数 ε 的物理意义是什么？它与哪些因素有关？

答 摩尔吸光系数 ε 反映了吸光物质的吸光能力。它与吸收光的波长有关，并且与吸光物质的本性有关。

【习题 11-3】 将下列透光度换算成吸光度：(1)10%；(2)60%；(3)100%。

解 根据 $A = \lg\dfrac{1}{T}$ ，相应地，(1)A=1；(2)A=0.22；(3)A=0。

【习题 11-4】 某试液用 2.0cm 的比色皿测量时，$T = 60\%$，若改用 1cm 或 3cm 比色皿，T 及 A 等于多少？

解 根据
$$A = \lg\frac{1}{T}$$

(1) $T_1 = 60\%$，$A_1 = 0.22$，若改用 1.0cm 比色皿，$A_2 = 0.11$，$T_2 = 78\%$。

(2) 若改用 3.0cm 比色皿，$A_3 = 0.33$，$T_3 = 47\%$。

【习题 11-5】 $5.0\times10^{-5}\text{mol}\cdot\text{L}^{-1}$ $KMnO_4$溶液，在 λ_{max}= 525nm 处用 3.0cm 吸收皿测得吸光度 A= 0.336。

(1) 计算吸光系数 a 和摩尔吸光系数 ε；

(2) 若仪器透光度绝对误差$\Delta T = 0.4\%$，计算浓度的相对误差$\dfrac{\Delta c}{c}$。

解(1)　$A = abc$，$0.336 = a\times1.0\times5.0\times10^{-5}\times158.04$，$a = 14.2\ \mathrm{L\cdot g^{-1}\cdot cm^{-1}}$

$A = \varepsilon bc$，$0.336 = \varepsilon\times3.0\times5.0\times10^{-5}$，$\varepsilon = 2.24\times10^{3}\ \mathrm{L\cdot mol^{-1}\cdot cm^{-1}}$

(2) $A = \lg\dfrac{1}{T}$，A=0.336 时对应 T=0.461，则

$$E = \frac{\Delta c}{c} = \frac{0.434}{T\lg T}\Delta T$$

$$\frac{\Delta c}{c} = \frac{0.434\times0.4\%}{0.461\times\lg0.461} = -1.1\%$$

【习题 11-6】　某钢样含镍约 0.12%，用丁二酮肟比色法($\varepsilon=1.3\times10^{4}$)进行测定。试样溶解后，显色、定容至 100.0mL。取部分试液于波长 470nm 处用 1cm 比色皿进行测量，若希望此时测量误差最小，应称取试样多少克？

解　当吸光度 A=0.434 时测量误差最小。

$A = \varepsilon bc$，$0.434 = 1.34\times10^{4}\times1.0\times c$，$c = 3.34\times10^{-5}\ \mathrm{mol\cdot L^{-1}}$

$m = 3.34\times10^{-5}\times0.100\times58.69/0.12\% = 0.16(\mathrm{g})$

【习题 11-7】　$5.00\times10^{-5}\ \mathrm{mol\cdot L^{-1}}$ $KMnO_4$溶液在 520nm 波长处用 2cm 比色皿测得吸光度 $A = 0.224$。称取钢样 1.00g 溶于酸后，将其中的 Mn 氧化成MnO_4^-，定容 100.00mL 后，在上述相同条件下测得吸光度为 0.314。求钢样中锰的含量。

解

$$A = \varepsilon bc$$

$$0.224 = \varepsilon\times2.0\times5.00\times10^{-5}$$

$$0.314 = \varepsilon\times2.0\times c(x)$$

$$c(x) = 7.01\times10^{-5}\ \mathrm{mol\cdot L^{-1}}$$

$$w(\mathrm{Mn}) = 7.01\times10^{-5}\times0.100\times54.94/1.00 = 0.0385\%$$

【习题 11-8】　准确称取 0.4317g $NH_4Fe(SO_4)_2\cdot12H_2O$，溶于水后定容至 500.00mL，再取不同体积溶液在 50mL 容量瓶内用邻二氮菲显色，定容后在 510nm 处测得吸光度如下：

$V(Fe^{2+})$/mL	0	1.00	2.00	3.00	4.00	5.00
A	0	0.12	0.25	0.38	0.51	0.63

取 1.00mL 未知含 Fe^{2+}溶液稀释到 100.00mL，再取稀释液 5.00mL，在 50mL 容量瓶内用同样的方法显色定容后测得吸光度 $A = 0.47$。求未知溶液中Fe^{2+}的浓度。

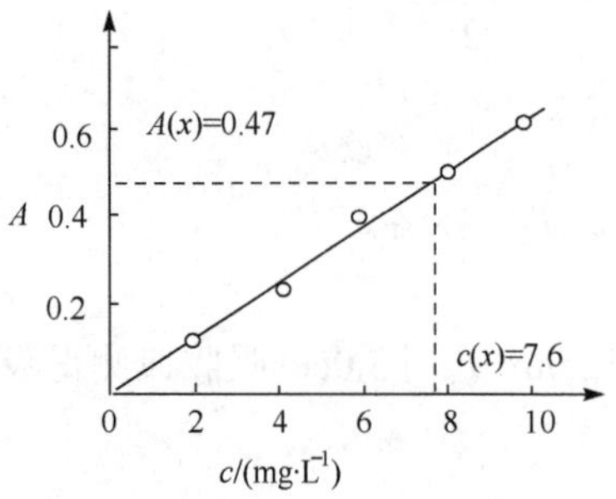

解　标准溶液的浓度 $c(\mathrm{s}) = 0.4317\times10^{3}/482.2\times55.845/0.5000 = 100(\mathrm{mg\cdot L^{-1}})$。

对应显色液的浓度分别为 $2.00\mathrm{mg\cdot L^{-1}}$、$4.00\mathrm{mg\cdot L^{-1}}$、$6.00\mathrm{mg\cdot L^{-1}}$、$8.00\mathrm{mg\cdot L^{-1}}$、$10.00\mathrm{mg\cdot L^{-1}}$。以标准显色系列的浓度与吸光度 A 作 $c(x)$-$A(x)$图得工作曲线，在工作曲线上查得 $A(x)$=0.47 处 $c(x)$ =7.6($\mathrm{mg\cdot L^{-1}}$)。故未知溶液中 Fe^{2+}

的浓度为 $7.6\text{mg}\cdot\text{L}^{-1}\times(50.0/5.00)\times(100.00/1.00)=7.6(\text{g}\cdot\text{L}^{-1})$。

【习题 11-9】 普通光度法分别测定 $0.50\times10^{-4}\text{mol}\cdot\text{L}^{-1}$、$1.0\times10^{-4}\text{mol}\cdot\text{L}^{-1}$ Zn^{2+}标准溶液和待测溶液的吸光度 A 为 0.600、1.200、0.800。

(1) 若以 $0.50\times10^{-4}\text{mol}\cdot\text{L}^{-1}$ Zn^{2+}标准溶液作参比溶液，调节 T 为 100%，用示差法测定第二标准溶液和待测溶液的吸光度各为多少？

(2) 两种方法中标准溶液和待测溶液的透光度各为多少？

(3) 示差法与普通光度法比较，标尺扩展了多少倍？

(4) 根据(1)中所得有关数据，用示差法计算试液中 Zn 的含量$(\text{mg}\cdot\text{L}^{-1})$。

解 (1)

$$A_r=\Delta A=\varepsilon b\Delta c=K\Delta c$$

$$A_r(s_2)=1.200-0.600=0.600$$

$$A_r(x)=0.800-0.600=0.200$$

(2) 普通法：

$$T(s_2)=10^{-1.200}=6.31\%$$

$$T(x)=10^{-0.800}=15.8\%$$

$$T(s_1)=10^{-0.600}=25.1\%$$

示差法：

$$T(s_1)=100\%$$

$$T_r(s_2)=10^{-0.600}=25.1\%$$

$$T_r(x)=10^{-0.200}=63.1\%$$

(3) 扩展 4 倍。

(4)

$$\frac{\Delta A(s)}{\Delta A(x)}=\frac{\Delta c(s)}{\Delta c(x)}$$

$$\frac{0.600}{0.200}=\frac{1.0\times10^{-4}-0.5\times10^{-4}}{c(x)-0.5\times10^{-4}}$$

$$c(x)-0.5\times10^{-4}=0.17\times10^{-4}$$

$$c(x)=0.67\times10^{-4}\text{mol}\cdot\text{L}^{-1}$$

$$c(\text{Zn})=0.67\times10^{-4}\times65.39=4.4\times10^{-3}(\text{g}\cdot\text{L}^{-1})=4.4(\text{mg}\cdot\text{L}^{-1})$$

【习题 11-10】 用分光光度法测定含有两种配合物 x 和 y 的溶液的吸光度(b=1.0cm)，获得下列数据：

溶液	浓度 $c/(\text{mol}\cdot\text{L}^{-1})$	吸光度 $A_1(\lambda=285\text{nm})$	吸光度 $A_2(\lambda=365\text{nm})$
x	5.0×10^{-4}	0.053	0.430
y	1.0×10^{-3}	0.950	0.050
$x+y$	未知	0.640	0.370

计算未知液中 x 和 y 的浓度。

解 $\lambda=285\text{nm}$ 时

$$0.053=\varepsilon_x^{285}\times5.0\times10^{-4}\times1.0$$

$$0.950=\varepsilon_y^{285}\times1.0\times10^{-3}\times1.0$$

$$\varepsilon_x^{285}=1.1\times10^{2}\,\text{L}\cdot\text{mol}^{-1}\cdot\text{cm}^{-1}$$

$$\varepsilon_y^{285}=9.5\times10^{2}\,\text{L}\cdot\text{mol}^{-1}\cdot\text{cm}^{-1}$$

$\lambda = 365\text{nm}$ 时

$$0.430 = \varepsilon_x^{365} \times 5.0 \times 10^{-4} \times 1.0$$
$$0.050 = \varepsilon_y^{365} \times 1.0 \times 10^{-3} \times 1.0$$
$$\varepsilon_x^{365} = 8.6 \times 10^2 \text{ L} \cdot \text{mol}^{-1} \cdot \text{cm}^{-1}$$
$$\varepsilon_y^{365} = 0.050 \times 10^3 \text{ L} \cdot \text{mol}^{-1} \cdot \text{cm}^{-1}$$

$\lambda = 285\text{nm}$

$$0.640 = 1.1\times10^2 c(x) + 9.5\times10^2 c(y)$$

$\lambda = 365\text{nm}$

$$0.370 = 8.6\times10^2 c(x) + 0.050\times10^3 c(y)$$

$$c(x) = 3.9\times10^{-4} \text{ mol} \cdot \text{L}^{-1} \qquad c(y) = 6.3\times10^{-4} \text{ mol} \cdot \text{L}^{-1}$$

【习题 11-11】 A solution containing iron(as the thiocyanate complex)was observed to transmit 74.2% of the incident light with λ=510nm compared with an appropriate bland.(1)What is the absorbance of this solution?(2)What is the transmittance of a solution of iron with four times as concentrated?

解 (1)
$$A_1 = \lg\frac{1}{T} = \lg\frac{1}{74.2\%} = 0.130$$

(2)
$$A_2 = 4A_1 = 0.520 \qquad T_2 = 30.2\%$$

【习题 11-12】 Zinc(Ⅱ)and the ligand L form a product cation that absorbs strongly at 600nm. As long as the concentration of L excess that of zinc(Ⅱ)by a factor of 5, the absorbance of the solution is only lined on the cation concentration. Neither zinc(Ⅱ)nor L absorbs at 600nm. A solution that is 1.60×10^{-6} mol·L^{-1} zinc(Ⅱ) in 1.00mol · L^{-1} L has an absorbance of 0.164 in a 1.00cm cell at 600nm. Calculate

(1) the transmittance of this solution.

(2) the transmittance of this solution in a 3cm cell.

(3) the molar absorbance of the complex at 600 nm.

解 (1)
$$A = \lg\frac{1}{T} \qquad 0.164 = \lg\frac{1}{T} \qquad T = 68.5\%$$

(2)
$$A_2 = 3A_1 = 0.492 \qquad T = 32.2\%$$

(3)
$$A = \varepsilon bc \quad 0.164 = \varepsilon\times1\times1.60\times10^{-6} \qquad \varepsilon = 1.03\times10^5 \text{L} \cdot \text{mol}^{-1} \cdot \text{cm}^{-1}$$

11.4 练 习 题

11.4.1 填空题

1. 光吸收曲线的定义：______________________________。
2. 作光吸收曲线的目的是：____________________________。
3. 选择恰当的空白溶液作为________________________________。
4. 后续数据处理一般采用__________________________________。
5. 分光光度计的仪器主要组成部件有光源、__________、吸收池、检测器和显示器。

6. $CuSO_4$溶液呈蓝色是由于吸收了可见光中的__________。

7. 用于分光光度法测定的显色反应，除要求灵敏度高，稳定性好，MR 与 R 色差大之外，还要求__________。

8. 钼蓝法测磷时，若加入的试剂含有微量的磷，则应选择__________为参比溶液。

9. 在分光光度法测定时，若待测溶液中某些共存的物质对测定波长的光有吸收，而显色剂和其他试剂均无吸收，则应选择__________为参比溶液。

10. 当用参比溶液调节仪器透光度 T=100%时，对应吸光度 A 为__________。

11. 在光度分析中合适的吸光度读数范围为____________。

11.4.2　是非判断题

1. 波长一定时，多组分溶液的透光度是各组分透光度的和。(　　)
2. 波长一定时，多组分溶液的吸光度是各组分吸光度的和。(　　)
3. 波长一定时，两种不同溶液等体积混合后吸光度为两个溶液吸光度的平均值。(　　)
4. 波长一定时，两种不同溶液等体积混合后透光度为两个溶液透光度的平均值。(　　)
5. 某物质不同浓度溶液的吸收曲线形状相似。(　　)
6. 波长一定时，溶液的透光度越大，吸光度就越小，二者成反比。(　　)
7. 摩尔吸光系数 ε 与有色溶液的浓度有关。(　　)
8. 参比溶液是吸光度为固定值的溶液。(　　)
9. 吸光光度法测量时所用入射光的颜色与待测组分的颜色相同。(　　)
10. 某溶液的最大吸收波长与溶液的浓度无关。(　　)

11.4.3　选择题

1. 吸光光度法测量中，读取、记录的数据是(　　)。

A. 透光度 T　　B.吸光度 A　　C. 比色皿　　D. 波长

2. 吸光光度法测量中，调节参比溶液的透光度 T 应为(　　)。

A. 100%　　B. 0　　C. 0.2　　D. 0.7

3. 物质的颜色是由选择性地吸收了白光中的某些波长的光所致。$KMnO_4$显紫红色是吸收了白光中的(　　)。

A. 紫红色光　　B. 绿色光　　C. 黄色光　　D. 蓝色光

4. 蓝色光的互补色是(　　)。

A. 橙色光　　B. 绿色光　　C. 紫色光　　D. 黄色光

5. 某有色溶液用 2cm 的比色皿进行吸光光度法测量，吸光度 A 的读数为 1.1，欲提高测定的准确度，最好换用比色皿的规格是(　　)。

A. 0.5cm　　B. 1cm　　C. 3cm　　D. 5cm

6. 一有色溶液用 1cm 的比色皿进行吸光光度法测量，吸光度 A 的读数为 0.14，欲提高测定的准确度，最好换用比色皿的规格是(　　)。

A. 0.5cm　　B. 1cm　　C. 2cm　　D. 5cm

7. 摩尔吸光系数ε是重要的测量参数。影响摩尔吸光系数ε的大小的因素是(　　)。

A. 比色皿厚度及材质是否为石英　　B. 入射光强度

C. 入射光波长　　　　D. 吸光物质的浓度

8. 分光光度计的仪器主要构成部件顺序正确的是(　　)。

A. 显示系统、吸收池、单色器、检测器和光源

B. 光源、检测器、吸收池、单色器和显示系统

C. 单色器、显示系统、光源、检测器和吸收池

D. 光源、单色器、吸收池、检测器和显示系统

9. 符合光吸收定律的某有色溶液稀释时，其最大的吸收波长 λ_{max} 的位置将(　　)。

A. 向长波长方向移动　　　　B. 向短波长方向移动

C. 不移动，但峰高值增大　　　　D. 不移动，但峰高值降低

10. 现有两个不同浓度的 $KMnO_4$ 溶液，在同一波长下测定，若溶液 1 用 1cm 比色皿测量，溶液 2 用 2cm 比色皿测量，结果测得的吸光度相同，则它们的浓度关系为(　　)。

A. $c_1 = c_2$　　B. $c_1 = 2c_2$　　C. $c_2 = 2c_1$　　D. $c_2 = \sqrt{c_1}$

11. 某试液用 1cm 比色皿测量时，T=60%，若改用 2cm 比色皿测量，则 A 和 T 分别为(　　)。

A. 0.44 和 36%　　B. 0.22 和 36%　　C. 0.44 和 30%　　D. 0.44 和 120%

12. 钼兰法测磷时，若试剂中含有少量磷，则应选择的参比溶液是(　　)。

A. 蒸馏水　　B. 样品空白　　C. 试剂空白　　D. 加了掩蔽剂的试剂

13. 在吸光光度分析法中，宜选用的吸光度读数范围为(　　)。

A. 0.2～0.7　　B. 0.2～2.0　　C. 0.3～1.0　　D. 1.0～2.0

14. 示差法和一般光度法的不同点在于所用参比溶液不同，前者的参比溶液为(　　)。

A. 去离子水　　　　B. 比被测试液浓度稍高的标准溶液

C. 试剂空白　　　　D. 比被测试液浓度稍低的标准溶液

15. 某显色剂 In 在 pH =3～6 时呈黄色，pH = 6～12 时呈橙色，pH >12 时呈红色，该显色剂与金属离子的配合物 MIn 呈红色，则显色反应的进行条件是(　　)。

A. 弱酸性　　B. 中性　　C. 弱碱性　　D. 强碱性

11.4.4 简答题

1. 分光光度法测 Fe^{2+} 实验中，吸取 Fe^{2+} 试液后，加入了盐酸羟胺，该试剂加入有什么用途？

2. 写出朗伯-比尔定律的数学表达式，并做简要文字描述。

3. 比较化学分析法(如滴定分析法)与仪器分析法(如分光光度法)的误差特点，并简要分析其原因。

11.4.5 计算题

1. 含 Mn 5.0mg · L^{-1} 的 $KMnO_4$ 标准溶液在 520nm 处用 2cm 比色皿测得吸光度 A_s=0.43；称取钢样 1.00g 溶于酸后，将其中的 Mn 氧化成 MnO_4^-，定容为 100mL 后，在上述相同条件下测得吸光度 A_x=0.49，求钢样中锰的质量分数。

2. Pb^{2+} 的浓度为 1.6mg · L^{-1}，用二硫腙光度法测定。在 520nm 波长下 1cm 比色皿测得 T= 73%。求吸光系数 a 和摩尔吸光系数 ε。

3. 某合金钢中含有 Mn 和 Cr，称取钢样 2.000g 溶解后，将其中的 Cr 氧化成 $Cr_2O_7^{2-}$，Mn

氧化成MnO_4^-，并稀释至 100.0mL，然后在 440nm 和 545nm 处用 1cm 比色皿测得吸光度分别为 0.210 和 0.854，已知在 440nm 时，Mn 和 Cr 的摩尔吸光系数分别为 $\varepsilon_{440}^{Mn}=95.0$，$\varepsilon_{440}^{Cr}=369.0$，在 545nm 时 $\varepsilon_{545}^{Mn}=2.35\times10^3$，$\varepsilon_{545}^{Cr}=11.0$，求钢样中 Mn、Cr 的质量分数。

4. 有一种两色酸碱指示剂，其酸式 HA 吸收 410nm 的光，ε(HA)=347L · mol^{-1} · cm^{-1}；其碱式 A^-吸收 640nm 的光，$\varepsilon(A^-)$=100L · mol^{-1} · cm^{-1}。HA 在 640nm 处无吸收，A^-在 410nm 处无吸收。pH = 4.80 的该指示剂溶液在 1cm 比色皿中于 410nm 处测得 A = 0.118，于 640nm 处测得 A = 0.267。求该指示剂的 $K_a^\ominus$ 值。

5. 测定某一脂肪胺的相对分子质量，先用脂肪胺与苦味酸(M=229g·mol^{-1})反应得到苦味酸铵盐。称取 0.0304g 苦味酸铵盐，用 95%乙醇溶解，定容至 1L。将此溶液在 0.5cm 比色皿中于 380nm 波长处测得吸光度为 0.400。已知该苦味酸铵盐在 380nm 的摩尔吸光系数为 1.35×10^4 L · mol^{-1} · cm^{-1}。求该脂肪胺的相对分子质量。

练习题参考答案

11.4.1　填空题

1. 入射光波长为横坐标，吸光度 A 为纵坐标，反映有色物质光吸收特性的曲线　2. 寻找最佳吸收波长 λ_{max}　3. 参比溶液　4. 标准曲线法　5. 单色器　6. 黄色光　7. 选择性好　8. 试剂空白　9. 样品空白　10. 0　11. 0.2～0.7

11.4.2　是非判断题

1.×　2. √　3. √　4. ×　5. √　6. ×　7. ×　8. ×　9. ×　10.√

11.4.3　选择题

1. B　2. A　3. B　4. D.　5. B　6. C　7. C　8. D　9. D　10. B　11. A　12. C　13. A　14. D　15. A

11.4.4　简答题

1. 分光光度法测 Fe^{2+}实验中，吸取 Fe^{2+}试液后，加入了盐酸羟胺是作为还原掩蔽剂，还原有可能被氧化了的 Fe^{2+}。

2. 朗伯-比尔定律的数学表达式：$A=\varepsilon bc$ 或者 $A=abc$。吸光度的大小与吸光物质的浓度成正比，与光程成正比。

3. 化学分析法(如滴定分析法)与仪器分析法(如分光光度法)的误差特点：化学分析法要求 0.1%的误差水平，分光光度法一般要求 4%的误差水平，所以经典的化学分析法更准确。主要是化学分析取样量大，滴定剂用量是较大的常规用量，所以相对误差较小；而仪器分析法灵敏度高，试剂用量小，所以相对误差较大。

11.4.5　计算题

1.
$$A=\varepsilon bc$$
$$0.43=\varepsilon\times2.0\times5.00$$
$$0.49=\varepsilon\times2.0\times c(x)$$

$$c(x)=5.7\text{mg}\cdot\text{L}^{-1}$$

$$w(\text{Mn})=5.7\times0.100\times10^{-3}/1.00=0.00057$$

2. $c=1.6\text{mg}\cdot\text{L}^{-1}=1.6\times10^{-3}\text{g}\cdot\text{L}^{-1}=7.7\times10^{-6}\text{mol}\cdot\text{L}^{-1}$

T=73%时 $A=0.137$

$$A=abc\quad 0.137=a\times1.0\times1.6\times10^{-3}\quad a=85\text{L}\cdot\text{g}^{-1}\cdot\text{cm}^{-1}$$

$$A=\varepsilon bc\quad 0.137=\varepsilon\times1.0\times7.7\times10^{-6}\quad \varepsilon=1.78\times10^{5}\text{L}\cdot\text{mol}^{-1}\cdot\text{cm}^{-1}$$

3. 440nm $A=\varepsilon_{440}^{\text{Mn}}bc(\text{Mn})+\varepsilon_{440}^{\text{Cr}}bc(\text{Cr})=95.0\times1\times c(\text{Mn})+369.0\times1\times c(\text{Cr})=0.210$

545nm $A=\varepsilon_{545}^{\text{Mn}}bc(\text{Mn})+\varepsilon_{545}^{\text{Cr}}bc(\text{Cr})=2.35\times10^{3}\times1\times c(\text{Mn})+11.0\times1\times c(\text{Cr})=0.854$

$$c(\text{Mn})=3.61\times10^{-4}\text{mol}\cdot\text{L}^{-1}\qquad c(\text{Cr})=4.76\times10^{-4}\text{mol}\cdot\text{L}^{-1}$$

$$w(\text{Mn})=c(\text{Mn})\cdot M(\text{Mn})\cdot V/m=0.00099,\ w(\text{Cr})=c(\text{Cr})\cdot M(\text{Cr})\cdot V/m=0.0012$$

4. $A=\varepsilon bc$

410nm $0.118=347\times1\times c(\text{HA})\qquad c(\text{HA})=3.40\times10^{-4}\text{mol}\cdot\text{L}^{-1}$

640nm $0.267=100\times1.0\times c(\text{A}^-)\qquad c(\text{A}^-)=2.67\times10^{-3}\text{mol}\cdot\text{L}^{-1}$

$$c(\text{H}^+)=K_\text{a}\frac{c(\text{HAc})}{c(\text{Ac}^-)}\qquad 10^{-4.8}=K_\text{a}\frac{3.4\times10^{-4}}{2.67\times10^{-3}}\qquad K_\text{a}^{\ominus}=1.26\times10^{-4}$$

5. $A=\varepsilon bc\qquad 0.400=1.35\times10^{4}\times0.5\times c\qquad c=5.93\times10^{-5}\text{mol}\cdot\text{L}^{-1}$

$$c=n/V\qquad 5.93\times10^{-5}=0.0304/M(\text{B})/1.000$$

M(B)=513 g · mol^{-1}　　M(胺)=513−229=284 (g · mol^{-1})

模拟试卷 I

(一) 选择题

1. 在定温下被抽成真空的玻璃罩中封入两杯液面高度相同的糖水 A 和纯水 B。经过若干时间后，两杯液面的高度将是　　(　　)

A. A 杯高于 B 杯　　B. A 杯等于 B 杯

C. A 杯低于 B 杯　　D. 视温度而定

2. 已知 H_2CO_3 的离解常数 $K_{a_1}^{\ominus}=10^{-7}$，$K_{a_2}^{\ominus}=10^{-11}$，则 $0.10mol\cdot L^{-1}$ 的 Na_2CO_3 溶液中，$c(H^+)$ 近似计算式为　　(　　)

A. $\sqrt{0.1\cdot K_w^{\ominus}/K_{a_1}^{\ominus}}$　　B. $\sqrt{0.1\cdot K_w^{\ominus}/K_{a_2}^{\ominus}}$

C. $\dfrac{K_w^{\ominus}}{\sqrt{0.1\cdot K_w^{\ominus}/K_{a_1}^{\ominus}}}$　　D. $\dfrac{K_w^{\ominus}}{\sqrt{0.1\cdot K_w^{\ominus}/K_{a_2}^{\ominus}}}$

3. 下列电子构型中，第一电离能最小的是　　(　　)

A. ns^2np^3　　B. ns^2np^4　　C. ns^2np^5　　D. ns^2np^6

4. 下列四种浓度均为 $0.10mol\cdot L^{-1}$ 的溶液中沸点最高的是(不考虑离子强度的影响)　　(　　)

A. $Al_2(SO_4)_3$　　B. $CaCl_2$　　C. $MgSO_4$　　D. $C_6H_5SO_3H$

5. 对于下面两个反应方程式说法完全正确的是　　(　　)

$$2Fe^{3+}+Sn^{2+} = Sn^{4+}+2Fe^{2+}$$

$$Fe^{3+}+\frac{1}{2}Sn^{2+} = \frac{1}{2}Sn^{4+}+Fe^{2+}$$

A. 两式的 $E^{\ominus}$、$\Delta_r H_m^{\ominus}$、$K^{\ominus}$ 都相等

B. 两式的 $E^{\ominus}$、$\Delta_r H_m^{\ominus}$、$K^{\ominus}$ 都不相等

C. 两式的 $\Delta_r H_m^{\ominus}$ 相等，$E^{\ominus}$、$K^{\ominus}$ 不等

D. 两式的 $E^{\ominus}$ 相等，$\Delta_r H_m^{\ominus}$、$K^{\ominus}$ 不等

6. 在某温度时，渗透压相同的溶液具有　　(　　)

A. 相同的冰点　　B. 相同的沸点　　C. 相同的冰点及沸点　　D. 以上都不是

7. 已知 $2NO+2H_2 = N_2+2H_2O$ 的反应方程为

$$2NO+H_2 = N_2+H_2O_2(\text{慢}) \qquad H_2O_2+H_2 = 2H_2O(\text{快})$$

该反应对 NO 是　　(　　)

A. 零级反应　　B. 三级反应　　C. 二级反应　　D. 一级反应

8. 平衡体系 $2HSO_4^-+HPO_4^{2-} = 2SO_4^{2-}+H_3PO_4$，如果不考虑 H_2SO_4、H_3O^+、OH^-的存在，共轭酸碱对有　　(　　)

A. 2 对　　B. 3 对　　C. 4 对　　D. 5 对

9. 将 2.5g 某聚合物溶于 100.0mL 水中，在 20℃时测得的渗透压为 101.325Pa。已知 R=8.314kPa · L · mol^{-1} · K^{-1}，该聚合物的摩尔质量是　（　）

A. 6.0×10^2g · mol^{-1}　B. 4.2×10^4g · mol^{-1}　C. 6.0×10^5g · mol^{-1}　D. 2.1×10^6g · mol^{-1}

10. 定温定压下，已知反应 A ══ 2B 的反应热 $\Delta_r H_m^\ominus(1)$及反应 2A ══ C 的反应热 $\Delta_r H_m^\ominus(2)$，则反应 C ══ 4B 的反应热 $\Delta_r H_m^\ominus(3)$为　（　）

A. $2\Delta_r H_m^\ominus(1)+\Delta_r H_m^\ominus(2)$　B. $\Delta_r H_m^\ominus(2)-2\Delta_r H_m^\ominus(1)$

C. $\Delta_r H_m^\ominus(2)+\Delta_r H_m^\ominus(1)$　D. $2\Delta_r H_m^\ominus(1)-\Delta_r H_m^\ominus(2)$

11. 在任一可逆反应中，正向反应和逆向反应的 $\Delta_r G_m^\ominus$ 之间的关系是　（　）

A. 绝对值相等，符号相反　B. 绝对值不等，符号相反

C. 绝对值相等，符号相同　D. 绝对值不等，符号相同

12. 欲增加铜-锌原电池 (−)Zn|ZnSO$_4(c_1)$||CuSO$_4(c_2)$|Cu(+) 的电动势，可采用的措施是　（　）

A. 向 $ZnSO_4$ 溶液中加入 $ZnSO_4$ 固体　B. 向 $CuSO_4$ 溶液中加入 $CuSO_4$ 晶体

C. 向 $ZnSO_4$ 溶液中加入 KCl 晶体　D. 向 $CuSO_4$ 溶液中加入氨水

13. 某一弱酸型指示剂 HIn 的 $pK^\ominus(HIn)=4.1$，那么它的理论变色范围是　（　）

A. 3.1～5.1　B. 2.1～3.1　C. 3.2～6.2　D. 3.1～4.4

14. 用 0.1000mol · L^{-1} NaOH 溶液滴定两份等同的 HAc 溶液，分别用酚酞和甲基橙为指示剂，两者消耗 NaOH 的体积分别为 V_1 和 V_2，则 V_1 和 V_2 的关系为　（　）

A. $V_1=V_2$　B. $V_1>V_2$　C. $V_1<V_2$　D. 不确定

15. 波函数(Ψ)用于描述　（　）

A. 电子的能量　B. 电子在核外空间的运动状态

C. 电子的运动速度　D. 电子在某一空间出现的概率密度

16. 下列化合物中存在氢键的是　（　）

A. HF　B. CH_4　C. HI　D. CO_2

17. 下列分子中存在分子内氢键的是　（　）

A. HCl　B. NH_3　C. HNO_3　D. H_2S

18. pH = 9.20，其有效数字为　（　）

A. 3 位　B. 2 位　C. 1 位　D. 4 位

19. 以 EDTA 法测定某试样中 MgO(M = 40.31g · mol^{-1})的含量，用 0.02mol · L^{-1} EDTA 溶液滴定，设试样中 MgO 的质量分数约为 50%，试样溶解后定容为 250.00mL，吸取 25.00mL 进行滴定，则试样称取量为　（　）

A. 0.1～0.2g　B. 0.16～0.32g　C. 0.3～0.6g　D. 0.6～0.8g

20. 下列哪种混合液可以组成缓冲溶液　（　）

A. 等体积的 0.20mol · L^{-1} 的 CH_3COOH 和 0.10mol · L^{-1} 的 NaOH 溶液混合

B. 等体积的 0.10mol · L^{-1} 的 CH_3COOH 和 0.20mol · L^{-1} 的 NaOH 溶液混合

C. 等体积的 0.10mol · L^{-1} 的 CH_3COOH 和 0.10mol · L^{-1} 的 NaOH 溶液混合

D. V mL 0.10mol · L^{-1} 的 CH_3COOH 和 $2V$ mL 0.10mol · L^{-1} 的 NaOH 溶液混合

(二) 判断题

1. 在一定温度下，$E^{\ominus}$ 只取决于原电池的两个极，与电池中各物质的浓度无关。 ( )
2. 反应 $H_2(g)+S(g) \longrightarrow H_2S(g)$ 的 $\Delta_r H_m^{\ominus}$ 就应是化合物 H_2S 的标准生成焓。 ( )
3. s 电子与 s 电子配对形成的键一定是σ键，p 电子与 p 电子配对形成的键一般为π键。 ( )
4. 非极性分子中的化学键一定是非极性键。 ( )
5. 中心原子采取 sp^3 杂化所形成的化合物分子的空间构型一定是正四面体形。 ( )
6. 螯合物中环的数目越多，环越大，越稳定。 ( )
7. 当温度接近 0K 时，所有放热反应均能自发进行。 ( )
8. 当组成原电池的两个电对的电极电势相等时，电池反应处于平衡态。 ( )

(三) 填空题

1. 反应：$N_2(g)+3H_2(g) \xlongequal{} 2NH_3(g)$，$\Delta_r H_m^{\ominus}<0$，若在一定范围内升高温度，则 $\Delta_r H_m=$__________，$\Delta_r S_m=$__________，$\Delta_r G_m=$__________。

2. 测定水的总硬度时，用__________作标准溶液。

3. 反应速率常数与__________无关，但受_______和______影响。

4. 用 0.010 00$mol \cdot L^{-1}$ NaOH 滴定 0.010 00$mol \cdot L^{-1}$ HCl 的突跃范围是 5.3～8.7，当用 0.1000$mol \cdot L^{-1}$ NaOH 滴定 0.1000$mol \cdot L^{-1}$ HCl 的突跃范围是__________。

5. 共价键具有__________的特点，通常σ 键比π 键__________。

(四) 简答题

阐述酸雨是如何形成的？酸雨对大自然的主要危害有哪些？

(五) 计算题

1. 已知反应：$2MnO_4^- + 10Cl^- + 16H^+ \xlongequal{} 2Mn^{2+} + 5Cl_2 + 8H_2O$，$\varphi^{\ominus}(MnO_4^-/Mn^{2+})=1.51V$，$\varphi^{\ominus}(Cl_2/Cl^-)=1.3595V$。

(1) 试判断上述反应在标准态时能否正向进行；

(2) 若$c(H^+)=1.0\times10^{-5}mol \cdot L^{-1}$，其他物质仍处于标准态，试判断上述反应的方向；

(3) 计算上述反应的标准平衡常数 $K^{\ominus}$。

2. 某一元弱酸(HA)试样 1.250g，用水溶液稀释至 50mL，可用 41.20mL 0.090 00$mol \cdot L^{-1}$ NaOH 滴定至计量点；加入 8.24mL NaOH 溶液时 pH = 4.30。

(1) 求弱酸的摩尔质量；

(2) 计算弱酸的离解常数和计量点 pH；

(3) 选用何种指示剂？

3. 根据以下数据，计算甲醇和一氧化碳化合生成乙酸反应 $CH_3OH(g)+CO(g) \xlongequal{} CH_3COOH(g)$的 $K^{\ominus}$(298K)，并计算 $p(CH_3OH, g)=60kPa$，$p(CO, g)=90kPa$，$p(CH_3COOH, g)=80kPa$ 时反应的$\Delta_r G_m$，判断此时反应进行的方向。

$$CH_3OH(g) + CO(g) = CH_3COOH(g)$$

$\Delta_f H_m^{\ominus}/(kJ \cdot mol^{-1})$	−200.8	−110	−435
$S_m^{\ominus}/(J \cdot K^{-1} \cdot mol^{-1})$	+238	+198	+293

4. 称取 Zn、Al 试样 0.2000g，溶解后调至 pH 为 3.5，加入 50.00mL 0.051 32mol · L^{-1} EDTA 煮沸，冷却后，加乙酸缓冲液(pH 约 5.5)，以 XO 为指示剂，用 0.050 00mol · L^{-1} 标准 Zn^{2+}溶液滴至红色，耗去 Zn^{2+}溶液 5.08mL；然后加足量 NH_4F，加热至 40℃，再用上述 Zn^{2+}标液滴定，耗去 20.70mL，计算试样中 Zn、Al 的质量分数。[已知：$M(Al) = 26.98g \cdot mol^{-1}$，$M(Zn) = 65.93g \cdot mol^{-1}$]

模拟试卷Ⅱ

(一) 选择题

1. 某化验室对一样品溶液进行分析，经煮沸后初步检查溶液呈强酸性，在下列离子中，哪种存在的可能性最大 ( )

A. S^{2-}　　B. SO_4^{2-}　　C. CO_3^{2-}　　D. CN^-

2. 基态 C 原子的电子排布式若写成$1s^2 2s^2 2p_x^2$，则违背了 ( )

A. 泡利不相容原理　　B. 能量最低原理

C. 洪德规则　　D. 玻尔理论

3. 用$0.1000 mol \cdot L^{-1}$ NaOH 溶液滴定 $20.00 mL$ $1.000 mol \cdot L^{-1}$ HCl溶液时，下列指示剂中可采用的是 ( )

A. 甲基橙(3.1～4.4)　　B. 甲基红(4.4～6.2)

C. 酚酞(8.0～9.6)　　D. 三者均可以

4. 下列各组中，不属于共轭酸碱对的是 ( )

A. HCl和Cl^-　　B. H_3O^+和OH^-　　C. HCO_3^-和CO_3^-　　D. NH_4^+和NH_3

5. 欲配制 pH = 7 的缓冲溶液，下列缓冲对中应选哪个 ( )

A. HAc-NaAc,　$K_a^{\ominus} = 1.76 \times 10^{-5}$

B. $NaHCO_3$-Na_2CO_3，　$K_{a_2}^{\ominus} = 5.61 \times 10^{-11}$

C. NaH_2PO_4-Na_2HPO_4，　$K_{a_2}^{\ominus} = 6.23 \times 10^{-8}$

D. NH_3-NH_4Cl,　$K_b^{\ominus} = 1.76 \times 10^{-5}$

6. 下列化合物中，既有离子键又有共价键的是 ( )

A. CaO　　B. CH_4　　C. $BaCl_2$　　D. NH_4Cl

7. 已知PH_3分子的空间构型为三角锥形，故 P 原子在形成分子时所采取的杂化方式是 ( )

A. sp　　B. sp^2　　C. sp^3　　D. dsp^2

8. 某气体反应的$\Delta_r H_m^{\ominus} = 10.5 kJ \cdot mol^{-1}$，$\Delta_r S_m^{\ominus} = 41.8 J \cdot mol^{-1} \cdot K^{-1}$，平衡时各物质的分压均为 $p^{\ominus}$，则反应温度均为 ( )

A. 0℃　　B. 25℃　　C. –22℃　　D. 无法确定

9. 下列物质中，不适宜作配体的是 ( )

A. $S_2O_3^{2-}$　　B. H_2O　　C. NH_4^+　　D. Cl^-

10. 在$0.10 mol \cdot L^{-1}$ H_2S饱和溶液中，S^{2-}浓度为 ( )

A. $0.10 mol \cdot L^{-1}$　　B. $\sqrt{0.1 \cdot K_{a_1}^{\ominus}}$　　C. $K_{a_1}^{\ominus}(H_2S)$　　D. $K_{a_2}^{\ominus}(H_2S)$

11. 化学能同时转变为热能和光能的实例是 ( )

A. 拍照片　　B. 镁条燃烧　　C. 开动汽车　　D. 手枪射击

12. Cr_2O_3 的分解反应 $Cr_2O_3(s) \longrightarrow 2Cr(s) + \frac{3}{2}O_2(g)$，已知反应的标准熵变 $\Delta_r S_m^\ominus$ 和 Cr_2O_3 的标准生成焓为 $\Delta_f H_m^\ominus(Cr_2O_3, s)$，则在标准态下，该反应自发进行的温度是　　(　　)

A. $T = \frac{\Delta_f H_m^\ominus}{\Delta_r S_m^\ominus}$　　B. $T > \frac{\Delta_f H_m^\ominus}{\Delta_r S_m^\ominus}$　　C. $T > -\frac{\Delta_f H_m^\ominus}{\Delta_r S_m^\ominus}$　　D. $T < \frac{\Delta_f H_m^\ominus}{\Delta_r S_m^\ominus}$

13. 催化剂可加快化学反应速率，主要是因为催化剂可使反应的　　(　　)

A. $\Delta_r H_m^\ominus$ 降低　　B. $\Delta_r H_m^\ominus$ 升高

C. 活化能 E_a 降低　　D. 加速建立化学平衡

14. $CaCO_3$ 在下列哪种溶液中溶解度最大？　　(　　)

A. H_2O　　B. Na_2CO_3 溶液　　C. KNO_3 溶液　　D. 酒精

15. 标定 KOH 溶液的基准物质最好用　　(　　)

A. 邻苯二甲酸氢钾　　B. $H_2C_2O_4 \cdot 2H_2O$　　C. $CaCO_3$　　D. As_2O_3

16. 原电池 $Zn|Zn^{2+}(c_1)||H^+(c_2)|H_2(p), Pt$，其平衡常数为　　(　　)

A. 6×10^{25}　　B. 7×10^{12}　　C. 5×10^{-15}　　D. 7×10^{-12}

17. 原子序数为 29 的元素，其原子核外电子的排布应是　　(　　)

A. $[Ar]3d^9 4s^2$　　B. $[Ar]3d^{10} 4s^2$　　C. $[Ar]3d^{10} 4s^1$　　D. $[Ar]4d^{10} 5s^1$

18. $N_2(g) + 3H_2(g) == 2NH_3(g)$，$K^\ominus = 0.63$，反应达到平衡时，若再通入一定量的 $N_2(g)$，则 $K^\ominus$、Q 和 $\Delta_r G_m^\ominus$ 的关系为　　(　　)

A. $Q = K^\ominus \quad \Delta_r G_m^\ominus = 0$　　B. $Q > K^\ominus \quad \Delta_r G_m^\ominus > 0$

C. $Q < K^\ominus \quad \Delta_r G_m^\ominus < 0$　　D. $Q < K^\ominus \quad \Delta_r G_m^\ominus > 0$

19. 向 H_3AsO_3 溶液中通入 H_2S 气体制得 As_2S_3 溶胶，欲使该溶胶凝结，下列三种电解质的凝结值由大到小的顺序是　　(　　)

A. $CaCl_2 < NaCl < AlCl_3$　　B. $AlCl_3 < CaCl_2 < NaCl$

C. $NaCl < AlCl_3 < CaCl_2$　　D. $AlCl_3 < NaCl < CaCl_2$

20. 下列配合物中，中心离子的配位数有错误的是　　(　　)

A. $[Co(NO_2)_3(NH_3)_3]$　　B. $K_2[Fe(CN)_5NO]$

C. $[CoCl_2(NH_3)_2(en)_2]$　　D. $[Co(NH_3)_4Cl_2]Cl$

(二) 判断题

1. 没有密封好的冰醋酸放置一段时间后，凝固点会下降。　　(　　)

2. 有气体参加的平衡反应，改变总压，不一定使平衡移动，而改变任一气体分压，则一定破坏平衡。　　(　　)

3. 由于存在离子氛和离子对，所以强电解质在水溶液中不能全部离解。　　(　　)

4. 不同原子间能量相近的轨道不能进行杂化。　　(　　)

5. 中心原子的配位数等于与中心原子以配位键结合的配体的数目。　　(　　)

6. NH_3 没有孤对电子，所以不能作为配体。　　(　　)

7. 稳定单质的 $\Delta_f H_m^\ominus$、$S_m^\ominus$、$\Delta_r G_m^\ominus$，均为 0。　　(　　)

8. 莫尔法是以淀粉作指示剂，用硝酸银标准溶液测定卤离子的银量法。　　(　　)

(三) 填空题

1. 电极 $MnO_4^-(c_1)$，$Mn^{2+}(c_2)$，$H^+(c_3)$ | Pt 的能斯特方程式为________。

2. 用强酸滴定强碱时，滴定曲线的突跃范围大小与_________有关。

3. 在一定条件下，活化能越大，活化分子的百分数越_____，化学反应速率越_____。

4. 27℃时测得某蔗糖溶液的渗透压为 83.1kPa，则该溶液的物质的量浓度为_________。

5. 朗伯-比尔定律只适用于_________，数学表达式为_________。

6. 在多电子原子中，核外电子排布所遵循的 3 个规律是：①______；②_________；，③_________。

7. 间接碘量法中，加入淀粉指示剂的适宜时间为_________。

(四) 简答题

1. 简述 $0.20mol\cdot L^{-1}$ 1000mL $KMnO_4$ 标准溶液的配制与标定过程。(要求对标准物质的称量工具、配制方法、基准物质的称量工具及其质量，标定的主要条件如酸度、温度、催化剂、指示剂等均加以说明)

2. 试解释下列事实：(1) 碘的熔沸点比溴的高；(2) 乙醇的熔沸点比乙醚的高；(3) 邻硝基苯酚的熔点比间硝基苯酚的低。

(五) 计算题

1. 称取含惰性杂质的混合碱试样 2.4000g，溶于水稀释至 250.00mL，吸取 25.00mL 溶液两份，一份中用 $0.1000mol\cdot L^{-1}$ HCl 滴定至酚酞褪色，消耗 30.00mL，另一份用甲基橙作指示剂，消耗 HCl 35.00mL。试样由何种碱组成？各组分的质量分数为多少？[$M(NaOH)=40.00g\cdot mol^{-1}$，$M(Na_2CO_3)=105.99g\cdot mol^{-1}$，$M(NaHCO_3)=84.01g\cdot mol^{-1}$]

2. 已知 $\Delta_f H_m^\ominus(SO_2,g)=-269.6kJ\cdot mol^{-1}$；$\Delta_f H_m^\ominus(SO_3,g)=-395.2kJ\cdot mol^{-1}$；$\Delta_f G_m^\ominus(SO_2,g)=-300.4kJ\cdot mol^{-1}$；$\Delta_f G_m^\ominus(SO_3,g)=-370.4kJ\cdot mol^{-1}$，计算反应 $2SO_2(g)+O_2(g) = 2SO_3(g)$ 在 1000K 时的 $K_{1000K}^\ominus$。

3. 称取 0.4020g 基准试剂 $CaCO_3$，经 HCl 溶解后，用容量瓶配成 250mL 溶液，吸取 25.00mL，在 pH > 12 时，用钙指示剂指示终点，再用 EDTA 标准溶液滴定，消耗 21.49mL，试计算：

(1) EDTA 溶液的浓度；

(2) 该 EDTA 标准溶液对 CaO 、Al_2O_3 的滴定度。[已知：$M(CaCO_3)=100.09g\cdot mol^{-1}$，$M(CaO)=56.08g\cdot mol^{-1}$，$M(Al_2O_3)=101.96g\cdot mol^{-1}$]

4. 有一浓度为 $1.0\mu g\cdot mL^{-1}$ 的 Fe^{2+} 溶液，以邻二氮菲显色后，吸收皿厚度为 2cm，波长 510nm 处测得吸光度 $A=0.380$，计算透光度 T、吸光系数 a 和摩尔吸光系数 ε。[已知：$M(Fe)=55.85g\cdot mol^{-1}$]

模拟试卷Ⅲ

(一) 选择题

1. 已知某一元弱酸的浓度为 c，用等体积的水稀释后，溶液中 $c(H^+)$的浓度为 (　)

A. $\dfrac{c}{2}$　　B. $\sqrt{c\cdot K_a^\ominus/2}$　　C. $\dfrac{1}{2}\sqrt{c\cdot K_a^\ominus}$　　D. $2\sqrt{c\cdot K_a^\ominus}$

2. $\varphi^\ominus(Cr_2O_7^{2-}/Cr^{3+})$ 的数值随 pH 的升高而 (　)

A. 增大　　B. 不变　　C. 减少　　D. 无法判断

3. 用 $AgNO_3$ 处理$[Fe(H_2O)_5Cl]Br$ 溶液，产生的沉淀主要是 (　)

A. AgBr　　B. AgCl　　C. AgBr 和 AgCl　　D. $Fe(OH)_3$

4. 在一个多电子原子中，具有下列各套量子数(n，l，m，m_s)的电子，能量最大的电子具有的量子数是 (　)

A. 3，2，+1，+1/2　　B. 2，1，+1，−1/2　　C. 3，1，0，−1/2　　D. 3，1，−1，+1/2

5. 对于一个化学反应来说，下列正确的是 (　)

A. Δ_rG_m 越负，反应速率越快　　B. Δ_rH_m 越负，反应速率越快

C. 活化能越大，反应速率越快　　D. 活化能越小，反应速率越快

6. 已知 $FeO(s) + C(s) = CO(g) + Fe(s)$的 $\Delta_rH_m^\ominus$ 和 $\Delta_rS_m^\ominus$ 均为正，则下列说法正确的是 (　)

A. 低温下自发过程，高温下非自发过程　　B. 任何温度下均为非自发过程

C. 高温下自发过程，低温下非自发过程　　D. 任何温度下均为自发过程

7. 用配位滴定法测定石灰石中 CaO 的含量，经四次平行测定，得平均值为 $x = 27.50\%$，若真实含量为 27.30%，则 27.50% −27.30% = + 0.20%，称为 (　)

A. 绝对偏差　　B. 相对偏差　　C. 绝对误差　　D. 相对误差

8. 用计算器算得 $\dfrac{2.236\times1.1124}{1.036\times0.2000}=12.004\,471$，按有效数字运算(修约)规则，结果应为 (　)

A. 12　　B. 12.0　　C. 12.00　　D. 12.004

9. 氢氧化钠溶液的标签浓度为 $0.300\text{mol}\cdot L^{-1}$，该溶液从空气中吸收了少量的 CO_2，现以酚酞为指示剂，用标准盐酸溶液标定，标定结果比标签浓度 (　)

A. 高　　B. 低　　C. 不变　　D. 无法确定

10. 用 $0.10\text{mol}\cdot L^{-1}$ NaOH 溶液滴定 $0.10\text{mol}\cdot L^{-1}$ HCl + $0.05\text{mol}\cdot L^{-1}$ NH_4Cl 混合溶液，合适的指示剂是[$pK_b^\ominus(NH_3) = 4.75$] (　)

A. 甲基橙($pK_a^\ominus = 3.4$)　　B. 溴甲酚蓝($pK_a^\ominus = 4.1$)

C. 甲基红($pK_a^\ominus = 5.0$)　　D. 酚酞($pK_a^\ominus = 9.1$)

11. 下列反应中滴定曲线对称的反应是 (　)

A. $Ce^{4+} + Fe^{2+} = Ce^{3+} + Fe^{3+}$　　B. $2Fe^{3+} + Sn^{2+} = 2Fe^{2+} + Sn^{4+}$

C. $I_2 + 2S_2O_3^{2-} = 2I^- + S_4O_6^{2-}$　　D. $MnO_4^- + 5Fe^{2+} + 8H^+ = Mn^{2+} + 5Fe^{3+} + 4H_2O$

12. 在滴定分析测定中，可能导致系统误差的是　　(　　)

A. 试样未经充分混匀　　B. 滴定时有液滴溅出

C. 砝码未经校正　　D. 滴定管读数时最后一位估计不准

13. 间接碘量法中加入淀粉指示剂的适宜时间是　　(　　)

A. 滴定开始时　　B. 标准溶液滴定了近 50%时

C. 标准溶液滴定了近 75%时　　D. 滴定至近计量点时

14. 标定 HCl 溶液和 NaOH 溶液常用的基准物分别是　　(　　)

A. 硼砂和 EDTA　　B. 草酸和 $K_2Cr_2O_7$

C. $CaCO_3$ 和草酸　　D. 硼砂和邻苯二甲酸氢钾

15. 用 $K_2Cr_2O_7$ 法测 Fe^{2+}，加入 H_3PO_4 的作用不正确的是　　(　　)

A. 提高体系的酸度

B. 防止 Fe^{2+}的水解

C. 同 Fe^{3+}形成稳定的无色化合物，减少黄色对终点的干扰

D. 减小 $\varphi^{\ominus}(Fe^{3+}/Fe^{2+})$的电极电势，增大突跃范围

16. 某符合比尔定律的有色溶液，当浓度为 c 时，其透光度为 T；若浓度增大 1 倍，则此溶液的透光度的对数为　　(　　)

A. $T/2$　　B. $2T$　　C. $T^{1/2}$　　D. T^2

17. 27℃时，把青蛙的肌肉细胞放在 $0.20 mol \cdot L^{-1}$ 的氯化钠水溶液中观察到肌肉细胞收缩，这是因为　　(　　)

A. 细胞内的渗透压大　　B. 氯化钠水溶液渗透压大

C. 两者的渗透压相等　　D. 与渗透压无关

18. 对 $Fe(OH)_3$ 正溶胶和 As_2S_3 负溶胶的聚结能力最大的是　　(　　)

A. Na_3PO_4 和 $CaCl_2$　　B. NaCl 和 $CaCl_2$

C. Na_3PO_4 和 $MgCl_2$　　D. NaCl 和 Na_2SO_4

19. 电子云是用小黑点的疏密表示电子在核外空间分布的　　(　　)

A. 概率　　B. 概率密度　　C. 角度分布　　D. 径向分布

20. 下列关于反应商 Q 的叙述，其中叙述错误的是　　(　　)

A. Q 与 $K^{\ominus}$ 的数值始终相等　　B. Q 既可以大于 $K^{\ominus}$，也可以小于 $K^{\ominus}$

C. Q 有时等于 $K^{\ominus}$　　D. Q 的数值随反应的进行而变化

21. 某可逆反应在一定条件下达到平衡，反应物 A 的转化率为 35%，当有催化剂存在，且其他反应条件(如 T、c)不变时，此反应物 A 的转化率应为　　(　　)

A. 大于 35%　　B. 等于 35%　　C. 小于 35%　　D. 无法确定

22. 根据 $K_{sp}^{\ominus}$ 值比较下列几种难溶物的溶解度，其中最小的是　　(　　)

A. $BaCrO_4$　　B. $CaCO_3$　　C. AgCl　　D. AgI

23. 下列物质中，能作为螯合剂的为　　(　　)

A. HO—OH　　B. $H_2N—NH_2$

C. $(CH_3)_2N—NH_2$　　D. $H_2N—CH_2—CH_2—NH_2$

24. 在配位滴定中，若仅考虑酸效应，金属离子与 EDTA 形成的配合物越稳定，$K^{\ominus\prime}(MY)$

越大，滴定时允许 pH （　）

A. 越低　B. 越高　C. 中性　D. 无法确定

25. 反应 $3A^{2+}+2B \Longrightarrow 3A+2B^{3+}$在标准状态下电池电动势为 1.8V；在某浓度时电池电动势为 1.6V，此反应的 $\lg K^{\ominus}$ 值为 （　）

A. $\dfrac{3\times1.8}{0.0592}$　B. $\dfrac{6\times1.8}{0.0592}$　C. $\dfrac{6\times1.6}{0.0592}$　D. $\dfrac{3\times1.6}{0.0592}$

26. 在测量吸光度的过程中，若要求测量的$\Delta c/c$ 最小，则透光度为 （　）

A. 0.368　B. 0.386　C. 0.638　D. 0.863

27. 用 NaOH 滴定 H_3PO_4($K_{a_1}^{\ominus}=7.52\times10^{-3}$，$K_{a_2}^{\ominus}=6.23\times10^{-8}$，$K_{a_3}^{\ominus}=2.2\times10^{-13}$)至生成 NaH_2PO_4，溶液的 pH 为 （　）

A. 2.3　B. 3.6　C. 4.7　D. 5.8

28. 杂化轨道理论能较好地解释 （　）

A. 共价键的形成　B. 共价键的键能　C. 分子的空间构型　D. 上述均正确

29. 下列物质能用直接法配制标准溶液的是 （　）

A. $K_2Cr_2O_7$　B. $KMnO_4$　C. NaOH　D. HCl

30. 用能斯特方程式$\varphi=\varphi^{\ominus}+\dfrac{0.0592}{n}\lg\dfrac{c(\text{Ox})}{c(\text{Red})}$，计算 MnO_4^-/Mn^{2+}的电极电势φ，下列叙述不正确的是 （　）

A. 温度应为 298K　B. Mn^{2+}的浓度增大，则φ减小

C. H^+浓度的变化对φ无影响　D. MnO_4^- 的浓度增大，则φ增大

(二) 判断题

1. 配合物中心离子的配位数就是该配合物的配位体的个数。 （　）
2. 在 HCl 溶液中加入 NaCl，由于产生同离子效应，溶液中的 H^+浓度会降低。 （　）
3. 酸碱完全中和后，溶液的 pH 等于 7。 （　）
4. 任何可逆反应在一定温度下，无论参加的物质的初始浓度如何不同，反应达平衡时，各物质的平衡浓度相同。 （　）
5. 根据离解平衡：$H_2S \Longrightarrow 2H^+ + S^{2-}$，可知溶液中 H^+浓度是 S^{2-}浓度的 2 倍。 （　）
6. $[Cu(NH_3)_4]^{2+}$的稳定常数比$[Cu(en)_2]^{2+}$的稳定常数小，因为$[Cu(en)_2]^{2+}$是螯合物。（　）
7. 即使在很浓的强酸水溶液中，仍然有 OH^-存在。 （　）
8. 称取基准物质 $KBrO_3$，常用差减法进行。 （　）
9. 指示剂的选择原则是：变色敏锐，用量少。 （　）
10. 金属指示剂应具备的条件之一是：$\lg K^{\ominus\prime}(\text{MY})-\lg K^{\ominus\prime}(\text{HIn})\geqslant2$ （　）
11. $0.20\text{mol}\cdot\text{L}^{-1}$ 的葡萄糖溶液与 0.82g NaAc 溶于 100.0g 水中所得溶液沸点接近。 （　）
12. 把两种电性相反的溶胶混合，要使溶胶完全聚结的条件是两种溶胶的粒子数和电荷数都必须相等。 （　）
13. 原子轨道角度分布图与电子云角度分布图的区别是：前者有正负之分，胖一些；后者无正负之分，“瘦”一些。 （　）

14. 条件电极电势就是电对的氧化型和还原型的活度都为 $1mol \cdot L^{-1}$ 时的电极电势。（　）

15. Fe^{3+}、Al^{3+}对铬黑 T 有封闭作用。（　）

(三) 填空题

1. 产生渗透现象应具备两个条件：① ____________；② ____________。

2. 某元素的原子序数是 24，这个元素的原子外层电子结构是______，该元素属第___周期。

3. 试分析下列效应对沉淀溶解度的影响(增大；减少；无影响)：

(1) 同离子效应__________沉淀的溶解度；(2) 盐效应__________沉淀的溶解度。

4. 某碱液(Na_2CO_3、$NaHCO_3$ 或 NaOH) 25.00mL，以 $c(HCl) = 0.1000mol \cdot L^{-1}$ 标准溶液滴定至酚酞褪色，消耗 20.00mL，再用甲基橙作指示剂继续滴定至变色，又消耗了 6.50mL，此碱液的组成是_________。

5. 根据杂化轨道理论，BF_3 分子的空间构型为___________，其偶极矩为______。

6. 用电对 MnO_4^- / Mn^{2+}，Cl_2/Cl^-组成的原电池，其正极反应为________________，负极反应为______________________，电池的电动势等于____________，电池符号为______________________。[$\varphi^\ominus(MnO_4^- / Mn^{2+}) = 1.51V$；$\varphi^\ominus(Cl_2/Cl^-) = 1.36V$]

7. 某有色物质的溶液，每 50.0mL 中含有该物质 0.10mg，今用 1cm 比色皿在某光波下测得透光度为 10%，则吸光系数为______。

8. 等体积混合 $0.008mol \cdot L^{-1}$ $CaCl_2$ 和 $0.010mol \cdot L^{-1}$ $(NH_4)_2C_2O_4$ 溶液，制得 CaC_2O_4 溶胶。该溶胶的胶团结构式________________________________。

9. 298K 时，反应 $N_2(g) + 3H_2(g) \longrightarrow 2NH_3(g)$，$\Delta_r U_m^\ominus = -87.2kJ \cdot mol^{-1}$，则该反应的 $\Delta_r H_m^\ominus$ 值为___________。

10. 已知反应 $C_2H_5Br \longrightarrow C_2H_4 + HBr$ 的活化能为 $225kJ \cdot mol^{-1}$，650K 时 $k = 2.0 \times 10^{-3}s^{-1}$，则 700K 时的速率常数为___________。

11. $[Cr(Py)_2(H_2O)Cl_3]$的系统命名为________________；$NH_4[Cr(SCN)_4(NH_3)_2]$的系统命名为________________。

12. 发生有效碰撞时，反应分子必须具备的条件是：① ______________________；② ______________。

13. 用 NaOH 标准溶液滴定 $0.10mol \cdot L^{-1}$ $HCl-H_3PO_4$，混合溶液可出现的____个突跃。

14. 在非缓冲溶液中用 EDTA 滴定金属离子时，溶液的 pH_______。(填“升高”、“降低”、“不变”)

15. 用 $KMnO_4$ 法测定 $FeSO_4$ 样品中 Fe^{2+}的含量，介质除加 H_2SO_4 外，最好还加_____。

(四) 简答题

1. 催化剂能影响反应速率，但不能影响化学平衡，为什么？

2. 已知 $\varphi^\ominus(Fe^{3+}/Fe^{2+}) = 0.771V$，$\varphi^\ominus(O_2/H_2O) = 1.229V$，根据电极电势解释 $FeSO_4$ 溶液久置会变黄的现象。

3. 简述配位滴定中使用缓冲溶液的原因。

(五) 计算题

1. 450℃时 HgO 的分解反应为 $2HgO(s) = 2Hg(g) + O_2(g)$，若将 0.050mol HgO 固体放在 1L 密闭容器中加热到 450℃，平衡时测得总压力为 108.0kPa，求该反应在 450℃时的平衡常数 $K^{\ominus}$、$\Delta_r G_m^{\ominus}$ 及 HgO 的转化率。

2. 已知 $CaCO_3$ 沉淀在水中的主要离解平衡为 $CaCO_3(s)+H_2O(l) = Ca^{2+}(aq) + HCO_3^-(aq)+OH^-(aq)$。试计算 $CaCO_3$ 在水中的溶解度。[已知 $CaCO_3$ 的 $K_{sp}^{\ominus}=2.9\times10^{-9}$；$H_2CO_3$ 的 $K_{a_1}^{\ominus}=4.3\times10^{-7}$，$K_{a_2}^{\ominus}=5.6\times10^{-11}$]

3. 室温时在 1.0L 乙二胺溶液中溶解了 0.010mol $CuSO_4$，主要生成$[Cu(en)_2]^{2+}$，测得平衡时乙二胺的浓度为 $0.054mol\cdot L^{-1}$。求溶液中 Cu^{2+}和$[Cu(en)_2]^{2+}$的浓度。(已知 $K_f^{\ominus}\{[Cu(en)_2]^{2+}\}=1.0\times10^{20}$)

4. 有一两色酸碱指示剂，其酸式 HA 吸收 410nm 的光，$\varepsilon_{HA}=347$，其碱式 A^-吸收 640nm 的光，$\varepsilon_{A^-}=100$。HA 在 640nm 处无吸收，A^-在 410nm 处无吸收。pH = 4.80 的该指示剂溶液，在 1cm 比色皿中于 410nm 处测得 $A = 0.118$，于 640nm 处测得 $A = 0.267$。求该指示剂的 $pK_a^{\ominus}$ 值。

模拟试卷 Ⅳ

(一) 选择题

1. 对于一个化学反应来说，下列说法正确的是 （　）
   A. 放热越多，反应速率越快　　　　　　　B. 活化能越小，反应速率越快
   C. 平衡常数越大，反应速率越快　　　　　D. $\Delta_r G_m^{\ominus}$ 越大，反应速率越快

2. 下列说法正确的是 （　）
   A. 色散力仅存在于非极性分子之间
   B. 极性分子之间的作用力称为取向力
   C. 诱导力仅存在于极性分子和非极性分子之间
   D. 相对分子质量小的物质，其熔点、沸点会高于相对分子质量大的物质

3. 在 $NH_3 \cdot H_2O$ 溶液中，加入少量 NH_4Cl 溶液，溶液的 pH 将 （　）
   A. 升高　　　　　B. 降低　　　　　C. 不变　　　　　D. 不能判断

4. 在 $Cr(H_2O)_4Cl_3$ 的溶液中，加入过量 $AgNO_3$ 溶液，只有 1/3 的 Cl^- 被沉淀，说明 （　）
   A. 反应进行得不完全　　　　　　　　　B. $Cr(H_2O)_4Cl_3$ 的量不足
   C. 反应速率快　　　　　　　　　　　　D. 其中的两个 Cl^- 与 Cr^{3+} 形成了配位键

5. 将铜丝插入 $CuSO_4$ 溶液，银丝插入 $AgNO_3$ 溶液，组成原电池。如果在 $AgNO_3$ 溶液中加入氨水，电动势的变化是 （　）
   A. 升高　　　　　B. 降低　　　　　C. 无变化　　　　　D. 不能判断

6. 已知反应：
$$(1)\ SO_2(g) + 1/2O_2(g) = SO_3(g) \quad (K_1^{\ominus})$$
$$(2)\ SO_3(g) + CaO(s) = CaSO_4(s) \quad (K_2^{\ominus})$$
求反应：$(3)\ SO_2(g) + 1/2O_2(g) + CaO(s) = CaSO_4(s) \quad (K_3^{\ominus})$ （　）
   A. $K_1^{\ominus} K_2^{\ominus} = K_3^{\ominus}$　　　B. $K_3^{\ominus} = K_1^{\ominus} / K_2^{\ominus}$　　　C. $K_3^{\ominus} = K_2^{\ominus} / K_1^{\ominus}$　　　D. 不能判断

7. 电池符号为 $Zn|Zn^{2+}(0.1mol \cdot L^{-1})||Cu^{2+}(0.1mol \cdot L^{-1})|Cu$，其电池反应和电极反应为 （　）
   A. 电池反应：$Zn + Cu^{2+} = Zn^{2+} + Cu$　　　　B. 电池反应：$Zn + Cu^{2+} = Zn^{2+} + Cu$
   　电极反应：正极：$Zn - 2e^- = Zn^{2+}$　　　　　电极反应：正极：$Cu^{2+} + 2e^- = Cu$
   　　　　　　负极：$Cu^{2+} + 2e^- = Cu$　　　　　　　　　　　负极：$Zn - 2e^- = Zn^{2+}$
   C. 电池反应：$Zn^{2+} + Cu = Zn + Cu^{2+}$　　　　D. 电池反应：$Zn^{2+} + Cu = Zn + Cu^{2+}$
   　电极反应：正极：$Cu^{2+} + 2e^- = Cu$　　　　　电极反应：正极：$Zn - 2e^- = Zn^{2+}$
   　　　　　　负极：$Zn - 2e^- = Zn^{2+}$　　　　　　　　　　　负极：$Cu^{2+} + 2e^- = Cu$

8. 某反应在定温定压条件下，任何温度都非自发进行的条件是 （　）
   A. $\Delta_r H_m < 0$，$\Delta_r S_m < 0$　　　　　　　B. $\Delta_r H_m > 0$，$\Delta_r S_m < 0$
   C. $\Delta_r H_m > 0$，$\Delta_r S_m > 0$　　　　　　　D. $\Delta_r H_m < 0$，$\Delta_r S_m > 0$

9. 已知 Ag_2CrO_4 的溶解度为 Smol · L^{-1}，其 $K_{sp}^{\ominus}$ 为 (　　)

A. $4S^3$　B. S^3　C. $\frac{1}{4}S^3$　D. $2S^3$

10. 已知速率常数 k 的量纲是时间$^{-1}$，反应级数是 (　　)

A. 零级　B. 一级　C. 二级　D. 三级

11. 下面不属于减小系统误差的方法的是 (　　)

A. 做对照实验　B. 校正仪器

C. 做空白实验　D. 增加平行测定次数

12. 下面氧化还原反应属于对称氧化还原反应的是 (　　)

A. $Ce^{4+} + Fe^{2+} = Ce^{3+} + Fe^{3+}$

B. $Cr_2O_7^{2-} + 6Fe^{2+} + 14H^+ = 2Cr^{3+} + 6Fe^{3+} + 7H_2O$

C. $2MnO_4^- + 5C_2O_4^{2-} + 16H^+ = 2Mn^{2+} + 10CO_2\uparrow + 8H_2O$

D. $I_2 + 2S_2O_3^{2-} = S_4O_6^{2-} + 2I^-$

13. 下面不属于 EDTA 与金属离子形成螯合物的特点的是 (　　)

A. 稳定性　B. 特殊性　C. 配位比一般为 1 : 1　D. 易溶于水

14. 用 $K_2Cr_2O_7$ 法测 Fe^{2+}，以下不是加入 H_3PO_4 的目的的是 (　　)

A. 同 Fe^{3+}形成稳定的无色配合物，减少 Fe^{3+}的颜色干扰

B. 减少 $\varphi(Fe^{3+}/Fe^{2+})$的电极电势，增大突跃范围

C. 提高酸度，使滴定反应趋于完全

D. $K_2Cr_2O_7$ 法测 Fe^{2+}，需要多元酸

15. 用 0.1000mol · L^{-1} NaOH 溶液滴定 20.00mL 同浓度的 HCl 溶液的突跃范围是 pH 为 4.30～9.70。如果 NaOH 和 HCl 溶液的浓度都为 0.010 00mol · L^{-1}，那么突跃范围的 pH 是 (　　)

A. 5.30～8.70　B. 3.30～10.70

C. 4.30～9.70　D. 5.30～9.70

16. 测定 $CaCO_3$ 的含量时，加入一定量过量的 HCl 标准溶液与其完全反应，过量部分的 HCl 用 NaOH 溶液滴定，此滴定方式属于 (　　)

A. 直接滴定　B. 返滴定

C. 置换滴定　D. 间接滴定

17. 在 pH=10 的条件下，用 EDTA 滴定水中的 Ca^{2+}、Mg^{2+}时，Al^{3+}、Fe^{3+}、Ni^{2+}、Co^{2+}对铬黑 T 指示剂有什么作用，如何掩蔽 (　　)

A. 封闭作用，KCN 掩蔽 Al^{3+}、Fe^{3+}，三乙醇胺掩蔽 Ni^{2+}、Co^{2+}

B. 封闭作用，KCN 掩蔽 Ni^{2+}、Co^{2+}，三乙醇胺掩蔽 Al^{3+}、Fe^{3+}

C. 僵化作用，KCN 掩蔽 Ni^{2+}、Co^{2+}，三乙醇胺掩蔽 Al^{3+}、Fe^{3+}

D. 僵化作用，KCN 掩蔽 Al^{3+}、Fe^{3+}，三乙醇胺掩蔽 Ni^{2+}、Co^{2+}

18. 下表列出反应 $H + F \longrightarrow R$ 的反应物浓度和反应速率：

c(H)	c(F)	v(R)
1.0	1.0	0.15
2.0	1.0	0.30

续表

c(H)	c(F)	v(R)
3.0	1.0	0.45
1.0	2.0	0.15
1.0	3.0	0.15

此反应的速率方程应为 ( )

A. $v = k \cdot c(\mathrm{F})$　　B. $v = k \cdot c(\mathrm{H}) \cdot c(\mathrm{F})$　　C. $v = k \cdot c^2(\mathrm{F})$　　D. $v = k \cdot c(\mathrm{H})$

19. 缓冲溶液的缓冲范围是 ( )

A. pH ± 1　　B. $K_a^\ominus \pm 1$　　C. $K_b^\ominus \pm 1$　　D. $pK_a^\ominus \pm 1$

20. 属于 sp^3 不等性杂化的分子是 ( )

A. CH_4　　B. NH_3　　C. BF_3　　D. $CH_3—CH_3$

21. 下列各组量子数中，合理的是 ( )

A. 1，1，1，−1/2　　B. 2，0，1，+1/2

C. 2，0，0，+1/2　　D. 1，0，−2，+1/2

22. 升高温度能加快反应速率的主要原因是 ( )

A. 能加快分子运动的速率，增加碰撞机会　　B. 能提高反应的活化能

C. 能加快反应物的消耗　　D. 能增大活化分子的百分率

23. 298K 时，反应 $BaCl_2 \cdot H_2O(s) = BaCl_2(s) + H_2O(g)$达到平衡时 $p(H_2O) = 330Pa$，反应的 $\Delta_r G_m^\ominus$ 为 ( )

A. $-14.3kJ \cdot mol^{-1}$　　B. $+14.1kJ \cdot mol^{-1}$

C. $+139kJ \cdot mol^{-1}$　　D. $-141kJ \cdot mol^{-1}$

24. 检验和消除系统误差的方法是 ( )

A. 对照实验　　B. 空白实验　　C. 校准仪器　　D. A、B、C 都可以

25. $T(HAc/NaOH)=0.005\,327g \cdot mL^{-1}$，下列有关叙述不正确的是[$M(HAc) = 60.05g \cdot mol^{-1}$，$M(NaOH) = 40.00g \cdot mol^{-1}$] ( )

A. 滴定时每消耗 1.0mL NaOH 标准溶液相当于含有 HAc 0.005 327g

B. NaOH 溶液的浓度为 $0.088\,71mol \cdot L^{-1}$

C. 1.0mL NaOH 标准溶液含有 NaOH 0.003 548g

D. 滴定时每消耗 1.0mL HAc 标准溶液相当于含有 NaOH 0.005 327g

(二) 判断题

1. 系统误差是由一些不确定的原因造成的。 ( )

2. 同一分析试样在多次重复测定时，平均值与真实值之间的符合程度称为精密度。 ( )

3. 根据质子理论，凡是能给出质子的物质是碱，凡是能接受质子的物质是酸。 ( )

4. 朗伯-比尔定律适用于一切均匀的非散射的吸光物质。 ( )

5. 氧化态和还原态的活度都等于 $1mol \cdot L^{-1}$ 时的电极电势，称为标准电势。它是一个常数，不随温度变化。 ( )

6. $\Delta_c H_m^\ominus$(C，石墨) = $\Delta_f H_m^\ominus$(CO_2，g)。 ( )

7. 共轭酸碱对的 $K_a^\ominus \approx K_b^\ominus = K_w^\ominus$。 ( )

8. 升高温度，只能加快吸热反应，对放热反应没有影响。 ( )

9. 金属离子(M)用配位滴定的方法进行准确滴定的条件是：$\lg c(M_{计}) \cdot K^{\ominus\prime}(MY) \geqslant 8$。 ( )

10. 氧化还原反应进行的方向是弱的氧化剂与弱的还原剂作用，生成强的氧化剂与强的还原剂。 ( )

11. CCl_4 和 NH_3 的中心原子杂化轨道类型分别是不等性 sp^3 杂化和等性 sp^3 杂化。 ( )

12. 热力学标准状态下的纯气体的分压为 100kPa，温度为 298.15K。 ( )

13. 由极性键形成的分子，不一定是极性分子。 ( )

14. 影响酸碱滴定突跃范围大小的因素是 $K_a^\ominus$ 或 $K_b^\ominus$，与酸碱溶液的浓度无关。 ( )

15. 为消除系统误差，使用滴定管时，每次均应从零刻度或稍下位置开始滴定。 ( )

(三) 填空题

1. 一定温度下，难挥发非电解质稀溶液的蒸气压下降，沸点升高，凝固点下降和渗透压，与一定量溶剂中溶质的________有关，与________无关。

2. 在 373K 和 101.3kPa 时，水的气化热为 $40.69kJ \cdot mol^{-1}$，则 1mol 水气化时 Q_p= ________ $kJ \cdot mol^{-1}$；$\Delta_r H_m$=________ $kJ \cdot mol^{-1}$；$\Delta_r U_m$ =________ $kJ \cdot mol^{-1}$；$\Delta_r S_m$=________ $J \cdot mol^{-1} \cdot K^{-1}$；$\Delta_r G_m$=________ $kJ \cdot mol^{-1}$。

3. N、P、As 元素的第一电离势(I_1)比同周期相邻元素的都大。这是因为它们具有______。

4. EDTA 配合物的条件稳定常数 $K^{\ominus\prime}(MY)$ 随溶液的酸度而改变。酸度越____，$K^{\ominus\prime}(MY)$ 越____；配合物越____，滴定的 pM 突跃越____。

5. 某试液用 2cm 的比色皿测量时，$T = 60\%$，若改用 1cm 比色皿，$T(\%)$ = ____，A = ____。

6. 反应速率常数 k 是一个与________无关，而与________有关的常数。

7. 将固体 NaAc 加入 HAc 水溶液中，能使 HAc 溶液的离解度________，称为________效应。

8. 某酸碱指示剂的 $pK^\ominus(HIn) = 5$，其理论变色范围是______。

9. 滴定管的读数常有±0.01mL 的误差，那么在一次滴定中可能有____mL 的误差。滴定分析中的相对误差一般要求应小于 0.1%，为此，滴定时滴定的容积需控制在____mL 以上。

10. 用 $H_2C_2O_4 \cdot 2H_2O$ 标定 $KMnO_4$ 溶液时，溶液的温度一般不超过____，以防 $H_2C_2O_4$ 的分解。

11. 由 $AgNO_3$ 溶液和 KBr 溶液混合制得 AgBr 溶胶，对于该溶胶测得凝结值数据为：$NaNO_3$, $140mmol \cdot L^{-1}$; $Mg(NO_3)_2$, $6.0mmol \cdot L^{-1}$。试写出溶胶的胶团结构式________。

12. 反应 $C_2H_4+H_2 \longrightarrow C_2H_6$ 在 300K 时 $k_1 = 1.3 \times 10^{-3} mol^{-1} \cdot L \cdot s^{-1}$，400K 时 $k_2 = 4.5 \times 10^{-3} mol^{-1} \cdot L \cdot s^{-1}$，该反应的活化能 E_a 为________。

13. 在 $CuSO_4$ 溶液中加入少量氨水，则溶液中有________色沉淀生成，若加入过量氨水，则沉淀溶解，生成________色________配离子。

14. 用 EDTA 直接滴定有色金属离子，终点时所呈现的颜色是________。

15. 根据标准溶液所用的氧化剂不同，氧化还原滴定法通常主要有______法、______法和______法。

(四) 简答题

1. 用返滴法测定 Al^{3+}含量时，首先在 pH = 3 左右加入过量的 EDTA 并加热，使 Al^{3+}完全配位，为什么选择此 pH？

2. 在下列各组电子构型中，哪些属于原子的基态？哪些属于原子的激发态？哪些纯属错误？

(1) $1s^22s^1$　　(2)$1s^22s^22d^1$　　(3)$1s^13s^1$

(4) $1s^22s^22p^43s^1$　　(5)$1s^32s^22p^4$

3. 氧化还原指示剂的类型有哪些？

4. 在下列各对元素中，哪个的电离能较高？并说明理由。

S 与 P，Mg 与 Al，Rb 与 Sr，Cr 与 Zn，Cs 与 Au，At 与 Rn。

(五) 计算题

1. 计算浓度均为 $0.10mol \cdot L^{-1}$ 的 $NH_3 \cdot H_2O$ 和 NH_4Cl 混合液的 pH(已知 $NH_3 \cdot H_2O$ 的 $K_f^{\ominus} = 1.80 \times 10^{-5}$)，若在 1L 该溶液中加入 0.01mol $MgCl_2$(忽略体积变化)，是否有沉淀生成？[$Mg(OH)_2$ 的 $K_{sp}^{\ominus} = 1.2 \times 10^{-11}$]

2. 对于氧化还原反应 $BrO_3^- + 5Br^- + 6H^+ \xlongequal{} 3Br_2 + 3H_2O$，(1) 求此反应的平衡常数；(2) 计算当溶液的 pH = 7.0，$c(BrO_3^-) = 0.10mol \cdot L^{-1}$，$c(Br^-) = 0.70mol \cdot L^{-1}$ 时，游离溴的平衡浓度。

3. 称取含有惰性杂质的混合物(Na_2CO_3 和 NaOH 或 Na_2CO_3 和 $NaHCO_3$)试样 1.200g，溶于水后用 $0.5000mol \cdot L^{-1}$ 的 HCl 滴定至酚酞褪色，消耗 30.00mL。然后加入甲基橙作指示剂，用 HCl 继续滴定至橙色出现，又消耗 5.00mL。

(1) 确定试样的组成；

(2) 求各组分的含量。

4. 用铬黑 T 作指示剂，于 pH = 10 时，100.0mL 水消耗 $0.010\,00mol \cdot L^{-1}$ EDTA 18.90mL，同一水样 100.0mL，调节 pH 为 12 时，以钙指示剂用同一 EDTA 标准溶液滴定，至终点时需 12.62mL，计算每升水中含钙、镁多少毫克。(相对原子质量：Ca 为 40.08，Mg 为 24.31；CaO 的相对分子质量为 56.08)

模拟试卷V

(一) 选择题

1. 微观粒子具有的特征是 (　　)

A. 微粒性　　B. 波动性　　C. 波粒二象性　　D. 穿透性

2. 现有 V_1mL 0.10mol · L^{-1} $AgNO_3$ 溶液和 V_2mL 0.10mol · L^{-1} KI 溶液，在下列哪种情况下混合能形成稳定的 AgI 溶胶 (　　)

A. $V_1 = V_2$　　B. $V_1 \gg V_2$　　C. $V_1 \ll V_2$　　D. V_1 略大于 V_2

3. 已知反应 $MgCl_2(s) = Mg(s) + Cl_2(g)$的 $\Delta_r H_m^{\ominus}>0$，在标准状态下该反应 (　　)

A. 低温下自发　　B. 高温下自发

C. 任何温度下均能自发　　D. 任何温度下均不能自发

4. 某多电子原子下列状态的电子中，能量最高的是 (　　)

A. 3，1，1，+1/2　　B. 2，1，0，+1/2

C. 3，1，1，−1/2　　D. 3，2，1，−1/2

5. 下列分子中，属于 sp^3 不等性杂化的分子是 (　　)

A. CH_4　　B. NH_3　　C. BF_3　　D. $FeCl_3$

6. 反应 $2NO(g) + O_2(g) = 2NO_2(g)$的 $\Delta_r H_m^{\ominus} < 0$，到达平衡后，欲使平衡向右移动的条件是 (　　)

A. 降温与减压　　B. 升温与减压

C. 升温与增压　　D. 降温与增压

7. 已知反应 $H_2(g) + CO_2(g) = H_2O(g) + CO(g)$与 $H_2(g) + \frac{1}{2}O_2(g) = H_2O(g)$的平衡常数分别为 $K_1^{\ominus}$ 和 $K_2^{\ominus}$，则在同温度下反应 $CO_2(g) = CO(g) + \frac{1}{2}O_2(g)$的平衡常数 $K_3^{\ominus}$ 为 (　　)

A. $K_1^{\ominus} + K_2^{\ominus}$　　B. $K_1^{\ominus} \cdot K_2^{\ominus}$　　C. $K_1^{\ominus} - K_2^{\ominus}$　　D. $K_1^{\ominus} / K_2^{\ominus}$

8. 增加平行测定的次数，可以减小 (　　)

A. 系统误差　　B. 偶然误差　　C. 相对误差　　D. 方法误差

9. 向 1L 0.10mol · L^{-1} HAc 溶液中加入一定量的 NaAc 固体，使之溶解后则 (　　)

A. HAc 的 $K_a^{\ominus}$ 值增大　　B. HAc 的 $K_a^{\ominus}$ 值减小

C. 溶液的 pH 增大　　D. 溶液的 pH 减小

10. 0.10mol · L^{-1} 的下列化合物水溶液中 pH 最大的是 (　　)

A. NaCl　　B. Na_2CO_3　　C. $NaHCO_3$　　D. NH_4Cl

11. 一定条件下，乙炔可以自发聚合为聚乙烯，此反应的 (　　)

A. $\Delta_r H_m<0$、$\Delta_r S_m<0$　　B. $\Delta_r H_m>0$、$\Delta_r S_m>0$

C. $\Delta_r H_m>0$、$\Delta_r S_m<0$　　D. $\Delta_r H_m<0$、$\Delta_r S_m>0$

12. 标定 HCl 溶液时，若采用已风化失水的硼砂作基准物，标定的 HCl 溶液的浓度将 ( )

A. 偏高 B. 偏低 C. 无影响 D. 无法确定

13. 某溶液中 NaCl 与 K_2CrO_4 的浓度均为 $0.10mol \cdot L^{-1}$，现逐滴加入 $AgNO_3$ 溶液，则出现沉淀的顺序为[已知：$K_{sp}^{\ominus}(AgCl) = 1.77 \times 10^{-10}$，$K_{sp}^{\ominus}(Ag_2CrO_4) = 1.12 \times 10^{-12}$] ( )

A. 先出现 AgCl 沉淀 B. 先出现 Ag_2CrO_4 沉淀

C. 同时出现 AgCl 和 Ag_2CrO_4 D. 无法确定

14. 某配合物组成为 $Co(NH_3)_5BrSO_4$，加入 $BaCl_2$ 时产生沉淀，加入 $AgNO_3$ 时不产生沉淀，则该配合物的化学式为 ( )

A. $[Co(NH_3)_5Br]SO_4$ B. $[Co(NH_3)_5SO_4]Br$

C. $[Co(NH_3)_5]BrSO_4$ D. $[Co(NH_3)_5BrSO_4]$

15. 测得 $[Co(NH_3)_6]^{3+}$ 的磁矩为 0，则 Co^{3+} 的杂化类型为 ( )

A. d^2sp^3 B. sp^3d^2 C. sp^3 D. dsp^2

16. 在下图的滴定曲线中，哪一条是强碱滴定强酸的滴定曲线？ ( )

A. 曲线 3 B. 曲线 2

C. 曲线 1 D. 曲线 4

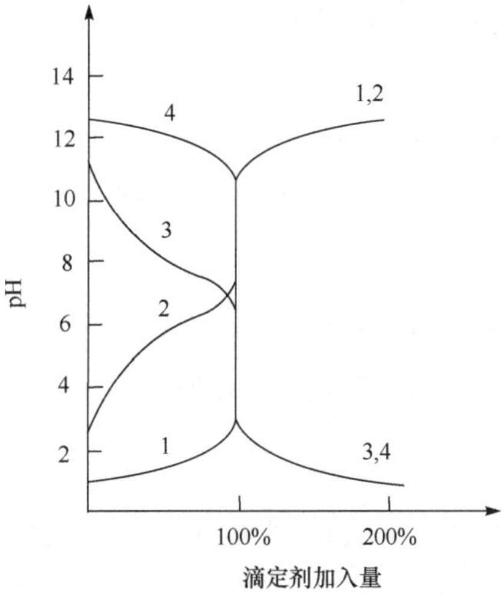

17. 已知 $\varphi^{\ominus}(Fe^{3+}/Fe^{2+}) > \varphi^{\ominus}(Sn^{4+}/Sn^{2+})$，$\varphi^{\ominus}(Cr_2O_7^{2-}/Cr^{3+}) > \varphi^{\ominus}(Fe^{3+}/Fe^{2+})$，则下列物质中还原性最强的物质是 ( )

A. Fe^{3+} B. Fe^{2+} C. Sn^{2+} D. $Cr_2O_7^{2-}$

18. 在 HCl 介质中采用 $KMnO_4$ 法测定 Fe^{2+} 含量，则测定结果会 ( )

A. 无影响 B. 偏低 C. 偏高 D. 无法确定

19. 碘量法中，常用来标定 $Na_2S_2O_3$ 溶液的基准物质有 ( )

A. $K_2Cr_2O_7$ B. EDTA C. HCl D. $KMnO_4$

20. 在吸光光度法中，以 1cm 比色皿测得某溶液的透光度为 T，若以 2cm 比色皿在相同条件下测定该溶液，透光度为 ( )

A. $2T$ B. $T/2$ C. T^2 D. $\sqrt{T}$

(二) 填空题

1. 在 373K、101kPa 下水的气化热为 40.69kJ · mol^{-1},则该条件下 $H_2O(l) = H_2O(g)$ 的 $\Delta_r S_m$ = ______________J · K^{-1} · mol^{-1}。

2. 已知基元反应：A(g) + 2B(g) ═ D(g) + E(g)，在恒容体系中，A 和 B 的初始压力分别为 60.78kPa 和 81.04kPa，反应一段时间后 p(D) = 20.26kPa，此时反应速率为初始速率的_______倍。

3. NH_3 极易溶于水的主要原因是 NH_3 分子与 H_2O 分子间存在_______________。

4. 弱酸能被强碱溶液直接准确滴定的判据为________________。

5. 某含有惰性杂质的试样中可能含有 NaOH、$NaHCO_3$ 或 Na_2CO_3 采用双指示剂法用 HCl 溶液滴定时，如果 $V_1>V_2>0$，则试样中含有_________________。

6. 已知 AgCl 的 $K_{sp}^{\ominus} = 1.77\times10^{-10}$，在 0.0010mol · L^{-1} 的 NaCl 溶液中，AgCl 的溶解度为___________mol · L^{-1}。

7. pH 对 EDTA 滴定金属离子的突跃大小有很大影响，溶液 pH 越小，则突跃越_____。(填“大”或“小”)

8. 用 0.01683mol · L^{-1} $K_2Cr_2O_7$ 测铁矿中的铁含量，则 $T(Fe/K_2Cr_2O_7)$ =______g · mL^{-1}。(已知铁的相对原子质量为 55.85)

9. 已知 $K_f^{\ominus}\{[Co(NH_3)_6]^{3+}\} > K_f^{\ominus}\{[Co(NH_3)_6]^{2+}\}$，则 $\varphi^{\ominus}(Co^{3+}/Co^{2+})$ ______________ $\varphi^{\ominus}\{[Co(NH_3)_6]^{3+}/[Co(NH_3)_6]^{2+}\}$。(填“>”或“<”)

10. 已知 $\varphi^{\ominus}(Fe^{3+}/Fe^{2+}) = 0.771V$，$\varphi^{\ominus}(Fe^{3+}/Fe) = -0.037V$，则 $\varphi^{\ominus}(Fe^{2+}/Fe)$ =_________V。

11. H_2O 的分子构型为___________，中心原子的杂化轨道类型是___________。

(三) 简答题

1. 试用吉布斯自由能解释双氧水在任何温度下都能自发分解(放热反应)。

2. 请用配合物价键理论解释$[Ni(CN)_4]^{2-}$是反磁性的，而$[Ni(NH_3)_4]^{2+}$是顺磁性的。

(四) 计算题

1. 将含有 0.10mol · L^{-1} NH_3 和 0.20mol · L^{-1} NH_4Cl 的缓冲溶液与 0.10mol · L^{-1} 的 $Cu(NH_3)_4SO_4$ 溶液等体积混合，通过计算说明有无 $Cu(OH)_2$ 沉淀产生？(已知：$K_b^{\ominus}(NH_3) = 1.8\times10^{-5}$，$K_{sp}^{\ominus}[Cu(OH)_2] = 2.2\times10^{-20}$，$K_f^{\ominus}\{[Cu(NH_3)_4]^{2+}\} = 2.1\times10^{13}$)

2. 称取两份质量相同的 $KHC_2O_4 \cdot H_2O$，一份用于标定 $KMnO_4$，消耗 $KMnO_4$ 溶液 25.00mL，另一份与 20.00mL 0.2000mol · L^{-1} 的 NaOH 溶液刚好中和，$KMnO_4$ 溶液的浓度为多少？

3. 已知 298K 时，下列原电池的电动势为 0.519V

$$(-)Ag \mid AgCl \mid Cl^-(1.0mol\cdot L^{-1}) \| Ag^+(0.10mol\cdot L^{-1}) \mid Ag(+)$$

求 $K_{sp}^{\ominus}(AgCl)$。[已知：$\varphi^{\ominus}(Ag^+/Ag) = 0.800V$]

模拟试卷Ⅵ

(一) 选择题

1. 已知：$\varphi^{\ominus}(Br_2/Br^-)=1.07V$，$\varphi^{\ominus}(Hg^{2+}/Hg_2^{2+})=0.92V$，$\varphi^{\ominus}(Fe^{3+}/Fe^{2+})=0.771V$，$\varphi^{\ominus}(Sn^{2+}/Sn)=0.14V$。根据标准电极电势数值，指出在标准状态下于同一溶液中可以共存的是 ( )

A. Br_2 和 Hg_2^{2+} B. Br_2 和 Fe^{2+} C. Sn 和 Fe^{2+} D. Hg^{2+}和 Fe^{2+}

2. 在 20.0mL 0.0010mol · L^{-1} 的 KI 溶液中，加入 1.0mL 0.10mol · L^{-1} $AgNO_3$ 溶液制备 AgI 溶胶，其电位离子是 ( )

A. K^+ B. I^- C. Ag^+ D. NO_3^-

3. 盐碱地中农作物长势不良，甚至枯萎，与溶液有关的性质是 ( )

A. 气压下降 B. 沸点上升 C. 凝固点下降 D. 渗透压

4. 下列说法中正确的是 ( )

A. 氧化数可以是零、整数或分数，但化合价只能是整数

B. 氧化数是化合价的另一种说法

C. 在共价化合物中氧化数和化合价一定相等

D. 氧化数是发生氧化还原反应的电子得失数

5. 标准状态下，某反应在任意温度均正向自发进行，若温度升高，该反应平衡常数 ( )

A. 增大 B. 减小且大于 1

C. 减小且趋于 0 D. 不变

6. 可逆反应：$A(g)+2B(g) \rightleftharpoons C(g)+D(g)$，$\Delta_r H_m>0$，提高 A 和 B 转化率的方法是 ( )

A. 高温低压 B. 高温高压 C. 低温低压 D. 低温高压

7. 试样质量大于 0.1g 的分析，称为 ( )

A. 痕量分析 B. 半微量分析

C. 微量分析 D. 常量分析

8. 基态多电子原子中，下列电子构型中不可能存在的是 ( )

A. $1s^22s^22p^63s^23p^64s^1$ B. $1s^22s^22p^6$ C. $1s^22s^22p^63s^23p^1$ D. $1s^22p^2$

9. NH_3 和 CCl_4 分子之间的作用力为 ( )

A. 取向力 B. 诱导力 C. 诱导力和色散力 D. 氢键

10. 下列论述中错误的是 ( )

A. 方法误差属于系统误差 B. 系统误差具有单向性

C. 系统误差又称可测误差 D. 系统误差呈正态分布

11. 下列混合物溶液中，缓冲容量最大的是 ( )

A. 0. 02mol · L^{-1} NH_3-0.18mol · L^{-1} NH_4Cl

B. $0.17mol \cdot L^{-1}$ NH_3-$0.03mol \cdot L^{-1}$ NH_4Cl

C. $0.15mol \cdot L^{-1}$ NH_3-$0.05mol \cdot L^{-1}$ NH_4Cl

D. $0.10mol \cdot L^{-1}$ NH_3-$0.10mol \cdot L^{-1}$ NH_4Cl

12. 计算(4.323+7.5145)÷(5.12×0.2010)的正确结果应为 (　)

A. 11　B. 11.6　C. 11.62　D. 11.629

13. 用失去部分结晶水的 $Na_2B_4O_7 \cdot 10H_2O$ 标定 HCl 溶液的浓度时，测定结果将 (　)

A. 偏高　B. 一致　C. 偏低　D. 无法确定

14. 改变速率常数 *k* 的方法是 (　)

A. 升高或降低体系温度　B. 增加或减小体系总压力

C. 增加或减小反应物浓度　D. 向体系中加入惰性气体

15. 用 EDTA 直接滴定有色金属离子 M，以 In 作指示剂，终点时溶液颜色为 (　)

A. MIn 的颜色　B. MY+In 的颜色　C. In 的颜色　D. MY 的颜色

16. 下列物质中，能作为螯合剂的是 (　)

A. HO—OH　B. H_2N—NH_2

C. $(CH_3)_2N$—NH_2　D. H_2N—CH_2—CH_2—NH_2

17. 铜电极与锌电极组成原电池，若在铜电极中加入氨水，则原电池的电动势将 (　)

A. 降低　B. 升高　C. 不变　D. 不确定

18. 下列有关 $KMnO_4$ 滴定法的叙述中，正确的是 (　)

A. 可以不用氧化还原指示剂指示终点

B. $KMnO_4$ 标准溶液可用直接法配制

C. 可用盐酸控制溶液的酸度

D. $KMnO_4$ 的氧化能力较强，此法有较好的选择性

19. 在吸光度测量中，参比溶液的 (　)

A. 吸光度为 0.434　B. 吸光度为∞

C. 透光度为 0　D. 透光度为 100%

20. 用 NaOH 标准溶液标定 HCl 溶液时，碱式滴定管在滴定过程中产生了气泡，标定 HCl 溶液的浓度与实际浓度相比 (　)

A. 偏高　B. 偏低　C. 一样　D. 无法判断

(二) 判断题

1. 在共价双键和三键中只能有一个 σ 键，其余为 π 键。 (　)
2. 任何一个氧化还原反应在理论上都可以设计成原电池。 (　)
3. 中心原子采取 sp^3d^2 杂化或 d^2sp^3 杂化，都能形成外轨型配合物。 (　)
4. 在滴定分析中，滴定终点即为化学计量点。 (　)
5. 由能斯特方程可知，在一定温度下减小电对中还原型物质的浓度或分压，电对的电极电势增大。 (　)
6. 氢键具有方向性和饱和性，因此它也属于共价键。 (　)
7. 氨水溶液不能装在铜制容器中，其原因是发生了配位反应，生成 $[Cu(NH_3)_4]^{2+}$ 使铜溶解。 (　)

8. $Na_2S_2O_3$ 和 HNO_3 都能较好地溶解 AgBr。 (　)

9. 任何纯净物质的标准生成焓值等于零。 (　)

10. 已知某实际电池的 $E^{\ominus}<0$，则该电池反应的 $\Delta_r G_m^{\ominus}>0$，$K^{\ominus}<1$。 (　)

(三) 填空题

1. 某体系中所含有的基本单元数目与__________kg $_{12}C$ 的原子数目相等时，此体系物质的量为 1mol。

2. 体系的状态改变时，状态函数的改变量只与体系的__________有关，与变化的途径无关。

3. 在 373K 和 101.3kPa 时，水的气化热为 $40.69kJ \cdot mol^{-1}$，则 1mol 水气化时 Q_p =__________ $kJ \cdot mol^{-1}$；$\Delta_r H_m$ =__________ $kJ \cdot mol^{-1}$。

4. 催化剂能加快反应速率的原因是它改变了反应的__________，降低了反应的__________，从而使活化分子的百分数增加。

5. EDTA 与金属离子形成螯合物时，螯合比一般为__________。

6. 硝酸二氯 · 二(乙二胺)合钴(Ⅲ)的化学式是__________。

7. 高锰酸钾滴定法常用的酸性介质是__________。

8. 已知：$K_{sp}^{\ominus}(AgBr) = 5.35 \times 10^{-13}$；$K_{sp}^{\ominus}(AgI) = 8.3 \times 10^{-17}$，在含有 $0.010mol \cdot L^{-1}$ KBr 和 $0.010mol \cdot L^{-1}$ KI 的混合液中，逐滴加入 $AgNO_3$ 溶液，先生成的沉淀是__________。

9. 玻璃仪器洗涤干净的标准是__________。

10. 光度计通常由__________、单色器、吸收池、光电管及检流计五部分组成。

11. 对于反应 $3H_2+N_2 = 2NH_3$，当其反应进度 ξ =1mol 时，若将反应式写成 $3/2H_2+1/2N_2 = NH_3$，则反应进度 ξ =__________mol。

12. 在某元素的多种氧化态中，若 $\varphi^{\ominus}(M^{2+}/M^{+}) < \varphi^{\ominus}(M^{+}/M)$，则其中能发生氧化还原反应的物质是__________，这种反应称为__________。

13. 摩尔吸光系数越大，显色反应__________。

(四) 简答题

1. CH_4、H_2O、NH_3 分子中键角最大的是哪种分子？键角最小的是哪种分子？为什么？

2. 将金属银插入 $c\ mol \cdot L^{-1}$ $AgNO_3$ 溶液中，与标准氢电极组成自发原电池，请写出该原电池的电极反应、电池反应、电动势表达式及原电池符号。

(五) 计算题

1. 在 0.20L 的 $0.50mol \cdot L^{-1}$ $MgCl_2$ 溶液中加入等体积的 $0.10mol \cdot L^{-1}$ 氨水溶液，试通过计算判断有无 $Mg(OH)_2$ 沉淀生成。如果为了不生成 Mg(OH)沉淀，加入 $NH_4Cl(s)$ 质量最低为多少克？{已知：$K_b^{\ominus}(NH_3)=1.8 \times 10^{-5}$，$K_{sp}^{\ominus}[Mg(OH)_2]=1.8 \times 10^{-11}$，设加入固体氯化铵后溶液的体积不变}

2. 苯和氧按下式反应：

$$C_6H_6(l) + 15/2O_2(g) = 6CO_2(g) + 3H_2O(l)$$

在 25℃、100kPa 下，0.25mol 苯在氧气中完全燃烧放出 817kJ 热量，求 C_6H_6 的标准摩尔

燃烧焓 $\Delta_c H_m^\ominus$ 和燃烧反应的 $\Delta_r U_m^\ominus$。

3. 相等质量的纯 $KMnO_4$ 和 $K_2Cr_2O_7$ 的混合物，在强酸性和过量 KI 条件下作用，析出的 I_2 用 $0.1000mol \cdot L^{-1}$ $Na_2S_2O_3$ 溶液滴定至终点，消耗 30.00mL，求：

(1) $KMnO_4$、$K_2Cr_2O_7$ 的质量；

(2) 它们各消耗 $Na_2S_2O_3$ 溶液多少毫升？

模拟试卷Ⅶ

(一) 选择题

1. 反应 $MnO_4^- + H_2O_2 + H^+ = Mn^{2+} + O_2 + H_2O$ 配平以后，H_2O_2 的系数是 (　　)

A. 3　　B. 5　　C. 7　　D. 9

2. 某患者发烧至 40℃时，使体内某一酶催化反应的速率常数增大为正常体温(37℃)的 1.25 倍，求该酶催化反应的活化能为 (　　)

A. $60kJ \cdot mol^{-1}$　　B. $65kJ \cdot mol^{-1}$　　C. $55kJ \cdot mol^{-1}$　　D. $50kJ \cdot mol^{-1}$

3. 反应 $2NO(g) + O_2(g) = 2NO_2(g)$，对 NO 为二级反应，对 O_2 为一级反应。某温度下，反应物浓度均为 $0.010mol \cdot L^{-1}$，若反应速率 $2.5 \times 10^{-3} mol \cdot L^{-1} \cdot s^{-1}$，则反应速率常数为 (　　)

A. $2.5 \times 10^3 L^2 \cdot mol^{-2} \cdot s^{-1}$　　B. $1.25 \times 10^3 L^2 \cdot mol^{-2} \cdot s^{-1}$

C. $1.25 \times 10^{-3} L^2 \cdot mol^{-2} \cdot s^{-1}$　　D. $2.5 \times 10^{-3} L^2 \cdot mol^{-2} \cdot s^{-1}$

4. 下列数据中，有效数字为 4 位的是 (　　)

A. 0.231　　B. 2.0×10^3　　C. 5.023×10^{23}　　D. 0.0140

5. $10.0mL\ 0.20mol \cdot L^{-1}$ 的 HCl 溶液与 $10.0mL\ 0.40mol \cdot L^{-1}$ 的 NaAc 溶液混合后，溶液的 pH 为[$K_a^{\ominus}(HAc) = 1.75 \times 10^{-5}$] (　　)

A. 2.5　　B. 3.25　　C. 4.76　　D. 6.5

6. 由过量 KBr 溶液与 $AgNO_3$ 溶液混合，得到的溶胶 (　　)

A. 是负溶胶　　B. 电位离子是 Ag^+　　C. 反离子是 NO_3^-　　D. 扩散层带负电

7. 用高锰酸钾溶液滴定过氧化氢，可选用的指示剂是 (　　)

A. 铬黑 T　　B. 淀粉　　C. 高锰酸钾本身　　D. 二苯胺

8. 水的共轭酸是 (　　)

A. H^+　　B. OH^-　　C. H_3O^+　　D. H_2O

9. 在饱和 $BaSO_4$ 溶液中，加入适量 Na_2SO_4 溶液，则 $BaSO_4$ 的溶解度 (　　)

A. 增大　　B. 不变　　C. 减小　　D. 无法确定

10. 今有两种溶液：一种为 3.0g 尿素溶于 200g 水中(已知：尿素的相对分子质量为 60)；另一种为 21.4g 未知物溶于 1000g 水中，两种溶液的凝固点相同，未知物的相对分子质量为(　　)

A. 342.4　　B. 85.6　　C. 142.4　　D. 42.4

11. 下列表示核外电子运动状态的各组量子数中，合理的一组是 (　　)

A. $n=3$，$l=1$，$m=-1$，$m_s=+1/2$　　B. $n=2$，$l=1$，$m=-2$，$m_s=-1/2$

C. $n=3$，$l=3$，$m=2$，$m_s=+1/2$　　D. $n=4$，$l=3$，$m=4$，$m_s=+1/2$

12. 已知 $K_a^{\ominus}(HCN) = 4.0 \times 10^{-10}$，则 $c(KCN) = 0.20mol \cdot L^{-1}$ 的氰化钾水溶液 pH 为 (　　)

A. 2.65　　B. 11.35　　C. 5.05　　D. 8.37

13. 下列物质的标准溶液可以用直接法配制的是 (　　)

A. HCl　　B. $Na_2S_2O_3$　　C. $K_2Cr_2O_7$　　D. $KMnO_4$

14. EDTA 的酸效应系数为α[Y(H)]，在 pH= 4、6、8、10 时，lgα[Y(H)]分别为 8.44、4.65、2.27、0.45，已知 $\lg K_{MY}^{\ominus}$ = 8.7，设无其他副反应，能用 0.010 00mol · L^{-1} EDTA 直接准确滴定 0.010mol · L^{-1} Mg^{2+}的酸度为　　(　　)

A. pH = 4　　B. pH = 6　　C. pH = 8　　D. pH = 10

15. CH_3OH 分子与 H_2O 分子之间存在　　(　　)

A. 取向力、氢键　　B. 取向力、诱导力

C. 取向力、色散力　　D. 取向力、诱导力、色散力、氢键

16. 升高温度，某化学反应平衡常数增大，则此反应　　(　　)

A. $\Delta_r H_m^{\ominus}>0$　　B. $\Delta_r S_m^{\ominus}<0$　　C. $\Delta_r H_m^{\ominus}<0$　　D. $\Delta_r G_m^{\ominus}>0$

17. 下列说法中正确的是　　(　　)

A. 定压条件下，化学反应系统向环境放出或吸收的热量称为定压反应热

B. 石灰吸收空气中的 CO_2 变硬是放热反应

C. 反应 $H_2(g)+1/2O_2(g) = H_2O(l)$的标准摩尔熵变 $\Delta_r S_m^{\ominus}$ 即为 $H_2O(l)$的标准摩尔熵 $S_m^{\ominus}[H_2O(l)]$

D. 氯化钠从其过饱和水溶液中结晶出来的过程是熵增加过程

18. 稀溶液刚开始凝固时，析出的固体是　　(　　)

A. 溶液　　B. 溶剂与溶质的混合物

C. 纯溶剂　　D. 要根据具体情况分析

19. 298K 时，下列反应的 $\Delta_r G_m^{\ominus}$ 等于 AgBr(s)的 $\Delta_f G_m^{\ominus}$ 的为　　(　　)

A. $Ag^+(aq)+Br^-(aq) = AgBr(s)$　　B. $2Ag(s)+Br_2(1) = 2AgBr(s)$

C. $Ag(s)+1/2Br_2(g) = AgBr(s)$　　D. $Ag(s) +1/2Br_2(1) = AgBr(s)$

20. 质量摩尔浓度是　　(　　)

A. 1000g 溶剂中含有溶质的物质的量

B. 1000g 溶液中含有溶质的物质的量

C. 1000g 溶剂中含有溶质的质量

D. 1000g 溶液中含有溶质的质量

21. 一化学反应体系在等温定容条件下发生某变化，可通过两种不同途径完成：(1) 放热 10kJ，做电功 50kJ；(2) 放热 Q，不做功。则　　(　　)

A. $Q = -10$kJ　　B. $Q = -60$kJ　　C. $Q = -40$kJ　　D. $Q_V = -10$kJ

22. 将 $c(H_3PO_4)$ = 0.10mol · L^{-1} 的磷酸与 c(NaOH) = 0.15mol · L^{-1} 的氢氧化钠水溶液等体积混合后，溶液的 pH 为(已知：H_3PO_4 的 $K_{a_1}^{\ominus} = 7.5\times10^{-3}$，$K_{a_2}^{\ominus} = 6.2\times10^{-8}$，$K_{a_3}^{\ominus} = 2.2\times10^{-13}$)　　(　　)

A. 2.12　　B. 7.20　　C. 10.30　　D. 12.37

23. 将 0.45g 某非电解质溶于 30g 水中，溶液凝固点为–0.15℃。已知水的 K_f=1.86K · kg · mol^{-1}，则该非电解质的摩尔质量(g · mol^{-1})约为　　(　　)

A. 100　　B. 83.2　　C. 186　　D. 204

24. 已知反应 $C(s)+ H_2O(g) = CO(g)+ H_2(g)$，$\Delta_r H_m^{\ominus}(298)$=133.9kJ · mol^{-1}　　(　　)

A. 平衡时系统压力为 100kPa　　B. 增大压力不影响此反应的平衡移动

C. 此反应的定容热 Q_V=133.9kJ · mol^{-1}　D. 升高温度将提高碳的转化率

25. 下列物质熔点从高到低的顺序是　(　　)

A. $CaO > MgO > SiCl_4 > SiBr_4$　B. $MgO > CaO > SiBr_4 > SiCl_4$

C. $SiCl_4 > SiBr_4 > CaO > MgO$　D. $SiCl_4 > SiBr_4 > CaO > MgO$

(二) 判断题

1. 由极性键形成的双原子分子，一定是极性分子。　(　　)
2. 精密度高的一组数据，其准确度一定高。　(　　)
3. 酸碱滴定时，计量点前后±0.1%相对误差范围内溶液 pH 变化，称为滴定的 pH 突跃范围。　(　　)
4. 基态 Cu 原子的电子排布式为 $1s^22s^22p^63s^23p^63d^{10}4s^1$。　(　　)
5. 一元弱酸要被强碱准确滴定的条件是 $cK_a^\ominus \geqslant 10^{-8}$。　(　　)
6. 升高温度，加快反应速率的主要原因是降低了反应活化能。　(　　)
7. 施肥过多引起烧苗是由于土壤溶液的渗透压比植物细胞液高。　(　　)
8. 莫尔法是用 K_2CrO_4 作指示剂的沉淀滴定法。　(　　)
9. p 轨道与 p 轨道之间形成的共价键一定是 π 键。　(　　)
10. 酸碱指示剂在酸性溶液中呈现酸色，在碱性溶液中呈现碱色。　(　　)
11. 所谓完全沉淀，就是用沉淀剂将某一离子完全除去。　(　　)
12. 已知电池反应 $2Fe^{2+}+I_2 = 2Fe^{3+}+2I^-$，则 Fe^{3+}/Fe^{2+}为负极，I_2/I^-为正极。　(　　)
13. EDTA 与金属离子形成配合物的过程中有 H^+放出，故配位滴定时一般应加缓冲溶液控制溶液的酸度。　(　　)
14. 已知 $KMnO_4$溶液的最大吸收波长是 525nm，在此波长下测得某 $KMnO_4$溶液的吸光度为 0.710。如果不改变其他条件，只将入射光波长改为 550nm，则其吸光度将会增大。　(　　)

(三) 填空题

1. 准确度的表征是________；而精密度的表征是________，即数据之间的离散程度。
2. 状态函数的改变值只与________和________有关，而与变化的途径无关。
3. 配合物 $K_3[Fe(CN)_5(CO)]$的名称是________________，中心原子氧化数为________，配位数为________。
4. 有效数字的可疑值是其________；某同学用万分之一天平称量时，可疑值为小数点后第________位。
5. 碘量法的主要误差来源是________和________以及 $Na_2S_2O_3$ 的酸性分解。
6. 分光光度计一般由________、________、吸收池、检测器、显示系统等五大部件构成。
7. 电势分析法中，________的电极电势随待测离子活度变化而改变，而________的电极电势不受待测试液组成变化影响，具有恒定的数据。
8. 电极反应 $MnO_4^-+8H^++5e^- = Mn^{2+}+4H_2O$ 的电极电势与标准电极电势的关系为________________。
9. CH_4分子中的 C 原子以________杂化，CH_4的空间几何构型为________。

10. 分光光度法遵循朗伯-比尔定律，其表达式为____________________。

11. 淡水鱼在海水中不能生存，是由于____________________。

12. 正常人的尿液 pH = 6.30，其中所含磷酸的各种型体中，浓度最大的为__________，其次为_______，它们在尿液中所起的作用为____________________。(已知：H_3PO_4 的 $K_{a_1}^{\ominus} = 7.5 \times 10^{-3}$，$K_{a_2}^{\ominus} = 6.2 \times 10^{-8}$，$K_{a_3}^{\ominus} = 2.2 \times 10^{-13}$)

13. 配制 $SnCl_2$ 水溶液时，需将之溶于盐酸后再稀释，目的是______________，保存时，还要在溶液中加入金属锡，目的是__________________。

14. 使用 50mL 滴定管进行滴定操作，欲使测量误差≤ ±0.1%，滴定时所滴溶液体积不小于__________________。

15. 三种弱酸盐 NaX、NaY、NaZ 的浓度相同的水溶液 pH 分别为 8.0、10.0、9.0，则 HX、HY、HZ 的酸性递增为__________________。

(四) 计算题

1. 通过计算，判断反应 $H_2O_2(l) \rightleftharpoons H_2O(l) + 1/2O_2(g)$在标准状态下，298.15K 和 263.15K 时，反应自发进行的方向。[已知：$\Delta_f H_m^{\ominus}(H_2O_2, l) = -187.8 kJ \cdot mol^{-1}$，$\Delta_f H_m^{\ominus}(H_2O, l) = -285.8 kJ \cdot mol^{-1}$；$S_m^{\ominus}(H_2O_2, l) = 109.6 J \cdot mol^{-1} \cdot K^{-1}$，$S_m^{\ominus}(H_2O, l) = 69.91 J \cdot mol^{-1} \cdot K^{-1}$，$S_m^{\ominus}(O_2, g) = 205.03 J \cdot mol^{-1} \cdot K^{-1}$]

2. 一溶液中的 $c\{[Ag(NH_3)_2]^+\} = 0.050 mol \cdot L^{-1}$，$c(Cl^-) = 0.050 mol \cdot L^{-1}$，$c(NH_3) = 3.0 mol \cdot L^{-1}$，向此溶液中滴加 HNO_3 至刚刚有白色沉淀开始生成，计算此时溶液中 $c(NH_3)$及溶液的 pH。(已知：$K_f^{\ominus}\{[Ag(NH_3)_2]^+\} = 1.7 \times 10^7$，$K_{sp}^{\ominus}(AgCl) = 1.6 \times 10^{-10}$，$K_b^{\ominus} = 1.8 \times 10^{-5}$)

3. 称取含有惰性杂质的混合碱 (其成分可能有 Na_2CO_3 和 NaOH 或 $NaHCO_3$ 和 Na_2CO_3) 的试样 0.2042g，溶于水后，用 $0.1000 mol \cdot L^{-1}$ HCl 溶液滴至酚酞刚刚退色，消耗 24.04mL。然后加入甲基橙指示剂，用 $0.1000 mol \cdot L^{-1}$ HCl 溶液继续滴至橙色出现，又消耗 8.00mL。试样中混合碱的组分有哪些？各组分的质量分数为多少？[已知：$M(Na_2CO_3) = 105.99 g \cdot mol^{-1}$，$M(NaOH) = 40.01 g \cdot mol^{-1}$，$M(NaHCO_3) = 84.01 g \cdot mol^{-1}$]

模拟试卷Ⅷ

(一) 选择题

1. 已知 $Zn^{2+} + 2e^- \rightleftharpoons Zn$，$\varphi^{\ominus} = -0.77V$，则 $2Zn \rightleftharpoons 2Zn^{2+} + 4e^-$，$\varphi^{\ominus} =$ （　）

A. −0.77V　　B. −1.54V　　C. 1.54V　　D. 0.77V

2. 室温下，AgCl 在水、$0.010mol \cdot L^{-1}$ $BaCl_2$ 溶液、$0.010mol \cdot L^{-1}$ KCl 溶液和 $0.040mol \cdot L^{-1}$ $AgNO_3$ 溶液中的溶解度分别为 S_1、S_2、S_3、S_4，上述溶液溶解度的相对大小为 （　）

A. $S_1 > S_2 > S_3 > S_4$　　B. $S_4 > S_3 > S_2 > S_1$

C. $S_1 > S_3 > S_2 > S_4$　　D. $S_1 > S_3 > S_4 > S_2$

3. 将 Ca^{2+} 沉淀为 CaC_2O_4 后用酸将其溶解，再用 $KMnO_4$ 标准溶液滴定生成的 $H_2C_2O_4$，从而求得 Ca^{2+} 的含量，所用的滴定方式是 （　）

A. 直接滴定法　　B. 氧化还原滴定法　　C. 返滴定法　　D. 间接滴定法

4. 下列电子构型中，第一电离能最大的是 （　）

A. ns^2np^3　　B. ns^2np^4　　C. ns^2np^5　　D. ns^2np^6

5. 将浓度为 $0.040mol \cdot L^{-1}$ 的碳酸饱和溶液用等体积水稀释，稀释前后溶液中的 $c(CO_3^{2-})$ 分别约为(H_2CO_3 的 $K_{a_1}^{\ominus} = 4.3 \times 10^{-7}$，$K_{a_2}^{\ominus} = 5.6 \times 10^{-11}$) （　）

A. $5.6 \times 10^{-11} mol \cdot L^{-1}$，$2.8 \times 10^{-11} mol \cdot L^{-1}$　　B. $5.6 \times 10^{-11} mol \cdot L^{-1}$，$5.6 \times 10^{-11} mol \cdot L^{-1}$

C. $4.3 \times 10^{-7} mol \cdot L^{-1}$，$2.2 \times 10^{-7} mol \cdot L^{-1}$　　D. $7.6 \times 10^{-6} mol \cdot L^{-1}$，$3.8 \times 10^{-7} mol \cdot L^{-1}$

6. 在 $0.10mol \cdot L^{-1}$ H_2S 溶液中，各组分浓度大小次序为 （　）

A. $H_2S > H^+ > S^{2-} > OH^-$　　B. $H_2S > H^+ > S^{2-} > HS^-$

C. $H_2S > H^+ > OH^- > S^{2-}$　　D. $H^+ > H_2S > HS^- > S^{2-}$

7. 酸碱滴定中选择指示剂的原则是 （　）

A. $K_a^{\ominus} = K_{HIn}^{\ominus}$

B. 指示剂的变色点与化学计量点完全符合

C. 指示剂的变色范围全部或部分落入滴定的 pH 突跃范围之内

D. 指示剂变色范围应完全落在滴定的 pH 突跃范围之外

8. 已知 H_2CO_3($K_{a_1}^{\ominus} = 4.2 \times 10^{-7}$，$K_{a_2}^{\ominus} = 5.6 \times 10^{-11}$)，$H_2S$($K_{a_1}^{\ominus} = 9.1 \times 10^{-8}$，$K_{a_2}^{\ominus} = 1.1 \times 10^{-12}$) 将相同浓度 H_2S 和 H_2CO_3 等体积混合后，下列离子浓度相对大小正确的是 （　）

A. $c(CO_3^{2-}) < c(S^{2})$　　B. $c(CO_3^{2-}) > c(S^{2-})$

C. $c(HCO_3^-) < c(S^{2-})$　　D. $c(HS^-) < c(CO_3^{2-})$

9. 已知反应：

(1) $2NO_2(g) \rightleftharpoons N_2O_4(g)$　　$\Delta_r G_m^{\ominus}(1)$，$K^{\ominus}(1)$

(2) $2NO(g) + O_2(g) \rightleftharpoons N_2O_4(g)$　　$\Delta_r G_m^{\ominus}(2)$，$K^{\ominus}(2)$

求反应：(3) $2NO(g) + O_2(g) \rightleftharpoons 2NO_2(g)$的 $\Delta_r G_m^{\ominus}(3)$ 和 $K^{\ominus}(3)$ 分别为 （　）

A. $\Delta_r G_m^\ominus(2) - \Delta_r G_m^\ominus(1)$，$K^\ominus(1)/K^\ominus(2)$　　B. $\Delta_r G_m^\ominus(1) + \Delta_r G_m^\ominus(2)$，$K^\ominus(1)\cdot K^\ominus(2)$

C. $\Delta_r G_m^\ominus(2) - \Delta_r G_m^\ominus(1)$，$K^\ominus(2)/K^\ominus(1)$　　D. $\Delta_r G_m^\ominus(2)+\Delta_r G_m^\ominus(1)$，$K^\ominus(2)\cdot K^\ominus(1)$

10. pH = 9.07，其有效数字位数为 (　　)

A. 3　　B. 2　　C. 1　　D. 4

11. 下列各组两种气体分子之间存在色散力、诱导力和取向力的是 (　　)

A. CO_2 和 BCl_3　　B. BF_3 和 CCl_4

C. HCl 和 H_2S　　D. CH_4 和 $CHCl_3$

12. 若金属离子浓度 $c(M) = 0.010mol \cdot L^{-1}$，滴定的相对误差≤0.1%，则用 EDTA 标准溶液直接准确滴定 M 金属离子的判据为 (　　)

A. $c\cdot K_{MY}^\ominus \geqslant 10^{-8}$　　B. $c\cdot K_{MY}^{\ominus\prime} \geqslant 10^{-6}$　　C. $c\cdot K_{MY}^\ominus \geqslant 10^{8}$　　D. $c\cdot K_{MY}^{\ominus\prime} \geqslant 10^{6}$

13. 在一定温度下，反应 $2H_2O_2(l) = 2H_2O(l) + O_2(g)$中加入某催化剂后，反应速率增加了 1000 倍。设未加催化剂时的平衡常数和活化能分别为 $K_1^\ominus$ 和 E_{a_1}，加入催化剂后的平衡常数和活化能分别为 $K_2^\ominus$ 和 E_{a_2}，两者的关系为 (　　)

A. $K_1^\ominus = K_2^\ominus$，$E_{a_1} > E_{a_2}$　　B. $K_1^\ominus = K_2^\ominus$，$E_{a_1} < E_{a_2}$

C. $K_1^\ominus > K_2^\ominus$，$E_{a_1} > E_{a_2}$　　D. $K_1^\ominus < K_2^\ominus$，$E_{a_1} < E_{a_2}$

14. 某学生在用 $Na_2C_2O_4$ 标定 $KMnO_4$ 溶液的浓度时，测得结果偏高，其主要原因是 (　　)

A. 将 $Na_2C_2O_4$ 溶解加 H_2SO_4 后，加热至沸，稍冷即用 $KMnO_4$ 溶液滴定

B. 在滴定的开始阶段，$KMnO_4$ 溶液滴加过快

C. 终点时溶液呈较深的红色

D. 以上三种

15. 用邻苯二甲酸氢钾标定 NaOH 溶液浓度时会造成系统误差的是 (　　)

A. 用甲基橙作指示剂　　B. NaOH 溶液吸收了空气中的 CO_2

C. 每份邻苯二甲酸氢钾质量不同　　D. 每份加入的指示剂略有不同

16. 已知 H_2O 分子中氧原子采取不等性 sp^3 杂化，分子呈 V 字形结构，则 H_3O^+中氧原子的杂化类型和离子空间构型是

A. 等性 sp^3 杂化，V 字形　　B. 不等性 sp^3 杂化，V 字形

C. 等性 sp^3 杂化，三角锥形　　D. 不等性 sp^3 杂化，三角锥形

17. 用基准物质 A 标定 $0.020mol \cdot L^{-1}$ 的 B 溶液，假定反应式为 5A +2B = 2P，试计算应称取基准物质的质量范围为[已知：$M(A) = 130g \cdot mol^{-1}$] (　　)

A. 0.02～0.03g　　B. 0.06～0.07g　　C. 0.1～0.2g　　D .0.4～0.5g

18. 已知 $K_{sp}^\ominus(AgCl) = 1.8\times10^{-10}$，$K_{sp}^\ominus(Ag_2C_2O_4) = 5.40 \times 10^{-12}$，$K_{sp}^\ominus(AgCN) = 5.97 \times 10^{-17}$。某溶液中含有浓度 c 均为 $0.10mol \cdot L^{-1}$ 的 Cl^-、$C_2O_4^{2-}$、CN^-，若向此溶液中滴加 $AgNO_3$ 溶液，产生沉淀的先后顺序是 (　　)

A. AgCN、$Ag_2C_2O_4$、AgCl　　B. $Ag_2C_2O_4$、AgCN、AgCl

C. AgCl、$Ag_2C_2O_4$、AgCN　　D. AgCN、AgCl、$Ag_2C_2O_4$

19. 下列哪种混合液可以组成缓冲溶液 (　　)

A. 等体积的 $0.2mol\cdot L^{-1}$ 的 $NH_3 \cdot H_2O$ 和 $0.1mol\cdot L^{-1}$ 的 HCl 溶液混合

B. 等体积的 $0.1mol \cdot L^{-1}$ 的 $NH_3 \cdot H_2O$ 和 $0.2mol \cdot L^{-1}$ 的 HCl 溶液混合

C. 等体积的 $0.1mol \cdot L^{-1}$ 的 $NH_3 \cdot H_2O$ 和 $0.1mol \cdot L^{-1}$ 的 HCl 溶液混合

D. VmL $0.1mol \cdot L^{-1}$ 的 $NH_3 \cdot H_2O$ 和 $2V$mL $0.1mol \cdot L^{-1}$ 的 HCl 溶液混合

20. 下列对离子半径大小顺序判断正确的是 ( )

A. $Al^{3+} > Mg^{2+} > Na^+ > F^-$ B. $Na^+ > Mg^{2+} > Al^{3+} > F^-$

C. $F^- > Na^+ > Mg^{2+} > Al^{3+}$ D. $F^- > Al^{3+} > Mg^{2+} > Na^+$

(二) 判断题

1. 用 NaOH 滴定弱酸时，用酚酞作指示剂，可不考虑 CO_2 对滴定的影响。 ( )

2. PbI_2 和 $CaCO_3$ 的溶度积均为 10^{-6}，两者饱和溶液中 Pb^{2+} 与 Ca^{2+} 浓度近似相等。 ( )

3. s 电子与 s 电子配对成键一定是 σ 键，p 电子与 p 电子配对成键一般为 π 键。 ( )

4. 直接碘量法可以在滴定开始时滴加淀粉指示剂，而间接碘量法必须在临近终点时滴加淀粉指示剂。 ( )

5. 中心原子采取 sp^3 杂化所形成的化合物分子的空间构型一定是正四面体形。 ( )

6. 稳定单质的 $\Delta_f H_m^\ominus$ 、$S_m^\ominus$ 、$\Delta_r G_m^\ominus$ ，均为 0。 ( )

7. $0.20mol \cdot L^{-1}$ 的葡萄糖溶液与 0.82g NaAc 溶于 100.0g 水中所得溶液沸点接近。 ( )

8. 当组成原电池的两个电对的电极电势相等时，电池反应处于平衡态。 ( )

9. 2.5g 某聚合物溶于 100.0mL 水中，20℃时的渗透压为 101.325Pa，该聚合物的摩尔质量是 $6.0 \times 10^5 g \cdot mol^{-1}$。 ( )

10. 配离子 $[Cu(NH_3)_4]^{2+}$ 和 $[Ni(CN)_4]^{2-}$ 的中心原子的杂化轨道类型一样。 ( )

(三) 填空题

1. 由 $AgNO_3$ 溶液和 KBr 溶液混合制得 AgBr 溶胶，对于该溶胶测得凝结值数据为：$NaNO_3$，$140mmol \cdot L^{-1}$；$Mg(NO_3)_2$，$6.0mmol \cdot L^{-1}$。试写出溶胶的胶团结构式____________。

2. 298K，标准状态下，1.00g 金属镁在定压条件完全燃烧生成 MgO(s)，放热 24.7kJ。则 $\Delta_f H_m^\ominus$(MgO，298K)等于[已知 $M(Mg) = 24.3g \cdot mol^{-1}$]________________________。

3. 在 NaOH、HCl、$KMnO_4$、$K_2Cr_2O_7$、$Na_2S_2O_3 \cdot 5H_2O$、$Na_2C_2O_4$、Na_2CO_3 等物质中，只能用间接法配制标准溶液的有__________________________。

4. 气体分子在固体表面的吸附过程中 ΔG_________0，ΔS________0。(填“<” 、“=”或“>”)

5. 配合物 $NH_4[Cr(SCN)_4(NH_3)_2]$ 的系统命名为_________________。

6. 用 $AgNO_3$ 处理 $[FeCl(H_2O)_5]Br$ 溶液，将产生的沉淀是_______________。

7. 2.5g 某聚合物溶于 100.0mL 水中，20℃时的渗透压为 101.325Pa，该聚合物的摩尔质量是_________________。

8. 某试液用 2cm 的比色皿测量时，$T = 60\%$，若改用 1cm 比色皿，$T(\%) =$_____________，$A=$__________________。

(四) 简答题

1. 在玉树抗震救灾中，护士在给灾民清洗伤口时，为何用生理盐水而不用纯水？除了消炎以外还有何种考虑？

2. 简述用 $0.2000mol \cdot L^{-1}$ NaOH 标准溶液滴定 $0.20mol \cdot L^{-1}$ H_3PO_4 溶液，可形成几个 pH 突跃？分别选择什么指示剂？为什么？(已知：$K_{a_1}^{\ominus} = 7.52 \times 10^{-3}$，$K_{a_2}^{\ominus} = 6.23 \times 10^{-8}$，$K_{a_3}^{\ominus} = 4.4 \times 10^{-13}$)

(五) 计算题

1. 已知在一混合物中，有 $0.010mol \cdot L^{-1}$ $[Cu(NH_3)_4]^{2+}$，$0.10mol \cdot L^{-1}$ 游离 NH_3，则有无 $Cu(OH)_2$ 沉淀生成？(已知：$K_{sp}^{\ominus} = 2.2 \times 10^{-20}$，$K_f^{\ominus} = 2.1 \times 10^{13}$，$K_b^{\ominus} = 1.77 \times 10^{-5}$)

2. 根据下列数据估算反应 $CO_2(g) + H_2(g) = CO(g) + H_2O(g)$ 在 873K 时的 $\Delta_r G_m^{\ominus}$ 和 $K^{\ominus}$。若体系中各组分气体的分压分别为 $p(CO_2) = p(H_2) = 127kPa$，$p(CO) = p(H_2O) = 76kPa$，计算此条件下的反应商 Q，并判断反应进行的方向。

	$CO_2(g)$	$H_2(g)$	$CO(g)$	$H_2O(g)$
$\Delta_f H_m^{\ominus}/(kJ \cdot mol^{-1})$	−393.51	0	−110.52	−241.82
$S_m^{\ominus}/(J \cdot mol^{-1} \cdot K^{-1})$	213.6	130.57	197.56	188.72
$\Delta_f G_m^{\ominus}/(kJ \cdot mol^{-1})$	−394.36	0	−173.15	−228.4

3. 称取某一元弱碱(BOH)纯试样 0.4000g，加水 50.0mL 使其溶解，然后用 $0.1000mol \cdot L^{-1}$ HCl 标准溶液滴定，当消耗标准溶液 16.40mL 时，测得溶液 pH =7.50；滴至化学计量点时，消耗 HCl 标准溶液 32.80mL。

(1) 计算 BOH 的摩尔质量；

(2) 计算 BOH 的 $K_b^{\ominus}$ 值；

(3) 计算化学计量点时的 pH；

(4) 选用何种指示剂？

4. 已知 $\varphi^{\ominus}(MnO_4^-/Mn^{2+}) = 1.51V$，$\varphi^{\ominus}(Cl_2/Cl^-) = 1.36V$，若将两电对组成电池，

(1) 写出该电池的电池符号；

(2) 写出电极反应、电池反应，并计算标准电动势；

(3) 计算该电池在 25℃时的 $\Delta_r G_m^{\ominus}$ 和 $K^{\ominus}$；

(4) 当 $c(H^+) = 1.0 \times 10^{-2} mol \cdot L^{-1}$，而其他离子浓度均为 $1.0 mol \cdot L^{-1}$，$p(Cl_2) = 100kPa$ 时的电池电动势；

(5) 在(4)的情况下，$K^{\ominus}$ 和 $\Delta_r G_m$ 各为多少？

研究生入学考试模拟试卷 I

(一) 选择题

1. 在标准压力下加热下列物质的水溶液最先沸腾的是 (　　)

A. 5% $C_6H_{12}O_6$　　B. 5% $C_{12}H_{22}O_{12}$　　C. 5% $(NH_4)_2CO_3$　　D. 5% $C_3H_8O_3$

2. 在下列 100.0mL 溶液中，加入 1.0mL 1.0mol · L^{-1} 的 HCl，pH 变化最小的是 (　　)

A. 纯水　　B. 0.10mol · L^{-1} HCl

C. 0.10mol · L^{-1} HAc　　D. 0.10mol · L^{-1} NaCl

3. 牛奶属于 (　　)

A. 分子分散体系　　B. 胶体分散体系　　C. 粗分散体系　　D. 溶液

4. 下列物质中稳定单质是 (　　)

A. $Br_2(l)$　　B. Hg(s)　　C. S(g)　　D. C(金刚石)

5. 100kPa 下，温度低于 291K 时，灰锡比白锡稳定；温度高于 291K 时，白锡比灰锡稳定。则 Sn(白锡) ══ Sn(灰锡)的反应为 (　　)

A. 放热，熵增加　　B. 吸热，熵增加

C. 放热，熵减少　　D. 吸热，熵减少

6. 下列各组量子数中，不合理的是 (　　)

A. $n=3$，$l=2$，$m=1$，$m_s=-1/2$　　B. $n=3$，$l=1$，$m=-1$，$m_s=1/2$

C. $n=3$，$l=2$，$m=0$，$m_s=1/2$　　D. $n=3$，$l=3$，$m=1$，$m_s=-1/2$

7. 在 $n=5$ 的电子层中，最多可容纳的电子数为 (　　)

A. 8　　B. 18　　C. 32　　D. 50

8. 一个化学反应，______________，反应速率越大 (　　)

A. E_a 越小　　B. $\Delta_r S_m^\ominus$ 越负　　C. $\Delta_r G_m^\ominus$ 越负　　D. $\Delta_r H_m^\ominus$ 越负

9. 反应 $C(s) + CO_2(g) = 2CO(g)$的 $K^\ominus$ 在 767K 为 4.6；在 667K 为 0.50。则该反应的反应热 (　　)

A. $\Delta_r H_m<0$　　B. $\Delta_r H_m>0$　　C. $\Delta_r H_m=0$　　D. 无法判断

10. “测定结果的精密度好则说明结果可靠”的前提是 (　　)

A. 偶然误差小　　B. 系统误差小　　C. 平均偏差小　　D. 标准偏差小

11. 将 Ca^{2+}沉淀为 CaC_2O_4，用酸溶解 CaC_2O_4 后再用 $KMnO_4$ 标准溶液滴定生成的 $H_2C_2O_4$，从而计算 Ca 的含量。这里采用的滴定方式为 (　　)

A. 直接滴定法　　B. 间接滴定法　　C. 返滴定法　　D. 置换滴定法

12. 根据酸碱质子理论 (　　)

A. 酸越强其共轭碱越弱　　B. 水中最强的酸是 H_3O^+

C. H_3O^+的共轭碱是 OH^-　　D. H_2O 的共轭碱是 H_2O

13. 已知浓度的 NaOH 标准溶液因保存不当吸收了 CO_2。用此 NaOH 溶液滴定 H_3PO_4 至

第二化学计量点，则 H_3PO_4 的测定结果　(　)

A. 偏高　B. 偏低　C. 无影响　D. 不确定

14. 在含有 $Mg(OH)_2$ 沉淀的饱和溶液中加入固体 NH_4Cl，则　(　)

A. 沉淀溶解　B. 沉淀增多　C. 无变化　D. 无法判断

15. 下列物质中，可作为螯合剂的是　(　)

A. HO—OH　B. $H_2N—NH_2$　C. $CH_3N—NH_2$　D. $H_2N—CH_2—CH_2—NH_2$

16. EDTA 与金属离子形成螯合物时，其螯合比一般为　(　)

A. 1∶1　B. 1∶2　C. 1∶4　D. 1∶6

17. 下列电对中，电极电势与介质的酸度无关的是　(　)

A. O_2/H_2O　B. MnO_4^-/Mn^{2+}　C. Fe^{3+}/Fe^{2+}　D. $Cr_2O_7^{2-}/Cr^{3+}$

18. 在 Cu^{2+}/Cu 电极的溶液中加入氨水，电极电势将　(　)

A. 升高　B. 降低　C. 不变　D. 为零

19. 下列分子中，偶极矩不为零的是　(　)

A. CO_2　B. CH_4　C. NH_3　D. BF_3

20. 下列的分子间只存在色散力的是　(　)

A. H_2O　B. CH_2Cl_2　C. HBr　D. C_6H_6

(二) 判断题

1. 依数性只适用于难挥发的非电解质的稀溶液，故 KCl 的水溶液与纯水的沸点相同。　(　)
2. 表面活性物质可以作为乳化剂。　(　)
3. ΔG 减少的过程可以自发进行。　(　)
4. 多电子原子中的电子运动状态各不相同。　(　)
5. 水分子中 O 原子以不等性 sp^3 杂化轨道与 H 原子成键。　(　)
6. 升高温度，吸热反应速率加快；降低温度，放热反应速率加快。　(　)
7. 增加平行实验的次数可以有效地减小系统误差。　(　)
8. 基准物质就是纯度很高的物质。　(　)
9. 标准氢电极的电极电势在任何温度下均为零。　(　)
10. 分步沉淀是 $K_{sp}^{\ominus}$ 小的物质先沉淀，$K_{sp}^{\ominus}$ 大的物质后沉淀。　(　)

(三) 填空题

1. $[CoCl_2(NH_3)_4]Cl$ 的系统命名为__________________；$[Ni(NO_2)_3(NH_3)_3]$的系统命名为__________________。

2. 现有一凝固点比纯水低 0.186K 的蔗糖溶液，298K 时其渗透压等于____________。已知水的凝固点降低常数 $K_f = 1.86K \cdot kg \cdot mol^{-1}$。

3. H、U、V、T、S、Q、p、G，上述物理量中__________________不是状态函数。

4. 氢键可分为__________________和________________两类。

5. 一个多电子原子中，主量子数、角量子数均相同的原子轨道称为____________轨道。

6. 一般而言，基元反应 A + B ══ P 是________________级反应。

7. 298K 时，反应① $A == 2B$ 的标准平衡常数为 $K_1^{\ominus}$；反应② $C + 2B == P$ 的标准平衡常数为 $K_2^{\ominus}$。则反应③ $A + C == P$ 的标准平衡常数为 $K_3^{\ominus}$ 为____________________。

8. 298K 时，0.10mol · L^{-1} H_2S 水溶液中 S^{2-}的浓度为____________________。已知 H_2S 的 $K_{a_1}^{\ominus} = 9.1\times10^{-8}$；$K_{a_2}^{\ominus} = 1.1\times10^{-12}$。

9. 某酸碱指示剂的 $pK^{\ominus}(HIn) = 4$，其理论变色范围为__________________________。

10. 0.25mol · L^{-1} HAc 溶液与 0.15mol · L^{-1} NaOH 溶液等体积混合所得溶液的 pH=______。[已知：$K_a^{\ominus}(HAc) = 1.76\times10^{-5}$]

11. $[Cu(NH_3)_4]^{2+}$中，Cu^{2+}是____________________，NH_3 是_______________________。

12. $KMnO_4$ 法滴定 Fe^{2+}时所用的指示剂是______________________________。

(四) 计算题

1. 已知 298K 时

(1) $4NH_3(g) + 5O_2(g) == 4NO(g) + 6H_2O(l)$　　$\Delta_r H_m^{\ominus}(1) = 1170kJ \cdot mol^{-1}$

(2) $4NH_3(g) + 3O_2(g) == 2N_2(g) + 6H_2O(l)$　　$\Delta_r H_m^{\ominus}(2) = 1530kJ \cdot mol^{-1}$

求 $\Delta_r H_m^{\ominus}(NO, g)$。

2. 要使 0.10mol AgBr 完全溶于 1.0L $Na_2S_2O_3$ 溶液中，求此 $Na_2S_2O_3$ 溶液的最小浓度。{已知：$[Ag(S_2O_3)_2]^{3-}$的 $K_f^{\ominus} = 2.9\times10^{13}$；AgBr 的 $K_{sp}^{\ominus} = 5.4\times10^{-13}$}

3. 某反应在 298K 时的 $K^{\ominus}=32$；在 308K 时的 $K^{\ominus}=50$。求该反应在 298K 时的 $\Delta_r G_m^{\ominus}$、$\Delta_r H_m^{\ominus}$ 和 $\Delta_r S_m^{\ominus}$。

4. 在酸性介质中用 0.024 84mol · L^{-1} $KMnO_4$ 标准溶液滴定 Fe^{2+}，求此 $KMnO_4$ 溶液对 Fe 和 Fe_2O_3 的滴定度。[已知：$M(Fe) = 55.85g \cdot mol^{-1}$；$M(Fe_2O_3) = 159.69g \cdot mol^{-1}$]

5. 20.00mL $H_2C_2O_4$ 溶液需 0.1000mol · L^{-1} NaOH 溶液 20.00mL 才能完全中和，而同样体积的同一 $H_2C_2O_4$ 溶液在酸性介质中恰能与 20.00mL $KMnO_4$ 溶液反应完全。求此 $KMnO_4$ 溶液的物质的量浓度。

6. 在 100g 乙醇中加入 12.2g 苯甲酸，沸点升高了 1.13℃；在 100g 苯中加入 12.2g 苯甲酸，沸点升高了 1.21℃。计算苯甲酸在两种溶剂中的摩尔质量。计算结果说明了什么？(已知：乙醇的 $K_b=1.19K \cdot kg \cdot mol^{-1}$，苯的 $K_b=2.53K \cdot kg \cdot mol^{-1}$)

研究生入学考试模拟试卷Ⅱ

(一) 选择题

1. 若配制 EDTA 溶液的蒸馏水中含有少量 Cu^{2+}，于 pH=5.0 时用锌标定 EDTA 溶液，然后用此 EDTA 标准溶液于 pH=10.0 时滴定试样中的 Ca^{2+}含量，测定结果将 (　　)

A. 偏高　B. 偏低　C. 基本无影响　D. 影响不确定

2. 某试液用 1.0cm 比色皿测量时，$T = 60\%$，若改用 2.0cm 比色皿测量，则 A 和 T 分别为 (　　)

A. 0.44、36%　B. 0.22、36%　C. 0.44、30%　D. 0.22、30%

3. 吸光光度测量中参比溶液的吸光度和透光度分别为 (　　)

A. 1、100%　B. 1、0 %　C. 0、100%　D. 0、0%

4. $0.010\text{mol}\cdot\text{kg}^{-1}$ $C_6H_{12}O_6$ 水溶液和 $0.010\text{mol}\cdot\text{kg}^{-1}$ NaCl 水溶液的关系是 (　　)

A. 蒸气压相等　B. 葡萄糖溶液凝固点较高

C. 无法判断　D. NaCl 溶液凝固点较高

5. 下列叙述中正确的是 (　　)

A. 因为 $\Delta H = Q_p$，所以 Q_p 也有状态函数的性质

B. 因为 $\Delta H = Q_p$，所以焓可被认为是体系所含的热量

C. 因为 $\Delta H = Q_p$，所以定压过程中才有焓变 ΔH

D. 在不做非体积功的条件下，定压过程体系所吸收的热量，全部用来增加体系的焓值

6. 下列反应中，其 $\Delta_r H_m^\ominus = \Delta_f H_m^\ominus[\text{AgBr(s)}]$ 的是 (　　)

A. $Ag^+(aq) + Br^-(aq) \xlongequal{} AgBr(s)$　B. $2Ag(s) + Br_2(g) \xlongequal{} 2AgBr(s)$

C. $Ag(s) + 1/2Br_2(l) \xlongequal{} AgBr(s)$　D. $Ag(s) + 1/2Br_2(g) \xlongequal{} AgBr(s)$

7. 决定多电子原子轨道能级的量子数是 (　　)

A. n　B. n 和 l　C. l 和 m　D. n、l 和 m

8. $Fe(OH)_3$溶胶在电泳时，向负极移动的是 (　　)

A. 胶核　B. 胶粒　C. 胶团　D. 反离子

9. CuS 沉淀可溶于 (　　)

A. 热浓硝酸　B. 浓氨水　C. 盐酸　D. 乙酸

10. 在 $0.10\text{mol}\cdot\text{L}^{-1}$ Na_2S 溶液中 (　　)

A. $c(OH^-) \approx c(H_2S)$　B. $c(OH^-) \approx c(HS^-)$

C. $c(OH^-) \approx c(S^{2-})$　D. $c(OH^-) \approx c(H^+)$

11. 可以改变速率常数 k 的因素是 (　　)

A. 减少生成物浓度　B. 增加体系总压力

C. 增加反应物浓度　D. 升温和加入催化剂

12. 在半电池 $Cu|Cu^{2+}$溶液中，加入氨水后，可使 $\varphi(Cu^{2+}/Cu)$值 (　　)

A. 减少　　B. 增大　　C. 不变　　D. 等于零

13. 反应 $3A^{2+} + 2B = 3A + 2B^{3+}$在标准状态下电池电动势为 1.8V；在某浓度时电池电动势为 1.6V，则此反应的$\lg K^{\ominus}$值为　　(　　)

A. $\frac{3\times1.8}{0.059}$　　B. $\frac{6\times1.8}{0.059}$　　C. $\frac{6\times1.6}{0.059}$　　D. $\frac{3\times1.6}{0.059}$

14. 关于标准电极电势，下列叙述正确的是　　(　　)

A. $\varphi^{\ominus}$值都是利用原电池装置测定的

B. 同一元素有多种氧化态时，不同氧化态组成的电对的$\varphi^{\ominus}$值不同

C. 电对中有气态物质时，$\varphi^{\ominus}$值指气体在 273K 和 100kPa 下的电极电势值

D. 由同一金属不同氧化态的离子组的氧化还原电极，当氧化态和还原态浓度相等时的电极电势就是标准电极电势

15. 用 $Na_2C_2O_4$ 标定 $KMnO_4$ 溶液时，滴定开始前不慎将被滴定溶液加热至沸，如果继续滴定，则最后标定的结果　　(　　)

A. 偏高　　B. 偏低　　C. 准确无误　　D. 不确定

(二) 填空题

1. H、ΔU、W、ΔT、S、Q、p、G，在上述物理量中__________是状态函数。

2. $Fe[(NO_2)_2Cl_2]Cl$ 系统命名为__________；$K[Ni(NH_3)_3Cl_3]$系统命名为__________。

3. EDTA 与金属离子形成螯合物时，一分子的 EDTA 可提供的配位原子个数为________，其螯合比一般为__________。

4. 冰的熔化热为 $6.0kJ\cdot mol^{-1}$，1mol $H_2O(l)$在 273K 时转变为冰的熵变近似为________ $J\cdot K^{-1}\cdot mol^{-1}$。

5. 在水和乙醇组成的溶液中存在的分子间力有__________、__________、__________、__________。

6. 一个多电子原子中，简并轨道是__________轨道。

7. 质量作用定律只能适用于__________反应。

8. 欲配制 pH = 5、含 HAc $0.20mol\cdot L^{-1}$ 的缓冲溶液 1 L，需 $1mol\cdot L^{-1}$ HAc 溶液________mL，$1mol\cdot L^{-1}$ NaAc 溶液________mL。

9. 某酸碱指示剂的 $pK^{\ominus}(HIn) = 5$，其理论变色范围为__________。

10. 用 $0.10mol\cdot L^{-1}$ NaOH 标准溶液滴定 $0.10mol\cdot L^{-1}$ H_3PO_4 溶液，出现________个突跃。

11. 某元素原子序数为 24，其原子的电子排布式为__________。

12. 分析测定中的系统误差具有__________性和__________性。

13. 根据酸碱质子理论，下列物质中属于酸的是__________。

$C_2O_4^{2-}$、CO_3^{2-}、HCO_3^-、H_2CO_3、NH_4^+、OH^-、H_2O、Cl^-

(三) 简答题

1. 什么是赫斯定律？

2. 电极的标准电极电势数据是怎样测得的？

3. 稀溶液的依数性有哪些？适用于什么体系？

4. 胶体分散系的主要性质是什么？

5. 某化学反应，如氮气加氢气合成氨，其标准平衡常数数值的大小与哪些因素有关？

(四) 计算题

1. 根据以下数据，计算反应 $CH_3OH(g) + CO(g) \Longrightarrow CH_3COOH(g)$的 $K^\ominus(298K)$，并判断 $p(CH_3OH, g) = 60kPa$，$p(CO) = 90kPa$，$p(CH_3COOH, g) = 80kPa$ 时反应进行的方向。

	$CH_3OH(g)$	$+ CO(g)$	$\Longrightarrow CH_3COOH(g)$
$\Delta_r H_m^\ominus / (kJ \cdot mol^{-1})$	−200.8	−110	−435
$S_m^\ominus / (J \cdot K^{-1} \cdot mol^{-1})$	238	198	293

2. 某反应在20℃及30℃时的反应速率常数分别为$1.3\times10^{-5} L \cdot mol \cdot s^{-1}$和$3.8\times10^{-5} L \cdot mol^{-1} \cdot s^{-1}$。根据阿伦尼乌斯公式，求 50℃时的反应速率常数。

3. $0.020mol \cdot L^{-1}$ $AgNO_3$溶液和 $2.04mol \cdot L^{-1}$ 氨水等体积混合，反应达到平衡时，溶液中 Ag^+ 的浓度是多少？在 1L 此溶液中加入 KCl 固体 $10^{-3}mol$(溶液体积变化忽略不计)，是否有 AgCl 沉淀生成？(已知：$K_f^\ominus\{[Ag(NH_3)_2]^+\} = 1.1\times10^7$，$K_{sp}^\ominus(AgCl) = 1.77\times10^{-10}$)

4. Cu 电极插入含氨 $1.0mol \cdot L^{-1}$ 和 $1.0mol \cdot L^{-1}$ $[Cu(NH_3)_4]^{2+}$的混合溶液中，它与标准氢电极 (作正极)组成原电池，测得其电动势 $E = 0.030V$。[已知 $\varphi^\ominus(Cu^{2+}/Cu) = 0.34V$]

(1) 写出电池反应和原电池符号；

(2) 计算$[Cu(NH_3)_4]^{2+}$ 的稳定常数 $K_f^\ominus$。

5. 试样中含有 NaOH、Na_2CO_3和 $NaHCO_3$ 中的两种物质及惰性杂质，称取试样 0.3065g，用 $0.1031mol \cdot L^{-1}$ HCl 溶液滴至酚酞终点，耗去酸液 23.10mL，继续用盐酸滴至甲基橙终点，需要加 HCl 标液 26.81mL，判断试样组成并求各组分质量分数。[已知相对分子质量：$M(NaOH) = 40.01$，$M(Na_2CO_3) = 105.99$，$M(NaHCO_3) = 84.01$]

6. 一溶液中，$c(Fe^{3+}) = c(Fe^{2+}) = 0.050mol \cdot L^{-1}$，若要求将 Fe^{3+}沉淀完全(浓度$<10^{-6}mol \cdot L^{-1}$)而又不至生成 $Fe(OH)_2$ 沉淀，溶液的 pH 应控制在什么范围？{已知 $K_{sp}^\ominus[Fe(OH)_2] = 4.87\times10^{-17}$，$K_{sp}^\ominus[Fe(OH)_3] = 2.64\times10^{-39}$}

研究生入学考试模拟试卷Ⅲ

(一) 选择题

1. 某温度时，反应 $H_2(g)+Br_2(g) \rightleftharpoons 2HBr(g)$的标准平衡常数 $K^{\ominus} = 4.2\times10^{-2}$，则反应 $HBr(g) \rightleftharpoons \frac{1}{2}H_2(g) + \frac{1}{2}Br_2(g)$的标准平衡常数 $K^{\ominus}$ 等于 (　　)

A. 4.2×10^{-2}　　B. $\frac{1}{\sqrt{4.2\times10^{-2}}}$　　C. $\frac{1}{4.2\times10^{-2}}$　　D. 2.1×10^{-2}

2. 当主量子数 n 为 2 时，则角量子数 l 的取值为 (　　)

A. 1、2　　B. 0、1、2　　C. 0、1　　D. 0、±1

3. 反应 $2NO(g)+O_2(g) \rightleftharpoons 2NO_2(g)$的 $\Delta H^{\ominus} < 0$，下列条件均能使平衡向右移动的是 (　　)

A. 升温，增压　　B. 降温，增压　　C. 升温，降压　　D. 降温，减压

4. 下列化合物晶体中，既存在离子键又存在共价键的是 (　　)

A. NaOH　　B. Na_2S　　C. $CaCl_2$　　D. H_2O_2

5. 原电池中关于盐桥的叙述错误的是 (　　)

A. 盐桥的电解质可中和两个半电池中过剩的电荷

B. 盐桥可维持原电池反应的正常进行

C. 电子可通过盐桥流动

D. 盐桥中的电解质不参与电极反应

6. 已知某元素核外电子排布式为 $1s^22s^22p^63s^1$，该元素在周期表中所属的分区为 (　　)

A. s 区　　B. d 区　　C. f 区　　D. p 区

7. 在标准条件下，下列反应均向正方向进行：$Cr_2O_7^{2-} + 6Fe^{2+} + 14H^+ \rightleftharpoons 2Cr^{3+} + 6Fe^{3+} + 7H_2O$；$2Fe^{3+} + Sn^{2+} \rightleftharpoons 2Fe^{2+} + Sn^{4+}$。它们中间最强的氧化剂和最强的还原剂是 (　　)

A. Sn^{2+}和 $6Fe^{3+}$　　B. $Cr_2O_7^{2-}$ 和 Sn^{2+}　　C. Cr^{2+}和 Sn^{4+}　　D. $Cr_2O_7^{2-}$ 和 Fe^{3+}

8. 下列基准物质中，既可以标定 $KMnO_4$ 溶液，又可以标定 NaOH 溶液的是 (　　)

A. $Na_2C_2O_4$　　B. $H_2C_2O_4 \cdot 2H_2O$　　C. 邻苯二甲酸氢钾　　D. $Na_2B_4O_7 \cdot 10H_2O$

9. 蔗糖的沸点为 (　　)

A. 0℃　　B. 高于 0℃　　C. 低于 0℃　　D. 无法判断

10. 形成氢键最强的物质是 (　　)

A. H_2O　　B. HF　　C. NH_3　　D. CH_3OH

11. 定温定压且不做非体积功的条件下，反应自发进行的判据是 (　　)

A. $\Delta H^{\ominus} < 0$　　B. $\Delta S^{\ominus} < 0$　　C. $\Delta G < 0$　　D. $\Delta_f H_m^{\ominus} < 0$

12. 设 HAc 溶液的浓度为 c，若将其稀释 1 倍，则溶液中的 $c(H^+)$为 (　　)

A. $\sqrt{cK_a^{\ominus}/2}$　　B. $\frac{1}{2}\sqrt{cK_a^{\ominus}}$　　C. $c/2$　　D. $2c$

13. 间接碘量法中加入淀粉指示剂的适宜时间是 (　　)

A. 滴定开始前　B. 滴定开始后

C. 滴定至近终点时　D. 滴定至红棕色退尽至无色时

14. 向 1L 浓度为 0.10mol · L^{-1} HAc 溶液中加入一些 NaAc 晶体并使之溶解，会发生的情况是 (　　)

A. HAc 的 $K_a^\ominus$ 值增大　B. HAc 的 $K_a^\ominus$ 值减小

C. 溶液的 pH 减小　D. 溶液的 pH 增大

15. 下列能被氨水溶解的是 (　　)

A. $Al(OH)_3$　B. AgCl　C. FeS　D. Ag_2S

16. 由反应 $2FeCl_3+Cu == 2FeCl_2+CuCl_2$ 形成的原电池，其符号表示正确的是 (　　)

A. $(-)FeCl_3(c_1)|FeCl_2(c_2)||CuCl_2(c_3)|Cu(+)$

B. $(-)Cu|CuCl_2(c_1)||FeCl_2(c_2)|FeCl_3(c_3)(+)$

C. $(-)Cu|CuCl_2(c_1)||FeCl_2(c_2)$、$FeCl_3(c_3)|Pt(+)$

D. $(-)Pt|FeCl_2(c_1)$，$FeCl_3(c_2)||CuCl_2(c_3)|Cu(+)$

17. 浓度为 1.0mol · L^{-1} HCl 滴定 1.0mol · L^{-1} NaOH 溶液，pH 突跃范围是 10.7～3.3，当酸碱浓度改为 0.010mol·L^{-1}时，其突跃范围是 (　　)

A. 11.7～2.3　B. 9.7～4.3　C. 8.7～5.3　D. 7.7～6.3

18. NaOH 标准溶液因保存不当吸收了 CO_2，若以此 NaOH 溶液滴定 H_3PO_4 至第一计量点，则 H_3PO_4 的分析结果将 (　　)

A. 无影响　B. 偏低　C. 偏高　D. 不能确定

19. 在 pH = 5.0 时，用 EDTA 滴定含有 Al^{3+}、Zn^{2+}、Mg^{2+}和大量 F^-的溶液，则实际被测定的离子是 (　　)

A. Al^{3+}、Zn^{2+}、Mg^{2+}　B. Zn^{2+}、Mg^{2+}　C. Mg^{2+}　D. Zn^{2+}

20. 下列说法错误的是 (　　)

A. 物质呈现的颜色是由吸收光的颜色决定的

B. 吸收曲线(λ_{max})是物质的特征曲线

C. 单色光的不纯会引起光比色定律的偏离

D. 在吸光光度法中，当 A= 0.343 时，浓度测定的相对误差最小

(二) 判断题

1. ΔS 为正值的反应均为自发反应。 (　　)

2. 胶粒都带有电荷。 (　　)

3. 分光光度分析中，在某浓度下，以 1.0cm 比色皿测得透光率为 T，若浓度增加一倍，透光率为 T^2。 (　　)

4. p 轨道的角度分布图为“8”形，这表明电子是沿“8”轨迹运动的。 (　　)

5. 电极电势的数值与电极反应的写法无关，而平衡常数的数值随反应式的写法而改变。 (　　)

6. 已知某过程的化学方程式为 $UF_6(l) == UF_6(g)$，$\Delta_r H_m^\ominus = 30.1kJ \cdot mol^{-1}$；则此温度时蒸发 1mol $UF_6(l)$，会放热 30.1kJ。 (　　)

7. $0.010\,00mol \cdot L^{-1}$ NH_4Cl 溶液[$K_b^{\ominus}(NH_3) = 1.8\times10^{-5}$]可以用 NaOH 溶液直接滴定。 ( )

8. 用 NaOH 滴定弱酸时，用甲基橙作指示剂，可不考虑 CO_2 对滴定的影响。 ( )

9. H_2S 的共轭碱是 S^{2-}。 ( )

10. 配合物$[CaY]^{2-}$中心离子的配位数是 1。 ( )

(三) 填空题

1. 物理量 U、H、Q、W、G 中属于状态函数的有____________。

2. 已知：$NO_2(g) + CO(g) \longrightarrow NO(g) + CO_2(g)$是基元反应(一步完成的反应)，其质量作用定律的表达式为____________________，反应级数为________________级。

3. $pK_a^{\ominus} = 4.75$，其有效数字位数为______位，0.0159 的有效数字位数为______位。

4. pH 对 EDTA 滴定金属离子的突跃大小有很大影响，溶液 pH 越小，则突跃越______。(填“大”或“小”)

5. 误差是反映测定的________度，偏差是反映测定的________度。

6. 已知：$M(CaCO_3) = 100.09g \cdot mol^{-1}$，则 $0.1015mol \cdot L^{-1}$ 的盐酸标准溶液对 $CaCO_3$ 的滴定度为________$g \cdot mL^{-1}$。

7. BF_3 中 B 原子的杂化方式为______杂化，则 BF_3 的空间结构为___________，H_2S 中 S 原子的杂化方式为______杂化，则 H_2S 的空间结构为___________。

8. 已知：$MnO_4^- + 8H^+ + 5e^- \longrightarrow Mn^{2+} + 4H_2O$，$\varphi^{\ominus}(MnO_4^-/Mn^{2+}) = 1.51V$。试根据能斯特方程确定 $\varphi(MnO_4^-/Mn^{2+}) =$________________________。

9. 在等温等压条件下，某反应的 $K^{\ominus} = 1$，则其 $\Delta_r G_m^{\ominus} =$______。

10. 下列各物质中分别存在什么形式的分子间作用力(色散力、诱导力和取向力)，有无氢键。

(1) CH_3CH_2OH：______________________________________；

(2) I_2 和 H_2O 分子之间：______________________________________。

11. 已知 PbI_2 的溶度积 $K_{sp}^{\ominus} = 8.49\times10^{-9}$，则 PbI_2 在 $0.010mol \cdot L^{-1}$ KI 的饱和溶液中 Pb^{2+}的浓度为________$mol \cdot L^{-1}$。

(四) 简答题

1. 甲醛法铵盐含氮量测定的实验中，因铵盐中含有少量的硫酸，甲醛中含有少量的甲酸等，为不至于引起测定误差，实验前均需要用碱进行中和处理，如何选用指示剂？并说明理由。

2. 为什么用 EDTA 滴定 Mg^{2+}时，必须在 pH=10.0 而不能在 pH=5.0 的溶液中进行(仅考虑酸效应的影响)？{已知 pH=5.0 时，$\lg\alpha[Y(H)] = 6.45$；pH=10.0 时，$\lg\alpha[Y(H)] = 0.45$；$K^{\ominus\prime}(MgY) = 8.69$}

3. 一个反应的活化能为 $180kJ \cdot mol^{-1}$，另一个反应的活化能为 $48kJ \cdot mol^{-1}$，在相似的条件下，这两个反应哪个进行得快些？为什么？怎样才能加快较慢反应的反应速率？

(五) 计算题

1. 现有 100.0mL 溶液，其中含有 0.0020mol KI 和 0.0020mol Na_2SO_4，逐滴加入 $Pb(NO_3)_2$ 溶液，哪个先生成沉淀？当 SO_4^{2-} 沉淀完全时 I^- 还有多少？[已知：$K_{sp}^{\ominus}(PbI_2) = 8.0\times10^{-9}$，$K_{sp}^{\ominus}(PbSO_4) = 1.8\times10^{-8}$]

2. 用分光光度法测定铁，有以下两种方法，A 法：$a = 1.97\times10^2 L \cdot g^{-1} \cdot cm^{-1}$；B 法：$\varepsilon = 4.1\times10^3 L \cdot mol^{-1} \cdot cm^{-1}$。[已知：$\Delta T = \pm0.003$，$b = 1cm$，$M(Fe) = 55.85g \cdot mol^{-1}$]

(1) 哪种方法灵敏度高？

(2) 若选用其中灵敏度高的方法，为使测定误差最小，显色液中铁的浓度应为多少？

3. 称取含惰性杂质的混合碱(可能含有 NaOH、Na_2CO_3、$NaHCO_3$ 中的一种或几种)试样 2.4000g，溶于水稀释至 250.00mL，取 2 份 25.00mL 溶液，一份中用 $0.1000mol \cdot L^{-1}$ HCl 滴定至甲基橙变色，消耗 32.00mL，另一份用酚酞作指示剂，消耗 HCl 12.00mL。

(1) 试样由哪种碱组成？

(2) 各组分的质量分数为多少？

(3) 求该混合碱于 250.00mL 溶液中的 pH。

[已知 H_2CO_3 的 $K_{a_1}^{\ominus} = 4.30\times10^{-7}$，$K_{a_2}^{\ominus} = 5.61\times10^{-11}$，$M(NaOH) = 40.00g \cdot mol^{-1}$，$M(Na_2CO_3) = 105.99g \cdot mol^{-1}$，$M(NaHCO_3) = 84.01g \cdot mol^{-1}$]

研究生入学考试模拟试卷Ⅳ

(一) 选择题

1. 25℃100kPa下，用排水集气法收集一定体积的氮气，则此条件下氮气的分压　(　　)

A. 等于100kPa　　B. 大于100kPa　　C. 小于100kPa　　D. 无法判断

2. 混合等体积 $0.0060mol \cdot L^{-1}$ $AgNO_3$ 和 $0.0040mol \cdot L^{-1}$ K_2CrO_4 溶液制备溶胶，该胶团结构中的电位离子和反离子分别是　(　　)

A. NO_3^-，Ag^+　　B. CrO_4^{2-}，K^+　　C. NO_3^-，K^+　　D. CrO_4^{2-}，Ag^+

3. 定温定压下，化学反应一定能够自发进行的条件是　(　　)

A. $\Delta H > 0$，$\Delta S < 0$　　B. $\Delta H > 0$，$\Delta S > 0$

C. $\Delta H < 0$，$\Delta S < 0$　　D. $\Delta H < 0$，$\Delta S > 0$

4. 一定温度下，反应 $2SO_2(g) + O_2(g) = 2SO_3(g)$ 达平衡时，保持体积不变，加入惰性气体He，使总压力增加一倍，则　(　　)

A. 平衡不发生移动　　B. 平衡向左移动

C. 平衡向右移动　　D. 无法判断

5. 下列关于催化剂的说法正确的是　(　　)

A. 使用催化剂可以降低 $\Delta_r G_m^{\ominus}$，因而使反应速率加快

B. 一般催化剂只加速正反应，而不会使逆反应加速

C. 催化剂的使用可以改变速率常数 k 的大小

D. 催化剂之所以能够加快反应速率，是因为它使反应的活化能升高

6. 具有下列电子构型的元素中，第一电离能最小的是　(　　)

A. ns^2np^3　　B. ns^2np^4　　C. ns^2np^5　　D. ns^2np^6

7. 下列分子或离子中，中心原子的杂化轨道与 CCl_4 分子的中心原子杂化轨道最相似的是　(　　)

A. H_2O　　B. H_3O^+　　C. NH_4^+　　D. BCl_3

8. 在 $K[Co(C_2O_4)_2(en)]$ 中，中心离子的配位数为　(　　)

A. 3　　B. 4　　C. 5　　D. 6

9. 某金属离子生成的两种八面体配合物的磁矩分别为 μ= 4.90B.M.和 μ= 0.00B.M.，则该金属离子可能是　(　　)

A. Cr^{3+}　　B. Mn^{2+}　　C. Mn^{3+}　　D. Fe^{2+}

10. 已知某酸 H_3A 的 $pK_{a_1}^{\ominus}=3.0$，$pK_{a_2}^{\ominus}=7.0$，$pK_{a_3}^{\ominus}=13.0$。$0.1mol \cdot L^{-1}$ Na_2HA 溶液的pH约为　(　　)

A. 4.0　　B. 7.0　　C. 10.0　　D. 13.0

11. 以酚酞为指示剂，能用HCl标准溶液直接滴定的物质是　(　　)

A. CO_3^{2-}　　B. HCO_3^-　　C. HPO_4^{2-}　　D. Ac^-

12. 今有 0.20mol · L^{-1} 二元弱酸 H_2B 溶液 30mL，加入 0.20mol · L^{-1} NaOH 溶液 15mL 时的 pH = 4.70；当加入 30mL NaOH 时，达到第一化学计量点的 pH=7.20。则 H_2B 的 $pK_{a_2}^{\ominus}$ 是(　　)

A. 9.00　　B. 9.30　　C. 9.40　　D. 9.70

13. 已知 $Mg(OH)_2$ 的 $K_{sp}^{\ominus}=1.8\times10^{-11}$，则其饱和溶液的 pH 为　　(　　)

A. 10.22　　B. 10.52　　C. 3.48　　D. 3.78

14. 下列试剂中能使 $CaSO_4$(s)溶解度增大的是　　(　　)

A. NH_4Ac　　B. Na_2SO_4　　C. $CaCl_2$　　D. H_2O

15. 用含少量 Cu^{2+} 的蒸馏水配制溶液，于 pH=5.0 时用锌标准溶液标定 EDTA 溶液，然后用此 EDTA 标准溶液在 pH =10.0 时滴定试样中的 Ca^{2+} 含量，则测定结果将会　　(　　)

A. 偏高　　B. 偏低　　C. 基本无影响　　D. 无法确定

16. 标定 $Na_2S_2O_3$ 溶液，可选用的基准物质是　　(　　)

A. $KMnO_4$　　B. $K_2Cr_2O_7$　　C. 纯 Fe　　D. 维生素 C

17. 在含有 Fe^{3+} 和 Fe^{2+} 的溶液中，加入下述何种溶液，Fe^{3+}/Fe^{2+} 电对的电势将降低(不考虑离子强度的影响)　　(　　)

A. NH_4F　　B. HCl　　C. H_2SO_4　　D. 邻二氮菲

18. 已知某溶液的 pH 为 0.70，其氢离子浓度的正确值为　　(　　)

A. 0.8mol · L^{-1}　　B. 0.85mol · L^{-1}　　C. 0.851mol · L^{-1}　　D. 0.8511mol · L^{-1}

19. 分光光度分析中，在某浓度下，以 1cm 比色皿测得透光率为 T，若以 0.5cm 比色皿测其透光率为多少　　(　　)

A. $\sqrt{T}$　　B. $1/T$　　C. T^2　　D. $2T$

20. 分光光度分析中，如果待测离子和干扰离子都有颜色，则参比溶液应选　　(　　)

A. 待测溶液+试剂+显色剂

B. 用掩蔽剂掩蔽待测离子的待测溶液+试剂+显色剂

C. 试剂+显色剂

D. 用掩蔽剂掩蔽待测离子的待测溶液+试剂

21.下列分子中偶极矩为 0 的分子为　　(　　)

A. CS_2　　B. PCl_3　　C. $SnCl_2$　　D. AsH_3

22. $CHCl_3$ 的杂化类型和分子构型为　　(　　)

A. sp^3 杂化，四面体

B. sp^3 杂化，正四面体

C. sp^3 不等性杂化，正四面体

D. sp^3 不等性杂化，四面体

23. BaF_2、MgF_2、$MgCl_2$ 的晶体熔点的高低顺序是　　(　　)

A. $BaF_2 > MgF_2 > MgCl_2$　　B. $MgF_2 > MgCl_2 > BaF_2$

C. $MgCl_2 > BaF_2 > MgF_2$　　D. $BaF_2 > MgCl_2 > MgF_2$

(二) 判断题

1. 某体系对环境做功 600kJ，从环境吸收热量 400kJ，则该体系热力学能的变化是−200kJ。

(　　)

2. 在一定温度下，AgCl 水溶液中，Ag^+和 Cl^-浓度(活度)的乘积是一个常数。（　）

3. 3d 亚层有 5 个轨道，全空时各轨道的能量是不相等的。（　）

4. 化学反应 $CaCO_3(s) \longrightarrow CaO(s) + CO_2(g)$，其平衡常数 $K^{\ominus} = p(CO_2)/p^{\ominus}$。（　）

5. 直接碘量法可以在滴定开始时滴加淀粉指示剂，而间接碘量法必须在临近终点时滴加淀粉指示剂。（　）

6. 0.10mol · L^{-1} $NH_2OH \cdot HCl$(盐酸羟胺)溶液[$K_b^{\ominus}(NH_2OH) = 9.1\times10^{-9}$]可以用同浓度的 NaOH 溶液直接滴定。（　）

7. 强碱滴定弱酸 pH 突跃在酸性区，强酸滴定弱碱 pH 突跃在碱性区。（　）

8. $H_3C—CH(COOH)—OH$ 和 $H_2N—(CH_2)_3—NH_2$ 均可作为有效的螯合剂。（　）

9. 条件电极电势是指在有关物质浓度为 1.0mol · L^{-1}，气体分压为 $p^{\ominus}$ 时的电极电势。（　）

10. 参比电极的电极电势是已知的、恒定的，指示电极的电极电势随被测离子浓度(活度)变化而变化。（　）

(三) 填空题

1. 用 0.10mol · L^{-1} 的 NaOH 滴定 0.10mol · L^{-1} 的弱酸 HA($pK_a^{\ominus} = 4.0$)，其 pH 突跃范围是 7.0～9.7，若弱酸的 $pK_a^{\ominus} = 5.0$，则其 pH 突跃范围是________。

2. 在滴定分析中，滴定管读数有±0.01mL 的绝对误差，为使测量体积的相对误差小于 0.2%，则消耗滴定剂体积至少为__________mL。

3. 在分光光度法测定中，一物质的浓度为 2.170×10^{-5}mol · L^{-1}、摩尔吸光系数为 4.0×10^4mol^{-1} · L · cm^{-1}，为使测量误差最小，则应选用的比色皿厚度为________cm。

4. 已知：$M[Ca(OH)_2]$ =74.09g · mol^{-1}，则 0.1000mol · L^{-1} 的盐酸标准溶液对 $Ca(OH)_2$ 滴定的滴定度为______g · mL^{-1}。

5. 已知 $\varphi^{\ominus}(Fe^{2+}/Fe) = -0.441V$，$\varphi^{\ominus}(Fe^{3+}/Fe^{2+}) = 0.771V$，则 $\varphi^{\ominus}(Fe^{3+}/Fe) =$ ___V。

6. $[Cr(H_2O)(en)(C_2O_4)(OH)]$的系统命名为____________，四(硫氰根) · 二氨合钴(Ⅲ)酸铵的化学式为____________。

7. $PbS(s)+2HAc \longrightarrow Pb^{2+}+H_2S+2Ac^-$的平衡常数 $K^{\ominus}$ = _______(用相应常数表示)。

8. (−)Pt|H_2(100kPa)|H^+(0.01mol · L^{-1})|| H^+(1.0mol · L^{-1})|H_2(100kPa)|Pa(+)，该电池的电动势 E =___V。

9. $KMnO_4$ 法测铁的实验中，加入 H_3PO_4 的主要目的是__________。

10. 在 Fe^{3+}、Al^{3+}、Ca^{2+}、Mg^{2+}混合液中，EDTA 测定 Fe^{3+}、Al^{3+}含量时，为了消除 Ca^{2+}、Mg^{2+}的干扰，可采取的最简便的方法是____________。

11. 单电子原子的原子轨道能量由量子数________决定，而多电子原子的原子轨道能量由量子数__________决定。

(四) 简答题

1. 已知浓度的 NaOH 标准溶液，因保存不当吸收了 CO_2，若用此 NaOH 溶液滴定 H_3PO_4，试讨论滴至第一化学计量点(甲基橙为指示剂)时对 H_3PO_4 浓度分析结果的影响。(已知 H_3PO_4

的 $pK_{a_1}^{\ominus}=2.12$，$pK_{a_2}^{\ominus}=7.20$，$pK_{a_3}^{\ominus}=12.36$)

2. 对硝基苯酚的熔、沸点高于邻硝基苯酚。对硝基苯酚易溶于水中，而邻硝基苯酚易溶于苯中。为什么？

(五) 计算题

1. 某铁矿石中含铁39.16%，某分析人员测定3次，其分析结果是39.19%、39.24%、39.28%，求该分析结果的相对误差和相对平均偏差，并指出引起测定结果偏高的主要原因。

2. 银片插入 0.100mol · L^{-1} $AgNO_3$溶液中，锌片插入 $ZnSO_4$溶液中组成原电池，298K 时，测得其电动势 E=1.52V，已知 $\varphi^{\ominus}(Ag^+/Ag) = 0.800V$，$\varphi^{\ominus}(Zn^{2+}/Zn) = -0.762V$。

(1) 写出电极反应和电池反应，写出原电池表示式；

(2) 计算 $ZnSO_4$溶液的浓度。

3. 称取含惰性杂质的混合碱(可能含有 NaOH、Na_2CO_3、$NaHCO_3$ 中的一种或几种)试样0.8983g，加酚酞指示剂，用 0.2896mol · L^{-1} HCl 滴定至终点，消耗酸溶液 31.45mL。再加甲基橙指示剂，滴定至终点，又消耗 24.10mL 酸溶液。求：

(1) 试样由哪种碱组成？

(2) 各组分的质量分数为多少？

[已知 M(NaOH) = 40.00g · mol^{-1}，$M(Na_2CO_3)$ =105.99g · mol^{-1}，$M(NaHCO_3)$ = 84.01g · mol^{-1}]

4. 将含有 0.40mol · L^{-1} NH_3 和 0.20mol · L^{-1} NH_4^+的溶液与 0.040mol · L^{-1} $[Cu(NH_3)_4]^{2+}$溶液等体积混合，有无 $Cu(OH)_2$ 沉淀生成？(已知：$K_{sp}^{\ominus}[Cu(OH)_2] = 2.2\times10^{-20}$，$K_b^{\ominus}(NH_3) = 1.8\times10^{-5}$，$K_f^{\ominus}\{[Cu(NH_3)_4]^{2+}\} = 2.1\times10^{13}$)

研究生入学考试模拟试卷Ⅴ

(一) 选择题

1. 将过量 H_2S 气体通入 H_3AsO_3 溶液中制备 As_2S_3 溶胶，生成的胶团中，电位离子与反离子分别是 (　　)

A. As^{3+}，S^{2-}　　B. HS^-，As^{3+}　　C. S^{2-}，H^+　　D. HS^-，H^+

2. 下列电对中，氧化性物质的氧化性随溶液的 $c(H^+)$增大而增强的是 (　　)

A. Fe^{3+}/Fe^{2+}　　B. Cl_2/Cl^-　　C. $Cr_2O_7^{2-}/Cr^{3+}$　　D. AgCl/Ag

3. 在配位滴定中，如果只考虑酸效应时，则金属离子与 EDTA 形成的配合物越稳定，在滴定时允许的 pH (　　)

A. 越高　　B. 越低　　C. 中性　　D. 无法确定

4. 下列关于反应商 Q 的叙述中正确的是 (　　)

A. Q 与 $K^{\ominus}$ 的数值始终相同　　B. Q 的数值随反应的进行而变化

C. Q 值一定大于 $K^{\ominus}$ 值　　D. $Q = K^{\ominus}$ 时反应停止了

5. H_2CO_3 水溶液中，下列浓度关系正确的是 (　　)

A. $c(H^+) \approx (c K_1^{\ominus})^{1/2} + (c K_2^{\ominus})^{1/2}$　　B. $c(HCO_3^-) \approx K_2^{\ominus}$

C. $c(H^+) \approx \dfrac{1}{2} c(H_2CO_3)$　　D. $c(H^+) \approx (c K_1^{\ominus})^{1/2}$

6. 化学反应 $N_2(g) + 3H_2(g) == 2NH_3(g)$，其定压反应热 Q_p 和定容反应热 Q_V 的相对大小是 (　　)

A. $Q_p = Q_V$　　B. $Q_p < Q_V$　　C. $Q_p > Q_V$　　D. 无法确定

7. 正态分布曲线反映出偶然误差的规律性为 (　　)

A. 小误差出现的机会小　　B. 大误差出现的机会大

C. 正负误差出现的机会相同　　D. 大小误差出现的机会相等

8. 下列四种物质中，$\Delta_f H_m^{\ominus}$ 为零的物质是 (　　)

A. C(金刚石)　　B. CO(g)　　C. $CO_2(g)$　　D. $Br_2(l)$

9. 浓度为 $1.000 mol \cdot L^{-1}$ HCl 滴定相同浓度的 NaOH，其 pH 突跃范围是 10.7～3.3，当酸碱浓度改为 $0.1 mol \cdot L^{-1}$ 时，其突跃范围是 (　　)

A. 7.7～6.3　　B. 11.7～2.3　　C. 8.7～5.3　　D. 9.7～4.3

10. 已知浓度的 NaOH 标准溶液，因保存不当吸收了 CO_2，若用此 NaOH 溶液滴定 HAc，HAc 浓度分析结果 (　　)

A. 偏高　　B. 偏低　　C. 不确定　　D. 无影响

11. 含有相同物质的量 NaOH 和 Na_2CO_3 的混合液，取相同体积的两份溶液，其中一份用酚酞作指示剂，滴定到终点消耗 HCl 的体积为 V_1mL，另一份用甲基橙作指示剂，滴定到终点消耗相同浓度 HCl 的体积为 V_2mL，则 V_1 与 V_2 的关系是 (　　)

A. $2V_1=V_2$　B. $2V_1=3V_2$　C. $3V_1=2V_2$　D. $V_2=2V_1$

12. 难溶物 A_2B_3 的溶液中有下列平衡：$A_2B_3(s) \rightleftharpoons 2A^{3+}(aq) + 3B^{2-}(aq)$，若平衡时有 $c(A^{3+}) = x\ mol \cdot L^{-1}$，$c(B^{2-}) = y\ mol \cdot L^{-1}$，则难溶物的 $K_{sp}^{\ominus}$ 值表示为（　）

A. $6xy$　B. xy　C. x^2y^3　D. $108x^2y^3$

13. $[Cu(en)_2]^{2+}$的稳定常数比$[Cu(NH_3)_4]^{2+}$大得多，主要原因是前者（　）

A. 具有螯合效应　B. 配位体比后者大

C. en 相对分子质量比 NH_3 大　D. 配位数比后者小

14. 下列分子中，属于极性分子的是（　）

A. BF_3　B. BeF_2　C. H_2S　D. CH_4

15. 若金属离子浓度 $c(M) = 0.01mol \cdot L^{-1}$，滴定的相对误差≤0.1%，则用 EDTA 标准溶液直接准确滴定 M 金属离子的判据为（　）

A. $c \cdot K^{\ominus\prime}(MY) \geqslant 10^{-8}$　B. $c \cdot K^{\ominus\prime}(MY) \geqslant 10^{-6}$

C. $c \cdot K^{\ominus\prime}(MY) \geqslant 10^{8}$　D. $c \cdot K^{\ominus\prime}(MY) \geqslant 10^{6}$

16. 下列各组量子数(n，l，m，m_s)取值合理的为（　）

A. 3，2，−2，−1/2　B. 3，2，3，+1/2

C. 3，3，−1，+1/2　D. 3，−3，2，−1/2

17. 下列化合物中，不含分子间氢键的是（　）

A. CH_4　B. H_2O　C. NH_3　D. HF

18. 已知反应 $CH_3OH(l) + NH_3(g) \rightleftharpoons CH_3NH_2(g) + H_2O(g)$在某温度自发向右进行，若反应$|\Delta_r H_m^{\ominus}| = 17kJ \cdot mol^{-1}$，$|\Delta_r G_m^{\ominus}| = 17kJ \cdot mol^{-1}$，则下列正确的是（　）

A. $\Delta_r H_m^{\ominus} > 0$，$\Delta_r G_m^{\ominus} < 0$　B. $\Delta_r H_m^{\ominus} < 0$，$\Delta_r G_m^{\ominus} > 0$

C. $\Delta_r H_m^{\ominus} > 0$，$\Delta_r G_m^{\ominus} > 0$　D. $\Delta_r H_m^{\ominus} < 0$，$\Delta_r G_m^{\ominus} < 0$

19. 用 $Na_2C_2O_4$ 作基准物质标定 $KMnO_4$ 的浓度时，在酸性溶液中加热 $Na_2C_2O_4$，若温度高于 90℃，则 $KMnO_4$ 浓度的标定结果将会（　）

A. 无法确定　B. 无影响　C. 偏高　D. 偏低

20. 在符合朗伯-比尔定律的范围内，有色物质的浓度 c、最大吸收波长λ和吸光度 A 的关系是（　）

A. c 增加，λ 增加，A 增加　B. c 减小，λ 不变，A 减小

C. c 减小，λ 增加，A 增加　D. c 增加，λ 不变，A 减小

(二) 判断题

1. U、H、S 都是状态函数，它们的绝对值均是不可知的。（　）
2. $Na_2S_2O_3$ 可用作测定 I_2 的基准物质。（　）
3. H_2S 的共轭碱是 S^{2-}。（　）
4. 用 NaOH 滴定弱酸时，用酚酞作指示剂，可不考虑 CO_2 对滴定的影响。（　）
5. 配合物$[CaY]^{2-}$中心离子的配位数是 1。（　）
6. 化学反应 $CaCO_3(s) \rightleftharpoons CaO(s) + CO_2(g)$，其 $K^{\ominus} = p(CO_2)$。（　）
7. $\varphi^{\ominus}$ 是强度性质的量。（　）

8. $0.0100mol \cdot L^{-1}$ NH_4Cl[$K_b^\ominus(NH_3 \cdot H_2O) = 1.8\times10^{-5}$]可以用 NaOH 溶液直接滴定。 ( )

9. 在吸光光度法中，ε 越大，则分析方法的灵敏度越高。 ( )

10. $c(H^+) = 0.0101mol \cdot L^{-1}$，浓度的有效数字是 4 位。 ( )

(三) 填空题

1. 用$\Delta_r G < 0$ 判断体系变化过程的自发性的条件是__________、________________。

2. 共价键的类型有___________键和___________键。

3. 配位化合物$[Cr(en)_2(NH_3)Cl]SO_4$系统命名为________________________________。

4. 已知沉淀溶解平衡中各物质的$\Delta_f G_m^\ominus$值，则可根据_______________及________________公式求难溶电解质的值$K_{sp}^\ominus$。

5. 将氧化还原反应 $14H^+ + Cr_2O_7^{2-} + 6Fe^{2+} = 6Fe^{3+} + 2Cr^{3+} + 7H_2O$ 写成原电池，其符号是_____________________________。

6. 浓度均为 $0.10mol \cdot kg^{-1}$ 的 NaCl、$CaCl_2$、HAc 和 $C_6H_{12}O_6$ 水溶液的渗透压最大的是__________________，最小的是______________________。

7. Na_3PO_4 水溶液的质子条件式为______________________________。

8. 浓度均为 $0.1mol \cdot L^{-1}$ 的 NH_4Cl、Na_3PO_4 和 NH_4Ac 水溶液，其 pH 由大到小的顺序为__________________________________。

9. 热力学物理量 H、Q_p、W、Q 中，属于状态函数的是_______________________________。

(四) 简答题

1. 用碘量法测定铜的含量时，在含 Cu^{2+}的溶液中加入过量的 KI，使生成 I_2：$2Cu^{2+} + 4I^- = 2CuI\downarrow + I_2$，再用标准 $Na_2S_2O_3$ 溶液滴定生成的 I_2，求得铜的含量。已知 $\varphi^\ominus(Cu^{2+}/Cu^+) = 0.16V$，$\varphi^\ominus(I_2/I^-) = 0.54V$，$K_{sp}^\ominus(CuI) = 1.0\times10^{-12}$。此碘量法是直接碘量法还是间接碘量法？试通过计算说明此碘量法的可行性。

2. CH_4 和 NH_3 分子中心原子都采取 sp^3 杂化，但二者的分子构型不同，为什么？

(五) 计算题

1. 现有 100.0mL $0.0040mol \cdot L^{-1}$ KI 溶液，与等体积的 $0.0050mol \cdot L^{-1}$ $Pb(NO_3)_2$ 溶液混合，是否有沉淀生成？[已知：$K_{sp}^\ominus(PbI_2) = 8.0\times10^{-9}$]

2. 用一般分光光度法测量 $0.0010mol \cdot L^{-1}$ 锌标准溶液和含锌的试液，分别测得 A=0.700 和 A=1.000，两种溶液的透射比相差多少？如果用 $0.0010mol \cdot L^{-1}$ 标准溶液作参比溶液，试液的吸光度和透光率各是多少？

3. 在血液中，H_2CO_3-HCO_3^-缓冲对的功能之一是从细胞组织中除去运动产生的乳酸(HLac)，其反应式为 $HLac + HCO_3^- = H_2CO_3 + Lac^-$。

(1) 求该反应的标准平衡常数 $K^\ominus$；

(2) 在正常血液中，$c(H_2CO_3) = 1.4\times10^{-3}mol \cdot L^{-1}$，$c(HCO_3^-) = 2.7\times10^{-2}mol \cdot L^{-1}$，假定血液的 pH 由此缓冲对决定，求血液的 pH。

[已知：$K_{a_1}^\ominus(H_2CO_3) = 4.3\times10^{-7}$(校正后值为 7.94×10^{-7})，$K_{a_2}^\ominus(H_2CO_3) = 5.6\times10^{-11}$，$K_a^\ominus(HLac)$

$= 8.4 \times 10^{-4}$]

4. 0.30mol 的 NH_3 溶解在 500.0mL 0.40mol · L^{-1} $AgNO_3$ 溶液中，求平衡时 NH_3、Ag^+、$[Ag(NH_3)_2]^+$ 的浓度。(已知：$K_{sp}^{\ominus}\{[Ag(NH_3)_2]^+\} = 1.0\times10^7$，$K_b^{\ominus}(NH_3) = 1.8\times10^{-5}$)

研究生入学考试模拟试卷Ⅵ

(一) 选择题

1. 下列溶液中沸点最高的是 (　　)

A. $0.1\text{mol}\cdot\text{kg}^{-1}$ 蔗糖($C_{12}H_{22}O_{11}$)　　B. $0.1\text{mol}\cdot\text{kg}^{-1}$ 甘油($C_3H_8O_3$)

C . $0.1\text{mol}\cdot\text{kg}^{-1}$ 乙二醇($C_2H_6O_2$)　　D. $0.1\text{mol}\cdot\text{kg}^{-1}$ NaCl 溶液

2. 对反应 $N_2+3H_2 \longrightarrow 2NH_3$，下列反应速率的表示方法错误的是 (　　)

A. $-dc(N_2)/dt$　　B. $-dc(H_2)/3dt$　　C. $dc(NH_3)/2dt$　　D. $dc(N_2)/dt$

3. 吸热反应达平衡时 $PCl_5(g) \longrightarrow PCl_3(g)+Cl_2(g)$，下列变化对平衡没有影响的是 (　　)

A.升高温度　　B. 增加压力　　C. 增加体积　　D. 加入催化剂

4. 根据 $\varphi^\ominus(Fe^{3+}/Fe^{2+})=0.771V$，$\varphi^\ominus(I_2/I^-)=0.535V$，判断标准状态下能将 I^-氧化为 I_2，但不能氧化 Fe^{2+}的氧化剂对应的电极电势 $\varphi^\ominus$ 值应是 (　　)

A. $\varphi^\ominus < 0.771V$　　B. $\varphi^\ominus > 0.535V$

C. $0.535V < \varphi^\ominus < 0.771V$　　D. $\varphi^\ominus < 0.535V$ 或 $\varphi^\ominus > 0.771V$

5. 在一含有浓度均为 $0.10\text{mol}\cdot\text{L}^{-1}$ 的 Cl^-、Br^-、I^-三种离子的混合溶液中，逐滴滴加 $AgNO_3$ 溶液(忽略体积的变化)，则最先沉淀的离子是[已知：$K_{sp}^\ominus(AgCl)=1.77\times10^{-10}$，$K_{sp}^\ominus(AgBr)=5.35\times10^{-13}$，$K_{sp}^\ominus(AgI)=8.52\times10^{-17}$] (　　)

A. Cl^-　　B. Br^-　　C. I^-　　D. 无法判断

6. 欲配制 pH =5.00 的缓冲溶液，宜选择的缓冲对是 (　　)

A. HAc-NaAc　$pK_a^\ominus(HAc)=4.75$

B. NH_3-NH_4Cl　$pK_b^\ominus(NH_3\cdot H_2O)=4.75$

C. HCOOH-HCOONa　$pK_a^\ominus(HCOOH)=3.75$

D. NaH_2PO_4-Na_2HPO_4　H_3PO_4 的 $pK_{a_1}^\ominus=2.12$，$pK_{a_2}^\ominus=7.20$，$pK_{a_3}^\ominus=12.36$

7. 下列四组量子数组合中，合理的是 (　　)

A. 3，3，1，−1/2　　B. 3，2，0，−1/2

C. 3，2，3，−1/2　　D. 3，3，−3，−1/2

8. 欲使 $Mg(OH)_2$ 溶解，可加入 (　　)。

A. NaCl　　B. NH_4Cl　　C. $NH_3\cdot H_2O$　　D. NaOH

9. 分子呈直线构型的是 (　　)

A. BF_3 和 BCl_3　　B. $BeCl_2$ 和 $HgCl_2$　　C. H_2S 和 H_2O　　D. CH_4 和 CCl_4

10. 下列有关随机误差的论述中不正确的是 (　　)

A. 随机误差在分析中不可避免　　B. 随机误差中正误差和负误差出现的机会相等

C. 随机误差具有单向性　　D. 随机误差由一些不确定的偶然因素引起

11. 用 $Na_2C_2O_4$ 标定 $KMnO_4$ 浓度时，若滴定速度过快，导致锥形瓶中出现棕色，则测得

的 $KMnO_4$ 浓度　(　)

A. 偏低　B. 偏高　C. 无影响　D. 无法判断

12. 在滴定分析中，常常需要借助指示剂颜色的突变来判断化学计量点的到达，在指示剂变色时停止滴定。这一点称为　(　)

A. 化学计量点　B. 滴定分析　C. 滴定　D. 滴定终点

13. 某混合碱以酚酞作指示剂，用 HCl 标准溶液滴定至终点时，消耗 HCl 溶液 V_1mL；再以甲基橙作为指示剂滴定至终点时，又消耗 HCl 溶液 V_2mL，若 $V_2>V_1$，试样组成是　(　)

A. Na_2CO_3　B. Na_2CO_3-$NaHCO_3$

C. $NaHCO_3$　D. NaOH-Na_2CO_3

14. 吸光光度法的灵敏度常用摩尔吸光系数 ε 表示，影响待测物摩尔吸光系数的因素是　(　)

A. 待测物浓度　B. 共存的其他物质　C. 比色皿的厚度　D. 入射光波长

15. 采用间接碘量法标定 $Na_2S_2O_3$ 溶液浓度时，必须控制好溶液的酸度，$Na_2S_2O_3$ 与 I_2 发生反应的条件必须是　(　)

A. 中性或微酸性　B. 强酸性

C. 中性或微碱性　D. 强碱性

16. 在 $[Cu(SCN)_2]^{-1}$ 中，配位原子、配位数和名称依次为　(　)

A. S，2，二硫酸氰根合铜(Ⅰ)离子　B. S，4，二硫氰酸根合铜(Ⅰ)离子

C. N，4，二异硫氰酸根合铜(Ⅱ)　D. N，2，二异硫氰酸根合铜(Ⅱ)

(二) 判断题

1. 用 Q 检验法检验可疑值的取舍时，当 $Q_{计} > Q_{表}$ 时，此值应舍去。　(　)

2. 在酸性溶液中，$KBrO_3$ 与过量的 KI 反应，达到平衡时溶液中电对 BrO_3^-/Br^- 与 I_2/I^- 的电势相等。　(　)

3. 所有分子的极性都由键的极性决定。　(　)

4. 催化剂能加快反应速率，使平衡向正反应方向移动。　(　)

5. 因为 I_2 作氧化剂时，$I_2 + 2e^- = 2I^-$，$\varphi^{\ominus}(I_2/I^-) = 0.535V$，所以 I^- 作还原剂时，$2I^- - 2e^- = I_2$，$\varphi^{\ominus}(I_2/I^-) = -0.535V$。　(　)

6. 洗涤 $BaSO_4$ 沉淀时，往往先用稀硫酸洗，再用蒸馏水洗。　(　)

7. 同体积同浓度的 HCl 和 HAc 溶液中，H^+ 浓度相同。　(　)

8. 用 EDTA 滴定金属离子时，酸效应系数越大，配合物的实际稳定性就越大，配位也就越完全。　(　)

9. 一定条件下，化学反应的 $K^{\ominus}$ 越大，反应的速率就越大。　(　)

10. 选择基准物的摩尔质量应尽可能大些，以减小称量误差。　(　)

(三) 填空题

1. 混合等体积的 $0.004mol \cdot L^{-1}$ KI 和 $0.009mol \cdot L^{-1}$ $AgNO_3$ 所得的溶胶的胶团结构为______________________________。

2. 在原电池(−)Cu | $Cu^{2+}(c_1)$ ‖ $Ag^+(c_2)$ | Ag(+)中，若只将 $CuSO_4$ 溶液稀释，则该原电池电

动势将__________；若只在 $AgNO_3$ 溶液中滴加少量的 NaCN 溶液，则原电池电动势将__________。(填“不变”、“增大”或“减小”)

3. 按系统命名法，$K_2[Ni(CN)_4]$命名为____________，其中心离子电荷是__________，中心离子配位数为____________________。

4. 根据有效数字运算规则计算，算式 0.720×(12.2−1.840)×6.235 的计算结果应为______位有效数字；$pK_b^\ominus=5.76$ 的有效数字为__________位。

5. $[Al(H_2O)_6]^{3+}$的共轭碱是__________。

(四) 简答题

如果 $H_2C_2O_4\cdot 2H_2O$ 长期保存在盛有干燥剂的干燥器中，用此基准物质标定 NaOH 溶液的浓度，结果是偏高还是偏低？为什么？

(五) 计算题

1. 已知 MgO(s)直接氯化制取无水氯化镁的反应(1) $2MgO(s)+2Cl_2 = 2MgCl_2(l)+O_2(g)$，在 1100K 下的 $\Delta_r G_{m_1}^\ominus = 20.308kJ\cdot mol^{-1}$，这表明用直接氯化法制取无水氯化镁是不可能的。又知反应(2) $2C(s)+O_2(g) = 2CO(g)$，在 1100K 下的 $\Delta_r G_{m_2}^\ominus = -416.08kJ\cdot mol^{-1}$。添加固体炭之后，能否将 MgO(s)氯化成无水氯化镁？

2. 将锌片插入盛有 $0.50mol\cdot L^{-1}$ $ZnSO_4$ 溶液的烧杯中，银片插入盛有 $1.0mol\cdot L^{-1}$ $AgNO_3$ 溶液的烧杯中构成原电池。

(1) 写出该原电池的符号；

(2) 计算该电池的电动势。

[已知 $\varphi^\ominus(Ag^+/Ag)=0.799V$，$\varphi^\ominus(Zn^{2+}/Zn)=-0.76V$]

3. 计算$[Cu(NH_3)_4]^{2+}|Cu$ 的 $\varphi^\ominus$。根据计算说明能否用铜器来储存氨水？(已知 $\varphi^\ominus(Cu^{2+}/Cu)=0.337V$，$K_f^\ominus\{[Cu(NH_3)_4]^{2+}\}=4.8\times10^{12}$)

4. 某试样可能是 NaOH、$NaHCO_3$、Na_2CO_3 或其中的两种及中性杂质的混合物。现称取 0.2000g 试样，用蒸馏水溶解后，加入酚酞指示剂，当滴入 $0.1000mol\cdot L^{-1}$ HCl 标准溶液 20.00mL 时，酚酞刚好变色。然后加入甲基橙指示剂，又滴入 HCl 标准溶液 10.00mL 时，甲基橙刚好变色。求：

(1) 试样的组成？

(2) 各组分的含量。

[已知：$M(Na_2CO_3)=106.0g\cdot mol^{-1}$，$M(NaHCO_3)=84.00g\cdot mol^{-1}$，$M(NaOH)=40.00g\cdot mol^{-1}$]

5. 测定血液中的 Ca 时，常将 Ca 以 CaC_2O_4 的形式完全沉淀，过滤，洗涤，溶于 H_2SO_4 中，然后用 $0.020\ 00mol\cdot L^{-1}$ 的 $KMnO_4$ 标准溶液滴定。现将 5.00mL 血液稀释至 100.00mL，取此溶液 20.00mL，进行上述处理，再用该浓度的 $KMnO_4$ 溶液滴定至终点，消耗 13.25mL，求血液中 Ca 的浓度($g\cdot 100mL^{-1}$)。已知 $M(Ca)=40.01g\cdot mol^{-1}$，有关的反应方程式：

$$Ca^{2+}+C_2O_4^{2-} = CaC_2O_4\downarrow$$

$$CaC_2O_4+2H^+ = Ca^{2+}+H_2C_2O_4$$

$$2MO_4^-+5C_2O_4^{2-}+16H^+ = 2Mn^{2+}+10CO_2\uparrow+8H_2O$$

6. 取某含铁试液 2.00mL 于 100.0mL 容量瓶中，加蒸馏水定容。从中吸取 2.00mL 溶液经显色后定容至 50.00mL。用 1.00cm 比色皿测得该溶液的吸光度 A 为 0.400，求该含铁试液中铁的含量(以 $g \cdot L^{-1}$ 计)。[已知：显色配合物的摩尔吸光系数ε为 $1.10 \times 10^4 L \cdot mol^{-1} \cdot cm^{-1}$，$M(Fe) = 55.85 g \cdot mol^{-1}$]

研究生入学考试模拟试卷Ⅶ

(一) 选择题

1. 在难挥发物质的稀水溶液中，凝固点相同的是 (　　)

A. 沸点升高值相等的两溶液　　B. 物质的量浓度相等的两溶液

C. 物质的量相等的两溶液　　D. 质量摩尔浓度相等的两溶液

2. 已知下列热化学方程式：

(1) $Zn(s) + \frac{1}{2}O_2(g) == ZnO(s)$　　$\Delta_r H_m^\ominus(1) = -350kJ \cdot mol^{-1}$

(2) $Hg(s) + \frac{1}{2}O_2(g) == HgO(s)$　　$\Delta_r H_m^\ominus(2) = -90kJ \cdot mol^{-1}$

则反应 $Zn(s) + HgO(s) == ZnO(s) + Hg(s)$　　$\Delta_r H_m^\ominus(3) =$ (　　)

A. $-440kJ \cdot mol^{-1}$　B. $-260kJ \cdot mol^{-1}$　C. $260kJ \cdot mol^{-1}$　D. $440kJ \cdot mol^{-1}$

3. 测定溶液 pH 时常用的氢离子指示电极为 (　　)

A. 甘汞电极　B. Ag-AgCl 电极　C. 玻璃电极　D. 铂电极

4. 定量分析中对照实验的目的是 (　　)

A. 检验偶然误差　B. 检验系统误差　C. 检验蒸馏水的纯度　D. 检验操作的精密度

5. 下列 $0.1mol \cdot L^{-1}$ 的酸性溶液中，能用 $0.1000mol \cdot L^{-1}$ NaOH 溶液直接准确滴定的是 (　　)

A. $ClCH_2COOH(pK_a^\ominus=2.86)$　　B. $H_3BO_3(pK_a^\ominus=9.27)$

C. $NH_4Cl(NH_3$ 的 $pK_b^\ominus = 4.74)$　　D. $H_2O_2(pK_a^\ominus=11.62)$

6. 已知 $K_{sp}^\ominus[Ca(OH)_2] = 5.5\times10^{-6}$，$K_{sp}^\ominus[Mg(OH)_2] = 1.8\times10^{-11}$，$K_{sp}^\ominus[Mn(OH)_2]=1.9\times10^{-13}$，$K_{sp}^\ominus[Ni(OH)_2] = 2.0\times10^{-15}$。向相同浓度的 Ca^{2+}、Mg^{2+}、Mn^{2+}和 Ni^{2+}的混合溶液逐滴加入 NaOH 溶液，首先沉淀的离子是 (　　)

A. Ca^{2+}　B. Mg^{2+}　C. Mn^{2+}　D. Ni^{2+}

7. 0.5mol $O_2(g)$与 1mol CO(g)完全反应生成 1mol $CO_2(g)$，反应进度为 (　　)

A. 1mol　B. 2mol　C. 3mol　D. 无法确定

8. 用 $0.1000mol \cdot L^{-1}$ NaOH 溶液滴定 $0.1000mol \cdot L^{-1}$ HCOOH 溶液，滴定突跃范围的 pH 为 6.74～9.70。可选用的指示剂是 (　　)

A. 甲基橙$(pK_{HIn}^\ominus=3.4)$　　B. 中性红$(pK_{HIn}^\ominus=7.4)$

C. 溴酚蓝$(pK_{HIn}^\ominus= 4.1)$　　D. 甲基红$(pK_{HIn}^\ominus=5.2)$

9. 已知 35.0% $HClO_4(M=100g \cdot mol^{-1})$水溶液的密度为 $1.251g \cdot mL^{-1}$，则其质量摩尔浓度为 (　　)

A. $5.38mol \cdot kg^{-1}$　B. $4.38mol \cdot kg^{-1}$　C. $3.00mol \cdot kg^{-1}$　D. $2.68mol \cdot kg^{-1}$

10. 在含有 Pb^{2+}和 Cd^{2+}的溶液中，通入 H_2S 至沉淀完全时，溶液中 $c(Pb^{2+})/c(Cd^{2+})$为

（　　）

A. $K_{sp}^{\ominus}(PbS) \cdot K_{sp}^{\ominus}(CdS)$　　B. $K_{sp}^{\ominus}(CdS)/K_{sp}^{\ominus}(PbS)$

C. $K_{sp}^{\ominus}(PbS)/K_{sp}^{\ominus}(CdS)$　　D. $[K_{sp}^{\ominus}(PbS) \cdot K_{sp}^{\ominus}(CdS)]^{1/2}$

11. 用 EDTA 滴定 Ca^{2+}、Mg^{2+}时，能掩蔽 Fe^{3+}的掩蔽剂是　（　　）

A. 抗坏血酸　B. 盐酸羟胺　C. 三乙醇胺　D. NaCl

12. 电极反应 $Zn^{2+}(aq)+2e^- = Zn(s)$的电极电势为 $\varphi_1^{\ominus}$，$2Zn^{2+}(aq)+4e^- = 2Zn(s)$的电极电势为 $\varphi_2^{\ominus}$，则 $Zn(s) = Zn^{2+}(aq)+2e^-$的电极电势为 $\varphi_3^{\ominus}$，与 $\varphi_1^{\ominus}$、$\varphi_2^{\ominus}$ 的关系为　（　　）

A. $2\varphi_1^{\ominus}=\varphi_2^{\ominus}$，$\varphi_1^{\ominus}=-\varphi_3^{\ominus}$　　B. $(\varphi_1^{\ominus})^2=\varphi_2^{\ominus}$，$(\varphi_1^{\ominus})^{-1}=\varphi_3^{\ominus}$

C. $\varphi_1^{\ominus}=\varphi_2^{\ominus}=\varphi_3^{\ominus}$　　D. $\varphi_1^{\ominus}=\varphi_2^{\ominus}$，$\varphi_1^{\ominus}=-\varphi_3^{\ominus}$

13. 0℃、100kPa 时水结冰，下列正确的说法是　（　　）

A. $\Delta G>0$　B. $\Delta S<0$　C. $\Delta H>0$　D. $\Delta U>0$

14. 影响速率常数 k 的因素有　（　　）

A. 生成物浓度　B. 体系总浓度　C. 温度和催化剂　D. 反应物浓度

15. 某温度时，反应(1)、(2)、(3)的标准平衡常数分别为 $K_1^{\ominus}$、$K_2^{\ominus}$ 和 $K_3^{\ominus}$。则反应(4)的 $K_4^{\ominus}$ 等于　（　　）

(1) $CoO(s)+CO(g) = Co(s)+CO_2(g)$

(2) $CO_2(g)+H_2(g) = CO(g)+H_2O(l)$

(3) $H_2O(g) = H_2O(l)$

(4) $CoO(s)+H_2(g) = Co(s)+H_2O(g)$

A. $K_1^{\ominus} \cdot K_2^{\ominus}/K_3^{\ominus}$　B. $K_1^{\ominus}+K_2^{\ominus}-K_3^{\ominus}$　C. $K_1^{\ominus} \cdot K_2^{\ominus} \cdot K_3^{\ominus}$　D. $K_1^{\ominus}+K_2^{\ominus}+K_3^{\ominus}$

16. 下列说法中不正确的是　（　　）

A. 仪器误差属于系统误差　　B. 系统误差又称可测误差

C. 系统误差呈现正态分布的特点　　D. 测量过程中的误差不可避免

17. 草酸为二元弱酸，$K_{a_1}^{\ominus}=5.9\times10^{-2}$，$K_{a_2}^{\ominus}=6.4\times10^{-5}$。用 NaOH 标准溶液滴定 $0.20mol \cdot L^{-1}$ 草酸溶液时，产生的滴定突跃为　（　　）

A. 1 个　B. 2 个　C. 3 个　D. 4 个

18. 298.15K 时，$SO_2(g)$的 $\Delta_f H_m^{\ominus}=-296.83kJ \cdot mol^{-1}$，$\Delta_f G_m^{\ominus}=-300.19kJ \cdot mol^{-1}$。反应 S(s，斜方) + $O_2(g) = SO_2(g)$的 $\Delta_r S_m^{\ominus}$ 为　（　　）

A. $2002.4J \cdot mol^{-1} \cdot K^{-1}$　　B. $3.36J \cdot mol^{-1} \cdot K^{-1}$

C. $-204.7J \cdot mol^{-1} \cdot K^{-1}$　　D. $11.3J \cdot mol^{-1} \cdot K^{-1}$

19. 为了获得纯净而易过滤的晶形沉淀，下列措施中错误的是　（　　）

A. 在较浓的溶液中进行沉淀　　B. 必要时进行再沉淀

C. 采用适当的分析程序和沉淀方法　　D. 在适当较高的酸度下进行沉淀

20. 质量浓度相同的 A、B 两种有色物质的溶液，在相同厚度吸收池中测量，所得的吸光度相同。已知摩尔质量 $M(A)>M(B)$，则 A、B 两种溶液的摩尔吸光系数的关系是　（　　）

A. $\varepsilon(A)>\varepsilon(B)$　B. $\varepsilon(A)<\varepsilon(B)$　C. $\varepsilon(A)=\varepsilon(B)$　D. $\varepsilon(A)=\varepsilon(B)/2$

(二) 判断题

1. 孤立体系中，变化总是自发地向熵增加的方向进行。 ( )
2. 因为 $Q_p=\Delta H$，所以 Q_p 也具有状态函数的性质。 ( )
3. 根据反应的化学计量方程式可以写出该反应的速率方程和标准平衡常数的表达式。 ( )
4. C_2H_4 分子中含有 5 个 σ 键和 1 个 π 键。 ( )
5. pH=7.89，其有效数字是 3 位。 ( )
6. 蒸馏水或试剂中含有微量被测离子，这对测定结果的影响是系统误差。 ( )
7. NaOH 标准溶液因保存不当吸收了 CO_2，若以此 NaOH 溶液滴定 H_3PO_4 至第一个计量点，则 H_3PO_4 的分析结果将偏高。 ( )
8. EDTA 可以看作是六元酸，在配位滴定时只能在碱性条件下才能进行。 ( )
9. 在一定温度下，改变溶液的 pH，水的标准离子积常数不变。 ( )
10. 电池反应的 E 值越大，其自发进行的倾向越大，反应速率就越快。 ( )

(三) 填空题

1. 质量摩尔浓度相同的葡萄糖溶液和乙酸溶液相比较，较易沸腾的是________溶液，较易结冰的是______________溶液。

2. 已知 $K_b^{\ominus}(A^-)=1.0\times10^{-6}$，则缓冲溶液 HA-A⁻的缓冲范围 pH 为______________。

3. 判断下列过程的熵变。(填“正”、“负”或“0”)

(1) 溶解少量食盐于水中：______________；(2) 活性炭表明吸附氯气：____________。

4. 火柴头中的 P_4S_3 在氧气中燃烧时生成 $P_4O_{10}(s)$和 $SO_2(g)$，在 298.15K 和标准状态下，1mol P_4S_3 燃烧放热 $3677kJ\cdot mol^{-1}$，其热化学方程式为________________________。

5. 把反应 $Cu + Cl_2(100kPa) = Cu^{2+}(1mol\cdot L^{-1}) + 2Cl^-(1mol\cdot L^{-1})$设计成原电池，该电池符号为：____。

6. 用差减法称取基准物质 $K_2Cr_2O_7$ 时，有少量 $K_2Cr_2O_7$ 样品掉在桌面上未被发现，则配得的标准溶液浓度将偏__________________(填“高”或“低”)。用此溶液测定试样中铁时，会引起____________________误差(填“正”或“负”)。

7. 下图给出了氧族元素氢化物的沸点变化趋势。H_2O 的沸点最高的原因是__________；H_2Te 的沸点比 H_2S 高的原因是__________________。

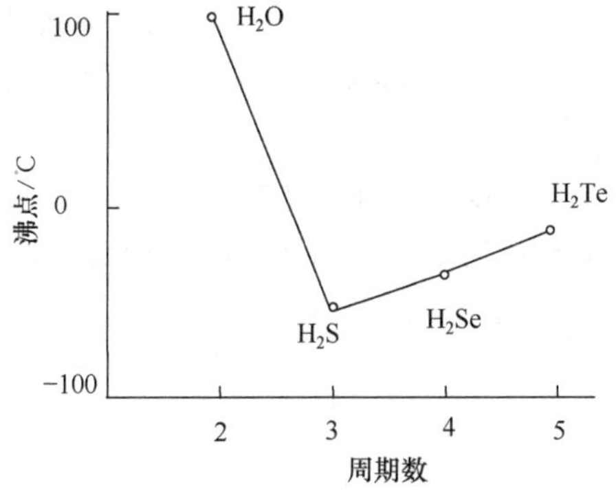

8. $[Co(en)_2Cl_2]$的名称是_____________，中心离子是_________；配体是_________；配位

数是__________。

9. 用 0.10mol · L^{-1} 的 NaOH 溶液滴定浓度均为 0.10mol · L^{-1} 的 HCl 和 H_3PO_4 的混合溶液，能产生______________个突跃。

10. 4s 轨道的径向分布函数图中__________________________(有几个峰和几个节面)。

(四) 简答题

1. 种植草莓时，由于不小心一次施肥过多，造成了叶片枯黄。请做出简要解释。

2. 在密闭容器中进行的催化剂作用下的可逆平衡反应为 $2SO_2(g)+O_2(g) \longrightarrow 2SO_3(g)$。根据热力学原理叙说可否直接判断该反应是吸热还是放热的？

3. 指出 $CHCl_3$、BCl_3、NF_3、CS_2 和 SiH_4 分子中的极性分子，并说明其空间构型。

(五) 计算题

1. 已知 298.15K 时，$\Delta_f H_m^{\ominus}$(NO)=90.25kJ · mol^{-1}，反应 $N_2(g)+O_2(g) \longrightarrow 2NO(g)$ 的 $K^{\ominus} = 4.5\times10^{-31}$。

(1) 计算 500K 时该反应的标准平衡常数 $K^{\ominus}$；

(2) 汽车内燃机中汽油的燃烧温度可达 1575K，根据平衡移动原理说明该温度是否有利于 NO 的生成。

2. 已知 298.15K 时，将电极 Cd | Cd^{2+}(1.00×10^{-4}mol · L^{-1})和 Fe | Fe^{2+}(1.00mol · L^{-1})组成原电池。

(1) 计算电池的电动势；

(2) 写出电池反应，并计算该反应的标准平衡常数。[已知 $\varphi^{\ominus}(Cd^{2+}/Cd) = -0.403V$，$\varphi^{\ominus}(Fe^{2+}/Fe) = -0.447V$]

3. 20℃时，将 1.00g 血红素溶于水中，配制成 100.0mL 溶液，测得其渗透压为 0.336kPa。

(1) 求血红素的摩尔质量；

(2) 计算说明能否用沸点升高和凝固点降低测定血红素的摩尔质量；

(3) 用什么方法测定血红素的摩尔质量较好？(已知：$K_b^{\ominus} = 0.512K \cdot kg \cdot mol^{-1}$，$K_f^{\ominus} = 1.86K \cdot kg \cdot mol^{-1}$)

4. 含有惰性杂质的混合物(Na_2CO_3 和 NaOH 或 $NaHCO_3$ 和 Na_2CO_3)，取 1.2000g 试样溶于水后，用 0.4000mol · L^{-1} HCl 标准溶液滴定至酚酞退色，耗酸 20.00mL；然后加入甲基橙指示剂，用该 HCl 溶液继续滴定至出现橙红色，又耗酸 28.00mL。判断试样的组成，并求试样中各混合碱及惰性杂质的质量分数。[已知：$M(NaOH) = 40.00g \cdot mol^{-1}$，$M(NaHCO_3) = 84.01g \cdot mol^{-1}$，$M(Na_2CO_3) = 105.99g \cdot mol^{-1}$]

5. 现有 100.0mL 含有 0.0020mol KI 和 0.0020mol Na_2SO_4 的溶液，逐滴加入 1mol · L^{-1} $Pb(NO_3)_2$ 溶液，哪种沉淀先生成？当一种负离子沉淀完全时，另一种负离子浓度为多少？[已知：$K_{sp}^{\ominus}(PbI_2) = 8.0\times10^{-9}$，$K_{sp}^{\ominus}(PbSO_4) = 1.8\times10^{-8}$]

研究生入学考试模拟试卷Ⅷ

(一) 选择题

1. 饮用水中残留 $Cl_2[M(Cl_2)=71.0g\cdot mol^{-1}]$的质量浓度 $\rho(Cl_2)$不得超出 $2.0\times10^{-6}g\cdot mL^{-1}$，若换算为 Cl_2 的质量摩尔浓度 $b(Cl_2)/(mol\cdot kg^{-1})$约为 (　)

A. 3.0×10^{-6}　B. 3.0×10^{-5}　C. 3.0×10^{-3}　D. 3.0×10^{-2}

2. 某纯液体在其正常沸点气化，该过程中增大的量是 (　)

A. 蒸气压　B. 温度　C. 熵　D. 吉布斯自由能

3. 反应 $NO(g) + CO(g) = 1/2N_2(g) + CO_2(g)$，$\Delta_r H_m^\ominus < 0$。欲使有害气体 NO、CO 尽可能转化为 N_2、CO_2，应采取的措施为 (　)

A. 低温高压　B. 高温低压　C. 低温低压　D. 高温高压

4. 1926 年，革末(Germer)和戴维逊(Davisson)的电子衍射实验说明 (　)

A. 电子能量是量子化的　B. 电子是带负电的微粒

C. 电子具有波动性　D. 电子具有一定的质量

5. 关于精密度的关系，下列叙述中最全面的是 (　)

A. 与偶然误差大小有关　B. 与被测组分含量高低有关

C. 与样品复杂程度有关　D. 与以上三个因素均有关

6. 将等体积、等浓度的 $Na_2C_2O_4$ 与 $NaHC_2O_4$ 水溶液混合后，溶液的 pH 为 (　)

A. $pK_{a_1}^\ominus(H_2C_2O_4)$　B. $pK_{a_2}^\ominus(H_2C_2O_4)$

C. $pK_{a_1}^\ominus - pK_{a_2}^\ominus$　D. $1/2(pK_{a_1}^\ominus + pK_{a_2}^\ominus)$

7. $0.10mol\cdot L^{-1}$ 焦磷酸(H_4PO_7：$pK_{a_1}^\ominus = 1.52$、$pK_{a_2}^\ominus = 2.37$、$pK_{a_3}^\ominus = 6.60$、$pK_{a_4}^\ominus = 9.25$)可被 $0.10mol\cdot L^{-1}$ NaOH 滴定至 (　)

A. 第一计量点　B. 第二计量点　C. 第三计量点　D. 第四计量点

8. 某二元弱酸 H_2A 的 $K_1^\ominus=10^{-7}$，$K_2^\ominus=10^{-13}$，若其浓度为 $0.10mol\cdot L^{-1}$，则溶液的 $c(H^+)$ 和 $c(A^{2-})$分别为 (　)

A. $10^{-8}mol\cdot L^{-1}$，$10^{-14}mol\cdot L^{-1}$　B. $10^{-7}mol\cdot L^{-1}$，$10^{-12}mol\cdot L^{-1}$

C. $10^{-5}mol\cdot L^{-1}$，$10^{-10}mol\cdot L^{-1}$　D.$10^{-4}mol\cdot L^{-1}$，$10^{-13}mol\cdot L^{-1}$

9. 在非缓冲溶液中用 EDTA 滴定金属离子时，溶液的 pH 将 (　)

A. 降低　B. 升高　C. 不变　D. 与金属离子价态有关

10. $0.10mol\cdot L^{-1}$ 的下列酸中能被 $0.10mol\cdot L^{-1}$ NaOH 直接准确滴定的是 (　)

A. HCOOH ($pK_a^\ominus = 3.45$)　B. H_3BO_3 ($pK_a^\ominus = 9.22$)

C. $NH_4Cl[pK_b^\ominus(NH_3)= 4.74]$　D. HCN ($pK_a^\ominus = 9.31$)

11. 298.15K 时原电池(−)Pt|H_2(100kPa)|$H^+(0.01mol\cdot L^{-1})$||$H^+(1.0mol\cdot L^{-1})$|H_2(100kPa)|Pt(+)的电动势和反应的标准平衡常数分别为 (　)

A. 0.118V，1.0　　B. 0.118V，1.0×10^4

C. −0.118V，1.0　　D. −0.118V，1.0×10^4

12. 乙醇的沸点(78℃)，比乙醚的沸点(35℃)高得多，其主要原因是　　(　　)

A. 乙醚分子内存在氢键　　B. 乙醚分子间存在氢键

C. 乙醇分子间存在氢键　　D. 乙醇分子内存在氢键

13. 在半电池 $Ni|Ni^{2+}$溶液中，加入氨水后，可使$\varphi(Ni^{2+}/Ni)$值　　(　　)

A. 增大　　B. 减少　　C. 不变　　D. 等于零

14. 某试样含有等物质的量的 Na_2CO_3 和 $NaHCO_3$，若用双指示剂法进行滴定分析，当 V_1=10.00mL，则 V_2 等于　　(　　)

A. 10.00mL　　B. 20.00mL　　C. 30.00mL　　D. 40.00mL

15. 钼蓝法测磷时，若加入的试剂含有微量的磷，则应选择的参比溶液是　　(　　)

A. 试剂空白　　B. 试液空白　　C. 试剂+掩蔽剂　　D. 纯水

16. 下列试剂中能使 $CaSO_4$(s)溶解度增大的是　　(　　)

A. NH_4Ac　　B. Na_2SO_4　　C. $CaCl_2$　　D. H_2O

17. 用 $Na_2C_2O_4$ 标定 $KMnO_4$ 溶液时，滴定开始前不慎将被滴溶液加热至沸，如果继续滴定，则标定的结果将会　　(　　)

A. 偏高　　B. 偏低　　C. 无影响　　D. 无法确定

18. 标定 $Na_2S_2O_3$ 溶液的浓度($mol\cdot L^{-1}$)，三次平行测定的结果为 0.1056、0.1044、0.1053，要使第四次测定结果不为 Q 检验法所舍弃($n=4$，$Q_{0.90}=0.76$)，最低值应为　　(　　)

A. 0.1017　　B. 0.1012　　C. 0.1008　　D. 0.1006

19. 某有色溶液，用 2.0cm 比色皿在λ_{max}处测得 T=10%，为使测量误差尽量小，应选择的比色皿厚度为　　(　　)

A. 0.5cm　　B. 1.0cm　　C. 2.0cm　　D. 3.0cm

20. PbI_2 在水中、浓度为 c 的 KI 水溶液中，溶解度与溶度积的关系分别为　　(　　)

A. $K_{sp}^{\ominus}=S^3$、$S=\dfrac{K_{sp}^{\ominus}}{c^2}$　　B. $K_{sp}^{\ominus}=S^3$、$S=\dfrac{K_{sp}^{\ominus}}{2c}$

C. $K_{sp}^{\ominus}=2S^3$、$S=\dfrac{K_{sp}^{\ominus}}{(2c)^2}$　　D. $K_{sp}^{\ominus}=4S^3$、$S=\dfrac{K_{sp}^{\ominus}}{c^2}$

21. 下列分子中，中心原子采用 d^2sp^3 杂化的是　　(　　)

A. BCl_3　　B. FeF_6^-　　C. $[Fe(CN)_6]^{3-}$　　D. CH_4

22. 反应 A ⟶ B 和 B ⟶ C 的热效应分别为$\Delta_r H_m^{\ominus}(1)$和$\Delta_r H_m^{\ominus}(2)$，则反应 A ⟶ C 的$\Delta_r H_m^{\ominus}$为　　(　　)

A. $\Delta_r H_m^{\ominus}(1)+\Delta_r H_m^{\ominus}(2)$　　B. $\Delta_r H_m^{\ominus}(1)-\Delta_r H_m^{\ominus}(2)$

C. $\Delta_r H_m^{\ominus}(2)-\Delta_r H_m^{\ominus}(1)$　　D. $\Delta_r H_m^{\ominus}(1)-\Delta_r H_m^{\ominus}(2)$

23. 用 EDTA 直接滴定有色金属离子，终点所呈现的颜色是　　(　　)

A. MIn 的颜色　　B. In 的颜色

C. MY 的颜色　　D. MY 和 In 的混合色

24. 溶液甲的凝固点比溶液乙高，则两溶液的渗透压相比为　　(　　)

A. 甲的渗透压较高　　B. 甲的渗透压较低

C. 两者的渗透压相等　　D. 无法确定

(二) 判断题

1. 一个原电池反应的 E 值越大，其自发进行的倾向越大，反应速率就越快。 ( )

2. 过量施用化肥会使土壤板结，主要原因是电解质使土壤胶体产生了凝结。 ( )

3. 对于零级反应来说，反应速率与浓度无关。 ( )

4. $K_2Cr_2O_7$ 法测铁时往往加入 H_2SO_4 后还要加入 H_3PO_4，目的是增强酸性。 ( )

5. 某溶液中含 Ca^{2+}、Mg^{2+}、Zn^{2+} 三种离子(均为 $0.010mol \cdot L^{-1}$)，调节 pH=5.0，以二甲酚橙为指示剂，用 EDTA 标准溶液滴定，此时滴定的是 Zn^{2+}。 ( )

6. 配制标准溶液的方法一般有直接法配制和间接法配制(标定法)两种。 ( )

7. 分析纯的 $K_2Cr_2O_7$、Na_2O_2 均是基准试剂。 ( )

8. $50.0mL\ 0.10mol \cdot L^{-1}\ H_3PO_4$ 与 $75.0mL\ 0.10mol \cdot L^{-1}$ NaOH 混合，其 pH 等于 12.32(已知 H_3PO_4 的 $pK_{a_1}^{\ominus}=2.16$、$pK_{a_2}^{\ominus}=7.21$、$pK_{a_3}^{\ominus}=12.32$)。 ( )

9. $H_3C—\underset{}{\overset{COOH}{\overset{|}{C}}}H—OH$ 和 $H_2N—(CH_2)_3—NH_2$ 均可作为有效的螯合剂。 ( )

10. 已知浓度的 NaOH 标准溶液，因保存不当吸收了 CO_2，若用此 NaOH 溶液滴定 H_3PO_4 至第一化学计量点，对 H_3PO_4 浓度分析结果无影响。 ( )

(三) 填空题

1. 溶胶具有一定的聚结稳定性的原因是____________和____________，具有一定动力学稳定性的原因是____________。

2. 化学反应 $Fe_3O_4(s) + 4H_2(g) \Longrightarrow 3Fe(s) + 4H_2O(g)$ 的标准平衡常数表达式为 $K^{\ominus}=$_____。

3. 已知 pH=10.0 时，$\lg\alpha[Y(H)] = 0.45$、$\lg K^{\ominus}(MgY) = 8.69$，不考虑其他效应的情况下，$\lg K^{\ominus\prime}(MgY) =$_______，说明此条件下 Mg^{2+}_______(填“能”或“不能”)被 EDTA 准确滴定。

4. 系统误差的特点是____________、______________。

5. 做分析实验时，大多要求平行测定三次，目的是__________________。

6. $0.10mol \cdot L^{-1}$ 乙酸溶液 100.0mL 与 $0.10mol \cdot L^{-1}$ 氢氧化钠溶液 100.0mL 混合后，溶液的 pH =____________。[$K_a^{\ominus}(HAc) =1.8\times10^{-5}$]

7. $[CoCl(NH_3)_5]Cl_2$ 的系统命名为________________，四硝基 · 二氨合铬(Ⅲ)酸钾的化学式为____________________。

8. 已知 $\varphi^{\ominus}(Zn^{2+}/Zn) = -0.76V$，$K_f^{\ominus}\{[Zn(NH_3)_4]^{2+}\}=2.9\times10^9$，则 $\varphi^{\ominus}\{[Zn(NH_3)_4]^{2+}/Zn\}=$____V。

9. 已知 $\varphi^{\ominus}(MnO_4^-/Mn^{2+}) = 1.507V$，$\varphi^{\ominus}(MnO_2/Mn^{2+}) = 1.224V$，则 $\varphi^{\ominus}(MnO_4^-/MnO_2) =$____V。

10. 吸光光度法定量测定中，光吸收曲线是以______为横坐标、_______为纵坐标绘制的。绘制光吸收曲线的目的是_______________。

(四) 简答题

1. 食用盐加碘不是加单质碘，因为单质碘有毒，对人体会产生危害，一般在食用盐中加入的是 KIO_3 或 KI，由于 KI 带有苦味，为不改变菜肴的风味，又不减少食用盐中碘的含量，能否在食用盐中适当减少 KI 的量，而同时加入一定量的 KIO_3？为什么？[已知 $\varphi^{\ominus}(I_2/I^-) = 0.535V$，$\varphi^{\ominus}(IO_3^-/I_2)=1.195V$]

2. 第二届国际生物质和生物能源会议于 2010 年 10 月 22 日召开，会议的中心议题是如何将生物质(如水稻秸秆、麦秆、玉米秸秆等)中的木质纤维素转化为燃料乙醇。通常采用的方法是先进行化学预处理，再进行酶解，其中化学预处理是最关键的一步，其目的是去除木质素、打断半纤维素的联结、降低纤维素的结晶度。纤维素高分子链结构如下图，从图中可以看出，纤维素分子由若干个糖环联结而成线形高分子，生物质中的纤维素是无数个这种链相互缠绕而成的晶体结构，试从分子间作用力形成的角度解释为何纤维素分子会形成高度结晶的状态。

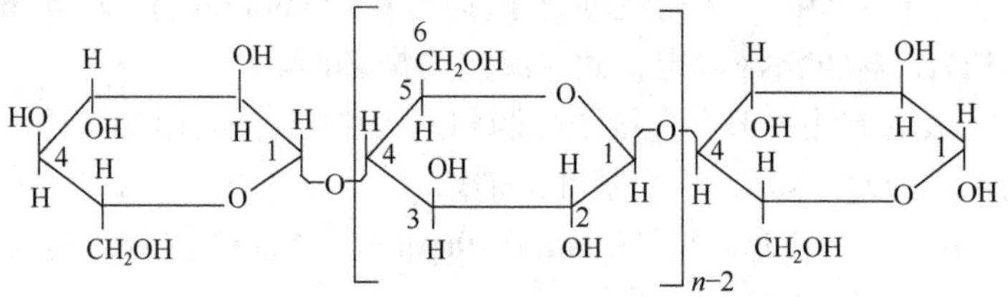

纤维素高分子链式结构图

(五) 计算题

1. 已知 $K_{sp}^{\ominus}\{[Ag(NH_3)_2]^+\} = 1.1\times10^7$，$K_{sp}^{\ominus}\{[Ag(CN)_2]^-\} = 1.3\times10^{21}$。计算在下列 $0.010mol\cdot L^{-1}$ $[Ag(NH_3)_2]^+$ 溶液中的 $c(Ag^+)$。

(1) 含 $0.010mol\cdot L^{-1}$ NH_3；

(2) 含 $1.0mol\cdot L^{-1}$ NH_3。

2. 有下列电池：

$(-)Pt|Fe^{2+}(0.10mol\cdot L^{-1})$，$Fe^{3+}(1\times10^{-5}mol\cdot L^{-1}) \parallel Cr_2O_7^{2-}(0.10mol\cdot L^{-1})$，$Cr^{3+}(1\times10^{-5}mol\cdot L^{-1})$，$H^+(1.0mol\cdot L^{-1})|Pt(+)$

已知 $\varphi^{\ominus}(Fe^{3+}/Fe^{2+}) = 0.77V$，$\varphi^{\ominus}(Cr_2O_7^{2-}/Cr^{3+}) = 1.33V$，$F = 96\,485C\cdot mol^{-1}$。

(1) 写出电池半反应和电池反应离子方程式；

(2) 求电池电动势 E；

(3) 求电池反应的标准平衡常数 $K^{\ominus}$；

(4) 求电池反应的 $\Delta_r G_m$。

3. 将 1.000g 钢样中的铬氧化为 $Cr_2O_7^{2-}$，加入 25.00mL $0.1000mol\cdot L^{-1}$ $FeSO_4$ 标准溶液，然后用 $0.018\,00mol\cdot L^{-1}$ 的 $KMnO_4$ 溶液 7.00mL 回滴过量的 $FeSO_4$，计算钢中铬的质量分数。$[M(Cr) = 52.00g\cdot mol^{-1}]$

4. 293K 时，葡萄糖($C_6H_{12}O_6$)15g，溶于 200g 水中，试计算溶液沸点、凝固点和渗透压。[已知：$M(C_6H_{12}O_6) = 180mol\cdot kg^{-1}$，$K_b = 0.512K\cdot kg\cdot mol^{-1}$，$K_f = 1.86K\cdot kg\cdot mol^{-1}$]

5. 根据甲醇和一氧化碳化合生成乙酸反应的有关数据：

	$CH_3OH(g)$ +	$CO(g)$ ══	$CH_3COOH(g)$
$\Delta_f H_m^{\ominus}/(kJ\cdot mol^{-1})$	−200.8	−110	−435
$S_m^{\ominus}/(J\cdot K^{-1}\cdot mol^{-1})$	+238	+198	+293

计算该反应的 $K^{\ominus}$(298K)，并计算 $p(CH_3OH, g) = 60kPa$，$p(CO) = 90kPa$，$p(CH_3COOH, g) = 80kPa$ 时反应的 $\Delta_r G_m$，判断此时反应进行的方向。

参 考 答 案

模拟试卷 I

(一) 选择题

1. A　2. D　3. B　4. A　5. D　6. D　7. C　8. C　9. C　10. D　11. A　12. B　13. A　14. B　15. B　16. A　17. C　18. B　19. C　20. A

(二) 判断题

1. √　2. ×　3. ×　4. ×　5. ×　6. ×　7. √　8. √

(三) 填空题

1. 基本不变；基本不变；增大　2. EDTA　3. 浓度；温度；催化剂　4. 4.3～9. 7　5. 饱和性和方向性；稳定

(四) 简答题

(1) 大量煤、油、气燃烧及化学工业酸性气体排放，产生 SO_2、NO_x(占总酸量的 90%)等，通过催化氧化和光化学反应而转变成 SO_3 和 NO_2，它们溶于降水中就形成了酸雨。

(2) 酸雨对大自然的影响是多方面的：第一，酸雨造成土壤变质，使金属离子(如铝离子)溶出，使水生物大量中毒死亡；第二，酸雨造成植物新陈代谢混乱，使森林枯萎，大量农作物死亡；第三，酸雨腐蚀材料及古文物，大理石、石灰岩最易受酸雨侵蚀，金属通过电化学反应受酸雨侵蚀；第四，酸雨影响人体健康，酸雨可溶解 Pb、Cu、Zn、Al、Cd 等金属，使饮用水水质下降。

(五) 计算题

1. (1) 因为 $\varphi^{\ominus}_{(+)} = \varphi^{\ominus}(MnO_4^-/Mn^{2+}) = 1.51V > \varphi^{\ominus}_{(-)} = \varphi^{\ominus}(Cl_2/Cl^-) = 1.3595V$，所以反应能正向进行。

(2) 上述反应的电极反应分别为

正极： $MnO_4^- + 8H^+ + 5e^- \longrightarrow Mn^{2+} + 4H_2O$

负极：$2Cl^- \longrightarrow Cl_2 + 2e^-$

因为正极 MnO_4^-/Mn^{2+}的电极电势受 $c(H^+)$的影响；负极 Cl_2/Cl^-的电极电势不受 $c(H^+)$的影响。在 $c(H^+) = 1.0\times 10^{-5} mol\cdot L^{-1}$，其他处于标准态时，有

$$\varphi(MnO_4^-/Mn^{2+}) = \varphi^{\ominus}(MnO_4^-/Mn^{2+}) + \frac{0.0592}{5}\lg[c(H^+)/c^{\ominus}]^8 = 1.51 + \frac{0.0592}{5}\lg(1.0\times 10^{-5})^8 = 1.04(V)$$

因为 $\varphi(MnO_4^- / Mn^{2+}) = 1.04V < \varphi(Cl_2 / Cl^-)$=1.3595V，所以上述反应不能正向进行。

(3)
$$\lg K^{\ominus} = \frac{z[E^{\ominus}_{(+)} - E^{\ominus}_{(-)}]}{0.0592} = \frac{10\times(1.51-1.3595)}{0.0592} = 25.42$$

$$K^{\ominus} = 2.63\times 10^{25}$$

2. (1)

$$c(\mathrm{NaOH})\cdot V(\mathrm{NaOH})=\frac{1.250}{M(\mathrm{HA})}$$

$$M(\mathrm{HA})=\frac{1.250}{41.20\times10^{-3}\times0.090\,00}=337.1(\mathrm{g\cdot mol^{-1}})$$

(2)加入 8.24mL NaOH 溶液后构成缓冲体系

$$\mathrm{pH}=\mathrm{p}K_{\mathrm{a}}^{\ominus}+\lg\frac{c(\mathrm{A^-})}{(\mathrm{HA})}$$

设此时溶液体积为 VmL，于是

$$c(\mathrm{A^-})=\frac{8.24\times0.090\,00}{V}(\mathrm{mol\cdot L^{-1}})$$

$$c(\mathrm{HA})=\frac{(41.20-8.24)\times0.090\,00}{V}(\mathrm{mol\cdot L^{-1}})$$

$$430=\mathrm{p}K_{\mathrm{a}}^{\ominus}+\lg\frac{8.24}{32.96}$$

$$\mathrm{p}K_{\mathrm{a}}^{\ominus}=4.90\qquad K_{\mathrm{a}}^{\ominus}=1.3\times10^{-5}$$

(3) 计量点时

$$c(\mathrm{A^-})=\frac{41.20\times0.090\,00}{41.20+50}=0.041(\mathrm{mol\cdot L^{-1}})$$

$$K_{\mathrm{b}}^{\ominus}=\frac{K_{\mathrm{w}}^{\ominus}}{K_{\mathrm{a}}^{\ominus}}=7.7\times10^{-10}$$

因为 $\frac{c}{K_{\mathrm{b}}^{\ominus}}>500$， $cK_{\mathrm{b}}^{\ominus}>25K_{\mathrm{w}}^{\ominus}$，则

$$c(\mathrm{OH^-})=\sqrt{cK_{\mathrm{b}}^{\ominus}}=\sqrt{0.041\times7.7\times10^{-10}}=5.6\times10^{-6}(\mathrm{mol\cdot L^{-1}})$$

$$\mathrm{pOH}=5.25\qquad \mathrm{pH}=8.75$$

故选酚酞作指示剂。

3.

$$\Delta_{\mathrm{r}}H_{\mathrm{m}}^{\ominus}=-435-(-110)-(-200.8)=-124(\mathrm{kJ\cdot mol^{-1}})$$

$$\Delta_{\mathrm{r}}S_{\mathrm{m}}^{\ominus}=293-198-238=-143(\mathrm{J\cdot K^{-1}\cdot mol^{-1}})$$

$$\Delta_{\mathrm{r}}G_{\mathrm{m}}^{\ominus}=\Delta_{\mathrm{r}}H_{\mathrm{m}}^{\ominus}-\Delta_{\mathrm{r}}S_{\mathrm{m}}^{\ominus}=-124-298\times(-143)\times10^{-3}=-81.4(\mathrm{kJ\cdot mol^{-1}})$$

因为

$$\Delta_{\mathrm{r}}G_{\mathrm{m}}^{\ominus}=-2.303RT\lg K^{\ominus}$$

$$\lg K^{\ominus}=\frac{-81.4\times10^{3}}{-2.303\times8.314\times298}\approx14.3$$

所以

$$K^{\ominus}=2\times10^{14}$$

因为

$$Q_p=\frac{80/100}{(90/100)\times(60/100)}=1.5$$

所以 $\Delta_{\mathrm{r}}G_{\mathrm{m}}=2.303RT\lg\frac{Q_p}{K^{\ominus}}=2.303\times8.314\times10^{-3}\times298\times\lg\frac{1.5}{2\times10^{14}}=-80.59(\mathrm{kJ\cdot mol^{-1}})<0$

此反应正向自发进行。

4.

$$w(\mathrm{Al})=\frac{0.050\,00\times20.70\times10^{-3}\times26.98}{0.2000}=0.1396$$

$$w(\mathrm{Zn})=\frac{(0.051\,32\times50.00-0.050\,00\times5.08-0.050\,00\times20.70)\times10^{-3}\times65.39}{0.2000}=0.4175$$

模拟试卷Ⅱ

(一) 选择题

1. B　2. C　3. D　4. B　5. C　6. D　7. C　8. C　9. C　10. D　11. B　12. C　13. C　14. C　15. A　16. A　17. C　18. C　19. D　20. C

(二) 判断题

1. √　2. √　3. ×　4. √　5. ×　6. ×　7. ×　8. ×

(三) 填空题

1. $\varphi(MnO_4^-/Mn^{2+}) = \varphi^{\ominus}(MnO_4^-/Mn^{2+}) + \dfrac{0.0592}{5}\lg\dfrac{c_1 \cdot c_3^{\ 8}}{c_2}$　2. 酸碱浓度　3. 小；小　4. $0.033\text{mol} \cdot L^{-1}$　5. 单色光；$A = \varepsilon bc$　6. 能量最低；泡利不相容；洪德规则　7. 滴定至近终点时

(四) 简答题

1. (1) 用台秤称取 $KMnO_4$ 31.6g；

(2) 溶于 1000mL 水中，加热近微沸 1h，冷却后放置 2～3d，过滤后保存于棕色瓶中；

(3) 准确称取基准物质 $Na_2C_2O_4$ 1.34～1.68g；

(4) 将所称基准物质 $Na_2C_2O_4$ 加蒸馏水 10mL，再加 $1.0\text{mol} \cdot L^{-1}$ 30mL H_2SO_4，加热至 75～85℃；

(5) 用所配制的 $KMnO_4$ 溶液滴定基准物质 $Na_2C_2O_4$ 溶液；

(6) 计算 $KMnO_4$ 标准溶液的浓度。

2. (1) 碘的摩尔质量比溴的大；(2) 乙醇存在分子间氢键；(3) 邻硝基苯酚存在分子内氢键，间硝基苯酚存在分子间氢键。

(五) 计算题

1. 混合碱试样由 NaOH 、Na_2CO_3 组成。

$$w(\text{NaOH}) = \frac{0.100 \times (30.00 - 5.00) \times 40.00 \times 10^{-3}}{2.4000 \times \dfrac{25.00}{250.0}} = 0.4167$$

$$w(Na_2CO_3) = \frac{0.1000 \times (35.00 - 30.00) \times 105.99 \times 10^{-3}}{2.4000 \times \dfrac{25.00}{250.0}} = 0.2208$$

2.

	$2SO_2(g) + O_2(g) = 2SO_3(g)$		
$\Delta_f H_m^{\ominus}/(\text{kJ} \cdot \text{mol}^{-1})$	−269.9	0	−395.2
$\Delta_f G_m^{\ominus}/(\text{kJ} \cdot \text{mol}^{-1})$	−300. 4	0	−370. 4

$$\Delta_f H_m^{\ominus} = 2 \times (-395.2) - 2 \times (-296.9) = -196.6(\text{kJ} \cdot \text{mol}^{-1})$$

$$\Delta_f G_m^{\ominus} = 2 \times (-370.4) - 2 \times (300.4) = -140(\text{kJ} \cdot \text{mol}^{-1})$$

因为

$$\Delta_r G_m^{\ominus} = \Delta_r H_m^{\ominus} - 298.15 \times \Delta_r S_m^{\ominus}$$

所以
$$\Delta_r S_m^{\ominus} = \frac{\Delta_r H_m^{\ominus} - \Delta_r G_m^{\ominus}}{298.15} = \frac{-196.6-(-140)\times 1000}{298.15} = -190(\text{J}\cdot\text{mol}\cdot\text{K}^{-1})$$

$$\Delta_r G_m^{\ominus}(1000\text{K}) = \Delta_r H_m^{\ominus} - 1000\times\Delta_r S_m^{\ominus} = (-196.6)-1000\times(190\times 10^{-3}) = -6.6(\text{kJ}\cdot\text{mol}^{-1})$$

$$\lg K^{\ominus}(1000\text{K}) = -\frac{\Delta_r G_m^{\ominus}}{2.303RT} = -\frac{-6.6\times 10^3}{2.303\times 8.314\times 1000} = 0.345$$

$$K^{\ominus}(1000\text{K}) = 2.21$$

3. (1)
$$c(\text{EDTA}) = \frac{m(\text{CaCO}_3)\times 10^3\times\frac{1}{10}}{100.1\times V(\text{EDTA})} = \frac{0.4020\times 10^3}{100.1\times 10\times 21.49} = 0.018\,69(\text{mol}\cdot\text{L}^{-1})$$

(2) $T(\text{CaO/EDTA}) = c(\text{EDTA})\times m(\text{CaO})\times 10^{-3} = 0.018\,69\times 56.08\times 10^{-3} = 1.048\times 10^{-3}(\text{g}\cdot\text{mL}^{-1})$

$$T(\text{Al}_2\text{O}_3/\text{EDTA}) = \frac{1}{2}\cdot c(\text{EDTA})\cdot m(\text{Al}_2\text{O}_3) = \frac{1}{2}\times 0.018\,69\times 101.96\times 10^{-3} = 9.528\times 10^{-4}(\text{g}\cdot\text{mL}^{-1})$$

4.
$$T = 10^{-A} = 10^{-0.380} = 0.417$$

$$a = \frac{A}{bc} = \frac{0.380}{2.0\times 1.0\times 10^{-3}} = 1.9\times 10^2(\text{L}\cdot\text{g}^{-1}\cdot\text{cm}^{-1})$$

$$\varepsilon = \frac{A}{bc} = \frac{0.380}{2.0\times\frac{1.0\times 10^{-3}}{55.85}} = 1.1\times 10^4(\text{L}\cdot\text{mol}^{-1}\cdot\text{cm}^{-1})$$

模拟试卷Ⅲ

(一) 选择题

1. B　2. B　3. A　4. A　5. D　6. C　7. C　8. C　9. B　10. C　11. A　12. C　13. D　14. D　15. B　16. D　17. B　18. A　19. B　20. A　21. B　22. D　23. D　24. A　25. B　26. A　28. C　29. C　30. A

(二) 判断题

1. ×　2. ×　3. ×　4. ×　5. ×　6. √　7. √　8. ×　9. ×　10. ×　11. √　12. ×　13. ×　14. ×　15. √

(三) 填空题

1. 有半透膜存在；膜两侧单位体积内水分子数不相等(或膜两边浓度不等)　2. $3d^54s^1$；四　3. 减少；增大　4. $NaOH + Na_2CO_3$　5. 平面三角形；0　6. $MnO_4^- + 8H^+ + 5e^- \longrightarrow Mn^{2+} + 4H_2O$；$2Cl^- - 2e^- \longrightarrow Cl_2$；0.15V；$(-)Pt, Cl_2(p^{\ominus})|Cl^- \| MnO_4^-, Mn^{2+}, H^+|Pt(+)$　7. $5.0\times 10^2 L\cdot g\cdot cm^{-1}$　8. $\{(CaC_2O_4)_m\cdot nC_2O_4^{2-}\cdot 2(n-x)NH_4^+\}^{2x-}\cdot 2xNH_4^+$ 或者$\{(CaC_2O_4)_m\cdot nC_2O_4^{2-}\cdot(2n-x)NH_4^+\}^{x-}\cdot xNH_4^+$　9. $-92.2kJ\cdot mol^{-1}$　10. $3.9\times 10^{-2}s^{-1}$　11. 三氯 · 水 · 二吡啶合铬(III)；四(硫氰根) · 二氨合铬(III)酸铵　12. 足够大的能量；分子碰撞的方位合适　13. 2(或“两”)　14. 降低　15. H_3PO_4

(四) 简答题

1. 因为催化剂能起到改变反应历程，从而改变反应活化能的作用，所以能影响反应速率，但由于催化剂同时改变正、逆反应的活化能，同等程度地影响正、逆反应速率，而改变反应的始态和终态，所以不影响化学平衡。

2. $\varphi^{\ominus}(Fe^{3+}/Fe^{2+}) = 0.771V$，$\varphi^{\ominus}(O_2/H_2O) = 1.229V$。因此，反应

$$O_2 + 4Fe^{2+} + 4H^+ = 2H_2O + 4Fe^{3+}$$

正向自发进行。即 $FeSO_4$ 溶液久置易被空气氧化成 $Fe_2(SO_4)_3$ 而变黄。

3. 在配位滴定过程中，随着配合物的不断生成，不断有 H^+ 释放出来：

$$M^{n+} + H_2Y^{2-} = MY^{(n-4)-} + 2H^+$$

因此，溶液的酸度不断增大，不仅降低了配合物的实际稳定性[$K^{\ominus\prime}(MY)$ 减小]，使滴定突跃减小，同时也可能改变指示剂变色的适宜酸度，导致很大的误差，甚至无法滴定。因此，在配位滴定中，通常要加入缓冲溶液来控制 pH。

(五) 计算题

1. 根据气体分压定律，Hg 蒸气的分压为

$$2/3 \times 108.0 = 72.0(\text{kPa})$$

O_2 的分压为

$$1/3 \times 108.0 = 36.0(\text{kPa})$$

所以

$$K^{\ominus} = [p(\text{Hg})/p^{\ominus}]^2 \cdot [p(O_2)/p^{\ominus}] = 0.72^2 \times 0.36 = 0.187$$

$$\Delta_r G_m^{\ominus} = -2.303RT\lg K^{\ominus} = -2.303 \times 8.314 \times (450 + 273.15)\lg 0.187 = 10.1(\text{kJ} \cdot \text{mol}^{-1})$$

$$pV = nRT$$

$$72 \times 1 = n \times 8.314 \times (450 + 273.15)$$

求得

$$n = 0.012\text{mol}$$

所以转化率为

$$0.012/0.05 \times 100\% = 24.0\%$$

2. **解**：设 $CaCO_3$ 的溶解度为 S，则

$$c(Ca^{2+}) = c(HCO_3^-) = c(OH^-) = S$$

由 $CaCO_3$ 沉淀的离解平衡，得其平衡常数的两个关系式：

$$K_{平}^{\ominus} = c(Ca^{2+}) \cdot c(HCO_3^-) \cdot c(OH^-) = S^3 \quad (1)$$

$$K_{平}^{\ominus} = \frac{K_{sp}^{\ominus} \cdot K_w^{\ominus}}{K_{a_2}^{\ominus}} \quad (2)$$

(1)=(2)得

$$S = \sqrt[3]{\frac{K_{sp}^{\ominus} \cdot K_w^{\ominus}}{K_{a_2}^{\ominus}}} = \sqrt[3]{\frac{2.9 \times 10^{-9} \times 10^{-14}}{5.6 \times 10^{-11}}} = 8.03 \times 10^{-5}(\text{mol} \cdot \text{L}^{-1})$$

3. 设平衡时 $c(Cu^{2+}) = x\ \text{mol} \cdot \text{L}^{-1}$，则

$$Cu^{2+} + 2\,\text{en} = [Cu(\text{en})_2]^{2+}$$

$$x \qquad 0.054 \qquad 0.010-x$$

所以

$$\frac{0.010 - x}{x \times 0.054^2} = K_f^{\ominus} = 1.0 \times 10^{20}$$

可以解得

$$x = 3.43 \times 10^{-20} \qquad 0.010 - x \approx 0.010$$

即溶液中 Cu^{2+} 和 $[Cu(en)_2]^{2+}$ 的浓度分别为 $3.43 \times 10^{-20} mol \cdot L^{-1}$ 和 $0.010 mol \cdot L^{-1}$。

4.
$$A = \varepsilon bc$$

410nm
$$0.118 = 347 \times 1 \times c(HA)$$
$$c(HA) = 3.40 \times 10^{-4} mol \cdot L^{-1}$$

640nm
$$0.267 = 100 \times 1 \times c(A^-)$$
$$c(A^-) = 2.67 \times 10^{-3} mol \cdot L^{-1}$$

因为
$$K_a^\ominus = \frac{c(H^+) \cdot c(A^-)}{c(HA)}$$

所以
$$pK_a^\ominus = pH - \lg\frac{c(A^-)}{c(HA)} = 4.80 - \lg\frac{2.67 \times 10^{-3}}{3.40 \times 10^{-4}} = 3.90$$

模拟试卷Ⅳ

(一) 选择题

1. B　2. B　3. B　4. D　5. B　6. A　7. B　8. B　9. A　10. B　11. D　12. A　13. B　14. D　15. A　16. B　17. B　18. D　19. D　20. B　21. C　22. D　23. B　24. D　25. D

(二) 判断题

1. ×　2. ×　3. ×　4. ×　5. ×　6. √　7. ×　8. ×　9. ×　10. ×　11. ×　12. ×　13. √　14. ×　15. √

(三) 填空题

1. 质点数目；溶质的本性　2. Q_p= 40.69kJ · mol^{-1}；$\Delta_r H_m$ =40.69kJ · mol^{-1}，$\Delta_r U_m$ =37.59kJ · mol^{-1}；$\Delta_r S_m$ =109.1J · mol^{-1} · K^{-1}；$\Delta_r G_m$ =0kJ · mol^{-1}　3. ns^2np^3　4. 小；大；稳定；大　5. 77.6%；0.11　6. 浓度；温度和催化剂　7. 降低；同离子　8. 4～6　9. ±0.02；20　10. 85℃　11. $\{(AgBr)_m \cdot nBr^- \cdot (n-x)K^+\}^{x-} \cdot xK^+$　12. 12.4kJ · mol^{-1}　13. 浅蓝；深蓝；$[Cu(NH_3)_4]^{2+}$　14. 游离指示剂 In 的颜色和 MY 的颜色的混合色　15. 高锰酸钾；重铬酸钾；碘量

(四) 简答题

1. 因为 Al^{3+} 与 EDTA 的反应很慢；酸度低时，Al^{3+} 易水解形成一系列多羟基配合物；同时 Al^{3+} 对二甲酚橙指示剂有封闭作用，所以，在 pH=3 左右，加入过量的 EDTA 加热，使 Al^{3+} 完全配位，剩余的 EDTA 溶液再用 Zn^{2+} 的标准溶液滴定，以二甲酚橙作指示剂。

2. (1) 基态；(2) 不可能有 2d 轨道，故错误；(3) 激发态；(4) 激发态；(5) 1s 轨道最多 2 个电子，错误。

3. (1) 自身指示剂；(2) 显色指示剂；(3) 氧化还原指示剂。

4. $I_1(P) > I_1(S)$，虽然 $E_S < E_P$，但 P 的 $3p^3$ 为半满。

$I_1(Mg) > I_1(Al)$，虽然 $E_{Al} < E_{Mg}$，但 Mg 的 $3s^2$ 电子已成对。

$I_1(Rb) < I_1(Sr)$，虽然 Sr 的 E 较 Rb 小，但它的 $5s^2$ 电子已成对。

$I_1(Cu) < I_1(Zn)$，虽然 Zn 的 E 较 Cu 小，但它的 $4s^2$ 电子已成对。

$I_1(Cs) < I_1(Au)$，因为 Au 的 E 较 Cs 的小。

$I_1(At) < I_1(Rn)$，因为 Rn 的 E 较 At 的小且具有 8 电子稳定结构。

(五) 计算题

1.
$$c(OH^-) = K_b^\ominus \times \frac{c(NH_3)}{c(NH_4^+)} = 1.8\times10^{-5}\times\frac{0.10}{0.10} = 1.8\times10^{-5}(mol\cdot L^{-1})$$

$$pOH = 4.74$$

$$pH = 14 - 4.74 = 9.26$$

$$c(Mg^{2+})\cdot c(OH^-)^2 = 0.01\times(1.8\times10^{-5})^2 = 3.24\times10^{-12} < 1.2\times10^{-11}$$

故无沉淀生成。

2. (1) 与此有关的两个半电池反应为

$$BrO_3^- + 6H^+ + 5e^- = \frac{1}{2}Br_2 + 3H_2O \qquad \varphi_1^\ominus = 1.52V$$

$$\frac{1}{2}Br_2(l) + e^- = Br^- \qquad \varphi_2^\ominus = 1.087V$$

$$\lg K^\ominus = \frac{n(\varphi_1^\ominus - \varphi_2^\ominus)}{0.0592} = \frac{5\times(1.52-1.09)}{0.0592} = 36.44$$

$$K^\ominus = 2.8\times10^{36}$$

(2)
$$K^\ominus = \frac{c^3(Br_2)}{c(BrO_3^-)\cdot c^5(Br_2)\cdot c^6(H^+)}$$

$$c(H^+) = 10^{-7}mol\cdot L^{-1},\ c(Br_2) = 0.70mol\cdot L^{-1},\ c(BrO_3^-) = 0.1000mol\cdot L^{-1}$$

将 $K^\ominus$ 值及其他有关数据代入，

$$2.8\times10^{36} = \frac{c^3(Br_2)}{0.10\times0.70^5\times(10^{-7})^6}$$

$$c(Br_2) = 3.6\times10^{-3}mol\cdot L^{-1}$$

3. 本题为双指示剂法。

(1) $V_1 > V_2$，样品中含有 Na_2CO_3 和 NaOH。

(2) $w(Na_2CO_3) = c(HCl)\cdot V_2\cdot M(Na_2CO_3)/m = 0.500\times5.00\times10^{-3}\times106.0/1.200 = 0.2208$

$w(NaOH) = c(HCl)\cdot(V_1-V_2)\cdot M(NaOH)/m = 0.500\times(30.00-5.00)\times40.01\times10^{-3}/1.200 = 0.4618$

4.
$$1L\text{ 水中钙的含量} = \frac{0.010\,00\times12.62\times40.08\times1000}{100.0} = 50.58(mg)$$

$$1L\text{ 水中镁的含量} = \frac{0.010\,00\times(18.90-12.62)\times24.31}{100.0}\times1000 = 15.27(mg)$$

$$CaO(mg\cdot L^{-1}) = \frac{0.010\,00\times18.90\times56.08}{100.0}\times1000 = 106.0$$

模拟试卷V

(一) 选择题

1. C 2. D 3. B 4. D 5. B 6. D 7. D 8. B 9. C 10. B 11. A 12. B 13. A 14. A 15. A

16. C　17. C　18. C　19. A　20. C

(二) 填空题

1. 109　2. 1/6　3. 氢键　4. $cK_a^{\ominus} \geqslant 10^{-8}$　5. NaOH、Na_2CO_3　6. 1.77×10^{-7}　7. 小　8. 5.640×10^{-3}　9. >　10. −0.441　11. V 形；sp^3 不等性杂化

(三) 简答题

1. 双氧水分解放出氧气，$\Delta_r S_m$ 大于 0；该反应为放热反应，$\Delta_r H_m$ 小于 0；由 $\Delta_r G_m = \Delta_r H_m - T\Delta_r S_m$ 可知，在任何温度下，$\Delta_r G_m$ 均小于 0；故双氧水在任何温度下均可自发分解。

2. $[Ni(CN)_4]^{2-}$ 的中心离子以 dsp^2 进行杂化，内部电子全部配对，为内轨型配合物；而 $[Ni(NH_3)_4]^{2+}$ 的中心离子以 sp^3 进行杂化，内部电子未完全配对，为外轨型配合物。内轨型配合物表现为反磁性，外轨型配合物表现为顺磁性，因此，$[Ni(CN)_4]^{2-}$ 为反磁性的，$[Ni(NH_3)_4]^{2+}$ 为顺磁性的。

(四) 计算题

1. 在下列两个平衡中都有 NH_3 参与。生成 OH^- 消耗的 NH_3 与 $[Cu(NH_3)_4]^{2+}$ 离解生成 NH_3 的量都很小，与 NH_3 的初始浓度相比均可忽略。故在两个平衡中都采用近似值 $0.05 mol \cdot L^{-1}$(0.10/2)进行计算。

$$NH_3 + H_2O \rightleftharpoons NH_4^+ + OH^-$$

$$Cu^{2+} + 4NH_3 \rightleftharpoons [Cu(NH_3)_4]^{2+}$$

$$c(OH^-) = K_b^{\ominus} \cdot \frac{c(\text{碱})}{c(\text{酸})} = 1.8 \times 10^{-5} \times \frac{0.10/2}{0.20/2} = 9.0 \times 10^{-6} (mol \cdot L^{-1})$$

$$K_f^{\ominus} = \frac{c\{[Cu(NH_3)_4]^{2+}\}}{c(Cu^{2+}) \cdot c^4(NH_3)}$$

$$c(Cu^{2+}) = \frac{c\{[Cu(NH_3)_4]^{2+}\}}{K_f^{\ominus} \cdot c^4(NH_3)} = \frac{0.10/2}{2.1 \times 10^{13} \times (0.1/2)^4} = 3.8 \times 10^{-10} (mol \cdot L^{-1})$$

$$Q = [c(Cu^{2+})/c^{\ominus}] \cdot [c(OH^-)/c^{\ominus}]^2 = 3.8 \times 10^{-10} \times (9 \times 10^{-6})^2 = 3.1 \times 10^{-20} > K_{sp}^{\ominus}[Cu(OH)_2]$$

故有 $Cu(OH)_2$ 沉淀产生。

2. $KMnO_4$ 与 $KHC_2O_4 \cdot H_2O$ 的反应为

$$2MnO_4^- + 5H_2C_2O_4 + 6H^+ \rightleftharpoons 2Mn^{2+} + 10CO_2\uparrow + 8H_2O$$

$$\Delta n(KMnO_4) = 2\Delta n(KHC_2O_4 \cdot H_2O)/5$$

$KHC_2O_4 \cdot H_2O$ 与 NaOH 的反应为

$$HC_2O_4^- + OH^- \rightleftharpoons C_2O_4^{2-} + H_2O$$

$$\Delta n(KHC_2O_4 \cdot H_2O) = \Delta n(NaOH)$$

因为上述两反应中 $KHC_2O_4 \cdot H_2O$ 质量相等，所以

$$\Delta n(KMnO_4) = 2\Delta n(NaOH)/5$$

$$c(KMnO_4) = \frac{2c(NaOH) \cdot V(NaOH)}{5V(KMnO_4)} = \frac{2 \times 0.2000 \times 20.00 \times 10^{-3}}{5 \times 25.00 \times 10^{-3}} = 0.064\,00 (mol \cdot L^{-1})$$

3. 正极电极反应为

$$Ag^+ + e^- \rightleftharpoons Ag$$

$$\varphi_{(+)} = \varphi^{\ominus}(AgCl/Ag) + 0.0592 \lg c(Ag^+) = 0.800 + 0.0592\lg(0.10) = 0.741(V)$$

负极电极反应为

$$Ag + Cl^- \longequal AgCl + e^-$$

$$\varphi_{(-)} = \varphi^{\ominus}(AgCl/Ag) = \varphi^{\ominus}(Ag^+/Ag) + 0.0592 \lg c(Ag^+) = 0.800 + 0.0592 \lg K_{sp}^{\ominus}$$

原电池电动势 $E = \varphi_{(+)} - \varphi_{(-)}$，则

$$0.519 = 0.741 - (0.800 + 0.0592 \lg K_{sp}^{\ominus})$$

解得

$$K_{sp}^{\ominus} = 1.71 \times 10^{-10}$$

模拟试卷Ⅵ

(一) 选择题

1. C　2. C　3. D　4. A　5. B　6. B　7. D　8. D　9. C　10. D　11. D　12. B　13. C　14. A　15. B　16. D　17. A　18. A　19. D　20. B

(二) 判断题

1. √　2. ×　3. ×　4. ×　5. √　6. √　7. √　8. ×　9. ×　10. √

(三) 填空题

1. 0.012　2. 始、终态　3. 40.69; 40.69　4. 历程; 活化能　5. 1∶1　6. $[Co(en)_2Cl_2]NO_3$　7. 硫酸　8. AgI　9. 内壁均匀润湿，不挂水珠　10. 光源　11. 2　12. M^+；歧化反应　13. 越灵敏

(四) 简答题

1. CH_4 分子中键角最大，H_2O 分子中键角最小。CH_4、NH_3、H_2O 分子中的中心原子 C、N 和 O 均采用 sp^3 杂化，形成 4 个 sp^3 杂化轨道，其中 C 为等性 sp^3 杂化，而 N、O 为不等性 sp^3 杂化，分别含有 1、2 对孤对电子，对成键轨道有排斥压缩作用，所以 H_2O 分子中键角最小，CH_4 分子中键角最大。

2. 正极　　$Ag^+ + e^- \longequal Ag$

负极　　$H_2 - 2e^- \longequal 2H^+$

电池反应　　$2Ag^+ + H_2 \longequal 2Ag + 2H^+$

$$\varphi_{(+)} = \varphi^{\ominus}(Ag^+/Ag) + 0.0592 \lg c(Ag^+) \qquad \varphi_{(-)} = \varphi(H^+/H_2) = 0$$

$$E = \varphi^{\ominus}(Ag^+/Ag) + 0.0592 \lg c(Ag^+)$$

$$(-)Pt|H_2(100kPa)|H^+(1mol \cdot L^{-1})||Ag^+(c\ mol \cdot L^{-1})|Ag(+)$$

(五) 计算题

1. 已知　　$c(Mg^{2+}) = 0.10mol \cdot L^{-1}$　　$c(NH_3) = 0.050mol \cdot L^{-1}$

$K_{sp}^{\ominus}[Mg(OH)_2] = 1.8 \times 10^{-11}$　　$K_b^{\ominus}(NH_3) = 1.8 \times 10^{-15}$

$$Mg^{2+} + 2OH^- \longequal Mg(OH)_2$$

$$NH_3 + H_2O \longequal NH_4^+ + OH^-$$

$$c(OH^-) = \sqrt{K_b^{\ominus} c(NH_3)} = \sqrt{1.8 \times 10^{-5} \times 0.050} = 9.5 \times 10^{-4}(mol \cdot L^{-1})$$

$$Q = c(Mg^{2+}) \cdot c^2(OH^-) = 0.25 \times 9.5 \times 10^{-4} = 2.3 \times 10^{-7} > K_{sp}^{\ominus}[Mg(OH)_2]$$

所以，有沉淀生成为了不生成沉淀，则

$$c(OH^-) < \sqrt{\frac{K_{sp}^{\ominus}}{c(Mg^{2+})}} = \sqrt{\frac{1.8 \times 10^{-11}}{0.25}} = 8.5 \times 10^{-6}(mol \cdot L^{-1})$$

$$c(NH_4^+) = K_b^{\ominus}(NH_3) \times \frac{c(NH_3)}{c(OH^-)} = 1.8 \times 10^{-5} \times \frac{0.050}{8.5 \times 10^{-6}} = 0.11(mol \cdot L^{-1})$$

至少应加入 NH_4Cl 的质量 $m(NH_4Cl) = 0.11 \times 0.40 \times 53.2 = 2.4(g)$，才不会生成沉淀。

2.

$$\xi = \Delta n(B)/\nu(B) = (-0.25)/(-1) = 0.25(mol)$$

$$\Delta_r H_m^{\ominus} = \Delta H^{\ominus}/\xi = -8817/0.25 = -3268(kJ \cdot mol^{-1})$$

$$\Delta_r U_m^{\ominus} = \Delta_r H_m^{\ominus} - \Delta nRT = -3268-(6-15/2) \times 8.314 \times 10^{-3} \times 298.15 = -3264(kJ \cdot mol^{-1})$$

3. 设 $KMnO_4$ 或 $K_2Cr_2O_7$ 的质量为 m g。主要反应方程式为

$$Cr_2O_7^{2-} + 6I^- + 14H^+ = 2Cr^{3+} + 3I_2 + 7H_2O$$

$$MnO_4^- + 5I^- + 8H^+ = Mn^{2+} + \frac{5}{2}I_2 + 4H_2O$$

$$I_2 + 2S_2O_3^{2-} = 2I^- + S_4O_6^{2-}$$

由方程式可得

$$n(Cr_2O_7^{2-}) = \frac{1}{3}n(I_2) = \frac{1}{6}n(S_2O_3^{2-})$$

$$n(MnO_4^-) = \frac{2}{5}n(I_2) = \frac{1}{5}n(S_2O_3^{2-})$$

则

$$6\,n(Cr_2O_7^{2-}) + 5n(MnO_4^-) = c(S_2O_3^{2-}) \cdot V(S_2O_3^{2-})$$

$$6m/M(Cr_2O_7^{2-}) + 5m/M(MnO_4^-) = c(S_2O_3^{2-}) \cdot V(S_2O_3^{2-})$$

$$6m/294.19 + 5m/158.04 = 0.1000 \times 30.00/1000$$

$$m = 0.057\,66g$$

$KMnO_4$ 消耗的 $Na_2S_2O_3$ 体积为

$$1000 \times 5n(MnO_4^-)/c(S_2O_3^{2-}) = 5 \times 0.057\,66 \times 1000/(158.04 \times 0.100\,00) = 18.24(mL)$$

$K_2Cr_2O_7$ 消耗的 $Na_2S_2O_3$ 体积为

$$30.00-18.24 = 11.76(mL)$$

模拟试卷Ⅶ

(一) 选择题

1. B　2. A　3. A　4. C　5. C　6. A　7. C　8. C　9. C　10. B　11. A　12. B　13. C　14. D　15. D　16. A　17. B　18. C　19. D　20. A　21. B　22. B　23. C　24. D　25. B

(二) 判断题

1. √　2. ×　3. √　4. √　5. √　6. ×　7. √　8. √　9. ×　10. ×　11. ×　12. √　13. √　14. ×

(三) 填空题

1. 误差；偏差 2. 始态；终态 3. 五氰 · 一羰基合铁(Ⅱ)酸钾；+2；6 4. 最后一位；四 5. I_2的挥发；I^-的氧化 6. 光源；单色器 7. 指示电极；参比电极 8. $\varphi = \varphi^{\ominus} + \frac{0.0592}{5}\lg\frac{c(MnO_4^-) \cdot c^8(H^+)}{c(Mn^{2+})}$ 9. sp^3；正四面体 10. $A = \varepsilon bc$ 11. 海水的渗透压高于鱼体的渗透压 12. $H_2PO_4^-$；$H_2PO_4^{2-}$；缓冲作用，稳定 pH 13. 防止水解生成 $Sn(OH)_2$； 防止 Sn^{2+}被氧化成 Sn^{4+} 14. 20mL 15. HY<HZ<HX

(四) 计算题

1. $$\Delta_r H_m^{\ominus} = \Delta_f H_m^{\ominus}(H_2O，l) - \Delta_f H_m^{\ominus}(H_2O_2，l) = -285.8 - (-187.8) = -98.0(kJ \cdot mol^{-1})$$

$$\Delta_r S_m^{\ominus} = S_m^{\ominus}(H_2O，l) + 1/2\, S_m^{\ominus}(O_2，g) - S_m^{\ominus}(H_2O_2，l) = 69.91 + (1/2) \times 205.03 - 109.6 = 62.82(J \cdot mol^{-1} \cdot K^{-1})$$

H_2O_2的分解反应属于放热熵增加过程，任何时候都自发(正向)。

根据公式 $\Delta_r G_m^{\ominus} = \Delta_r H_m^{\ominus} - T\Delta_r S_m^{\ominus}$，298.15K 时

$$\Delta_r G_m^{\ominus} = -98.0 - 298.15 \times 62.82 \times 10^{-3} = -116.7(kJ \cdot mol^{-1}) < 0$$

反应正向自发。

263.15K 时

$$\Delta_r G_m^{\ominus} = -98.0 - 263.15 \times 62.82 \times 10^{-3} = -114.5(kJ \cdot mol^{-1}) < 0$$

同样正向自发。

2. 刚刚有白色沉淀生成时

$$K_{sp}^{\ominus}(AgCl) = c(Ag^+) \times c(Cl^-)$$

$$1.6 \times 10^{-10} = c(Ag^+) \times 0.05$$

$$c(Ag^+) = 3.2 \times 10^{-9} mol \cdot L^{-1}$$

设 $c(NH_3) = x\ mol \cdot L^{-1}$

	Ag^+	+	$2NH_3$	══	$[Ag(NH_3)_2]^+$
平衡浓度/($mol \cdot L^{-1}$)	3.2×10^{-9}		x		$0.05 - 3.2 \times 10^{-9} \approx 0.05$

$$K_f^{\ominus}\{[Ag(NH_3)_2]^+\} = c\{[Ag(NH_3)_2]^+\}/[c(Ag^+) \cdot c^2(NH_3)]$$

$$1.7 \times 10^7 = 0.05/(3.2 \times 10^{-9} \cdot x^2)$$

$$x = 0.96 mol \cdot L^{-1}$$

$$c(NH_3) = 0.96 mol \cdot L^{-1}$$

$$c(NH_4^+) = 3.0 - 0.96 = 2.04(mol \cdot L^{-1})$$

构成缓冲溶液。

$$c(OH^-) = K_b^{\ominus}\frac{c_b}{c_s} = 1.8 \times 10^{-5}\frac{0.96}{2.04} = 8.47 \times 10^{-6}(mol \cdot L^{-1})$$

换算得

$$pH = 8.9$$

3. 因为 $V_1 > V_2$，所以该混合碱的组成是 Na_2CO_3 和 NaOH。

Na_2CO_3 的质量分数：

$$w(Na_2CO_3) = cV_2M(Na_2CO_3)/m = 0.1000 \times 0.008\,00 \times 105.99/0.2042 = 41.52\%$$

NaOH 的质量分数：

$$w(NaOH) = c(V_1 - V_2)M(NaOH)/m = 0.1000 \times (0.024\,04 - 0.008\,00) \times 40.01/0.2042 = 31.43\%$$

模拟试卷Ⅷ

(一) 选择题

1. A　2. C　3. D　4. D　5. B　6. C　7. C　8. B　9. C　10. B　11. C　12. D　13. A　14. A　15. B　16. D　17. C　18. D　19. D　20. C

(二) 判断题

1. ×　2. ×　3. ×　4. √　5. ×　6. ×　7. √　8. √　9. √　10. √

(三) 填空题

1. $\{(AgBr)_m \cdot nBr^- \cdot (n-x)K^+\}^{x-} \cdot xK^+$　2. $\Delta_f H_m^\ominus = \Delta_r H_m / \xi = -600 kJ \cdot mol^{-1}$　3. NaOH、HCl、$KMnO_4$、$Na_2S_2O_3 \cdot 5H_2O$　4. <；<　5. 四(硫氰根)·二氨合铬(Ⅲ)酸铵　6. AgBr　7. $6.0 \times 10^5 g \cdot mol^{-1}$　8. 77.6 %；0.11

(四) 简答题

1. 因为生理盐水与体液为等渗溶液，而纯水为低渗溶液，使用纯水会导致红细胞膨胀。

2. 只有两个 pH 突跃。分别选择甲基红和酚酞作指示剂。因为 $cK_{a_1}^\ominus \geqslant 10^{-8}$，$cK_{a_2}^\ominus = 10^{-8}$，$cK_{a_3}^\ominus < 10^{-8}$；且 $\dfrac{K_{a_1}^\ominus}{K_{a_2}^\ominus} > 10^4$，$\dfrac{K_{a_2}^\ominus}{K_{a_3}^\ominus} > 10^4$。

显然只能滴定至第一、第二计量点，不能滴定至第三计量点，所以只有两个 pH 突跃。

又因为第一计量点时：

$$c(H^+) = \sqrt{K_{a_1}^\ominus \cdot K_{a_2}^\ominus} = \sqrt{7.52\times10^{-3}\times6.23\times10^{-8}} = 2.2\times10^{-5}(mol\cdot L^{-1})$$

pH = 4.66 接近甲基红的 $pK_a^\ominus(HIn)$，故选择甲基红作指示剂。

而第二计量点时：

$$c(H^+) = \sqrt{K_{a_2}^\ominus \cdot K_{a_3}^\ominus} = \sqrt{6.23\times10^{-8}\times4.4\times10^{-13}} = 1.7\times10^{-10}(mol\cdot L^{-1})$$

pH = 9.78 接近酚酞的 $pK_a^\ominus(HIn)$，故选择酚酞作指示剂。

(五) 计算题

1. 设该溶液中 $c(Cu^{2+})$为 x mol · L^{-1}，则

$$\begin{array}{ccccc} Cu^{2+} & + & 4NH_3 & = & [Cu(NH_3)_4]^{2+} \\ x & & 0.10+4x\approx0.10 & & 0.010-x\approx0.010 \end{array}$$

$$K_f^\ominus = \frac{c\{[Cu(NH_3)_4]^{2+}\}}{c(Cu^{2+})\cdot c^4(NH_3)} = \frac{0.010}{x(0.10)^4} = 2.1\times10^{13}$$

$$x = c(Cu^{2+}) = 4.76\times10^{-12} mol\cdot L^{-1}$$

$$c(OH^-) = \sqrt{c(NH_3)\cdot K_b^\ominus} = \sqrt{0.10\times1.77\times10^{-5}} = 1.33\times10^{-3}(mol\cdot L^{-1})$$

$$Q = 4.76\times10^{-12}\times(1.33\times10^{-3})^2 = 8.42\times10^{-18}$$

因为 $Q > K_{sp}^\ominus$，所以混合溶液中有 $Cu(OH)_2$ 沉淀生成。

$$K_J^\ominus = K_f^\ominus(Na_2S_2O_3)\cdot K_{sp}^\ominus$$

2. 当温度为 298.15K 时

$$\Delta_r H_m^\ominus(298K) = -110.52 + (-241.82) - (-393.51) = 41.17(kJ \cdot mol^{-1})$$

$$\Delta_r S_m^\ominus(298K) = 197.56 + 188.72 - 213.6 - 130.57 = 42.11(J \cdot mol^{-1} \cdot K^{-1})$$

当温度为 873K 时

$$\Delta_r G_m^\ominus(873K) = \Delta_r H_m^\ominus(298\ K) - T\Delta_r S_m^\ominus(298K) = 41.17 - 873 \times 42.11 \times 10^{-3} = 4.41(kJ \cdot mol^{-1})$$

因为 $$\Delta_r G_m^\ominus = -2.303RT\lg K^\ominus$$

$$\lg K^\ominus(873K) = \frac{4.41 \times 10^3}{-2.303 \times 8.314 \times 873}$$

所以 $$K^\ominus(873K) = 0.54$$

$$Q = \frac{[p(CO)/p^\ominus]\cdot[p(H_2O)/p^\ominus]}{[p(CO_2)/p^\ominus]\cdot[p(H_2)/p^\ominus]} = \frac{72^2}{172^2} = 0.358$$

因为 $Q < K^\ominus$，所以在此条件下该反应正向进行。

3. (1) 设 BOH 的摩尔质量为 M，则

$$32.80 \times 0.1000 \times 10^{-3} = \frac{0.4000}{M}$$

$$M = \frac{0.4000 \times 1000}{32.80 \times 0.1000} = 122.0(g \cdot mol^{-1})$$

(2) $$pOH = pK_b^\ominus + \lg\frac{c(B^+)}{c(BOH)}$$

因为 $$c(B^+) = c(BOH)$$

所以 $$pK_b^\ominus = POH = 14.00 - 7.50 = 6.50$$

$$K_b^\ominus = 3.2 \times 10^{-7}$$

(3) 因为 $$c(B^+) = \frac{0.1000 \times 32.80}{32.80 + 50.0} = 0.0400(mol \cdot L^{-1})$$

$$c(H^+) = \sqrt{\frac{K_w^\ominus}{K_b^\ominus}\cdot c(B^+)} = \sqrt{\frac{1.0 \times 10^{-14}}{3.2 \times 10^{-7}} \times 0.0400} = 3.5 \times 10^{-5}(mol \cdot L^{-1})$$

$$pH = 4.5$$

(4) 指示剂为甲基红。

4. (1) $Pt, Cl_2(p^\ominus)\left|Cl^-(1.0mol \cdot L^{-1})\right\|MnO_4^-(1.0mol \cdot L^{-1})$，$Mn^{2+}(1.0mol \cdot L^{-1})$，$H^+(1.0mol \cdot L^{-1})\left|Pt\right.$

(2) 正极： $$MnO_4^- + 8H^+ + 5e^- = Mn^{2+} + 4H_2O$$

负极： $$2Cl^- - 2e^- = Cl_2$$

电池反应： $$2MnO_4^- + 10Cl^- + 16H^+ = 2Mn^{2+} + 5Cl_2 + 8H_2O$$

$$E^\ominus = \varphi_{(+)}^\ominus - \varphi_{(-)}^\ominus = 1.51 - 1.36 = 0.15(V)$$

(3) $$\Delta_r G_m^\ominus = -nFE^\ominus = -10 \times \frac{96\,485}{1000} \times 0.15 = -145(kJ \cdot mol^{-1})$$

$$\lg K^\ominus = nE^\ominus / 0.0592 = \frac{10 \times 0.15}{0.0592} = 25.34 \qquad K^\ominus = 2.19 \times 10^{25}$$

(4) $$E = E^\ominus + \frac{0.0592}{10}\lg c(H^+)^{16} = 0.15 + \frac{0.0592}{10}\lg(1.0 \times 10^{-2})^{16} = -0.039(V)$$

(5) $K^\ominus$ 不变

$$\Delta_r G_m = -nFE = -10\times\frac{96\,485}{1000}\times(-0.039) = 38(kJ\cdot mol^{-1})$$

研究生入学考试模拟试卷 I

(一) 选择题

1. B　2. B　3. C　4. A　5. C　6. D　7. D　8. A　9. B　10. B　11. B　12. A　13. A　14. A　15. D　16. A　17. C　18. B　19. C　20. D

(二) 判断题

1. ×　2. √　3. ×　4. √　5. √　6. ×　7. ×　8. ×　9. √　10. ×

(三) 填空题

1. 氯化二氯 · 四氨合钴(III)；　三硝基 · 三氨合镍(Ⅲ)　2. 248kPa　3. Q　4. 分子间(氢键)；分子内(氢键)　5. 简并(等价)　6. 二　7. $K_1^\ominus \cdot K_2^\ominus$　8. 1.1×10^{-12}　9. pH = 4±1(3～5)　10. 4.93　11. 中心离子；配位体　12. $KMnO_4$

(四) 计算题

1. $\frac{1}{4}$(①−②)得

$$\frac{1}{2}O_2(g)+\frac{1}{2}N_2(g) = NO(g)$$

$$\Delta_r H_m^\ominus(NO，g) = \frac{1}{4}[\Delta_r H_m^\ominus① - \Delta_r H_m^\ominus②] = 90(kJ\cdot mol^{-1})$$

2.
$$AgBr + 2S_2O_3^{2-} = [Ag(S_2O_3)_2]^{3-} + Br^-$$

平衡时 $c/(mol\cdot L^{-1})$　　x　　0.10　　0.10

$$K_J^\ominus = K_f^\ominus\{[Ag(S_2O_3)_2]^{3-}\}\cdot K_{sp}^\ominus(AgBr) = 2.9\times10^{13}\times5.4\times10^{-13} = 16$$

$$x = 0.025mol\cdot L^{-1}$$

反应中消耗 $S_2O_3^{2-}$ 0.20mol，故 $Na_2S_2O_3$ 溶液的最小浓度应为 $0.23mol\cdot L^{-1}$。

3.
$$\ln\frac{K_2^\ominus}{K_1^\ominus} = \frac{-\Delta_r H_m^\ominus}{R}\left(\frac{1}{T_2}-\frac{1}{T_1}\right)$$

$$\ln\frac{50}{32} = \frac{-\Delta_r H_m^\ominus}{8.314}\left(\frac{1}{308}-\frac{1}{298}\right)$$

$$\Delta_r H_m^\ominus = 34(kJ\cdot mol^{-1})$$

$$\Delta_r G_m^\ominus = -RT\ln K^\ominus = -8.314\times298\times\ln32 = -8.59(kJ\cdot mol^{-1})$$

$$\Delta_r G_m^\ominus = \Delta_r H_m^\ominus - T\Delta_r S_m^\ominus$$

$$-8.59 = 34 - 298\Delta_r S_m^\ominus$$

$$\Delta_r S_m^\ominus = 143(J\cdot mol^{-1}\cdot K^{-1})$$

4.
$$MnO_4^- + 5Fe^{2+} + 8H^+ = Mn^{2+} + 5Fe^{3+} + 4H_2O$$

$$T(Fe/MnO_4^-) = \frac{c(MnO_4^-)\cdot M(5Fe)}{1000} = \frac{5\times0.02484\times55.85}{1000} = 6.937\times10^{-3}(g\cdot mL^{-1})$$

$$T(Fe_2O_3/MnO_4^-)=\frac{c(MnO_4^-)\cdot M\left(\frac{5}{2}Fe_2O_3\right)}{1000}=\frac{\frac{5}{2}\times 0.02484\times 159.69}{1000}=9.917\times 10^{-3}(g\cdot mL^{-1})$$

5.
$$H_2C_2O_4+2NaOH = Na_2C_2O_4+2H_2O$$
$$c(H_2C_2O_4)=0.5\,c\,(NaOH)\cdot V(NaOH)/V(H_2C_2O_4)=0.050\ 00(mol\cdot L^{-1})$$
$$2MnO_4^-+5C_2O_4^{2-}+16H^+ = 2Mn^{2+}+10CO_2+8H_2O$$
$$n(MnO_4^-)=\frac{2}{5}n(C_2O_4^{2-})$$
$$c\,(KMnO_4)=\frac{2}{5}\times 0.05000\times 20.00/20.00=0.020\ 00(mol\cdot L^{-1})$$

6. 因为
$$\Delta T_b=K_b\cdot b(B)=K_b\frac{m(B)}{M(B)\cdot m(A)}$$

在乙醇溶剂中，$1.13=1.19\times\frac{12.2}{M_1\times 100\times 10^{-3}}$；$M_1=128g\cdot mol^{-1}$。

在苯溶剂中，$1.21=2.53\times\frac{12.2}{M_2\times 100\times 10^{-3}}$；$M_2=255g\cdot mol^{-1}$。

因为 M_2 约为 M_1 的 2 倍，说明苯甲酸在乙醇中以单分子形式存在，而在苯中主要以双分子缔合形式存在。

研究生入学考试模拟试卷Ⅱ

(一) 选择题

1. D　2. A　3. C　4. B　5. D　6. C　7. B　8. B　9. A　10. B　11. D　12. A　13. B　14. B　15. A

(二) 填空题

1. H、S、p、G　2. 氯化二氯·二硝基合铁(III)；三氯·三氨合镍(Ⅱ)酸钾　3. 6；1∶1　4. –22　5. 取向力；诱导力；色散力；氢键　6. 主量子数、角量子数均相同的(能量相同的)　7. 基元　8. 360；200　9. pH = 5±1(或 4～6)　10. 2　11. $1s^22s^22p^63s^23p^63d^54s^1$　12. 单向性；重现性　13. HCO_3^-、H_2CO_3、NH_4^+、H_2O

(三) 简答题

1. 一个反应无论是一步完成还是几步完成，其反应热相同。

2. 电极与标准氢电极组成电池，其电动势的数值就是该电极的标准电极电势。

3. 蒸气压下降，沸点升高，凝固点降低，渗透压。适用于不挥发非电解质的稀溶液。

4. 光学性质(丁铎尔效应)、动力学性质(布朗运动)、电化学性质(扩散双电层)或多相性、大比表面、聚结不稳定性。

5. 与温度有关；与化学计量方程式的书写方式有关。

(四) 计算题

1.
$$\Delta_r H_m^\ominus=-435-(-200.8)-(-110)=-124.2(kJ\cdot mol^{-1})$$
$$\Delta_r S_m^\ominus=293-238-198=-143(J\cdot K^{-1}\cdot mol^{-1})$$

$$\Delta_r G_m^{\ominus} = \Delta_r H_m^{\ominus} - T\Delta_r S_m^{\ominus} = -124.2\times10^3 - 298\times(-143) = -81.6(\text{kJ}\cdot\text{mol}^{-1})$$

$$\Delta_r G_m^{\ominus} = -RT\ln K^{\ominus}\quad -81.6\times10^3 = 8.314\times298\ln K^{\ominus}\qquad K^{\ominus} = 2.00\times10^{14}$$

$$Q = \frac{p(CH_3COOH)/p^{\ominus}}{\left[p(CH_3OH)/p^{\ominus}\right]\cdot\left[p(CO)/p^{\ominus}\right]} = 1.48$$

因为 $Q < K^{\ominus}$，故此时反应正向进行。

2.
$$\ln\frac{k_2}{k_1} = \frac{-E_a}{R}\left(\frac{1}{T_2} - \frac{1}{T_1}\right)$$

$$\ln\frac{3.5\times10^{-5}}{1.3\times10^{-5}} = \frac{-E_a}{8.314}\left(\frac{1}{303} - \frac{1}{293}\right)$$

$$E_a = 79.17\text{kJ}\cdot\text{mol}^{-1}$$

$$\ln\frac{k_3}{3.5\times10^{-5}} = \frac{-79.17\times10^3}{8.314}\left(\frac{1}{323} - \frac{1}{303}\right)$$

$$k_3 = 2.7\times10^{-4}$$

3.
$$Ag^+ + 2NH_3 \rightleftharpoons [Ag(NH_3)_2]^+$$

$$x \qquad 1+x \qquad 0.01-x$$

$$\frac{0.01-x}{x(1+x)^2} = K_f^{\ominus} \approx \frac{0.01}{x}$$

$$x = c(Ag^+) = 1.1\times10^{-9}\text{mol}\cdot\text{L}^{-1}$$

$$Q = c(Ag^+)\cdot c(Cl^-) = 1.1\times10^{-9}\times10^{-3} = 1.1\times10^{-12} < K_{sp}^{\ominus}$$

故溶液中无 AgCl 沉淀生成。

4. (1)
$$Cu + 2H_2O + 4NH_3 = [Cu(NH_3)_4]^{2+} + 2OH^- + H_2$$

$$Cu\,|\,[Cu(NH_3)_4]^{2+},\ OH^-\,|\,H_2,\ Pt$$

(2)
$$E = \varphi^{\ominus}(H^+/H_2) - \varphi^{\ominus}\{[Cu(NH_3)_4]^{2+}/Cu\} = 0.030\text{V}$$

$$\varphi^{\ominus}(\{[Cu(NH_3)_4]^{2+}\}/Cu) = \varphi^{\ominus}(Cu^{2+}/Cu) = \frac{0.0592}{2}\lg K_f^{\ominus}\{[Cu(NH_3)_4]^{2+}\}$$

$$0.34 + \frac{0.592}{2}\lg\frac{1}{K_f^{\ominus}} = -0.030$$

$$K_f^{\ominus} = 3.2\times10^{12}$$

5. $V_2 > V_1$，说明体系为 Na_2CO_3 和 $NaHCO_3$。

$$w(Na_2CO_3) = c(HCl)\cdot V_1\cdot M(Na_2CO_3)/m = 0.1031\times23.10\times10^{-3}\times105.99/0.3065 = 0.8236$$

$$w(NaHCO_3) = c(HCl)\cdot(V_2 - V_1)\cdot M(NaHCO_3)/m = 0.1031\times(26.81-23.10)\times10^{-3}\times84.01/0.3065 = 0.1048$$

6. (1) 计算 Fe^{3+}定量沉淀完全所需溶液的最低 pH，有

$$c(OH^-) = \sqrt[3]{\frac{K_{sp}^{\ominus}[Fe(OH)_3]}{c(Fe^{3+})}} = \sqrt[3]{\frac{2.64\times10^{-39}}{10^{-6}}} = 1.38\times10^{-11}(\text{mol}\cdot\text{L}^{-1})$$

$$pH = 3.14$$

(2) 计算 Fe^{2+}不能生成 $Fe(OH)_2$ 沉淀时溶液的最高 pH，有

$$c(OH^-) = \sqrt{\frac{K_{sp}^{\ominus}[Fe(OH)_2]}{c(Fe^{2+})}} = \sqrt{\frac{4.87\times10^{-17}}{0.05}} = 3.12\times10^{-8}(\text{mol}\cdot\text{L}^{-1})$$

$$pH=6.49$$

即溶液 pH 应控制在 3.14～6.49 时可将 Fe^{3+}沉淀完全而不生成 $Fe(OH)_2$ 沉淀。

研究生入学考试模拟试卷Ⅲ

(一) 选择题

1. B 2. C 3. B 4. A 5. C 6. A 7. B 8. A 9. B 10. B 11. C 12. A 13. C 14. D 15. B 16. C 17. C 18. A 19. D 20. D

(二) 判断题

1. × 2. × 3. √ 4. × 5. √ 6. × 7. × 8. √ 9. × 10. ×

(三) 填空题

1. U、H、G 2. $v = k \cdot c(NO) \cdot c(CO)$；二 3. 2；3 4. 小 5. 准确；精密 6. 5.080×10^{-3} 7. sp^2；平面三角形；不等性 sp^3；V 字形 8. $\varphi^{\ominus}(MnO_4^-/Mn^{2+}) - (0.0592/5) \cdot \lg[c(Mn^{2+})/(c^8(H^+) \cdot c(MnO_4^-)]$ 9. $0kJ \cdot mol^{-1}$ 10. 色散力、诱导力和取向力、氢键；色散力、诱导力 11. 8.49×10^{-5}

(四) 简答题

1. 中和铵盐中少量的硫酸宜用甲基橙(或甲基红)作指示剂；中和甲醛中少量的甲酸宜用酚酞作指示剂。因为铵盐呈酸性，其 pH 在 5 左右，而甲基橙的变色范围在 3.1～4.4，可以保证将硫酸中和完全又不会使铵离子产生损失，因此可用甲基橙作指示剂；甲醛中含有少量甲酸，甲酸中和后的产物是其共轭碱 $HCOO^-$，其溶液呈碱性，pH 在 8～9，而酚酞的变色范围在 8～10，因此选用酚酞作指示剂是合适的。

2. 因为 pH=5.0 时，$\lg K^{\ominus\prime}(MgY) = \lg K(MgY) - \lg\alpha[Y(H)] = 8.69 - 6.45 = 2.24 < 8$，因此不能准确滴定。因为 pH=10.0 时，$\lg K^{\ominus\prime}(MgY) = \lg K(MgY) - \lg\alpha[Y(H)] = 8.69 - 0.45 = 8.24 > 8$，因此能准确滴定。

3. 活化能为 $48kJ \cdot mol^{-1}$ 的反应比活化能为 $180kJ \cdot mol^{-1}$ 的反应进行得快些。阿伦尼乌斯公式：$k = Ae^{-E_a/(RT)}$中 E_a 表示活化能，即反应所需克服的能垒，k 表示反应的速率常数。由阿伦尼乌斯公式可知，活化能 E_a 越大，反应所需克服的能垒越大，反应的速率常数 k 越小，反应速率越慢。加入正向催化剂，能加快较慢反应的反应速率。

(五) 计算题

1. 产生 PbI_2 沉淀需要 $c(Pb^{2+}) = K_{sp}^{\ominus}(PbI_2)/c^2(I^-) = 8.0 \times 10^{-3} mol \cdot L^{-1}$；产生 $PbSO_4$ 沉淀需要 $c(Pb^{2+}) = K_{sp}^{\ominus}(PbSO_4)/c(SO_4^{2-}) = 1.8 \times 10^{-7} mol \cdot L^{-1}$；因此 $PbSO_4$ 先沉淀。

当 SO_4^{2-} 沉淀完全时，溶液中 $c(Pb^{2+}) = K_{sp}^{\ominus}(PbSO_4)/c(SO_4^{2-}) = 1.8 \times 10^{-8}/10^{-6} = 1.8 \times 10^{-2}(mol \cdot L^{-1})$；此时 $c(I^-) = [K_{sp}^{\ominus}(PbI_2)/c(Pb^{2+})]^{1/2} = 6.7 \times 10^{-4} mol \cdot L^{-1}$。

2. (1)

$$\varepsilon = a \cdot M = 55.85 \times 1.97 \times 10^2 = 1.10 \times 10^4 (L \cdot mol^{-1} \cdot cm^{-1})$$

$\varepsilon_A > \varepsilon_B$，所以 A 法灵敏度高。

(2)

$$A = \varepsilon bc$$

$$c = A/\varepsilon b = 0.434/(1.10 \times 10^4 \times 1.0) = 4.0 \times 10^{-5} (mol \cdot L^{-1})$$

3. 根据题意，混合碱试样由 $NaHCO_3$ 和 Na_2CO_3 组成。

$$c(CO_3^{2-}) = 0.1000 \times 12.00/25.00 = 0.048\,00(mol \cdot L^{-1})$$

$$c(HCO_3^-) = 0.1000 \times (32.00-12.00 \times 2)/25.00 = 0.032\,00(mol \cdot L^{-1})$$

$$w(Na_2CO_3) = 0.048\,00 \times 250.00 \times 105.99/2.4000 = 0.5300$$

$$w(NaHCO_3) = 0.032\,00 \times 250.00 \times 84.01/2.4000 = 0.2800$$

$$c(H^+) = K_{a_2}^{\ominus} \times c(HCO_3^-)/c(CO_3^{2-}) = 5.61 \times 10^{-11} \times 0.032\,00/0.048\,00 = 3.74 \times 10^{-11}(mol \cdot L^{-1})$$

$$pH = -\lg 3.74 \times 10^{-11} = 10.427$$

研究生入学考试模拟试卷Ⅳ

(一) 选择题

1. C　2. B　3. D　4. A　5. C　6. B　7. C　8. D　9. D　10. C　11. A　12. D　13. A　14. A　15. C　16. B　17. A　18. B　19. A　20. B　21. A　22. A　23. B

(二) 判断题

1. √　2. ×　3. ×　4. √　5. √　6. √　7. ×　8. √　9. ×　10. √

(三) 填空题

1. 8.0～9.7　2. 10　3. 0.5　4. 0.003 704　5. −0.037　6. 一羟基·一草酸根·一水·一(乙二胺)合铬(Ⅲ)；$NH_4[Co(SCN)_4(NH_3)_2]$　7. $\dfrac{K_a^{\ominus 2}(HAc) \cdot K_{sp}^{\ominus}(PbS)}{K_{a_1}^{\ominus}(H_2S) \cdot K_{a_2}^{\ominus}(H_2S)}$　8. 0.118　9. 掩蔽 Fe^{3+}的黄色，使滴定终点变色敏锐　10. 控制酸度法　11. n；n、l

(四) 简答题

1. NaOH 吸收的 CO_2 在溶液中以 CO_3^{2-} 的形式存在，当用其滴定 H_3PO_4 至第一化学计量点时，该计量点的 pH 约为 4.7，此时溶液中的 CO_3^{2-} 又变为原来的 CO_2，因而对 H_3PO_4 浓度的分析结果不会产生影响。

2. 对硝基苯酚容易形成分子间氢键，使分子间作用力加强，而邻硝基苯酚主要形成分子内氢键，故其熔、沸点高于邻硝基苯酚。对硝基苯酚易于和水分子间形成氢键，故易溶于水，而邻硝基苯酚由于形成分子内氢键使分子极性减小，故易溶于苯。

(五) 计算题

1.
$$\bar{x} = 39.24\% \qquad RE = \frac{39.24 - 39.16}{39.16} \times 100\% = 0.20\%$$

$$R\bar{d} = \frac{\bar{d}}{\bar{x}} \times 100\% = \frac{\dfrac{0.050 + 0 + 0.040}{3}}{39.24} \times 100\% = 0.076\%$$

测定结果偏高的主要原因是系统误差。

2. (1) 正极：$Ag^+ + e^- = Ag$，负极：$Zn - 2e^- = Zn^{2+}$；$Zn + 2Ag^+ = 2Ag + Zn^{2+}$；$(-)\ Zn \mid Zn^{2+}(x\ mol \cdot L^{-1}) \parallel Ag^+(0.1mol \cdot L^{-1}) \mid Ag(+)$

(2) $$\varphi_{(+)} = \varphi^{\ominus}(Ag^+/Ag) + 0.0592\lg c(Ag^+) = 0.800 + 0.0592\lg 0.10 = 0.741(V)$$

$$\varphi_{(-)} = \varphi^{\ominus}(Zn^{2+}/Zn) + \frac{0.0592}{2}\lg c(Zn^{2+}) = -0.762 + (0.0592/2)\lg c(Zn^{2+})$$

$$E = \varphi_{(+)} - \varphi_{(-)} = 0.741 - [-0.762 + (0.0592/2)\lg c(Zn^{2+})] = 1.52(V)$$

$$c(Zn^{2+}) = 0.270\text{mol} \cdot L^{-1}$$

3. 因 $V_1>V_2>0$，故混合碱试样由 NaOH、Na_2CO_3 组成。

由题意知，与 Na_2CO_3 反应消耗盐酸的体积为 2 × 24.10mL，与 NaOH 反应消耗盐酸的体积为 31.45−24.10=7.35(mL)。

$$w(\text{NaOH}) = 0.2896 \times 7.35 \times 10^{-3} \times 40.00/0.8983 = 0.0948$$

$$w(Na_2CO_3) = 0.2896 \times 24.10 \times 10^{-3} \times 105.99/0.8983 = 0.8235$$

$$w(\text{惰性杂质}) = 1 - 0.8235 - 0.0948 = 0.0817$$

4. 混合后各物质浓度分别为 $c(NH_3) = 0.20\text{mol} \cdot L^{-1}$、$c(NH_4^+) = 0.10\text{mol} \cdot L^{-1}$、$c\{[Cu(NH_3)_4]^{2+}\} = 0.020\text{mol} \cdot L^{-1}$。

设混合溶液中 Cu^{2+}浓度为 $c(Cu^{2+})$，有

$$Cu^{2+} + 4NH_3 \rightleftharpoons [Cu(NH_3)_4]^{2+}$$

$$c(Cu^{2+}) \quad 0.2 \qquad\qquad 0.02$$

$$K_f^{\ominus} = \frac{c\{[Cu(NH_3)_4]^{2+}\}}{c(Cu^{2+})c^4(NH_3)}$$

$$c(Cu^{2+}) = \frac{0.020}{2.1 \times 10^{13} \times (0.20)^4} = 6.0 \times 10^{-13}(\text{mol} \cdot L^{-1})$$

$$NH_3 + H_2O \rightleftharpoons NH_4^+ + OH^-$$

$$c(OH^-) = K_b^{\ominus} \cdot \frac{c(NH_3)}{(NH_4^+)} = 1.8 \times 10^{-5} \times \frac{0.20}{0.10} = 3.6 \times 10^{-5}(\text{mol} \cdot L^{-1})$$

$$Q = c(Cu^{2+}) \cdot c^2(OH^-) = 6.0 \times 10^{-13} \times (3.6 \times 10^{-5})^2 = 7.8 \times 10^{-22}$$

因为 $Q < K_{sp}^{\ominus}[Cu(OH)_2] = 2.2 \times 10^{-20}$，故没有沉淀产生。

研究生入学考试模拟试卷Ⅴ

(一) 选择题

1. D 2. C 3. B 4. B 5. D 6. B 7. C 8. D 9. D 10. A 11.C 12. C 13. A 14. C 15. D 16. A 17. A 18. A 19. C 20. B

(二) 判断题

1. × 2. × 3. × 4. × 5. × 6. × 7. √ 8. × 9. √ 10. ×

(三) 填空题

1. 定温定压；不做有用功(或不做非体积功) 2. σ；π 3. 硫酸一氯·一氨·二(乙二胺)合铬(Ⅲ) 4. $\Delta_r G_m^{\ominus} = \sum \nu(B)\ \Delta_f G_m^{\ominus}$；$\Delta_r G_m^{\ominus} = -RT\ln K^{\ominus}$ 5. (−)Pt | $Fe^{2+}(c_1)$, $Fe^{3+}(c_2)$ ‖ $Cr_2O_7^{2-}(c_3)$, $Cr^{3+}(c_4)$, $H^+(c_5)$ | Pt(+) 6. $CaCl_2$；$C_6H_{12}O_6$ 7. $c(OH^-)=c(H^+)+c(HPO_4^{2-})+2c(H_2PO_4^-)+3c(H_3PO_4)$ 8. Na_3PO_4、NH_4Ac、NH_4Cl 9. H

(四) 简答题

1. 此碘量法为间接碘量法。

$$2Cu^{2+} + 4I^- = 2CuI\downarrow + I_2$$

$$(+)Cu^{2+} + I^- + e^- = CuI\downarrow$$

$$(-)2I^- - 2e^- = I_2$$

$$CuI = Cu^+ + I^-$$

在标准状态下： $c(Cu^+) = K_{sp}^{\ominus}(CuI) = 1.0\times10^{-12}mol\cdot L^{-1}$

$$\varphi_{(+)} = \varphi^{\ominus}(Cu^{2+}/CuI) = \varphi^{\ominus}(Cu^{2+}/Cu^+) - 0.0592\lg K_{sp}^{\ominus}(CuI) = 0.87V$$

$$\varphi_{(-)} = \varphi^{\ominus}(I_2/I^-) = 0.54V$$

$\varphi_{(+)} > \varphi_{(-)}$，所以此碘量法可行。

2. CH_4 中 C 采取 sp^3 等性杂化，所以是正面体构型。NH_3 中 N 采取 sp^3 不等性杂化，因有一孤对电子，三个 σ 键，为三角锥形。

(五) 计算题

1. 等体积混合后有

$$c(I^-) = 0.002mol\cdot L^{-1} \qquad c(Pb^{2+}) = 0.0025mol\cdot L^{-1}$$

$$Q = c^2(I^-)\cdot c(Pb^{2+}) = 0.002^2\times0.0025 = 1.0\times10^{-8}$$

$$Q > K_{sp}^{\ominus}(PbI_2) = 8.0\times10^{-9}$$

所以有 PbI_2 沉淀生成。

2.

$$A = -\lg T \qquad T = 10^{-A}$$

$$T_B - T_S = 10^{-0.700} - 10^{-1.000} = 20.0\% - 10.0\% = 10.0\%$$

若用 $0.0010mol\cdot L^{-1}$ 标准溶液作参比溶液，则

$$T_S = \frac{100\%}{20.0\%}\times10.0\% = 50.0\%$$

$$A_S = -\lg 50.0\% = 0.301$$

3. (1)

$$HLac + HCO_3^- = H_2CO_3 + Lac^-$$

$$K^{\ominus} = \frac{c(Lac^-)\cdot c(H_2CO_3)}{c(HLac)\cdot c(HCO_3^-)} = \frac{c(Lac^-)\cdot c(H_2CO_3)}{c(HLac)\cdot c(HCO_3^-)}\times\frac{c(H^+)}{c(H^+)} = \frac{K_a^{\ominus}(HLac)}{K_{a_1}^{\ominus}(H_2CO_3)} = \frac{8.4\times10^{-4}}{4.3\times10^{-7}} = 2.0\times10^3$$

(2) 对于 H_2CO_3-HCO_3^-缓冲对

$$pH = pK_{a_1}^{\ominus} - \lg(c_a/c_b) = -\lg(7.94\times10^{-7}) - \lg\frac{1.4\times10^{-3}}{2.7\times10^{-2}} = 6.10 - (-1.29) = 7.40$$

(人体血液 pH 在 7.35～7.45)

4. 据 $c(NH_3) = 0.30/(500.0\times10^{-3}) = 0.60(mol\cdot L^{-1})$，$c(Ag^+) = 0.40mol\cdot L^{-1}$，设平衡时 $c(NH_3)$为 x mol · L^{-1}，有

	Ag^+	$+ 2NH_3 =$	$[Ag(NH_3)_2]^+$
起始浓度/($mol\cdot L^{-1}$)	0.40	0.60	0
反应浓度/($mol\cdot L^{-1}$)	$(0.60-x)/2$	$0.60-x$	$(0.60-x)/2$
	$=0.30-x/2\approx0.30$		$=0.30-x/2\approx0.30$
平衡浓度/($mol\cdot L^{-1}$)	$0.40-(0.30-x/2)$	x	$0.30-x/2$
	≈0.10		≈0.30

$$K_f^{\ominus}\{[Ag(NH_3)_2]^+\} = c\{[Ag(NH_3)_2]^+\}/[c(Ag^+)\cdot c^2(NH_3)] = 0.30/[0.10x^2] = 1.0\times 10^7$$

$$x = 5.5\times 10^{-4}mol\cdot L^{-1}$$

平衡时

$$c(NH_3) = 5.5\times 10^{-4}mol\cdot L^{-1}$$

$$c(Ag^+) = 0.10mol\cdot L^{-1}$$

$$c\{[Ag(NH_3)_2]^+\} = 0.30mol\cdot L^{-1}$$

研究生入学考试模拟试卷Ⅵ

(一) 选择题

1. D 2. D 3. D 4. D 5. C 6. A 7. B 8. C 9. B 10. C 11. A 12. D 13. B 14. D 15. A 16. A

(二) 判断题

1. √ 2. √ 3. × 4. × 5. × 6. √ 7. × 8. × 9. × 10. √

(三) 填空题

1. $\{[AgI]_m\cdot nAg^+\cdot(n-x)I^-\}^{x+}\cdot xI^-$ 2. 增大；减小 3. 四氰合镍(Ⅱ)酸钾；+2；4 4. 3；2 5. $[Al(H_2O)_5(OH)]^{2+}$

(四) 简答题

结果偏低。因为 $H_2C_2O_4\cdot 2H_2O$ 基准物质长期保存于干燥器中，会失去部分结晶水，其摩尔质量小于 $M(H_2C_2O_4\cdot 2H_2O)$，但在计算时，仍用 $M(H_2C_2O_4\cdot 2H_2O)$，计算结果偏低。

(五) 计算题

1. 将反应(1)和(2)相加后得

$$MgO(s) + Cl_2 + C(s) \xlongequal{} MgCl_2(l) + CO(g)$$

所以 $$\Delta_r G^{\ominus}_{m_3} = (\Delta_r G^{\ominus}_{m_1} + \Delta_r G^{\ominus}_{m_2})/2 = (20.308-416.084)/2 = -197.888(kJ\cdot mol^{-1})$$

$$\lg K^{\ominus} = -\Delta_r G^{\ominus}_{m_3}/(2.303RT) = 197\,888/(2.303\times 8.314\times 1100) = 9.396$$

$$K^{\ominus} = 2.5\times 10^9$$

2. (1) $$Zn^{2+} + 2e^- \xlongequal{} Zn$$

$$\varphi(Zn^{2+}/Zn) = \varphi^{\ominus}(Zn^{2+}/Zn) + \frac{0.0592}{2}\lg[c(Zn^{2+})/c^{\ominus}] = -0.76 + \frac{00592}{2}\lg(0.5/1) = -0.769(V)$$

$$Ag^+ + e^- \xlongequal{} Ag$$

$$\varphi(Ag^+/Ag) = \varphi^{\ominus}(Ag^+/Ag) + 0.0592\lg[c(Ag^+)/c^{\ominus}] = 0.799V$$

因为 $$\varphi(Ag^+/Ag) > \varphi(Zn^{2+}/Zn)$$

所以 Zn^{2+}/Zn 为原电池的负极，Ag^+/Ag 为原电池的正极，该原电池的电池符号为

$$(-)Zn \mid Zn^{2+}(0.50mol\cdot L^{-1}) \parallel Ag^+(1mol\cdot L^{-1}) \mid Ag(+)$$

(2) $$E = \varphi(Ag^+/Ag) - \varphi(Cu^{2+}/Cu) = 0.799 - 0.337 = 0.462(V)$$

3. $$Cu^{2+} \quad + \quad 4NH_3 \quad = \quad [Cu(NH_3)_4]^{2+}$$

c(平)/$(mol \cdot L^{-1})$ $\quad x \quad 1+4x\approx1 \quad 1-x\approx1$

$$1/(x \times 1^4) = K_f^{\ominus} = 4.8 \times 10^{12}$$

$$x = 2.08 \times 10^{-13} mol \cdot L^{-1}$$

$$\varphi^{\ominus}\{[Cu(NH_3)_4]^{2+}/Cu\} = \varphi^{\ominus}(Cu^{2+}/Cu) + (0.0592/2)\lg[c(Cu^{2+})/c^{\ominus}]$$

$$= 0.337 + (0.0592/2)\lg(2.08 \times 10^{-13}) = -0.038(V)$$

4. 试样的组成为 NaOH、Na_2CO_3 及中性杂质。

$$w(Na_2CO_3) = \frac{c(HCl) \cdot V(HCl) \cdot M(Na_2CO_3)}{m} = \frac{0.1000 \times 10.00 \times 106.0 \times 10^{-3}}{0.2000} = 0.5300$$

$$w(NaOH) = \frac{c(HCl) \cdot [V_1(HCl) - V_2(HCl)] \cdot M(NaOH)}{m} = \frac{0.1000 \times (20.00 - 10.00) \times 40.00 \times 10^{-3}}{0.2000} = 0.2000$$

5. $$5mol\ Ca^{2+} \sim 5mol\ C_2O_4^{2-} \sim 2mol\ MnO_4^-$$

$$\rho(Ca) = \frac{\frac{5}{2} \cdot c(KMnO_4) \cdot V(KMnO_4) \cdot M(Ca)}{V_s} = \frac{\frac{5}{2} \times 0.02000 \times 13.25 \times 40.01 \times 10^{-3}}{\frac{5.00}{100} \times 20.00 \times 10^{-3}} = 26.5(g \cdot L^{-1})$$

6. $$c = A/b\varepsilon = 0.400/(1.00 \times 1.10 \times 10^4) = 3.64 \times 10^{-5}(mol \cdot L^{-1})$$

由题意，取 2.00mL 试液定容至 100.0mL，从中移取 2.00mL 显色定容至 50.00mL，因此试液中铁的含量为

$$\rho(Fe) = \frac{3.64 \times 10^{-5} \times 55.85 \times 50.00 \times 100.0}{2.00 \times 2.00} = 2.54(g \cdot L^{-1})$$

研究生入学考试模拟试卷Ⅶ

(一) 选择题

1. A　2. B　3. C　4. B　5. A　6. D　7. A　8. B　9. A　10. C　11. C　12. C　13. B　14. C　15. A　16. C　17. A　18. D　19. A　20. A

(二) 判断题

1. √　2. ×　3. ×　4. √　5. ×　6. √　7. ×　8. ×　9. √　10. ×

(三) 填空题

1. 葡萄糖；葡萄糖　2. 7～9　3. 正；负　4. $P_4S_3(s) + 8O_2(g) = P_4O_{10}(s) + 3SO_2(g)$　$\Delta_r H_m^{\ominus} = -3677kJ \cdot mol^{-1}$　5. $(-)Cu|Cu^{2+}(1mol \cdot L^{-1})||Cl^-(1mol \cdot L^{-1})|Cl_2(100kPa)|Pt(+)$　6. 低；正　7. H_2O 分子间有氢键；H_2Te 相对分子质量大于 H_2S，相应色散力大，沸点高　8. 二氯·二(乙二胺)合钴(Ⅱ)；Co^{2+}；en(乙二胺)和 Cl^-；6　9. 2　10. 4 个峰、3 个节面

(四) 简答题

1. 种植草莓时，由于不小心一次施肥过多，外渗浓度过大，草莓组织、细胞失水、干瘪和枯萎，所以叶

片枯黄。

2. 该反应气体物质的量减少，直观判断 $\Delta S < 0$，且可逆反应双向自发，ΔH 和 ΔS 符号相同，所以 $\Delta H<0$。根据热力学原理可以直接判断该反应是放热的。

3. $CHCl_3$ 和 NF_3 是其中的极性分子。$CHCl_3$ 是变形四面体；NF_3 是三角锥形。

(五) 计算题

1. (1) $\Delta_r H_m^\ominus = 2\,\Delta_f H_m^\ominus(NO) - \Delta_f H_m^\ominus(N_2) - \Delta_f H_m^\ominus(O_2) = 2 \times 90.25 - 0 - 0 = 180.5(kJ \cdot mol^{-1})$

$$\lg\frac{K_2^\ominus}{K_1^\ominus} = -\frac{\Delta_r H_m^\ominus}{R}\left(\frac{1}{T_2}-\frac{1}{T_1}\right)$$

$$\lg\frac{K_2^\ominus}{4.5\times10^{-31}} = -\frac{180.5}{8.314\times10^{-3}}\left(\frac{1}{500}-\frac{1}{298.15}\right)$$

$$K_2^\ominus = 0.112$$

(2) 汽车内燃机中汽油的燃烧温度可达 1575K，对于吸热反应，温度升高，平衡正向移动，该温度有利于 NO 的生成。

2. $\varphi(Cd^{2+}/Cd) = \varphi^\ominus(Cd^{2+}/Cd) + \frac{0.0592}{2}\lg c(Cd^{2+}) = -0.403 + \frac{0.0592}{2}\lg(1.00\times10^{-4}) = -0.521(V)$

(1) $E = \varphi^\ominus(Fe^{2+}/Fe) - \varphi(Cd^{2+}/Cd) = -0.447 - (-0.521) = 0.074(V)$

(2) 该电池反应是

$$Fe^{2+} + Cd = Fe + Cd^{2+}$$

$$E^\ominus = \varphi^\ominus(Fe^{2+}/Fe) - \varphi^\ominus(Cd^{2+}/Cd) = -0.447 - (-0.403) = -0.044(V)$$

$$E^\ominus = \frac{0.0592}{n}\lg K^\ominus$$

$$-0.044 = \frac{0.0592}{2}\lg K^\ominus$$

$$K^\ominus = 0.0326$$

3. (1) 设血红素的摩尔质量为 $M(B)$。

$$\pi = cRT \qquad 0.366 = \frac{1.00/M(B)}{0.100}\times 8.314\times 293.15 \qquad M(B) = 6.66\times10^4 g\cdot mol^{-1}$$

(2)
$$b(B) \approx c(B) = 1.00/6.66\times10^4/0.100 = 1.50\times10^{-4}(mol\cdot kg^{-1})$$

$$\Delta T_b = K_b \cdot b(B) = 0.512\times1.50\times10^{-4} = 7.68\times10^{-5}(K)$$

$$\Delta T_f = K_f \cdot b(B) = 1.86\times1.50\times10^{-4} = 2.79\times10^{-4}(K)$$

由于大相对分子质量的物质沸点升高和凝固点降低值特别小，难以测量，所以不可以利用这两个方法测定血红素的摩尔质量。

(3) 只有渗透压的数据相对较大，容易测准。所以测定血红素的摩尔质量时，采用渗透压法较好。

4. 因为 $V_1<V_2$，该混合碱为 $NaHCO_3$ 和 Na_2CO_3 及杂质组成。

Na_2CO_3 的质量分数：

$$w(Na_2CO_3) = cV_1M(Na_2CO_3)/m = 0.4000\times0.020\,00\times105.99/1.2000 = 70.66\%$$

$NaHCO_3$ 的质量分数：

$$w(NaHCO_3) = c(V_2-V_1)M(NaHCO_3)/m = 0.4000\times(0.028\,00-0.020\,00)\times84.01/1.2000 = 22.40\%$$

其余为惰性杂质：

$$w\,(\text{杂质})=100\%-70.66\%-22.40\%=6.94\%$$

5. 产生 PbI_2 沉淀需要

$$c(Pb^{2+}) = K_{sp}^{\ominus}(PbI_2)/\,c^2(I^-) = 8.0\times10^{-9}/0.020^2 = 2\times10^{-5}(\text{mol}\cdot\text{L}^{-1})$$

产生 $PbSO_4$ 沉淀需要

$$c(Pb^{2+}) = K_{sp}^{\ominus}(PbSO_4)/\,c(SO_4^{2-}) = 1.8\times10^{-8}/0.020 = 9.0\times10^{-7}(\text{mol}\cdot\text{L}^{-1})$$

因此 $PbSO_4$ 先沉淀。

SO_4^{2-}沉淀完全时，溶液中　　$c(SO_4^{2-})\leqslant10^{-6}\text{mol}\cdot\text{L}^{-1}$

$$c(Pb^{2+})= K_{sp}^{\ominus}(PbSO_4)/\,c(SO_4^{2-}) =1.8\times10^{-8}/10^{-6}= 1.8\times10^{-2}(\text{mol}\cdot\text{L}^{-1})$$

此时

$$K_{sp}^{\ominus}(PbI_2)= c(Pb^{2+})c^2(I^-)$$

$$8.0\times10^{-9}=1.8\times10^{-2}\times c^2(I^-)$$

$$c(I^-)=6.67\times10^{-4}\text{mol}\cdot\text{L}^{-1}$$

研究生入学考试模拟试卷Ⅷ

(一) 选择题

1. B　2. C　3. D　4. C　5. D　6. B　7. B　8. D　9. A　10. A　11. A　12. C　13. B　14. B　15. A　16. A　17. A　18. D　19. B　20. D　21. C　22. A　23. D　24. B

(二) 判断题

1. ×　2. √　3. √　4. ×　5. √　6. √　7. ×　8. ×　9. √　10. √

(三) 填空题

1. 带同种电荷；形成水化膜；布朗运动(热运动)　2. $K^{\ominus}=\left[\dfrac{p(H_2O)/p^{\ominus}}{p(H_2)/p^{\ominus}}\right]^4$　3. 8.24；能　4. 单向性；重现性　5. 减少偶然误差　6. 8.72　7. 氯化一氯 · 五氨合钴(Ⅲ)；$K[Cr(NO_2)_4(NH_3)_2]$　8. −1.0　9. 1.696　10. 波长λ；吸光度A；选择入射光波长

(四) 简答题

1. 食用盐中不能同时加入 KIO_3 和 KI，因为 $\varphi^{\ominus}(IO_3^-/I_2)>\varphi^{\ominus}(I_2/I^-)$，$IO_3^-$是比 I_2 更强的氧化剂，因此 IO_3^- 极易将 I^-氧化成单质碘，同时 I^-将 IO_3^-还原为单质碘，反应方程式为 $IO_3^- + I^- + 6H^+ \Longrightarrow I_2 + 3H_2O$。由于胃中是强酸性环境，反应容易进行，从而对人体健康造成危害。

2. 从纤维素高分子链式结构图可以看出，纤维素是线形直链结构，在糖环上分布有大量的羟基，不同高分子链之间除有取向力、诱导力、色散力外，还有羟基之间彼此形成的氢键，正是大量氢键的形成，使得纤维素分子易于形成高度结晶的状态。

(五) 计算题

1. (1)	Ag^+	+	$2NH_3$	$\Longrightarrow$	$[Ag(NH_3)_2]^+$
平衡时浓度/($\text{mol}\cdot\text{L}^{-1}$)	x		$0.01+2x\approx0.01$		$0.01-x\approx0.01$

$$K_f^{\ominus} = \frac{c\{[Ag(NH_3)_2]^+\}}{c(Ag^+)\cdot c^2(NH_3)}$$

$$1.1\times10^7 = \frac{0.01}{x0.01^2}$$

$$x = c\,(Ag^+) = 9.1\times10^{-6}mol\cdot L^{-1}$$

同理(2) $c_2\,(Ag^+) = 0.01/(1.1\times10^7\times1^2) = 9.1\times10^{-10}(mol\cdot L^{-1})$

2.

(1) 电极反应: $(-)Fe^{2+} - e^- \Longrightarrow Fe^{3+}$ $\varphi^{\ominus} = 0.771V$

$(+)Cr_2O_7^{2-} + 14H^+ + 6e^- \Longrightarrow 2Cr^{3+} + 7H_2O$ $\varphi^{\ominus} = 1.33V$

电池反应方程式: $Cr_2O_7^{2-} + 6Fe^{2+} + 14H^+ \Longrightarrow 2Cr^{3+} + 6Fe^{3+} + 7H_2O$

(2) 电池电动势:

$$E=\varphi_{(+)}-\varphi_{(-)}=\left[\varphi^{\ominus}(Cr_2O_7^{2-}/Cr^{3+})+\frac{0.0592}{6}\lg\frac{c(Cr_2O_7^{2-})c^{14}(H^+)}{c^2(Cr^{3+})}\right]-\left[\varphi^{\ominus}(Fe^{3+}/Fe^{2+})+0.0592\lg\frac{c(Fe^{3+})}{c(Fe^{2+})}\right]=0.89V$$

(3) 电池反应的标准平衡常数 $K^{\ominus}$:

根据 $\lg K^{\ominus} = \dfrac{nE^{\ominus}}{0.0592} = \dfrac{6(1.33-0.771)}{0.0592} = 56.65$

所以 $K^{\ominus} = 10^{56.65} = 4.5\times10^{56}$

(4) 电池反应的 ΔG: $\Delta G = -nFE = -6\times96485\times0.89 = -515(kJ\cdot mol^{-1})$

$$\Delta_r G_m \approx -515kJ\cdot mol^{-1}$$

3. $Cr_2O_7^{2-} + 6Fe^{2+} + 14H^+ \Longrightarrow 2Cr^{3+} + 6Fe^{3+} + 7H_2O$

$$MnO_4^- + 5Fe^{2+}(余) + 8H^+ \Longrightarrow Mn^{2+} + 5Fe^{3+} + 4H_2O$$

$$n(Cr_2O_7^{2-}) = \frac{1}{6}n(Fe^{2+}) \qquad n[Fe^{2+}(余)] = 5n(MnO_4^-)$$

$$n(Cr_2O_7^{2-}) = \frac{1}{6}\left(n[Fe^{2+}(总)] - n[Fe^{2+}(余)]\right) = \frac{1}{6}\left(n[Fe^{2+}(总)] - 5n(MnO_4^-)\right)$$

$$n(Cr) = 2n(Cr_2O_7^{2-})$$

$$w(Cr) = \frac{2\left(0.1000\times25.00 - 5\times0.018\,00\times7.00\right)52.00}{6\times1.000\times1000} = 0.032$$

4. $M(C_6H_{12}O_6)=180mol\cdot kg^{-1}$，溶液的质量摩尔浓度为

$$b(B) = \frac{\frac{15}{180}\times1000}{200} = 0.42(mol\cdot kg^{-1})$$

因为 $\Delta T_b = K_b\cdot b(B) = 0.512\times0.42 = 0.22(K)$

所以溶液的沸点 $T_b = 373.15 + 0.22 = 373.37(K)$

因为 $\Delta T_f = K_f\cdot b(B) = 1.86\times0.42 = 0.78(K)$

所以溶液的凝固点 $T_f = 273.15 - 0.78 = 272.37(K)$

溶液的渗透压

$$\pi = b(B)RT = 0.42\times8.314\times293 = 1.02\times10^3(kPa)$$

5. $CH_3OH(g)+CO(g) \Longrightarrow CH_3COOH(g)$

$$\Delta_r H_m^{\ominus} = (-1)\times(-200.8)+(-1)\times(-110)+(-435) = -124.2(kJ\cdot mol^{-1})$$

$$\Delta_r S_m^{\ominus} = (-1)\times(+238)+(-1)\times(+198)+293 = -143(J\cdot K^{-1}\cdot mol^{-1})$$

$$\Delta_r G_m^\ominus = \Delta_r H_m^\ominus - T\Delta_r S_m^\ominus = -124.2-298 \times (-143 \times 10^{-3}) = -81.6(\text{kJ} \cdot \text{mol}^{-1})$$

$$\Delta_r G_m^\ominus = -2.303RT\lg K^\ominus$$

$$\lg K^\ominus = -(-81.6)/(2.303 \times 8.314 \times 10^{-3} \times 298)=14.3$$

$$K^\ominus = 2 \times 10^{14}$$

$$\Delta_r G_m = \Delta_r G_m^\ominus + 2.303RT\lg Q$$

$$Q = \frac{p(\text{CH}_3\text{COOH}) / p^\ominus}{\left[p(\text{CH}_3\text{OH}) / p^\ominus\right] \cdot \left[p(\text{CO}) / p^\ominus\right]} = \frac{80/100}{(90/100) \cdot (60/100)} = 1.48$$

$$\begin{aligned}\Delta_r G_m &= \Delta_r G_m^\ominus + 2.303RT\lg Q = 2.303RT\lg Q/ K^\ominus \\ &= 2.303 \times 8.314 \times 10^{-3} \times 298\lg 1.48/2 \times 10^{14} \\ &= -80.63\ (\text{kJ} \cdot \text{mol}^{-1})\end{aligned}$$

因为$\Delta_r G_m < 0$，故平衡向正反应方向移动。